迈向5G
从关键技术到网络部署

THE ROAD LEADING TO 5G
KEY TECHNOLOGIES AND NETWORK DEPLOYMENT

中睿通信规划设计有限公司 主编
黄劲安 曾哲君 蔡子华 梁广智 编著

人民邮电出版社
北京

图书在版编目（C I P）数据

迈向5G ：从关键技术到网络部署 / 中睿通信规划设计有限公司主编 ；黄劲安等编著. -- 北京 ：人民邮电出版社，2018.6（2023.1重印）
ISBN 978-7-115-48414-7

Ⅰ. ①迈… Ⅱ. ①中… ②黄… Ⅲ. ①无线电通信－移动通信－通信技术 Ⅳ. ①TN929.5

中国版本图书馆CIP数据核字(2018)第084665号

◆ 主　　编　中睿通信规划设计有限公司
编　　著　黄劲安　曾哲君　蔡子华　梁广智
责任编辑　李　强
责任印制　彭志环

◆ 人民邮电出版社出版发行　　北京市丰台区成寿寺路 11 号
邮编　100164　　电子邮件　315@ptpress.com.cn
网址　http://www.ptpress.com.cn
固安县铭成印刷有限公司印刷

◆ 开本：800×1000　1/16　　拉页：1
印张：22.5　　2018 年 6 月第 1 版
字数：375 千字　　2023 年 1 月河北第 8 次印刷

定价：118.00 元

读者服务热线：(010)81055493　印装质量热线：(010)81055316
反盗版热线：(010)81055315

编 委 会

序

早在 2017 年年初，各大运营商就开始基于 CA、NB-IoT、eMTC 等成熟的新型通信技术（4G+）对现网进行升级演进。预计到 2018 年年底，各大运营商将部署成熟的、有经济效益的 5G 技术，如高频应用、多阶 MIMO 等。根据 3GPP 推进组计划，5G 的空口标准化工作将会在 2017 年年底完成，此举标志 5G 的第一个技术标准将确立；2019 年，5G 概念将完成落地工作，新一代移动通信技术的标准冻结，主体关键技术可成熟商用。按照中国移动公布的计划，完整的 5G 试验网也将于 2018 年年底完成部署。

由此可见，5G 离我们越来越近了。全民 5G 的日子可能也会在不久的将来实现。在广大通信同行满怀憧憬的同时，如何能简单高效地了解 5G 的关键技术并掌握其基本原理，如何在了解基础理论后，将新思路应用于 5G 网络建设的实践当中，是每个通信达人最热切希望做的事情。更深入地，如果能把 5G 基本理论和来自不同渠道的 5G 信息梳理归纳清楚，将其浅显化、通俗化地传播到行业内每个角落，则能在推动 5G 网络建设的进程上贡献自身的一份力量。

《迈向 5G——从关键技术到网络部署》这本书，从探究 5G 背后的驱动力开始，讲述了香农路径再思考，引出 5G 未来可能的演进道路，从而推论 5G 空中接口的设计思路，归纳 5G 新空口将用到的一组关键技术，再展开讨论具有控制转发分离、服务化架构、网络切片和固移融合四大典型特征的 5G 网络架构，最后提出对 5G 网络实践部署乃至工程建设方面的思考。

本书作者均为中睿通信规划设计有限公司从事无线网络规划设计工作多年的技术精英，横跨 2G 到 5G 的通信时代，他们多次担任多项重大项目的负责人，拥有丰富的无线网络规划设计和工程建设实践经验。作者将 5G 理论和网络建设实际有机结合，用深入浅出的语言文字，配以精细清晰的插图，使用通俗的类比手法，讲述了深奥、复杂的 5G 通信原理，这将为涉及通信行业的工程建设、规划设计、优化维护等专业的广大读者带来前所未有的阅读体验。

作为 5G 技术原理研究和科普的早期图书，本书基于作者对 5G 相关技术原理的理解，内容浅显易懂，逻辑架构完整清晰，内容前后连贯通畅，节奏平稳渐进。作者在论述中还穿插引入了多个通俗有趣的例子，这有助于读者理解原本枯燥无味、晦涩难懂的技术原理。更重要的是，作者长期服务于通信一线，对无线网络工程建设的认知有着天然的优势，这使本书的内容更贴合实际，更容易引起业内读者的共鸣。在本书中，读者能够更加轻松愉快、毫不费力地了解和掌握5G通信技术原理。期望广大读者能从本书得到启发，共同为5G时代的来临做好准备。

中睿通信规划设计有限公司　总经理

前　言

2017 年 6 月，国际移动通信标准组织 3GPP 正式确认采用由中国移动牵头联合 26 家公司所提出的基于服务的网络架构 (SBA，Service-Based Architecture) 作为 5G 核心网统一的基础架构。这标志着我国在 5G 标准制定话语权上的进一步巩固，消息振奋人心。

回首我国移动通信产业的发展历程，从 1987 年第一部模拟移动电话开通，到 1998 年 1 月数位有识之士齐聚北京香山并决议向国际电联提交 TD-SCDMA 标准，到 2016 年建成全球规模最大的 LTE 网络，再到当前有条不紊地推动全球统一 5G 标准的形成。短短 30 年，我们实现了从“2G 跟随、3G 突破、4G 同步”到“5G 领跑”的伟大跨越，这无疑是对全体满怀拳拳赤诚之心、筚路蓝缕、艰苦奋斗的中国通信人的最大肯定。

5G 面向的主要场景是增强移动宽带、海量机器类通信、超可靠低时延通信，几乎囊括了我们当前所能想象到的全部应用案例。值得注意的是，5G 的提出并非是“唯技术论”的，而是带着极强的目的性，是为了把人与人的通信拓展到人与物，甚至物与物的通信，从而实现“万物互联”的核心愿景。5G 将为移动通信提供比以往任何时候都高的用户体验速率，而且把广域覆盖、无缝移动性支持、超低时延等对立的性能诉求有机统一起来而不必考虑传输的具体数据类型。

为了达到 5G 极致的性能指标要求，5G 系统的复杂度不可避免地要超出现有的移动通信系统。因此，5G 需要引入一组关键的解析方法来实现新的空口，同时在网络架构方面也做出必要的革新，才能提供上述水平的功能和灵活性。5G 技术的最终选择，通常取决于性能与成本、理论可能性与现实约束条件的权衡。

鉴于当前 5G 仍处于标准化过程及 5G 研究所涉及领域的广度和深度，本书的技术结论只选取来自 3GPP 组织成员的相关研究成果，并在一定程度上倾向于国内的主流观点。对于尚无定论且存在多种备选方案的技术领域，本书则力求展现技术选择背后所特有的评估和权衡过程。

全书共分为 4 篇 9 章。(1)5G 初探篇，勾勒 5G 的初印象。第 1 章主要描述 5G 的驱动力以及 5G 的应用场景和关键指标；第 2 章指出 5G 所面临的性能、技术、频谱资源等方面的挑战，并通过回顾历代移动通信系统演进，提出5G的发展路径。(2)5G空中接口篇，着重介绍5G空口及其无线关键技术。第3章以程序设计的方式介绍5G场景技术需求、5G空口技术框架及其设计理念；第4章介绍大规模MIMO、新型多载波、新型多址、全双工通信等5G使能技术。(3)5G网络架构篇，关注5G逻辑架构及其网络关键技术。第5章通过梳理移动网络的演进趋势，逐步重构5G的新型网络架构，重点讨论其技术基础和关键特征；第6章介绍网络切片、移动边缘计算、D2D通信等网络技术。(4)5G实践部署篇，结合现网工程建设探讨5G引入的影响和应对措施。第7章提出在当前阶段，“5G技术4G化”理念的重要意义，并逐一探讨5G网络引入对架构组网、资源配置方面的影响；第8章与工程实际的结合最深，分别从规划设计、建设要点、建设模式等角度进行讨论；第9章描述广播与宽带融合的趋势，以及5G网络面临的安全挑战。

本书作者是中睿通信规划设计有限公司从事移动通信网络研究的专业技术人员。中睿通信规划设计有限公司自2G时代开始，一直受益于我国移动通信产业的发展。编写本书，旨在与业内有志于从事5G通信系统研究的专业人士共同探讨，以收抛砖引玉之效。

由于作者水平有限及写作时间仓促，书中难免存在疏漏及不当之处，敬请读者和同行专家批评指正。

作者

2017年11月于广州

目　录

5G 初探篇

5G 空中接口篇

5G 网络架构篇

5G 实践部署篇

5G

初探篇

4G 网络还在遍地开花，5G 标准却已渐行渐近。尽管移动通信新技术和新理论层出不穷、日新月异的印象已深入人心，但理性的人们还是不禁思考：5G 概念是否过热？推动 5G 于 2020 年前后商用的举措是否过于激进？带着疑问，我们一同探索 5G 的原始驱动力、5G 的定义以及 5G 的正确“打开”方式。

第 1 章

迈向 5G 之路

1.1 十年的契约——探索 5G 起点

所有的路都有起点。无线移动通信系统发展的道路始于 1982 年 NMT 系统的推出，此后，人们潜心探索的脚步从未停息，大约每十年便引发移动通信技术的代际更迭，如图 1.1 所示。1992 年 2G 系统投入商用，2001 年 3G 系统出现，2012 年 4G 系统首次标准化。引人遐想的是，5G 系统又是否会遵循“十年之约”，准时在 2020 年前后面世呢?

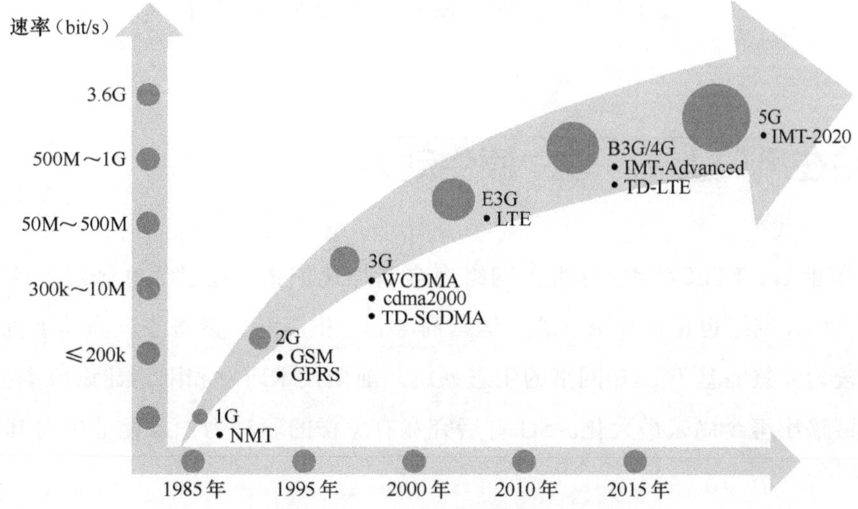

图 1.1 移动通信系统演进历程

答案且等我们后文揭晓，现在先将目光投到 5G 发展的起点上。或许读懂了 5G 的前世今生，我们自然而然能够得到答案。

回首来路，当大众还在讨论 3G 系统带来的社会变革时，业内就已专注于用实际行动为 5G 铺路。早在 2008 年 4 月，美国国家航空航天局（NASA，National Aeronautics and Space Administration）与 M2Mi 公司合作推进联合卫星通信项目，5G 的概念便浮出水面。同年，韩国启动“基于码分多址和联合中继的 5G 移动通信系统”项目研究。此后数年，越来越多的研究机构和从业人士加入对 5G 的研究队伍之中。2013 年 2 月，ITU-R（国际电信联盟无线电通信组）启动面向 2020 年及未来的 IMT 愿景的项目研究，移动通信行业达成广泛一致，共同致力于将对 5G 宏大愿景的期待转变为现实。

同年，我国工业和信息化部、国家发展和改革委员会、中华人民共和国科学技术部联合组织成立了 IMT-2020（5G）推进组，旨在打造聚合国内移动通信领域产学研用主要力量、推动中国 5G 技术研究和开展国际交流与合作的主要平台。为了满足 ITU-R 提出的 5G 愿景，IMT-2020（5G）推进组相应制订了 5 步发展计划，与 3GPP 保持标准制定的严格同步，如图 1.2 所示。

图 1.2　IMT-2020（5G）推进组 5 步发展计划

1.2　站在风口上——5G 原生动力

2015 年前后，LTE（准 4G 标准）网络在全球加速扩张，超过 200 张以上的商用网络被建成。LTE-A 网络也正在升级部署。运营商与芯片供应商、设备生产商及手机厂商等共同构建了较为完整的基于 LTE 网络的生态系统。前期技术研发和网络建设成本投入庞大，产业价值链输出至今尚未最大化。5G 背后究竟有怎样的驱动力，才使业内对其产生如此浓厚的兴趣，甚至不惜提早投入大量的人力和物力开展 5G 试验?

实际上，5G 概念兴起和被广泛研究的背后，是关乎业务承载的需求、数字红利的抢夺、技术创新的比拼，甚至国家战略高度的较量。可以说，5G 是一场行业自我革新的酝酿和升华，具有强劲而充沛的内在和外在双重驱动力。

1.2.1　需求决定供给——5G 业务融合

未来移动通信产业面临着从以人为本的通信向以物为中心的通信的深度变革。传统电信服务和视频业务需求进一步提升，用户期待突破时空的限制，在高速移动、热点流量、小区边缘等恶劣通信环境下，依旧能够得到极佳的交互体验（允许用户在任意设备上分享任意形式的内容而不必受到时间和地点的限制）。人与万物智能互联的愿景亟待实现，垂直行业应用不断催生，车联网、智能穿戴、智能家居、智慧城市、智慧农业、智慧牧业等如雨后春笋般出现，所有的应用都期待通过移动通信技术的全业务平台加以提供。总的来说，面向 2020 年及未来，移动通信业务承载将呈现“用户中心、泛在连接、开放生态、绿色安全”的特点。

用户中心。未来移动通信业务需求将不再仅仅聚焦于更高速率、更大带宽和更强能力的空中接口技术，而是要求以用户为中心，打造面向业务应用和用户体验的智能网络。用户中心化不单体现在网络服务上，也体现在网络设计上。在未来 5G 的网络架构中，用户应被置于网络的中心位置以便得到更好的内容和服务，同时，用户终端也将作为网络的组成部分提供无接口的连接，而不再仅仅只是作为网络的端点。

泛在连接。未来移动通信业务的智能互联需求，决定了新的移动通信系统将是一个泛在连接的智能高效网络，它与以往的移动通信系统不同，不再局限于传统的人与人通信，而是将范围拓展到人与物的通信、物与物的通信，使人的感官广泛延伸。人的听觉、视觉甚至触觉到达世界的各个角落，人类社会成为“万物互联”的信息化社会。

开放生态。未来移动通信业务将随着垂直行业应用的不断催生而不断自我增强和丰富，因此未来移动通信系统也将是开放化和生态化的，它将是多种关键技术的创新融合，而非受到单一的通信技术发展的驱动。未来移动通信系统也将更广泛地与经济和社会发展的各个领域形成深度融合，把孤岛式创新有机连接起来，催生社会经济发展的新动力。

绿色安全。未来移动通信业务要求极高的连接可靠性和安全性，也要求极低的比特成本。相应地，未来移动通信网络必须是绿色高效的网络，它将致力于降低系统运行的碳成本，使得系统自身在实现用户中心化和泛在连接的同时满足可持续性发展的要求。同时，由于海量连接所带来的信令风暴和信息安全问题也将被有效解决。

当面对超高速的传输速率、零时延的交互体验、海量级的设备接入、高密度的流量需求、绿色安全的网络能效等多场景的极致性能需求时，4G 网络显然有点力不从心，而 5G 适时地迎合了未来移动通信业务融合与发展的呼声。5G 将打造以用户（可以是人、连接的设备或是其他）为中心的全方位立体式信息生态系统，实现“信息随心至，万物触手及”的广阔愿景，如图 1.3 所示。

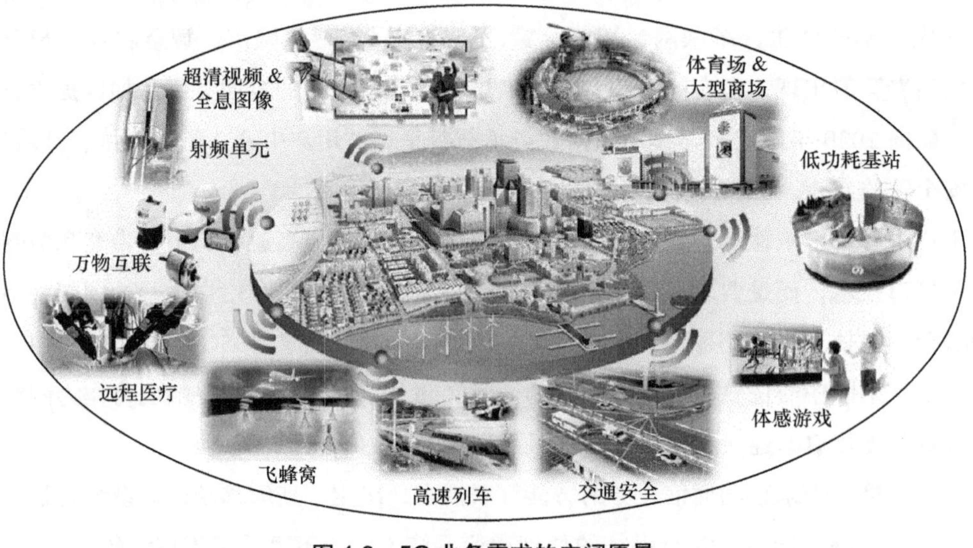

图 1.3　5G 业务需求的广阔愿景

1.2.2　开创“新经济”——5G 数字红利

未来移动互联网数据流量需求和物联网终端接入需求将呈爆炸式增长，由此产生的数字红利也是 5G 概念应运而生的重要推手。

根据思科第 11 次年度 Visual Networking Index™（VNI）全球移动数据流量报告的预测，到 2021 年，全球移动数据流量将达到每月 49EB，相比 2016 年增长 7 倍，如图 1.4 所示。

2021 年全年移动数据流量将达到 587EB，相当于 2011 年（10 年前）生成的全球移动总流量的 122 倍。2016—2021 年全球移动数据流量年均复合增长率将达 47%。

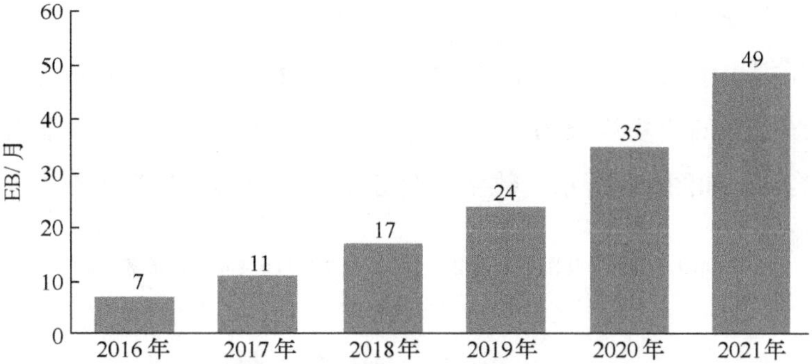

数据来源：Cisco VNI Mobile，2017

图 1.4　全球移动数据流量增长趋势

根据 Gartner 测算，在万物互联的趋势下，接入网络的终端数量也将迎来一轮高速增长的大潮，如图 1.5 所示。预计到 2020 年，全球 M2M 连接数将达到 210 亿，年均增速 26.8%，物联网市场规模也将达到 1.9×10^4 亿美元，成为传统电信业务之外一个新的万亿级市场。AT&T 和思科的预测则更为激进，他们预计 2020 年物联网将达到 500 亿的连接数，但无论是相对保守的 210 亿，还是激进的 500 亿，如此海量的连接终端所带来的海量用户数据都意味着资源和财富。

单位：百万

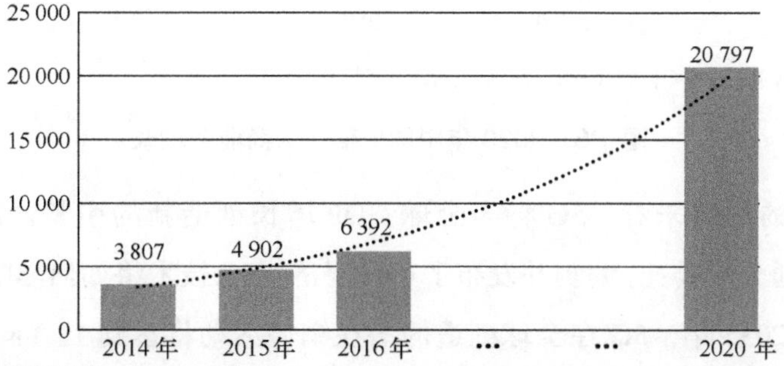

数据来源：Gartner，2016

图 1.5　全球 M2M 连接数增长趋势

5G 背后蕴藏的丰厚的数字红利，对传统电信运营商来说意味着新市场的拓展和企业的转型升级，对全球经济则意味着 GDP 增长和就业岗位增加。

从电信运营商的角度来看，5G 为运营商在传统电信服务市场的红海之外，新开辟了一片前景广阔的数字化服务市场的蓝海，如以数字内容服务为主的创新消费业务和以物联网、云计算和信息安全为主的创新企业服务业务的开发等。埃森哲在《运营商 2020：迈向数字化之路》报告中指出，面向中国电信运营商，如果以 2015 年的数据为基础，当年电信运营商传统业务的市场规模为 1 770 亿美元，到 2020 年，数字化服务市场的规模将达到 1 769 亿美元，如图 1.6 所示。数字化服务市场的规模，相当于在 5 年间再造一个传统电信服务市场。

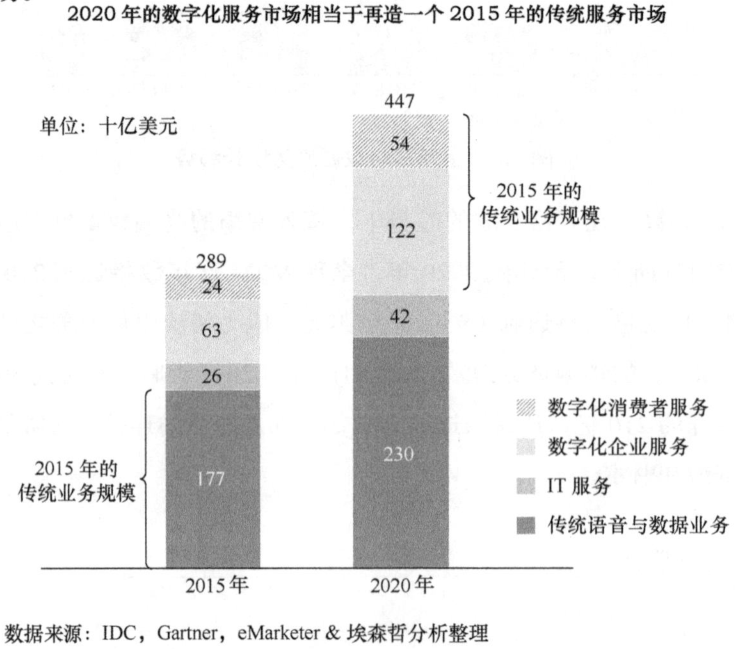

图 1.6　2020 年中国电信运营商业务增长

从全球经济的角度来看，5G 将为全球 GDP 增长创造新的引擎。2017 年 1 月，IHS Markit 受美国高通公司委托，编制并发布了《5G 经济：5G 技术将如何影响全球经济》报告。报告中指出，到 2035 年，5G 在全球创造的潜在销售活动将达到 12.3×10^4 亿美元，占全球实际总产出约 4.6%，如图 1.7 所示。而 5G 价值链本身则将创造 3.5×10^4 亿美元经济产出，同时创造 2 200 万个工作岗位，如图 1.8 所示。2020—2035 年，5G 对全球实际 GDP 增长的贡献预计将相当于一个与印度同等规模的经济体——印度目前是全球第七大经济体。

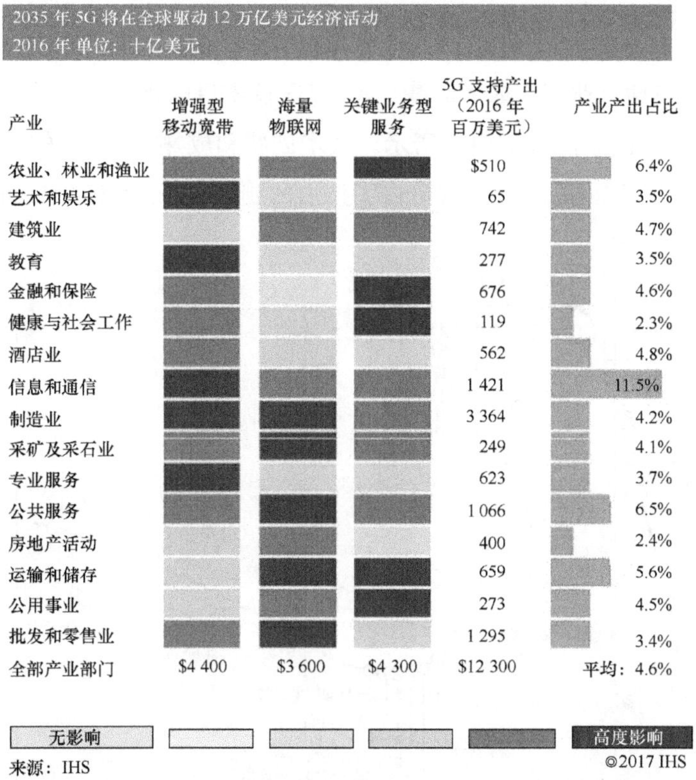

图 1.7　2035 年 5G 将在全球驱动 12×10^4 亿美元经济活动

2035 年全球 5G 价值链的产出和就业机会

国家/地区	总产出	就业机会
中国	9 840亿	950 万
美国	7 190亿	340 万
日本	4 920亿	210 万
德国	2 020亿	120 万
2035 年全球总值	3.5×10^4亿	2 200万
韩国	1 200亿	96.3 万
法国	850 亿	39.6 万
英国	760 亿	60.5 万
世界其他地区	8 000亿	360 万

来源：IHS　©2017 IHS

图 1.8　2035 年全球 5G 价值链的产出和就业机会的增加

1.2.3 第一生产力——5G 技术创新

Gartner 2016 电信行业技术成熟曲线显示，5G 技术目前仍处于创新促动期，且将在未来 5 ~ 10 年成为主流应用，如图 1.9 所示。技术创新和成熟作为 5G 的充分条件，对产学研用各界的驱动力不容忽视。毕竟，谁抢占了技术的制高点，谁就将在5G时代更具话语权。

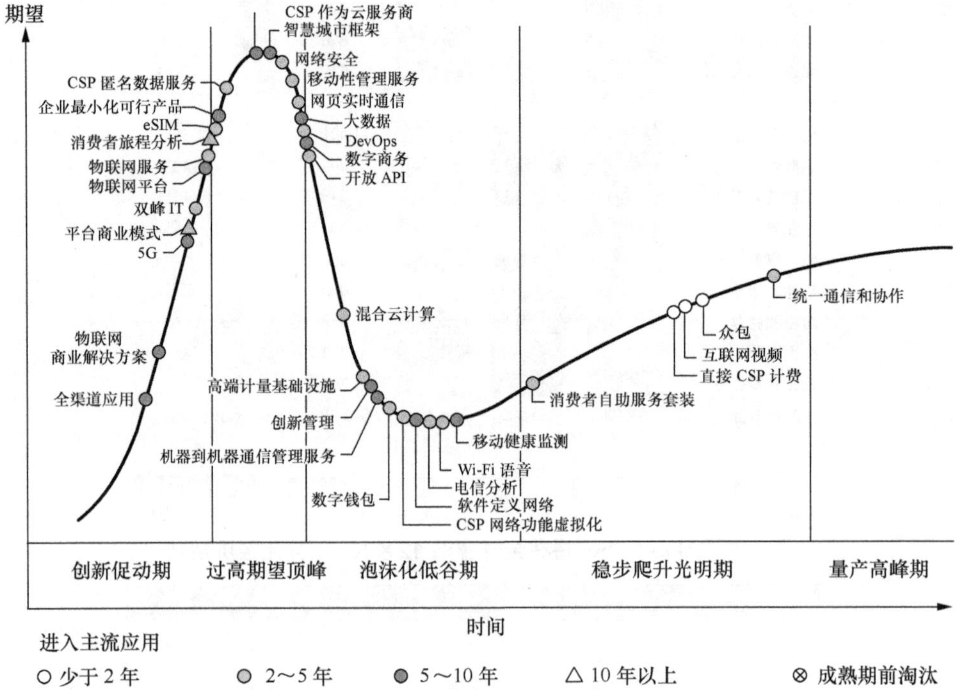

图 1.9 Gartner 2016 电信行业技术成熟曲线

与以往的网络制式不同，5G 并非仅由单一的颠覆性技术所驱动。更准确地说 5G 技术是“一组关键技术”或“技术集”，而非单一的空口技术。5G 技术的发展呈现出解析化和体系化的新常态。

历代移动通信系统的演变往往以使用统计方法实现性能提升，即在少量输入的情况下对无线通信系统中的事件进行简单近似建模，借此规避技术实现的复杂度。而随着统计方法对无线通信潜力的挖掘殆尽，通信界只能够采用解析方法来替代统计方法，即用巨大的复杂性换取微小的性能提升。解析方法是在大量输入条件情况下的最优解，其理论极限更高，性能也更优。5G 就是在牺牲复杂度与追求性能之间寻求微妙的平衡，因此，5G 对技术创新有着强劲的反促进作用。

在 5G 需求迫切、5G 领域研发竞争白热化的情况下，集中力量突破技术瓶颈成为业界的共同选择。这相应地决定了 5G 技术研发活动向着体系化和生态化的方向演进。目前，国内外产业界已逐步实现跨国家、跨地区、跨企业的深度合作，并围绕 5G 技术标准、研发进展、产业化及测试等议题，相应提出创新解决方案，推动有条件的领域应用先行先试。

可以预见，随着 5G 技术的不断发展与成熟，无线通信技术将与电力技术、互联网等一起并列于通用技术的“殿堂”，成为社会转型变革的催化剂，对广泛行业产生深远而持久的影响。

1.2.4 “中国流”布局——5G 国家战略

5G 呼之欲出，围绕关键资源获取、国际规则制定的博弈也日趋尖锐复杂。基于话语权和网络安全的考虑，各国政府积极加快 5G 产业发展布局，适时推出发展战略以释放数字红利。

我国积极把握从网络大国迈向网络强国，成长为全球互联网引领者的关键窗口期，主动顺应和引领新一轮信息革命浪潮，力争使我国信息技术从跟跑、并跑升级到并跑、领跑，从而稳居战略制高点的位置。5G 系统作为实施《中国制造 2025》、“宽带中国”战略和“互联网 +”行动计划的重要信息基础设施，其成功与否关乎国家战略的切实推进。《中华人民共和国国民经济和社会发展第十三个五年规划纲要》《“十三五”国家信息化规划》和《国家信息化发展战略纲要》均提出要积极推进 5G 发展。

在国家战略的强有力推动下，5G 技术研究和产业化正被加速推进。为统筹优化 5G 频谱资源配置，加强无线电频谱管理，工业和信息化部已于 2017 年 6 月公开征求对第五代国际移动通信系统（IMT-2020）使用 3 300MHz ~ 3 600MHz 和 4 800MHz ~ 5 000MHz 频段的意见，如图 1.10 所示。同时，公开征集在毫米波频段规划第五代国际移动通信系统（5G）使用频率的意见，积极做好预部署。国内产学研用力量也联动起来，致力于推进 5G 关键技术研发、技术试验和标准制订，提升 5G 组网能力、业务应用创新能力，并准备适时启动 5G 商用。

中华人民共和国工业和信息化部
Ministry of Industry and Information Technology of the People's Republic of China

意见征集 >> 意见征集内容

公开征求对第五代国际移动通信系统（IMT-2020）使用3300-3600MHz和4800-5000MHz频段的意见

状态：未发布　结束日期：2017-07-07

发表我的意见

为适应和促进IMT-2020在我国的应用和发展，根据《中华人民共和国无线电频率划分规定》，参考国际电联《无线电规则》和相关标准，结合我国频率使用的实际情况，工业和信息化部研究起草了《工业和信息化部关于第五代国际移动通信系统（IMT-2020）使用3300-3600MHz和4800-5000MHz频段相关事宜的通知（征求意见稿）》（具体见附件），现公开征求意见。请于2017年7月7日前反馈意见。

联系人：工业和信息化部无线电管理局

电话：010-68206251

传真：010-68206220

地址：北京市西城区西长安街13号工业和信息化部无线电管理局（邮编：100804），请在信封上注明“频率规划征求意见”。

附件

主办单位：中华人民共和国工业和信息化部

图 1.10　工业和信息化部公开征集 5G 频段使用的意见

1.3　5G 初印象——如何定义 5G

既然 5G 有着如此美好的愿景和强劲的原生动力，那么，究竟何为 5G，又该如何定义 5G？我们暂且带着问题继续往下阅读。首先，以往的网络制式均在理论峰值速率方面有着关键性突破，5G 同样需要在传统性能指标方面（如峰值速率、系统容量等）继续保持提升。但为了满足多元化的业务场景需求，如对时延敏感的车联网业务等，5G 还需要引入新的能力指标。其次，以往的网络制式均由一种颠覆性的空口技术驱动，5G 是否也将有类似的技术突破产生。遗憾的是，如前文所述，统计方法对香农极限的逼近已接近理论极限，单一的空口技术无法再产生预期的性能提升。5G 需要牺牲一定的复杂度，采用几种或一组解析方法来实现能力指标的重大飞跃，从而实现 1+1>2。

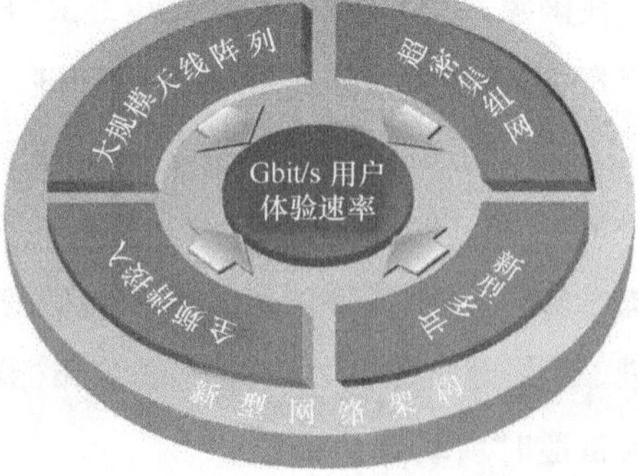

图 1.11　IMT-2020（5G）推进组的 5G 概念

IMT-2020（5G）推进组认为，5G 概念可由“标志性能力指标”和“一组关键技术”来共同定义，如图 1.11 所示。其中，标志性能力指标为“吉比特每秒级别的用户体验速率”，一组关键技术包括大规模天线阵列、超密集组网、新型多址、全频谱接入和新型网络架构。

为了揭开 5G 的神秘面纱，我们不妨从 5G 面向的业务场景和关键能力指标入手来加深对 5G 的认识。

1.3.1 揭开神秘面纱——三大典型场景

5G 面对的是具有极端差异化性能需求的多样化业务场景，其服务对象在传统的人与人通信基础上拓展了人与物、物与物的通信，即“万物互联”。如图 1.12 所示，参照 3GPP 的业务分类，5G 业务主要可以分为移动互联网业务和物联网业务。移动互联网业务可分为流类、会话类、交互类、传输类和消息类业务，这 5 类子业务在传统的细分业务上又有新的拓展，如会话类在语音和视频通话业务之外有了虚拟现实业务的延伸。物联网业务则可分为采集类和控制类，且多数为新兴的业务应用。

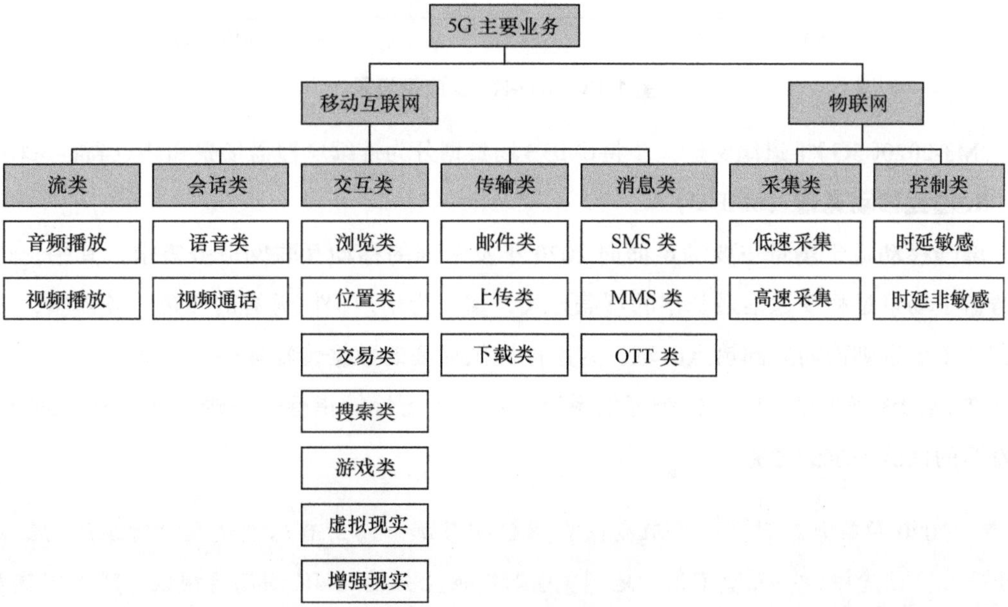

图 1.12 5G 主要业务

国际电信联盟（ITU）根据 5G 业务性能需求和信息交互对象划分，在 2015 年 6 月召开的 ITU-RWP5D 第 22 次会议上明确了 5G 的主要应用场景，如图 1.13 所示。ITU-R 定义了增强移动宽带（eMBB）、海量机器类通信（mMTC）、超高可靠低延时通信（uRLLC）

这 3 类主要应用场景。eMBB 场景是移动互联网的应用场景，主要面向人与人之间极致的通信体验。mMTC 和 uRLLC 都是物联网的应用场景，其中，mMTC 侧重于人与物之间的信息交互，而 uRLLC 则更侧重于物与物之间的通信需求。

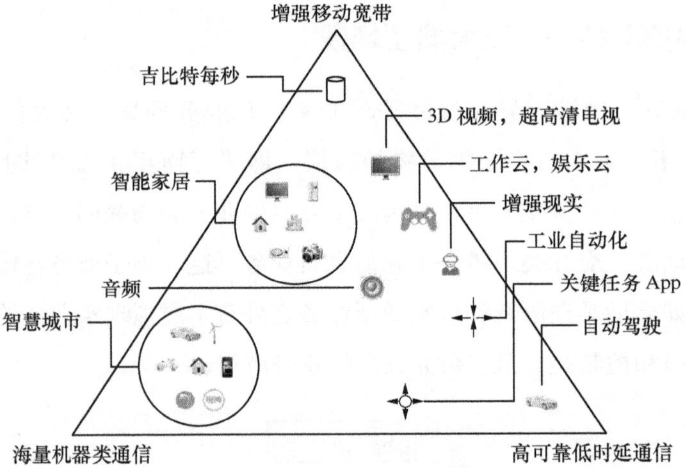

图 1.13　ITU-R 5G 应用场景

IMT-2020（5G）推进组又进一步将 eMBB 场景划分为连续广覆盖场景和热点高容量场景。

1. 增强移动宽带（eMBB）

增强移动宽带场景主要满足面向 2020 年及未来的移动互联网业务需求，其中，连续广覆盖子场景是移动通信最基本的覆盖方式，重在为用户提供无缝的高速业务体验；热点高容量子场景则面向局部热点区域，为用户提供极高的数据传输速率。

在 eMBB 场景中，除了传统通信系统关注的重要性能指标——峰值速率外，5G 还面临着新的性能需求的考验。

"2020 年某月某日，小五乘高铁前往 G 市参加一场由音乐发烧友自行组织的露天音乐会。旅途中，小五漫不经心地浏览着时下网上热播的 4K 超高清视频，随手下载而毫无卡顿，流畅得甚至都没有觉察到高铁运行期间手机信号的切换。晚上，当篝火燃起，置身于刘德华劲歌金曲回顾 VR 的视听盛宴中，小五有些恍惚，《江湖情》里握着大哥大的华仔，而今 VR 里的天王，往事似乎一幕幕重演……'变迁的通信，不老的容颜'小五感慨着，随手录下一段音乐会的火爆场景，秒传，瞬间收获无数的赞。"

我们从上面的设想中抽象出关键的场景和需求，即高速移动环境下良好的用户体验速率、高密度热点流量需求环境下的吉比特每秒级别的数据传输速率。首先，为了满足良好的用户体验速率，使用户在期望的覆盖区域内随时随地可以获得高速而且可靠的数据传输速率，eMBB 网络就必须成倍地提升系统峰值速率，且网络连接密度也需呈数量级增长。其次，考虑到高速移动等恶劣环境，eMBB 网络需克服多普勒频移和频繁切换，保证系统具有良好的移动性。综上所述，eMBB 场景需同时聚焦用户体验速率、移动性、峰值速率和流量密度，而不再单一地追求系统的峰值速率。

值得说明的是，5G 不同应用场景面临的性能挑战有所不同，这里仅列出相对受关注的性能需求。

2. 海量机器类通信（mMTC）

海量机器类通信场景是 5G 新拓展的应用场景之一，旨在为海量连接、小数据包、低成本、低功耗的设备提供有效的连接方式，具体可面向智慧城市、环境监测、智慧农业等以传感和数据采集为目标的业务。

mMTC 场景关注的是系统可连接数、覆盖延伸、网络能耗和终端部署成本。让我们继续设想以下场景。

"小五听说伯父最近做起了'智慧桃农'，特意驱车回到家乡，到伯父的桃园实地考察。伯父饶有兴致地介绍，自从引入了桃园种植物联网监测系统，诸如浇水、施肥、打药，怎样保持精确的浓度，如何实行按需供给等都不用愁了，一个开关搞定，桃子就会乖乖听话，快快生长了。但细心的小五注意到，第一，伯父他们是整个村的村民承包合作，桃园里部署的传感器多达 6 种类型（包括空气温度、空气湿度、土壤温度、土壤湿度、光照强度、二氧化碳浓度传感器），且都不在少数，但只是通过当地运营商的无线网络连接；第二，伯父介绍说随时随地可部署新的传感器进来，几乎是即插即用；第三，传感器根本无须频繁地充电和更换电池。带着疑问，小五决定继续探究。"

上面的设想可以让我们更为感性地认识 mMTC 场景下的关注焦点。首先，小到家庭智能硬件、移动出行，大到公共场所智能化改造、农林业监测等，海量的终点设备将被部署，这就为 5G 系统的连接数密度带来考验。其次，过高的能耗不利于设备的广泛部署，系统能效需成倍提升。最后，mMTC 网络必须是高度异构的，才能足够方便管理和动态接入。

3. 超可靠低时延通信（uRLLC）

超可靠低时延通信场景，顾名思义，对高可靠性和低时延有着严格的要求，主要面向车联网、工业控制、移动医疗等垂直行业的特殊应用需求。图 1.14 为车联网应用场景。

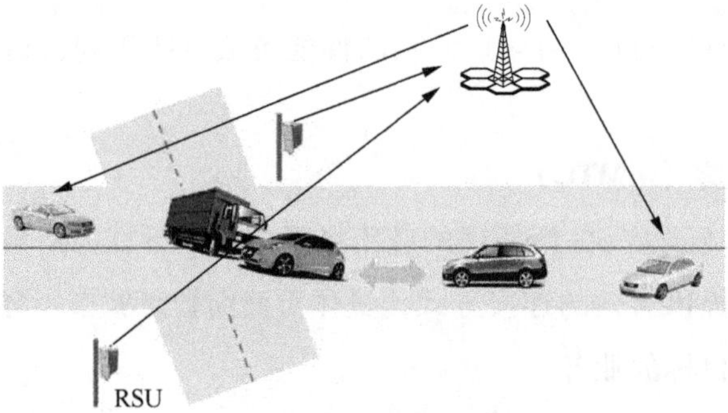

图 1.14　车联网应用场景

“小五拟入手最新的无人驾驶汽车。据销售人员介绍，该公司已与G市交通管理部门达成战略合作，旗下无人驾驶汽车在办理相关手续后，可自动接入G市车联网（V2X），实现智能向导和安全出行。经自助阅读材料和人工解答后，小五获知，加入V2X的车辆可以周期性地向一定范围内的接收器广播自己的位置（基于北斗卫星三号导航系统定位）、速度和移动轨迹信息，该类信息用于交通疏导和规避险情。同时，车辆在监测到异常或危险，如监测到车辆逆行或其他交通事故时还会触发告警信息的发送。”

在上面的设想中，低时延性极其重要，例如监测到危险时，消息发送的端到端时延过长，那么车辆极有可能来不及做出制动等动作，交通事故的发生率将显著增高。超可靠性也同样不可或缺，设想如果某一车辆接入失败，那是否会面临失控的危险？uRLLC 应用于工业控制等垂直应用也是同理，需为用户提供毫秒级的端到端时延和接近 100% 的业务可靠性保证。5G 三大应用场景的不同性能需求如图 1.15 所示。

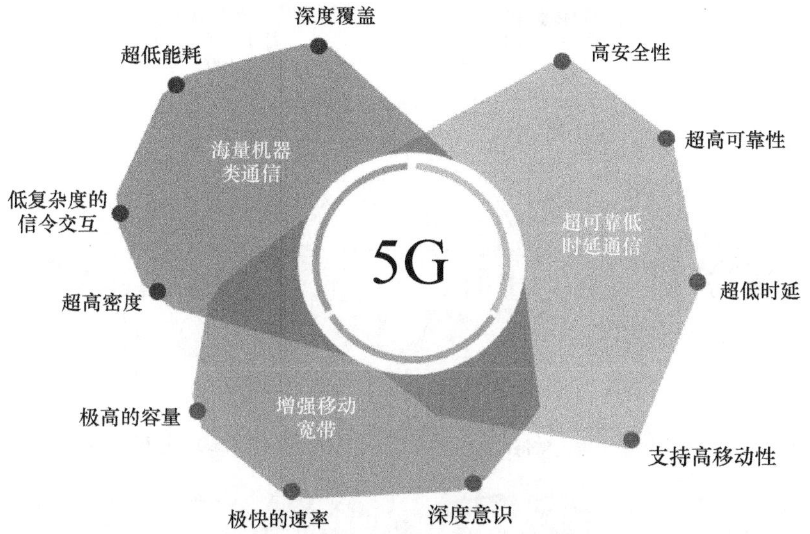

图 1.15 5G 三大应用场景的不同性能要求

1.3.2 审美的标准——八大关键指标

IMT-2020（5G）推进组于 2014 年发布《5G 愿景与需求白皮书》时指出，未来 5G 移动通信系统除关注用户体验速率、连接数密度和时延等性能需求外，还需关注频谱效率、系统能效等效率需求。性能需求和效率需求共同定义了 5G 的关键能力指标。如图 1.16 所示，“5G 之花”模型由代表性能需求的 6 片花瓣和代表效率需求的 3 片绿叶组成，前者体现 5G 满足面向 2020 年及未来多样化业务需求的能力，后者则是实现 5G 可持续发展的基本保障。

“5G 之花”的九大技术指标被 ITU 接受了 8 个。如图 1.17 所示，ITU-R 定义的 5G 关键能力指标包括用户体验速率、峰值速率、时延、移动性、流量密度、连接数密度、网络能效和频谱效率。

用户体验速率（User experienced data rate），即在实际网络载荷下可保证的用户速率，具体可用 5% 的小区吞吐率量度，单位为 Mbit/s 或 Gbit/s。用户体验速率是首次作为衡量移动通信系统的核心性能指标而被引入的 5G 关键指标。由于实际网络中，用户体验速率与无线环境、设备接入数、用户位置等因素息息相关，一般使用 95% 比例统计方法进行评估。在不同场景下，5G 将支持不同的用户体验速率，如在连续广覆盖场景中需达到 100Mbit/s，而在热点高容量场景中则期望达到 1Gbit/s。

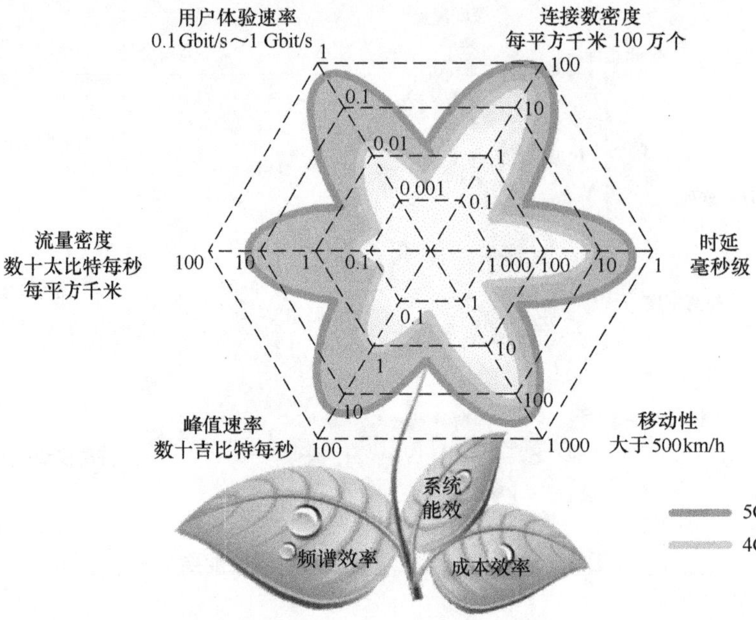

图 1.16 “5G 之花”模型

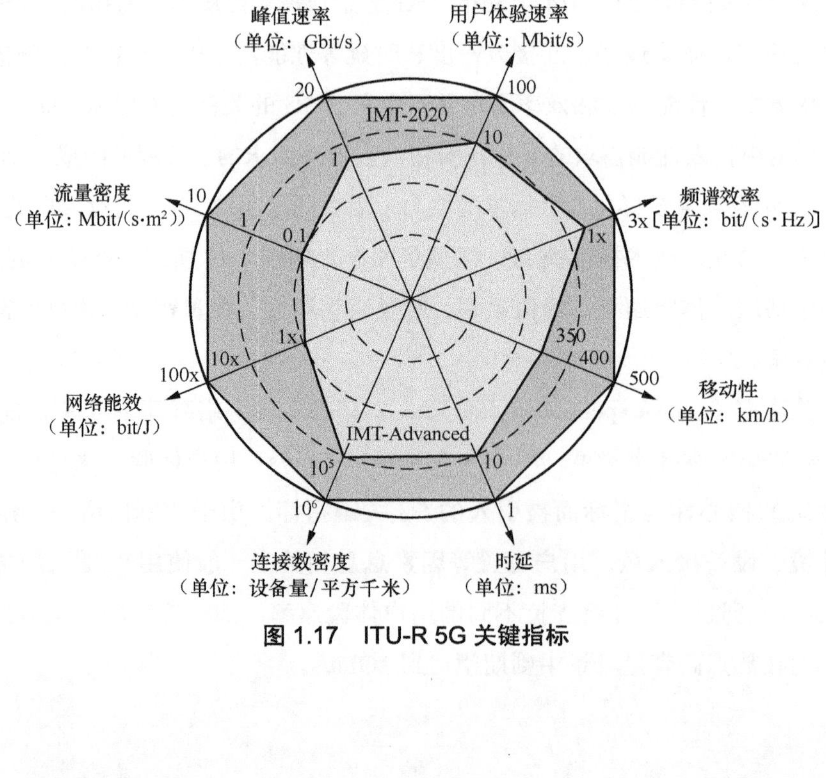

图 1.17 ITU-R 5G 关键指标

峰值速率（Peak Data Rate），即在理想信道条件下单用户所能达到的最大速率，可用 Gbit/s 衡量。峰值速率是历代移动通信系统的关键提升方向，5G 时代虽然不再是简单地以更高峰值速率为核心设计目标，但正如前文所述，由于用户体验速率与峰值速率正相关，5G 移动通信系统仍将持续不断地提升系统峰值速率。相比于 4G 网络，5G 的峰值速率将提升数十倍，一般条件下达到 10Gbit/s，而特定条件下达到 20Gbit/s。

时延（Latency），具体包括空口时延和端到端时延，实际上也对应了一定的可靠度，具体可采用 OTT 或 RTT 衡量，单位为 ms。受益于 4G 的扁平化网络架构，移动通信系统时延性能得到大大提升，而 5G 对时延的要求则更为严苛，具体到空口时延需低至 1ms。可以预见，随着技术体系的突破和 5G 进一步演进，系统对时延的敏感度将变得更高。

移动性（Mobility），即满足特定 QoS 和无缝传输条件下可支持的最大移动速率。该指标针对地铁、高铁、高速公路等特殊场景，单位为 km/h。在传统移动通信系统中，移动速度对终端网速的影响主要体现在多普勒频移和频繁切换上。5G 系统的设计需重点克服这一难题，使得用户终端在 500km/h 的极端环境下，也能保持始终如一的高速连接。

流量密度（Area Traffic Capacity），即在忙时测量时，典型区域单位面积上总的业务吞吐量，单位为 $Tbit/(s \cdot km^2)$。流量密度是衡量典型区域覆盖范围内数据传输能力的重要性能指标，具体与网络拓扑、用户分布、传输模型等密切相关。面向 2020 年及未来，为满足大型体育场、露天会场等局部热点区域的覆盖需求，5G 支持的流量密度相对 LTE-A 需得到成百倍的提升，具体不低于数十太比特每秒每平方千米。

连接数密度（Connection Density），即单位面积上可支持的在线终端的总和，在线是指终端正以特定的 QoS 等级进行通信，一般可用 $10^4/km^2$ 来衡量连接数密度。为了应对物联网快速发展背景下的海量器件连接需求，5G 连接数密度至少需获得相对 LTE-A 10 倍的增长，单位面积内可支持的连接器件数目达到 $1 \times 10^6/km^2$。

网络能效（Energy Efficiency），即网络侧和终端侧每消耗单位能量可收发的数据量，可用 bit/J 衡量。面对未来移动互联网和物联网爆发式的增长需求，如网络部署和运营的成本继续居高不下，那么海量连接将无异于天方夜谭。为了实现移动通信系统的可持续发展，5G 需重点关注网络能效指标。ITU-R 期望，5G 系统的网络能效相对 LTE-A 能够得到超百倍的提升。

频谱效率（Spectrum efficiency），即单小区单位频谱资源上的数据吞吐量，可用 bit/（s·Hz）衡量。以 VoLTE 语音为例，实验测试数据表明，单小区每 5MHz 频谱在 VoLTE 下可支持 119 路话音，而 GSM 仅支持 32 路。因此，VoLTE 相对 GSM 在语音频谱效率方面提升接近 4 倍。这样，相同的话音流量只需用相对较少的频谱资源来承载，节余的频谱资源便可释放出来用于其他需求上。可见，频谱效率的提升，对于占用频谱这种短缺且不可再生资源的移动通信系统来说，显得至关重要。5G 频谱效率被期望相对于 LTE-A 网络有 3 倍的提升，室外场景下的平均频谱效率需达到 6 ~ 9bit/(s·Hz)。

经过一系列的测算，人们得出一些典型场景的关键性能指标，具体包括密集居住区、办公室、商场、体育馆、大型露天集会、地铁系统、火车站、高速公路和高速铁路。稍作分析，我们容易得出这样的判断：ITU-R 5G 关键指标基本可满足表 1.1 中所列典型场景的性能要求，即 5G 关键指标是基于一系列面向 2020 年及未来多样化新型业务和用户需求的科学测算后审慎定义的。

表 1.1　5G 典型应用场景的性能要求

分类	场景	流量密度（下行 / 上行，单位 bit/（s·km²））	连接数密度（设备量 / 平方千米）	时延（ms）	用户体验速率（下行 / 上行，单位 Mbit/s）	移动性（km/h）	典型区域面积（km²）
住宅类	密集住宅	3.2T/130G	1 000 000	10 ～ 20	1 024/512	—	1
工作类	办公室	15T/2T	750 000	20	1 024/512	—	500 ～ 1 000
休闲类	商场	120G/150G	160 000	5 ～ 10	15/60	—	0.24
	体育场馆	800G/1.3T	450 000	5 ～ 10	60/60	—	0.2
	露天集会	800G/1.3T	450 000	5 ～ 10	60/60	—	0.44
交通类	地铁	10T/—	6 000 000	10 ～ 20	60/—	110	410
	火车站	2.3T/330G	1 100 000	10 ～ 20	60/15	—	9 000
	高速公路	—	—	<5	60/15	180	—
	高铁	1.6T/500G	700 000	50	15/15	500	1 500

为了便于读者更为感性地体会 5G 关键指标的优越性，表 1.2 列举了一些日常生活用例作为对比。

表 1.2　5G 关键指标感性认识

名称	ITU 指标	感性认知
用户体验速率	100Mbit/s	①用户可随时随地体验 4G 峰值速率； ②标清、高清、4K 视频所占带宽分别为 3Mbit/s、6Mbit/s、50Mbit/s，VR 所占带宽为 170Mbit/s
峰值速率	20Gbit/s	单用户理想情况下，1s 可下载一部 2.5G 的 4K 超高清视频
流量密度	10Mbit/（s·m^2）	
网络能效	100x	可粗略认为，5G 网络 100 cells 能耗仅相当于 4G 网络 1 cells 的能耗
连接数密度	10^6/km^2	深圳人口密度 5 963 人每平方千米为现阶段国内最高，相当于人均可接入的智能终端超过 100 台
空口时延	1ms	①普通场景：电影胶片以 24 帧每秒的速率播放，相当于时延 41.66ms，人的视觉感觉流畅，声音超前或滞后画面 40ms ～ 60ms，人不会感觉声画不同步； ② VR 场景：业内普遍认为画面延迟低于 20ms 时人体无晕眩感； ③车联网场景：时速 60km/h 行驶的汽车，1ms 时延的制动距离为 17mm
移动性	500km/h	目前国内高铁试运行最高时速为 486.1km/h，已投入使用高铁最高时速为 350km/h，即在该条件下，可满足现阶段地面移动通信的几乎所有场景
频谱效率	3x	相对 GSM，VoLTE 语音获取接近 4 倍频谱效率提升

1.4　路还有多远——5G 商用预判

5G 技术的发展遵循技术成熟度曲线（The Hype Cycle），即满足“双驼峰”规律。Gartner 2016 电信行业技术成熟曲线指出，当前 5G 技术仍处于创新促动期，那么 5G 何时能够跨越过高期望顶峰和泡沫化低谷期，进入稳步爬升光明期甚至量产高峰期呢？简而言之，5G 究竟离我们还有多远？

衡量 5G 技术的普及程度和速度，可从技术可行性、应用成本、市场供需、经济效益以及社会和政府监管部门接受度等几方面来考量。

技术可行性。IMT-2020（5G）推进组牵头组织，聚合运营企业、组织企业及科研机构等各方力量，共同开展了 5G 技术研发试验。试验将分 3 个阶段进行，关键技术验证，即单点关键技术（如大规模天线、新波形、新编码、网络切片、边缘计算等）样机性能测试；技术方案验证，即基于6GHz以下融合多种关键技术，开展单基站性能测试；系统验证，即面向全频谱的5G系统的组网技术性能测试和5G典型业务演示。从目前第二阶段的测试结果来看，测试结果喜人。如图1.18所示，在连续广覆盖方面，使用C波段整个200MHz全带宽，采取5G新空口及大规模多入多出（64个端口大规模天线阵列）等技术，实测单用户峰值速率3.6Gbit/s、小区吞吐量11.79Gbit/s，换算成下行，则小区峰值吞吐率超过18Gbit/s，实现了预期的目标。在低时延高可靠、低功耗大连接等方面，试验结果也都超出了ITU-R对5G定义的相关要求。基于IMT-2020（5G）推进组第二阶段测试结果，我们基本可以判断，围绕5G的一系列关键技术具有良好的可行性。对此，推进组也将对测试结果进行总结和规范，并提交至3GPP，以真正促进形成国际标准。

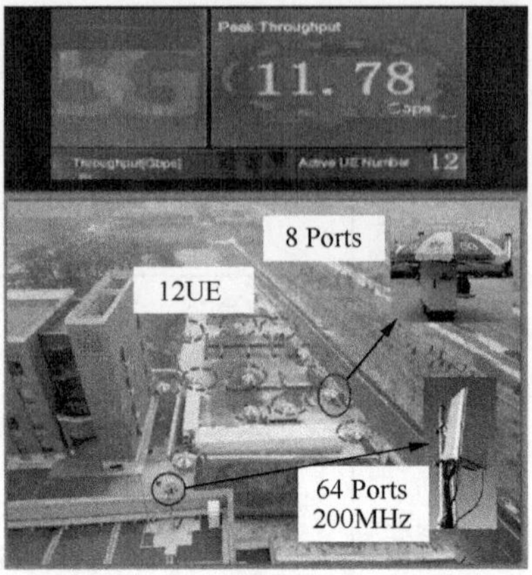

图1.18　5G峰值速率试验结果

应用成本。对于电信运营商而言，部署5G网络，无疑会面临如何节省频谱开销、如何利用现有无线网络平滑升级支撑新的业务形态以达到保护原有4G投资的目的、如何保证灵活的组网架构以降低运营和维护成本等诸多问题。在频谱成本方面，针对低频段进行合理重耕是解决问题的有效途径，低频段满足连续广覆盖层、高频段满足热点高容量层已形成共识。在网络平滑升级方面，几乎可以断言，5G是跨越式变革而非演进式改变。但业内在讨论5G标准时已注意到保护4G投资的必要性，在制定5G新空口规范的同时也预留了兼容4G的路线。值得欣喜的是，以中兴通讯为代表的设备商提出的“5G技术4G化”在实践中取得了不错的成果（如2017年5月，中兴通讯携手中国联通，在泉州FDD商用网络开通国内首个Pre5G超高速率业务试点，创下国内首个外场真实网络环境下高达1Gbit/s的峰值下载速率，超过现有4G网络峰值速率6倍以上）。这一消息对电信运营商来说无疑是令人振奋的。这也意味着，通过引入5G关键技术增强4G网络性能，可以一定程度为回收4G投资预留若干时间窗口期。在组网方面，未来有望通过基于SBA的基础网络架构实现微小站等的“即插即用”，给网络运营带来极大的便利性。SBA将在后文详细介绍。综上，应用成本问题取决于电信运营商对自身业务转型升级必要性的战略决策以及对未来移动通信业务和垂直行业应用业务市场发展的研判。

市场供需。5G 除了直接推动移动通信技术和产品的重大飞跃，还会带动芯片、软件等领域快速发展，催生工业互联网、车联网等新业态，带动其他行业蓬勃发展。这里以车联网为例。我国车联网市场的发展以 2009 年车载信息终端 Telematics 产品的发布为标志性启动事件。2015 年，我国 Telematics 的出货量约为 1 600 万台（统计数据已包含前装市场和后装产品），仅占当年汽车保有量的 9%，渗透率很低。而中国汽车市场占全球汽车市场保有量的 14.9%，基数庞大，一旦在 5G 时代统一接入车联网，市场潜力十分巨大。埃森哲的一项市场研究显示，消费者愿意为车联网额外支付的最高费用可达新车价格的 16%，参照这一数据推算，远期我国车联网市场规模有望达到 1×10^4 亿元以上。

经济效益。在 4G 时代，运营商普遍面临发展困局，管道化的趋势愈演愈烈，即使开展精细化的流量经营也难以回避每比特收益不断降低的尴尬，而 5G 为运营商带来了业务转型升级的契机。能否把握稍纵即逝的战机，敢于直面市场竞争和挑战，积极探索 5G 发展新的业务模型和商业模式，决定了部署 5G 网络经济效益的好坏。

社会和政府监管部门接受度。诚如大唐电信在其 5G 白皮书里所言，用户只在乎 5G 是否够用、好用、易用、便宜、安全可靠和个性化。因此，高速高效的 5G 绿色网络必然广受用户的欢迎。而在各国政府和组织纷纷抢占 5G 话语权之际，监管部门对于 5G 的迫切性是不言而喻的。

到此，我们可以有把握地论断，5G 离我们已经不远，在 2020 年前后，我们将迎来新一代的移动通信系统。值得注意的是，5G 的正确打开方式并非是唯一的，这取决于不同国家、不同地区乃至不同运营商的发展策略的细微差别。5G 可以是非独立式演进，也可以是独立式演进，在具体的组网方式上也将是多元化的。也正由于这种开放性，5G 也将更契合人们心中对未来移动通信系统的期待和想象。

1.5　小结

面向 2020 年及未来，5G 将朝着“用户中心、泛在连接、开放生态、绿色安全”的方向演进，进而实现“信息随心至，万物触手及”的愿景。5G 将广泛释放信息技术数字红利，不断催生出新技术、新产业、新业态、新模式，给全球经济带来新一轮的高增长。

为满足多样化业务和用户需求，5G 定义了增强移动宽带、海量机器类通信和超可靠低时延通信三大场景，其关键性能指标和效率指标相对 LTE-A 也有着显著的提升。

基于对 5G 技术可行性、建设成本和市场经济效益等关键要素的研判，国内 5G 网络有望在 2020 年迎来大规模部署和商用，进而给用户带来良好交互体验，实现万物智能互联。

参考文献

[1] ITU-R M.1865. Framework and overall objectives of the future development of IMT for 2020 and beyond [R]. 2015.

[2] IMT-2020（5G）推进组 .5G 愿景与需求白皮书 [R]. 2014.

[3] IMT-2020（5G）推进组 .5G 概念白皮书 [R]. 2015.

[4] Cisco.Visual Networking Index： Global Mobile Data Traffic Forecast Update，2016–2021[R]. 2017.

[5] 埃森哲 . 运营商 2020：迈向数字化之路 [R]. 2017.

[6] IHS Markit.5G 经济：5G 技术将如何影响全球经济 [R]. 2017.

[7] Gartner. 电信行业技术成熟曲线 [R]. 2016.

[8] 中华人民共和国工业和信息化部 . 公开征求对第五代国际移动通信系统（IMT-2020）使用 3300-3600MHz 和 4800-5000MHz 频段的意见 [Z]. 2017.

[9] 中华人民共和国工业和信息化部 . 公开征集在毫米波频段规划第五代国际移动通信系统（5G）使用频率的意见 [Z]. 2017.

[10] 大唐电信 . 演进、融合与创新 5G 白皮书 [R]. 2013.

[11] 金准数据 . 5G 网络通信行业研究报告 [R]. 2017.

[12] 中国信息通信研究院 .5G 经济社会影响白皮书 [R]. 2017.

第 2 章

香农路径再思考

2.1　5G 探索方向——敢问路在何方

无线通信技术从第一代模拟移动通信系统算起，发展至今已有 40 年。随着我国信息化产业的迅猛发展，人们的生活已经离不开通信网络。特别是移动无线网——手机终端的各种应用已成为一种生活习惯，无线网络就如水、电一样，是我们生活中的必需品。可以预见在未来的数年，移动通信的用户数、设备连接数、数据吞吐量将会呈指数式增长，各国研究机构不约而同展望 5G 将会出现在 2020 年的移动通信场景中。“5G 必将到来”是目前全球通信行业的共识，也是全球通信企业及通信研发机构的头等大事。然而 5G 技术的探索方向在哪里？笔者将从满足未来通信业务的需求侧“5G 的三大应用场景：高速率、低延时、大连接”发起探索。下面将会介绍移动通信 1G 到 4G 网络的演进历史，如图 2.1 所示，沿着“香农路径”探索 5G 技术的发展方向，最后根据现阶段的通信格局提出两种部署方式：空口革命方式和渐进式演进方式。

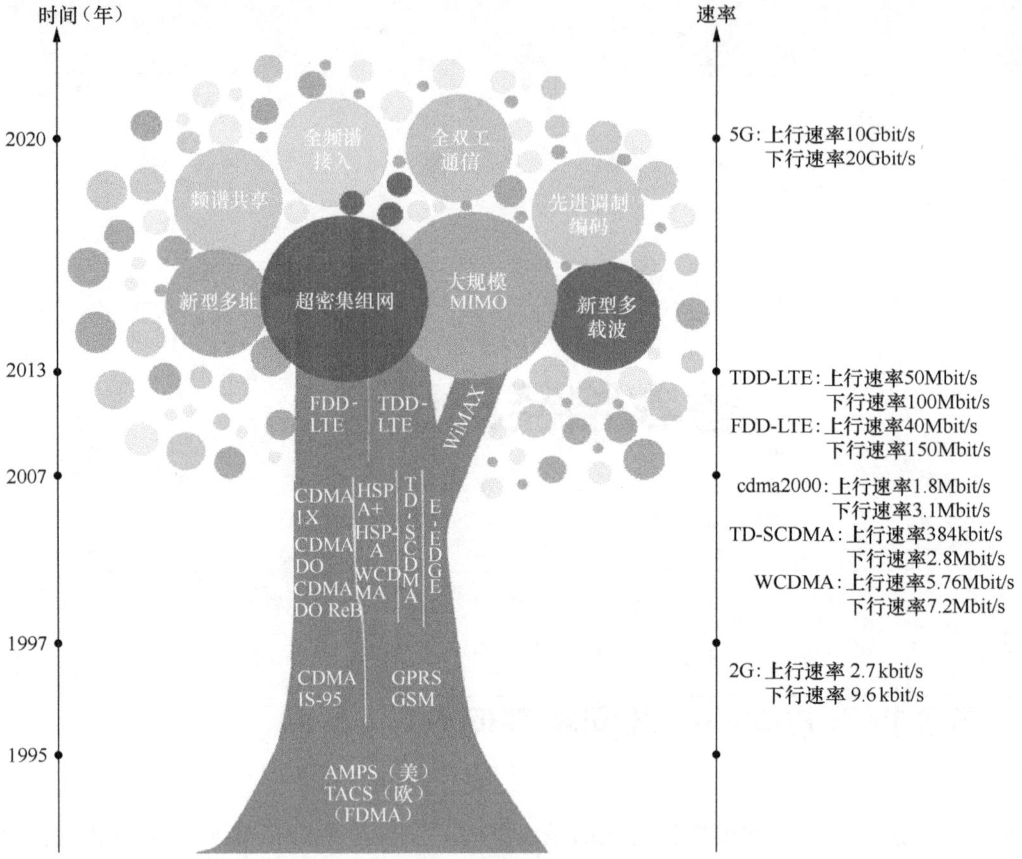

图 2.1 移动通信系统演进

2.1.1 1G 到 4G 的先导——回顾历代系统发展历史

大家会发现在本书中经常会出现“3G”“4G”“5G”这些词语，为了让读者更好理解，笔者在这里占用些许篇幅介绍“G”这个概念。在移动通信领域中，习惯根据发展阶段划分为各个“时代”，这里的“G”意思就是“Generation”的意思。例如 1G 是指第一代移动通信系统，2G 是指第二代移动通信系统，以此类推。移动通信自 20 世纪 80 年代初诞生以来，已经走过了 30 多年，大约每 10 年就经历一次标志性的技术革新。下面笔者将简单回顾第一代至第四代移动通信技术的发展历程并从中总结出技术革新，网络演进的规律。

（1）第一代移动通信系统——移动通信从无到有

第一代移动通信系统（1G，1st Generation）是基于频分多址（FDMA，Frequency Division Multiple Access）技术和模拟调制技术构成的通信系统，其原理十分简单，就是将模拟信号进行调制 / 解调，然后通过分配的无线频率资源（频点）进行传送。

1978 年，美国贝尔实验室研制成功先进移动电话系统（AMPS，Advanced Mobile Phone System），建成了蜂窝状移动通信系统。而其他工业化国家也相继开发出蜂窝式移动通信系统。第一代移动通信系统最重要的贡献是由贝尔实验室在 20 世纪 70 年代提出的蜂窝网的概念，该概念沿用至今。蜂窝网，即小区制，它的出现提高了频率复用率，进而起到了提高系统容量的作用。第一代移动通信系统的典型代表是美国的 AMPS 和后来的改进型总接入通信系统（TACS，Total Access Communications System），以及 NMT 和 NTT 等。AMPS 使用 800MHz 频带，在北美、南美和部分环太平洋国家被广泛采用；TACS 使用 900MHz 频带，分为 ETACS（欧洲）和 NTACS（日本）两种版本，英国、日本和部分亚洲国家广泛采用此标准。

第一代移动通信系统的主要特点是采用频分复用，语音信号为模拟调制，每隔 30/25kHz 一个模拟用户信道。第一代系统在商业上取得了巨大的成功，但是其弊端也日渐显露出来。

首先是其频率利用率低，导致容量十分有限，使用价格变得非常昂贵，以致它无法真正大规模普及和应用，只能成为当时的一种奢侈品和财富的象征。其次，安全性和抗干扰能力也不足，容易被窃听。最后是业务类型十分有限，不同国家技术标准各不相同，即只有“国家标准”，没有“国际标准”，无法实现国际漫游。

大哥大的回忆，中国的第一代模拟移动通信系统于 1987 年 11 月 18 日在广东第六届全运会上开通并正式商用，采用的是英国 TACS 制式。从中国电信 1987 年 11 月开始运营模拟移动电话业务到 2001 年 12 月底中国移动关闭模拟移动通信网，1G 系统在中国的应用长达 14 年，用户数最高曾达到了 660 万。如今，1G 时代那像砖头一样的手持终端——大哥大，已经成为很多人的回忆，如图 2.2 所示。

图 2.2 大哥大的回忆

虽然 1G 系统存在如此之多的缺点与局限性，但它完成了移动通信从无到有的历史使命，暴露出的问题也成为下一代技术的重点改进方向。

（2）第二代移动通信系统——移动通信从模拟到数字

为了解决第一代移动通信系统中存在的根本性技术缺陷，数字移动通信技术应运而生，就是以 GSM 和 IS-95 为代表的第二代移动通信系统。与第一代模拟移动通信网相比，第二代移动通信系统提供了更高的网络容量，改善了话音质量和保密性，并为用户提供无缝的国际漫游。相对于前代系统，第二代移动通信系统具有保密性强、频谱利用率高、能提供的业务丰富、标准化程度高等特点。第二代移动通信系统主要采用的是数字的时分多址（TDMA）技术和码分多址（CDMA）技术。其主特性是提供数字化的话音业务及低速数据业务。它克服了模拟移动通信系统的弱点，提高了话音质量及抗干扰能力，保密性也得到了较大的改善。第二代移动通信完成了模拟技术向数字技术的转变，但由于不同的制式的原因，国际之间的移动通信标准不完全统一，用户只能在同一制式覆盖的范围内进行漫游（实现了有限度的国际漫游），因此，无法进行全球漫游，而且由于 2G 系统的带宽有限，限制了数据业务的应用，无法实现如移动的多媒体等高速率的业务。下文将介绍两个 2G

时代的代表系统——GSM系统及IS-95系统。

① 全球移动通信系统（GSM，Global System for Mobile Communication）发源于欧洲，在1992年开始商用。GSM是为全球数字蜂窝通信标准而设计的，它支持64kbit/s的数据速率，可与综合业务数据网（ISDN）互联。GSM采用FDD双工方式和TDMA多址方式，主要使用的频段为900MHz和1 800MHz，每载频支持8个信道，信号带宽为200kHz。GSM最初仅为泛欧标准，随着该系统在全球的广泛应用，发展为全球移动通信系统。GSM系统具有标准化程度高、接口开放的特点，强大的联网能力推动了国际漫游业务，用户识别卡的应用，真正实现了个人移动性和终端移动性，不足之处是相比模拟系统容量增加不多，仅仅为模拟系统的两倍左右。

GSM——移动通信的里程碑：GSM系统在欧洲取得了良好的应用效果，统一了当时欧洲移动通信制式，并向全球推广。GSM是移动通信系统的里程碑，在巅峰时期占据了全世界85%移动通信市场份额，是2G时代当之无愧的霸主。直到3G、4G标准的出现，GSM才开始式微，目前全球份额仍然保持在30%以上。

②IS-95是北美的数字蜂窝标准，它采用CDMA方式，使用800MHz或1 900MHz频段。CDMA技术具有容量大、覆盖好、话音质量好、辐射小等优点，但由于窄带CDMA技术成熟较晚，标准化程度较低，因此IS-95系统在全球的市场规模远不如GSM系统。

（3）第二代移动通信系统数据增强——传说中的2.5G

第二代移动通信系统（GSM、IS-95）在最开始的时候并没有考虑传输数据业务，仅为实现语音的传输。随着时间推移，2G系统开始感受到数据业务带来的压力，网络升级工作被提上议程。为了解决中速数据传输问题，从1996年开始陆续出现GPRS（General Packet Radio Service）、EDGE（Enhanced Data Rates for Global Evolution）和IS-95B（不久演进为CDMA 1X）等升级技术提供低速率数据服务（低速率是相对3G/4G系统而言），后世称其为2.5G。

2.5G技术的出现是对第二代移动通信系统有力的补充，GPRS传输速度可以达到115kbit/s；EDGE的传输速度可以达到384Kbit/s，足够承担当时的多媒体、Email业务，弥补了原系统在数据业务领域的不足，有力地延长了该系统的生命周期。它使GSM网络规模效应发挥到极致，甚至在一定时期内压缩了更加先进的3G系统的市场空间。

中国的 GPRS：时至今日，国内 GPRS 网络由于具有覆盖完善、入网方便、成本低廉等优点，受到许多对速率要求不高，时延不敏感的物联网业务的青睐。例如，目前在各大城市火爆的 Mobike 共享单车正是使用 GPRS 网络回传数据，如图 2.3 所示。中国移动数据显示 GPRS 现网中仍然保有数亿物联网终端，超过了移动终端用户数。

图 2.3　Mobike 共享单车

（4）第三代移动通信系统——移动通信由窄带走向宽带

互联网的发展促进了数据和多媒体通信业务的快速发展，所以第三代移动通信的目标就是移动宽带多媒体通信。3G 系统不同于此前的系统，它是第一次由 ITU 发布的国际标准，是一种真正意义上的宽带移动多媒体通信系统，能够同时传送声音及数据信息，速率一般在几百千比特每秒以上，是将无线通信与国际互联网等多媒体通信结合的新一代移动通信系统。

2G 到 3G 的演变，实际上是移动通信系统从以语音为核心业务向以数据为核心业务演变。目前 3G 系统存在三种标准，分别是 CDMA 2000、WCDMA、TD-SCDMA，下文将会分别简述。

WCDMA 全称为 Wideband CDMA，也称为 CDMA Direct Spread，意为宽频分码多重存取，这是基于 GSM 网发展出来的 3G 技术规范，是欧洲提出的宽带 CDMA 技术，它与日本提出的宽带 CDMA 技术基本相同。WCDMA 的支持者主要是以 GSM 系统为主的欧洲以及后来加入的日本厂商。他们为了继承 GSM 庞大的市场份额，提出了 GSM（2G）-GPRS-EDGE-WCDMA（3G）的演进策略。这套系统能够架设在现有的 GSM 网络上，实现平滑升级。因此，WCDMA 具有先天的市场优势。WCDMA 是当今世界上采用的国家及地区最广泛的，终端种类最丰富的一种 3G 标准，占据全球 3G 系统 80% 以上市场份额。

CDMA 2000 是由 CDMA IS-95 技术发展而来的宽带 CDMA 技术，也称为 CDMA 1X，它是由美国高通北美公司为主导提出的，摩托罗拉、朗讯（2006 年与阿尔卡特合并，2015 年阿朗被诺基亚收购）及后来加入的韩国三星都有参与。这套系统是从窄频 CDMAOne 数字标准衍生出来的，可以从原有的 CDMAOne 结构直接升级到 3G，建设成本低廉。但使用 CDMA 的地区只有日本、韩国和北美，所以 CDMA 2000 的支持者不如 WCDMA 多。该标准提出了 CDMA IS-95（2G）—CDMA 2000 1x—CDMA EVDO（3G）的演进策略。

TD-SCDMA（Time Division-Synchronous CDMA）是由中国提出的 3G 标准，1999 年 6 月 29 日，原邮电部电信科学技术研究院（大唐电信）向 ITU 提出，TD-SCDMA 具有辐射低的特点，被誉为绿色 3G。该标准将智能无线、同步 CDMA 和软件无线电等当今国际领先技术融于其中，在频谱利用率、对业务支持灵活性、频率灵活性及成本等方面具有独特优势。

高通 CDMA 之路：高通倡导的码分多址技术从 2G 开始直到 3G 一直在努力追赶欧洲倡导的 GSM 系列标准。IS-95 对应 GSM，CDMA EV-DO 对应 WCDMA，在技术与市场的较量上始终稍逊一筹，现阶段高通已经放弃 EV-DO 的版本演进，转而加入欧洲阵营主导的 LTE 技术体系中。

（5）第四代移动通信系统——移动通信长期演进的起点

接下来将介绍我们最熟悉的“4G”时代了，先介绍关于 4G 的一个关键的事件。

2012 年 1 月 18 日下午 5 时，国际电信联盟在 2012 年无线电通信全会全体会议上，正式审议通过将 LTE-Advanced 和 WirelessMAN-Advanced （802.16m）技术规范确立为 IMT-Advanced（俗称“4G”）国际标准，中国主导制定的 TD-LTE-Advanced 和 FDD-LTE-Advance 同时并列成为 4G 国际标准。

通过这个事件我们获得了两个重要信息，首先是被国际电联承认的 4G 标准有两个，LTE-Advanced（中国主导的 TD-LTE 也归属于此）和 Wireless MAN-Advanced，在下文将会分别讨论；其次是我们现阶段所用的 LTE 在严格意义上还未达到 4G 的标准，只有升级版的 LTE Advanced 才满足国际电信联盟对 4G 的要求，而 4G 的另外一条路线——WiMAX 也是同样情况。

① LTE-Advanced 演进路线。

长期演进（LTE，Long Term Evolution） 项目是 3G 的演进，它改进并增强了 3G 的空中接入技术。基础版本采用 OFDM 和 MIMO 技术为主，通过增大系统带宽及提高频谱效率，实现上下行速率的提升（峰值速率上行 50Mbit/s，下行 150Mbit/s），通过减少网络架构层级降低用户面时延。

LTE-Advanced 就是 LTE 技术的升级版，LTE-Advanced 的正式名称是 Further Advancements for EUTRA，它满足 ITU-R 的 IMT-Advanced 技术征集的需求，是 3GPP 形成欧洲 IMT-Advanced 技术提案的一个重要来源。LTE-Advanced 是一个后向兼容的技术，完全兼容现在版本的 LTE，目前成熟的代表技术是载波聚合（Carrier Aggregation）、上 / 下行多天线增强（Enhanced UL/DL MIMO）、多点协作传输（Coordinated Multi-point Tx&Rx）、异构网干扰协调增强（Enhanced Inter-cell Interference Coordination for Heterogeneous Network）等，LTE-Advanced 的关键参数如下。

- 带宽：100MHz。
- 峰值速率：下行 1Gbit/s，上行 500Mbit/s。
- 峰值频谱效率：下行 30bit/(s·Hz)，上行 15bit/(s·Hz)。
- 针对室内环境进行优化。
- 有效支持新频段和大带宽应用。
- 峰值速率大幅提高，频谱效率有效地改进。

如果将 LTE 定义为 3.9G 移动通信技术，那么 LTE-Advanced 可以定义为真正的 4G 移动通信技术。

② WirelessMAN-Advanced 演进路线。

WiMAX（Worldwide interoperability for Microwave Access），即全球微波互联接入（另

一个名字是 IEEE 802.16），WiMAX 是一项新兴的宽带无线接入技术，能提供面向互联网的高速连接。WiMAX 具有 QoS 保障好、传输速率高、业务丰富多样等优点。它的缺点也比较明显，不能支持用户在移动过程中无缝切换，允许的移动时速为 50km/h。如果超过此速度进行通信，WiMAX 将达不到切换要求而出现掉线。WiMAX 在移动性能上远不如 LTE 系列标准，甚至比不上 3G。从严格意义上说，它不是一个移动通信系统的标准，而是无线城域网的技术。

WirelessMAN-Advanced，即 WiMax 的升级版（IEEE 802.16m 标准），该标准最高可以提供 1Gbit/s 的无线传输速率，还将兼容未来的 4G 无线网络。802.16m 可在“漫游”模式或高效率 / 强信号模式下提供 1Gbit/s 的下行速率。该标准还将支持“高移动”模式，弥补原生的不足。但由于前身技术 WiMAX 的先天缺陷以及市场运营因素，这系列技术标准暂没有受到全球大多数通信商的青睐，本书由于篇幅所限就不在此技术上继续展开。

LTE 与 WiMAX 之争：WiMAX 是一种从 Wi-Fi 演变而来的技术，Intel 公司带领大批通信芯片商与设备商组成 WiMAX 联盟，声称这项技术将成为 4G 技术标准，代替当时的 3G 标准。这一举动极大地触动了 3G 设备厂家的神经，特别是提倡 GSM-WCDMA-HSDPA+ 演进路线的欧洲设备商利益。为此，3GPP 成立 LTE 项目工作组，加速 4G 技术研发的进程，随着 LTE 技术落地，各项性能均不弱于 WiMAX，而且在移动性及与原系统兼容性方面更是大幅度领先，渐渐获得绝大多数运营商的认可。而反观 WiMAX 阵型却由于经营问题遭遇滑铁卢，经过不完全统计，WiMAX 移动用户仅为 800 万，此消彼长下导致 4G 领域内出现 LTE 标准一家独大的局面。

2.1.2　香农路径——总结通信技术发展规律

在上一节中，我们回顾了 1G 到 4G 的发展历史。第一代移动通信系统是以 FDMA（频分多址）技术为主，模拟调制语音信号，实现语音通信。第二代通信系统基于 TDMA（时分多址）技术，实现语音及低速数据传输业务。第三代通信系统则以 WCDMA、CDMA 2000、TD-SCDMA 这 3 种码分多址技术制式为主。第四代移动通信以 LTE 系列技术为主，包括 OFDM、MIMO 等，演进路径如图 2.4 所示。

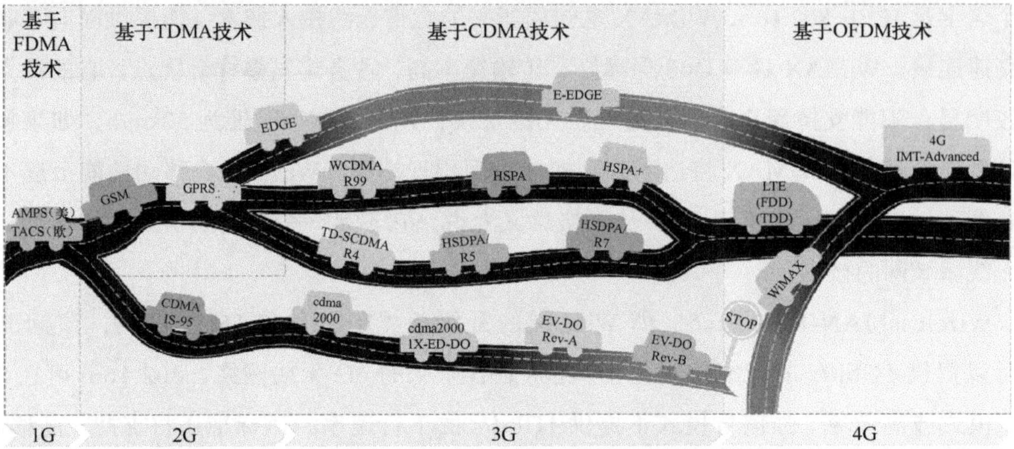

图 2.4　移动通信系统演进路径

（1）发展规律分析

在这众多代移动通信系统的演进过程中，我们发现几个共同点。

① 承载的业务日渐丰富，由语音业务到数据业务，由低速数据业务到高速数据业务等，上下行速率及容量日益增长。

② 系统的多工方式在持续变化，每代系统均有代表性的多工分址方式，在上文已述，不再重复描述。

③ 系统通道频宽在不断增大，从一、二代通信系统 200kHz 发展到 LTE 20MHz。

④ 频谱效率持续提升，频谱效率定义为净比特率（有用信息速率，不包括纠错码）或最大吞吐量除以通信信道或数据链路的带宽。

将上述结论整理为表格形式，可以更加直观便于对比，如表 2.1 所示。

表 2.1　历代移动通信系统性能对比

时代	系统名称	多址方式	通道频宽（Hz）	上行（bit/s）	下行（bit/s）	频谱效率上下行〔bit/（s·Hz）〕
1G	AMPS	FDMA	200k	—	—	—
2G	GSM	FDMA TDMA	200k	9.6k	14.4k	0.05/0.07
2G+	GPRS		200k	9.6k	116k	0.05/0.58
2G++	EDGE		200k	384k	384k	1.92/1.92

续表

时代	系统名称	多址方式	通道频宽（Hz）	上行（bit/s）	下行（bit/s）	频谱效率上下行〔bit/（s·Hz）〕
3G	WCDMA	FDMA CDMA	5M	5.76M	7.2M	1.15/1.44
3G+	HSPA		5M	5.76M	14.4M	1.15/2.88
3G++	HSPA+		5M	5.76M	21.6M	1.15/4.32
4G-	LTE	FDMA OFDM	20M	50M	100M	2.5/5
4G	LTE-A		100M	500M	1G	5/10

（2）综上所述，我们总结出历代移动通信技术的发展规律如下。

① 单位时间内传输吞吐量越大，消耗的频谱资源越多。

② 每一代系统的演进的主要目的就是如何更有效地利用频谱资源，提升频谱效率，多工方式的变化，正是服务于这个目的。

③ 如果频谱效率的提升仍无法满足升级需求，那就加大（频谱）资源投入。

我们用流程图表示这 3 点的发展规律，如图 2.5 所示，可以清晰地看到一条“路径”，一条历代技术演进必经之路，笔者称之为“香农路径”。

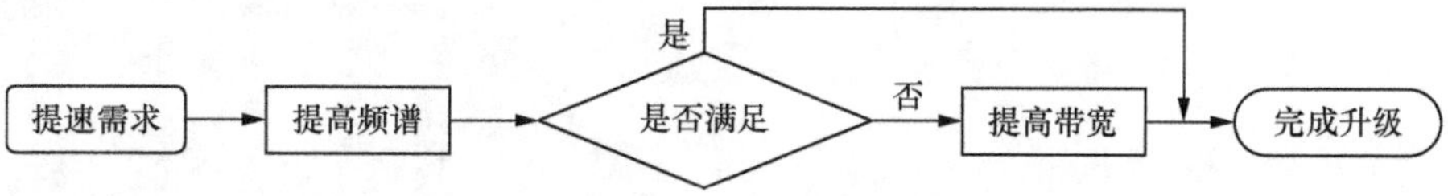

图 2.5　香农路径

（3）香农路径

“有线是无限的，无线是有限的”，这是通信界里面耳熟能详的一句话。它说明一个问题：在有限的信道带宽条件下，信道容量有最大值，而无线通信存在不可逾越的物理极限。为了更好让读者理解这结论，笔者在上文中花了许多篇幅去描述，最终用归纳总结的方式推导出来。然而早在 70 多年前，这问题已经被克劳德·艾尔伍德·香农（Claude Elwood Shannon，1916 年 4 月 30 日—2001 年 2 月 24 日）所证明，也就是“香农定律”。

香农定理数学形式为：$C=B\times\log_2(1+S/N)$；

其中，C 为信道容量（单位：bit/s），B 为信道带宽（单位：Hz），S 是平均信号功率，N 是平均噪声功率，S/N 即信噪比。

香农定理给出了信道信息传送速率的上限（bit/s）和信道信噪比及带宽的关系。香农定理可以解释现代各种无线制式由于带宽不同，所支持的单载波最大吞吐量的不同。

如图 2.6 所示，为了方便理解，我们来做个比喻。

1G：泥泞小道　2G：省道

3G：国道　4G：双层高速公路

图 2.6　1G 到 4G 带宽类比

我们将数据包比喻成公路上行驶的车辆，那网络上下行速率就是每秒经过指定路段车辆的多少（或吨位），B 带宽就是道路的宽度，S/N 信噪比就是路面状况。按照这个比喻，假如我们要增加系统的速率，常用的手段有增大信道带宽（车道越宽，可容纳的最大车流量越大）；采取更加先进的编码、调制方式（改善道路环境，行车速度更快）；采用 MIMO（相当于架设高架桥，空分复用开辟出一个新的通道）。

此外，我们将香农定理的表达方式变化一下：$C/B=\log_2(1+S/N)$，就是单位带宽的容量（业务速率），即频谱利用率的概念。也就是说，香农定理给出了一定信噪比下频率利用率的极限，也可以解释为信道容量与信道带宽成正比，同时还取决于系统信噪比以及编码技术。再次推导出提高速率的方法有两种，一种是加大信道带宽，另一种是提高频谱利用率。

香农定理总结为以下几点。

① 信道容量由带宽及信噪比决定，增大带宽、提高信噪比可以增加信道容量。

② 在要求的信道容量一定的情况下，提高信噪比可以降低带宽的需求，增加带宽可以降低信噪比的需求。

③ 香农公式给出了信道容量的极限，也就是说，实际无线制式中单信道容量不可能超过该极限，只能无限接近该极限。

2.1.3 5G 的演进方向——站在香农路径的尽头

我们从香农路径上回顾了 1G 到 4G 的发展历程，可以发现各代通信技术更新革命足迹都离不开香农路径，也就是每一代的技术发展，都是从带宽及调制方式上入手。那面向 5G 的演进，是否可以因循守旧，按以往的套路走即可，还是必须另辟蹊径，将在下文分析。

我们先从带宽方面说起，2G 的 GSM 每个频点的带宽为 200kHz，3G 每个用户的可用带宽（最大）是 5MHz，而 LTE 的可用带宽是 20MHz。带宽越大，资源越多，速率自然越高。然而在自然界中，频率资源是非常有限的不可再生资源，采用单纯的扩展带宽带手段来提升速率，满足 5G 业务需求的方法已经是不可行的。

再来看频谱利用率，即每秒每赫兹传输的比特数，比特数越多表示利用率越高。提高频谱利用率的手段一般是采用高效的编码方式和高阶的调制方式。高效的编码方式使得数据在传输时的抗干扰性增强，也就意味着吞吐量的提升；高阶的调制方式能使一个脉冲符号代表更多的比特数，比如 BPSK 调制后一个脉冲符号仅代表 1 个比特信息，而 64QAM 调制后一个脉冲符号却代表 6 个比特信息，对速率的提升是数量级的。2G 的 GSM 使用的是 GMSK 调制方式，编码后信息最大传送速率为 270.4kbit/s，这些是在 200kHz 的载波带宽上完成的，那么就可以得到 GSM 的频谱利用率为 1.35bit/(s·Hz)。3G 标准中使用了更高阶的编码和调制技术，使得频谱利用率达到 2.8bit/(s·Hz) 甚至更高。LTE 在调制和编码上和 3G 一样，都使用了 Turbo 编码和最高 64QAM 的调制技术，在卷积编码条件下，实际信道容量离香农极限还差 3dB；在 Turbo 编码的条件下，接近了香农极限。不仅如此，

LTE还使用了OFDM等多种技术来提高频谱利用率，LTE的频谱利用率高达15bit/(s·Hz)。因此，在编码的增益上，4G时代的Turbo码已经接近香农极限。而计划在5G空口上使用的编码有3种技术作为候选，Turbo2.0码、LDPC码和Polar码（在下文详述），基本可以认为几乎达到了香农定理的极限。5G技术无法通过编码获取更大的速率增益提升。

综上所述，编码技术已经到达香农极限，而将可用的频谱资源扩充至目前的10倍以上是不现实的。沿着香农定理演进的路径似乎在4G时代已经走到了尽头。因此，5G技术研发机构从接过任务的那一刻开始，就必须另辟蹊径完成历史赋予的网络演进使命——从此演进的路径不再是统一的，而是发散的，主要有以下几个方向。

（1）MIMO（多输入多输出）技术向空分复用方向演进

MIMO（多输入多输出）在LTE中已经开始成熟应用，更加详细的技术原理及发展将在下文叙述。多天线技术没有突破香农公式，而是相当于多个单信道的组合。LTE能实现高速的数据传输速率，最主要的手段是采用了高效的编码方式和高阶的调制方式，以及采用OFDM、MIMO等技术提高了频谱的利用率。而MIMO技术，确实在HSPA+时已经使用过，即发射端和接收端采用多根天线，即多个通道，实现传送。我们已经知道，假如利用同一频段传送多路信号，那会造成干扰，无法实现有效的传送。但是，如果每路信号从不同的天线上发射，在接收信号端也采用同样多的天线接收，采用独特的信号处理技术将信号分离出来，这样信号容量将成倍地增加。MIMO技术原理如图2.7所示。

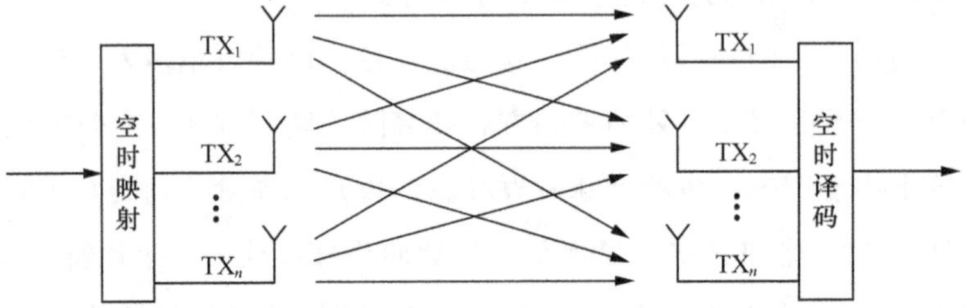

图2.7 MIMO技术原理

（2）高频/超高频段的频谱资源应用

目前国内运营商用于无线通信的频段，从800MHz ~ 1 000MHz基本属于相对低频，多用于语音通话业务。1 800MHz ~ 2 600MHz多用于数据业务，众所周知，低频波具有良好的绕射能力，适合大范围通信所用。然而，国家的低频（相对的）无线电频谱资源是有限的，而且还要优先满足国家军事、安全、广播等用途，分配到民用通信的频谱资源十分稀少。未来用于 5G 的频率，可以是 3GHz ~ 30GHz 高频资源。当然，高频段用于无线覆盖，存在信号衰减快，覆盖范围小的问题，这一点将在本书后面章节展开叙述。目前，国内无线通信频谱使用情况如图 2.8 所示。

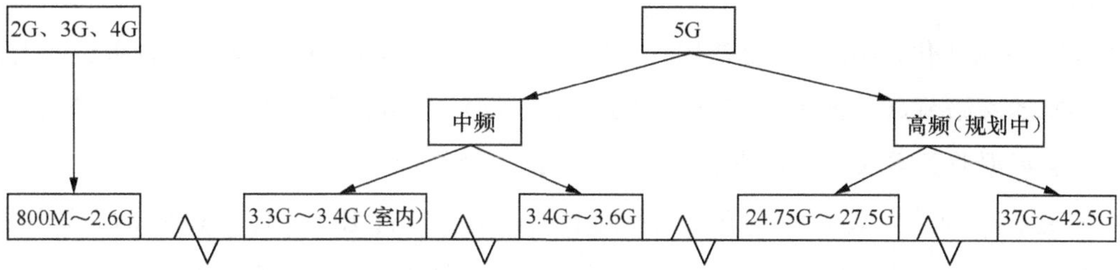

图 2.8　无线通信频谱使用

（3）面向低延时、高可靠、大容量的专项演进

上文提及的（1）、（2）两个方向解决的是 5G 网络的速率问题，而高速率仅仅是 5G 理念上的其中一个应用场景，而低延时、大容量需要专门研发相关的专项技术或承载方式实现。这决定 5G 并不仅仅是一项新技术，还是一个通过无线网络协同工作为终端用户提供无缝通信媒介的技术生态系统。因此，我们认为 4G 到 5G 在演进方向上已经发生了根本的变化：从单一准则系统向多准则系统演进。

2.2　5G 主要挑战——发散的演进道路

5G 面向的是 2020 年人类社会的通信需求，按目前资讯科技的发展速度，在不久的将来，用户将会对网络的速率、时延及连接能力提出更大的需求。5G 技术发展目标也越发清晰明确：高速率（峰值速率达到 20Gbit/s）、低延时（网络延时稳定在 5ms 以内）、海量的设备连接（每扇区满足 10 万个设备接入）。

对比前代技术，5G 在设计理念上，各项性能指标都提升了若干个数量级。而在现实中，5G 技术在标准制订、业务多样化、技术成熟度、产业链商用程度等几个方面面临巨大的挑战。

挑战来源于未来网络呈现的特点。

① 应用场景和业务多样化、差异化。各种业务层出不穷，相应的用户和业务形态差异较大：高速移动用户、低速移动用户、连接数少吞吐量大的业务、连接数大吞吐量小的业务、对时延不敏感的静态物联网业务、对时延十分敏感的动态实时连接业务等。不同的业务类型难以在现有的、同一种的空口技术和网络控制协议下实现高效承载，导致新型业务难以快速部署。

② 网络密集化，网络节点复杂化（多种制式 / 多种空口）。5G 环境存在数量更加庞大、更加丰富的网络节点，包括 5G 节点、4G 节点、WiFi 节点，甚至还有 3G 和 2G 节点，这些节点会根据业务需求变为宏基站、分布式基站、微基站等，甚至包含不同的空口。

③ 组网形态多样化。网络节点以不同的拓扑形态进行组网，包括 C-RAN、异构 / 同构网络、超密集网络（UDN）、大规模天线（大规模 MIMO）、切片网络等。多样化的网络节点和组网形态不仅给网络运营带来沉重负担，也容易造成用户体验落差。

2.2.1 性能挑战——全方位、大幅度提升需求

对比 4G 网络，5G 在性能上提出了更高的要求，如图 2.9 所示，下面将以 3 种关键用户体验指标为例说明。

（1）支持 0.1Gbit/s ~ 10Gbit/s 的数据上下行速率用户体验。

（2）端到端的网络时延缩短到 1ms ~ 10ms（LTE 是 50ms）。

（3）每扇区支持接入超过 10 万台终端以上（LTE 一般是 1 200 台）。

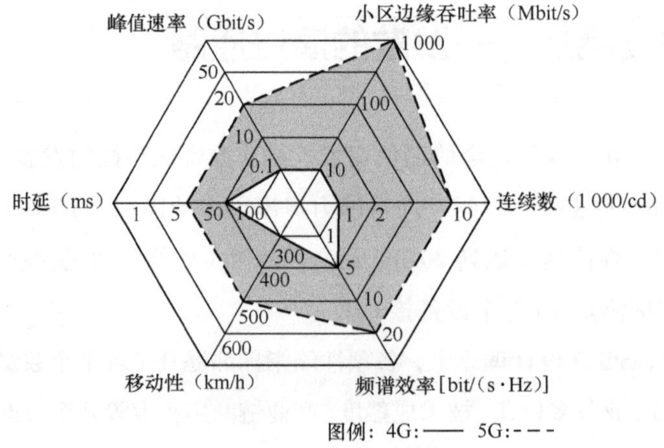

图 2.9 4G/5G 能力对比

目前，业界仍然没有一种技术能同时满足上述的所有性能要求，即使我们分别采用不同的技术满足相对的性能要求，技术间的发展方向上也普遍存在互相矛盾的问题，难以整合。例如，我们可以采用升级改造等方法，对现有的 LTE 版本进行增强，提出面向物联网用的 LTE 版本（LTE-M）。通过重新定义信道协议、物联空口，以降低上下行速率以及移动性、时延性能为代价实现大容量接入目的，但是这样只能满足大连接的目标，高速率的需求就无法满足了。

2.2.2　技术挑战——多种技术组合与统一

目前，在通信界中，“5G 新技术”层出不穷，热点技术包括大规模天线（大规模 MIMO）技术、超密集组网（UDN）技术、软件定义网络（SDN）技术、网络功能虚拟化（NFV）技术、全新的双工技术、新型多址方式，高频资源通信等。其中大规模 MIMO（多输入多输出），受制于硬件开发及信道模型问题，发射、接收端在 4 × 4 以上的 MIMO 使用目前仅限于试点；全双工技术则需要在大规模组网下进行验证；SDN 技术则面临网络切片、资源匹配、网络切换的挑战；新波形（SCMA、MUSA、PDMA）等技术的真实性能和网络收益还有待验证。

另外，5G 网络在设备硬件开发上也面临相当大的挑战：单扇区天线数目可能从两根增加至 8 根、64 根甚至更多。基站射频单元和基带处理能力也将有十几倍的增长。可以预见，硬件上电路的集成度将会更高，设备功耗将会更大。基站单站覆盖范围可能从 4G 网络的 500m ～ 1 000m 缩减到 50m ～ 200m，如要维持原 4G 网络覆盖范围，建站数目将成倍增长，这进一步加剧目前网络建设中站址资源获取困难的问题。

根据上文所述，5G 网络的各项指标无法由单一技术实现，5G 网络将会是一个多技术融合的多业务网络，包括多种接入技术，多个业务网络和多种网络架构的融合。5G 技术在融合过程中存在多种问题：与传统网络的共存问题、承载语音业务的问题，复杂场景、网络架构接入方式问题，网络耗能问题等。

2.2.3　频谱资源——演进路径上的最大难题

无线电频谱资源是宝贵的不可再生资源，频谱资源的匮乏成为 5G 演进过程中一个需要攻克的关键难题。在 5G 的愿景里，用户峰值速率要达到 10Gbit/s 的需求，速率将比 4G 时代提升百倍。如此大的速率提升，仅仅通过频谱效率提升以及提高部署密度很难解决，目前，主流的解决方案均在通过新技术提高频谱复用率及频谱效率的同时引入新的频谱资源。

目前，我国主流运营商可用于移动通信的频谱资源为350MHz。2017年11月14日，工业和信息化部发布了5G系统在3 000MHz ~ 5 000MHz频段（中频段）内的频率使用规划，我国成为国际上率先发布5G系统在中频段内频率使用规划的国家。规划明确了3 300MHz ~ 3 400MHz（原则上限室内使用）、3 400MHz ~ 3 600MHz和4 800MHz ~ 5 000MHz频段作为5G系统的工作频段，相当于新增500MHz用于5G网络。IMT2020（5G）推进组预测，进入5G时代，我国频谱资源需求为1 350MHz ~ 1 830MHz，频率资源缺口仍然十分巨大。

频谱资源的价值：近年来，国外频谱资源拍卖屡创新高。在2017年3月，美国的600MHz频段激励拍卖结束。50家公司成功拍得共计70MHz的授权频率使用牌照，拍卖总金额近200亿美元。我国的无线电频谱资源是国家统一分配的，最近工信部公布用于5G的500MHz中频资源，具体的分配方案将会成为国内运营商关注的重点。

2.2.4 产业联动——网络升级的核心动力

5G相关应用及产业方面的发展，也是5G技术需要面对的问题。就如生产力决定生产关系的道理一样，5G技术的发展，网络的演进与部署，离不开资本的推动，而资本行为又离不开消费市场。如果缺乏有价值的、成熟的产业应用，完善的产业生态环境，运作良好的产业链，5G技术发展必定受到市场环境的制约，运营商对这方面研发的资源投入及积极性会下降，进而影响5G进程。因此，云计算、超高清视频、VR（虚拟现实）、物联网、自动驾驶等应用，既给通信网络带来负荷及压力，同时也带来市场资本，也是通信技术革新的动力。图2.10为VR应用场景。下面将举例说明。

（1）云计算的广泛使用，未来终端与网络之间将出现大量的控制类信令交互，现有模型将不再适应，空口及核心网的构造需要面向大量数据包频发消耗信令资料问题进行重新设计。

（2）超高清视频、3D和虚拟现实等新型业务，需要极高的网络传输速率才能保证用户的实际体验，这对当前移动通信形成了巨大挑战；以8K（3D）的视频为例，在无压缩情形下，需要高达 100Gbit/s 的传输速率，即使经过百倍压缩后，也需要 1Gbit/s，而目前的 4G 技术将不能满足需要。

（3）对时延敏感，着重实时性的网络游戏 / 应用普及，用户对交互式的实时需求尤其突出，进而需要网络拥有快速响应能力，网络需要支持极低的时延，才能满足实时感知的使用体验。

图 2.10　VR 应用场景

2.3　5G 大门的打开方式——革命还是演进

3GPP 在 2017 年 3 月发布的 TR 38.801 Radio Access Architecture and Interfaces（无线接入架构与接口）（Version 14.0.0）中发布了 5 种 5G 网络组网架构选项（Option 2、Option 3/3a/3x、Option 4/4a、Option 5、Option 7/7a/7x）。移动通信网络从现网（指目前的网络：4G/3G/2G）升级至未来的 5G 网络，其网络架构形态都离不开上述 5 种选项，运营商将根据自身网络特点及市场环境等因素采用一种或几种架构组成自己网络的升级方案。不管架构如何选择，如何组合，5G 在现网基础上部署策略，大方向上可以归纳为两种：新空口革命方式（独立部署）与渐进演进方式（非独立部署）。

本章将阐述这两种部署策略异同点以及各自的优缺点，解决5G网络部署方向上的问题，而在上文提及的5种组网架构将在后续的网络架构探讨章节中介绍。

2.3.1 新空口革命方式—— 一步到位的解决方案

新空口革命方式，我们称为独立部署方式，该方式是独立新建一个5G专用的网络，包括核心网及接入网（包括回传链路及基站）。未来的5G网络必然是多种新型通信技术的结合，如新的空口技术、新的多址方式、新的编码方式等。采用独立部署方式可以带来“专网专用”的优势，整个网络的搭建为5G技术而存在，可以更好地实现网络切片，技术组合的目的，规避了新技术与现有4G网络兼容问题导致无法商用的风险。

独立组网的优缺点相当明显，其优点是在网络搭建的初期，就采用了成熟的5G网络架构，建网组网一步到位，运营界面清晰，免去后续二次演进的麻烦，网络功能可以根据市场业务部署，也避免为了为兼容传统网络而牺牲网络性能或资源的风险。独立组网的缺点是与传统网络的切换下放到UE实现，影响一定程度上的用户感知，同时也加大了UE电路的复杂程度及功耗。在传统网络尚未退服之前无法有效使用其网络资源（如频谱资源）。

2.3.2 渐进式演进方式——兼顾技术先进性与经济效益

渐进式演进方式，也称为非独立部署方式，其核心思想是在现网基础上进行“继承、兼容、发展”。在已建成的移动通信网（如原有LTE网络）基础上进行平滑演进。这种演进方式相对于“独立部署”来说是保守的，因为它在一定程度上延长了5G网络的部署周期。下面将从技术及市场角度出发，分析采用渐进式演进策略的原因，然后介绍具体的演进思路，最后对这种方式优缺点做出评价。

（1）采用渐进式演进策略的原因

直到现阶段，全球大多数运营商都倾向采用渐进式演进策略部署自己的5G网络，究其原因主要有以下3点。

① 技术发展不平衡，组成5G系统的多种技术在研发、成熟、商用进度上各不相同。例如，高阶MIMO、高频应用等几种理论基础积累较多的技术研发进度相对迅速，而新波形、新型多址技术进展则相对缓慢。新技术从开发到商用，客观上有一个渐进明细的过程，

无法一蹴而就。

② 市场业务需求发展不平衡，5G 网络设计的初衷除了承载传统的语音及数据业务以外，更为重要的是承载海量数据传送（VR）、高可靠性实时连接网络（车联网）、海量机械接入（物联网）等新型应用。即使在可以预见的未来，这类业务需求量会很高，但就目前而言，这类新型应用仍然处于发育期，多数运营商在建网的初期都会选择小范围部署，观察市场动向，循序渐进，避免网络空载的风险。

③ 绝大多数的运营商资本投资都是有限的，因此多数运营商会选择分批次、分阶段、分区域地进行 5G 网络建设工作。有限的投资必然向部署成本低、经济效益明显的业务倾斜，或者优先在经济发达地区部署网络，务求尽快将投资转化为利润。

铱星计划的陨落。铱星系统（IRIDIUM）是 1991 年由摩托罗拉公司提出并实施的用 66 颗环绕地球的低轨卫星网组成的全球卫星移动通信系统（原计划为 77 颗卫星，并以元素周期表上排 77 位的元素“铱”命名系统）。该通信系统利用低轨通信卫星实现全球无线无缝覆盖，每部终端都直接与卫星联络，使地球上人迹罕至的地方（包括海洋、南北两极）都能提供通信。它是迄今全球覆盖最广的卫星通信系统，是人类历史上第一个真正意义上实现的“全球”移动通信系统。这个计划的理念及技术在 20 世纪 90 年代毫无疑问是极其先进的，但是该计划结局却不如人意。铱星系统于 1998 年 11 月开始运营，在正式开通运行 16 个月之后，摩托罗拉注资的铱星公司由于不堪债务重负而申请破产结束运营，66 颗美丽的铱星在 2002 年陨落在大气层中。专家们分析其失败的原因有公司经营不善，销售渠道不顺等，但笔者的观点是该系统在应用高新技术的同时带来了高额的建设及运营费用，这些费用不得不转嫁到用户身上，使用户资费变得十分高昂，用户群体难以生存发展。铱星系统在发售两个季度后全球仅有 1 万名用户，该公司亏损十分严重。该计划没有以市场作为主导，沉迷追求技术的先进性，部署超越市场需求的科技，最终没有实现其市场价值，是失败的根本原因。

（2）渐进式演进的具体思路

渐进式演讲是为了解决上文提及独立部署方式存在的问题，规避新技术引入过程中出现市场不匹配的风险，令运营商有更多的时间去适应市场的变化，根据新型业务市场的发展来部署网络。3GPP 公布的 5G 组网架构中，只有 option 2 是独立组网方式，其余 4 种架构都是非独立组网架构。可见渐进式演进（非独立组网）部署策略受到目前大多数运营商的青睐。

渐进式演进策略基本核心思路是与现有的 4G/3G/2G 网络兼容的情况下并存发展。核心网方面通过升级 EPC（3G/2G：BSC/MSC），或者引入 5G 核心网（NGC）向下兼容现有网络实现演进。而基站侧则是可以通以下两种方式实现。

① 以新建 5G 基站为主的部署方式。新建的 5G 基站（gNB）兼容继承现网（eNB）功能，原网络基站梯次退网。这种建设方式可以提前部署一些不被 4G 网络支持的新空口技术，确立 5G 为主自上而下的演进方向，而 4G/3G/2G 等旧基站承载的业务则被继承兼并，逐渐退网。

② 以增强 LTE 基站为主的部署方式。根据业务发展要求，首先将目前的 LTE 网络升级为 eLTE 网络（增强型 LTE），然后把成熟的、商用程度较高的、市场认可的 5G 技术部署其上，自下而上实现网络升级。

（3）增强型 LTE 技术介绍

LTE 是“Long Term Evolution”的缩写，即长期演进。3GPP 自 2011 年发表第一个 LTE 版本以后，在后续的 R9-R13 版本中，LTE 系列技术出现了多种技术升级，如支持最大 100M 带宽的载波聚合技术（CA）、协作多点传输（CoMP）和接收、增强的异构网络等技术。这些技术的出现提高了 LTE 网络的峰值速率、网络抗干扰及覆盖能力，在国内几大运营商中已有较大规模的应用。而 LTE 系统中的两大短板“语音承载”及“广覆盖低功耗物联网”业务则分别由 VoLTE、NB-IoT 作为有效的补充，它们是增强型 LTE 网络的关键技术。

① VoLTE：利用 LTE 网络承载语音业务的演进技术。

VoLTE 即 Voice over LTE，是目前最为成熟的高清语音方案之一。它是一种 IP 数据传输技术，全部业务承载于 LTE 网络上，实现数据与语音业务统一承载。VoLTE 技术带给用户最直接的感受就是接通等待时间更短，以及更高质量、更自然的语音视频通话效果。VoLTE 与 GSM、CDMA 1X 语音业务有着本质的不同。VoLTE 是架构在 LTE 网络上全 IP 条件下的端到端语音方案，相较 GSM、CDMA 1X 语音通话，VoLTE 语音质量能提高 40% 左右，接入时延（拨号后的等待时间）降低 50% 左右，用户体验获得较大的提升。除此之外，LTE 的频谱利用效率远远优于传统制式（达到 GSM 的 4 倍以上）。随着 LTE 网络的日益完善，LTE 网络覆盖可堪比 GSM、CDMA 网络。世界各国开始使用 VoLTE 技术来承载语音业务。此技术虽然不会直接提升与改善 LTE 网络指标，但利用这种技术可以将目前用于语音承载的频谱资源进行释放及整合，提高频谱资源的利用率。

国内三大运营商频谱资源占用如表 2.2 所示，其中，中国移动有 19M 低频资源用于 GSM 网络，主要承载语音及低速率数据业务。而中国移动在 1.8G 频谱上的应用主要为 LTE-TDD，作为承载数据所用。可见，目前国内主流运营商的高速数据业务及语音业务是分别采用固定的频谱资源承载，无法根据网络的忙闲程度动态调整。预计在 VoLTE 全面普及应用后，运营商即可推进 2G、3G 网络的退频工作，腾出宝贵的低频段资源用于 LTE 网络演进。

表 2.2　我国三大运营商频谱分配

中国移动		
网络	上行频谱（MHz）	下行频谱（MHz）
GSM900	890 ～ 909	935 ～ 954
EGSM	885 ～ 8 906	930 ～ 935
GSM1800M	1 710 ～ 1 735	1 805 ～ 1 830
3G TDD	1 800 ～ 1 900	2 010 ～ 2 025
4G TD-LTE	1 880 ～ 1 900	
	2 320 ～ 2 370	
	2 575 ～ 2 635	
中国联通		
网络	上行频谱（MHz）	下行频谱（MHz）
GSM900	909 ～ 915	954 ～ 960
GSM1800M	1 735 ～ 1 755	1 830 ～ 1 850
3G/FDD-LTE	1 940 ～ 1 965	2 130 ～ 2 155
TD-LTE	2 300 ～ 2 320	
	2 555 ～ 2 575	
FDD-LTE	1 755 ～ 1 765	1 850 ～ 1 860
FDD-LTE（实际使用）	1 745 ～ 1 765	1 840 ～ 1 860

续表

中国电信		
网络	上行频谱（MHz）	下行频谱（MHz）
CDMA800	825 ～ 835	870 ～ 880
3G/FDD-LTE	1 920 ～ 1 940	2 110 ～ 2 130
TD-LTE	2 370 ～ 2 390	
	2 635 ～ 2 655	
FDD-LTE	1 880 ～ 1 900	1 860 ～ 1 875

② NB-IoT：低功耗广覆盖物联网技术。

移动通信正在从人与人的连接，向人与物、物与物的连接迈进，万物互联是必然趋势。对于电信运营商而言，车联网、智慧医疗、智能家居等物联网应用将产生海量连接，远远超过人与人之间的通信需求。基于蜂窝的窄带物联网（NB-IoT，Narrow Band Internet of Things）成为万物互联网络的一个重要分支。NB-IoT 是由 3GPP 定义的基于蜂窝网络的窄带物联网技术，它构建于蜂窝网络，只占用约 200kHz 的频段资源，可直接部署于 GSM 网络、UMTS 网络或 LTE 网络，以便平滑升级。NB-IoT 支持海量连接，有深度覆盖能力，功耗低，适合于传感、计量、监控等物联网应用，具体可应用于智能抄表、智能停车、车辆跟踪、物流监控、智慧农林牧渔业以及智能穿戴、智慧家庭、智慧社区等领域，极大地补充了 LTE 在物联网（高容量、低流量）领域的短板。

面对 5G 场景和技术需求，业界需要选择合适的无线技术路线，以指导 5G 标准化及产业发展。综合考虑需求、技术发展趋势以及网络平滑演进等因素，5G 空口技术路线可由 5G 新空口（含低频空口与高频空口）和 4G 演进两部分组成。

LTE 技术作为事实上的统一 4G 标准，已在全球范围内大规模部署。为了持续提升 4G 用户体验并支持网络平滑演进，需要对 4G 技术进一步增强。在保证后向兼容的前提下，4G 演进将以 LTE/LTE-Advanced 技术框架为基础，在传统移动通信频段引入增强技术，进一步提升 4G 系统的速率、容量、连接数、时延等空口性能指标，在一定程度上满足 5G 技术需求。

受现有 4G 技术框架的约束，大规模天线、超密集组网等增强技术的潜力难以完全发挥，全频谱接入、部分新型多址等先进技术难以在现有技术框架下采用，4G 演进路线无法满足 5G 极致的性能需求。因此，5G 需要突破后向兼容的限制，设计全新的空口，充分挖掘各种先进技术的潜力，以全面满足 5G 性能和效率指标要求。新空口将是 5G 主要的演进方向，4G 演进将是有效补充。

2.4　小结

香农定理是移动通信系统发展的理论基石。从 1G 到 4G 的代际演进，多址技术通过有效提升频谱利用率、进一步逼近香农进而成为当代的标志性技术。5G 同时面临着多样化的场景需求和极致的性能挑战，以及统计方法对系统性能提升有限的困境，因此，需要牺牲一定的复杂度换取较大的性能提升，采用一组关键技术来设计 5G 新空口以实现 5G 整体愿景。另外，考虑到后向兼容的需求，5G 技术也要预留 4G 演进的路线。

参考文献

[1] IMT-2020（5G）推进组 .5G 愿景与需求白皮书 [R]. 2014.

[2] IMT-2020（5G）推进组 . 5G 无线技术架构白皮书 [R]. 2015.

[3] 小火车，好多鱼 . 大话 5G[M]. 北京：电子工业出版社，2016.

[4] 江甲沫，等 . 5G 开启移动网络新时代 [M]. 北京：电子工业出版社，2016.

[5] 刘光毅，方敏，关皓，等 . 5G 移动通信系统：从演进到革命 . 北京：人民邮电出版社，2016.

[6] S^2 微沙龙 . 大话 5G 走进万物互联新时代 [M]. 北京：机械工业出版社，2017.

5G

空中接口篇

空口技术作为移动通信王冠上的明珠，是每一代移动通信系统区分的最显著标志。与以往移动通信系统由单一的颠覆性技术驱动不同，5G 新空口将采用“一组关键技术”进行赋能，全面覆盖基础波形、多址方式、信道编码和双工方式等领域，以应对极端差异化的性能挑战。

第3章

从无到有设计 5G 新空口

3.1 需求分析——5G 场景技术需求

新西兰工业设计协会主席道格拉斯·希思将一般设计程序分为六大步，确定问题、收集资料和信息、列出可能的方案、检验可能的方案、选择最优秀的方案和施行方案。我们从无到有设计 5G 新空口也将遵循类似的步骤，先聚焦于 5G 的场景需求分析，再发散思维寻求潜在的目标解决方案，并在此基础上进行技术遴选，最后施行设计方案。

在 5G 的三大典型场景中，增强移动宽带（eMBB）是移动通信最基本的覆盖目标。eMBB 要求在连续广覆盖场景下，无论用户终端处在覆盖中心还是边缘，无论终端是静止还是高速移动，都能保证用户随时随地体验到 100Mbit/s 以上的传输速率。而实际上，由于多普勒效应的存在，终端在运动中通信时，接收信号频率会发生变化。因此，高移动性与高速率是一对互斥的指标。这也决定了 5G 空口技术并非是简单的针对性手术治疗，而是“中医式”的系统调理，使得原本对立统一的性能指标趋于整体最优。热点高容量场景也有差异化的性能需求，包括 1Gbit/s 的用户体验速率、数十吉比特每秒的峰值速率和数十太比特每秒每平方千米的流量密度。这意味着 5G 空口技术必须具备数十倍于 4G 的提速“疗效”。

海量机器类通信（mMTC）场景主要是面向智能城市、智能家居、环境监测等以传感和数据采集为目标的物联网应用，具有小数据包、低功耗、低成本、海量连接等特点。其技术诉求主要是在满足 $1\times10^6/km^2$ 的连接数密度的前提下，依然能保证超百倍于 4G 的网络能效。这意味着 5G 空口不单单要实现“多”“快”“好”，还要实现“省”的极致目标。相应地，在设计 5G 空口方案时，性能与成本的博弈也免不了会发生。

超可靠低时延通信（uRLLC）场景是 5G 实现的难点。uRLLC 场景主要是面向工业控制、车联网等特殊应用，对时延和可靠性有着极高的指标要求，具体是毫秒级的端到端时延和接近 100% 的业务可靠性保证。某种程度上，这些性能指标超出了 5G 空口的能力范畴，应结合 5G 网络架构的革新，才能最终提供相应服务水平的能力。

简单来说，5G 场景对空口技术的需求是：能实现数十倍于 4G 指标的性能，能解决不同指标间的矛盾对立，能形成系统性的解决方案。

3.2 发散思维——5G 技术路线

面对极端差异化的多元业务场景，单一的空口技术突破显然已无法满足 5G 的极致性能指标需求。因此，与传统的移动通信系统理念不同，5G 不再仅仅是把目光投向点到点的物理层传输与信道编译码等经典技术，而是从更为广泛的多点、多用户、多天线、多小区协作组网作为突破的重点，力求在体系构架上寻求系统性能的大幅度提高。所以，定义 5G 空口的将是一组关键技术或技术集。

当今通信领域的技术创新层出不穷，为了更快找到契合 5G 需求的使能技术，我们需要重新梳理下思路。我们知道，移动通信系统的容量 C 与带宽 B、频谱效率 η 及小区数量 N 正相关（$C=B\times\eta\times N$）。也就是说，凡是能够部分或全部实现上述 3 个因子的无线技术，均有可能是我们寻求的 5G 无线使能技术。因此我们将从以下 3 个路径来选择可能的技术方案，即提高频谱效率、增加系统带宽以及提升空间复用度。

根据目前业界的初步估计，包括 5G 在内的未来无线移动网络业务能力的提升将在 3 个维度上同时进行：通过引入新的无线传输技术，将资源利用率在 4G 的基础上提高 10

倍以上；进一步挖掘新的频率资源（如高频段、毫米波与可见光等），使未来无线移动通信的频率资源扩展 4 倍左右；通过引入新的体系结构（如超密集小区结构等）和更加深度的智能化能力将整个系统的吞吐率提高 25 倍左右。

3.3　技术遴选——5G 无线使能技术

为了实现 5G 移动网络中高传输速率、高系统容量、高可靠、低时延等性能指标，需要用一组“解析方法”来代替“统计方法”，这对传统的无线传输技术和无线网络技术有创新性突破。

通过提高频谱效率、增加系统带宽、提升空间复用度 3 个维度的技术遴选，得到的 5G 新空口初步技术框架如图 3.1 所示。

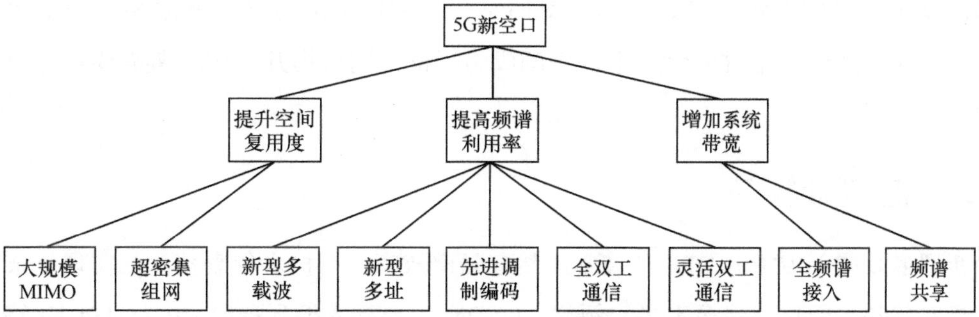

图 3.1　5G 新空口初步技术框架

3.3.1　提升空间复用度

大规模 MIMO。大规模 MIMO 跳出了点对点单用户的限制，将单一点对点信道变换成多个并行信道来处理，以至于频谱效率主要取决于并行信道数量。大规模 MIMO 的引入，可以深度挖掘空间维度资源，使得网络中的多个用户可以在同一时频资源上利用大规模 MIMO 所提供的空间自由度与基站同时进行通信，从而在不需要增加基站密度和带宽的条件下大幅度提高频谱效率。同时，大规模 MIMO 可将波束集中在很窄的范围内，并且大幅降低发射功率，进而降低干扰，提升功率效率。当天线数量足够大时，大规模 MIMO

线性预编码和线性检测器趋于最优，并且噪声和不相关干扰都可忽略不计。由于上述优势，可以预计，大规模MIMO技术将成为5G区别于现有移动通信系统的核心技术之一。大规模MIMO实际应用的重点在于信道预处理，具体包括准确的信道估计、预编码和信道检测，难点在于导频污染问题的解决以及与FDD双工模式的结合，节点在于如何做好三维信道建模。

超密集组网。通过小基站加密部署提升空间复用的方式，可成为解决未来5G网络数据流量1 000倍及用户体验速率10 ~ 1 000倍提升的有效解决方案。超密集组网类似于“划小承包”的概念，将原本由单一宏基站覆盖的片区，改由N个小基站“承包”的热点数据业务，而原来的宏基站则专门负责控制及部分数据连接。通过小基站负载分流的方式可以提高单位面积的频谱效率，即每单位面积单位赫兹有更多的活跃节点，这从根本上提升了边缘用户体验速率，改善了覆盖效能。同时，超密集组网也可以通过小区间的相互协作，化干扰信号为有用信号，从而解决小区微型化和分布化所带来的干扰问题，并最大限度地提高整个网络的系统容量。值得注意的是，超密集组网使得系统成为一个干扰受限系统，如何有效进行干扰消除、干扰协调成为超密集网络提升链路容量需要重点考虑的问题。

3.3.2 提高频谱效率

新型多载波。传统的OFDM技术虽然在频谱效率、对抗多径衰落、低实现复杂度等方面具有优势，但也有诸多不足。例如，OFDM需要插入循环前缀CP来对抗多径衰落，这在一定程度上浪费了无线资源。同时，OFDM对载波频偏的敏感性高，各子载波必须具有相同的带宽、必须保持同步、必须保持正交等，这些都限制了频谱使用的灵活性。最值得关注的是，由于OFDM技术采用了方波作为基带波形，载波的旁瓣较大，这就导致了在各载波同步不能严格保证的情况下，相邻载波之间的干扰非常严重。鉴于OFDM存在的灵活性和应变能力不足、对精确同步要求严苛、对零碎频段利用效率不高等缺陷，FBMC、UFMC、GFDM和F-OFDM等新波形相继被提出。这类新波形技术基本可以理解为对OFDM波形的加“窗”应用，即通过合理设计滤波器组对OFDM进行改进。它们普遍都有较低的带外泄漏，同时可以有效利用零散频谱。注意到不同新波形的带外泄漏、资源开销和峰均比等参数各不相同，在不同场景下的性能也各有差异，5G系统也有可能存在多种新波形共存的情况。新型多载波实现的关键在于原型滤波器的设计。增加滤波器组所带来的算法复杂度和硬件开销是新型多载波从理论研究和实验论证阶段转向实用的最大制约因素。

新型多址。多址技术通常决定了移动通信网络的系统容量。出于技术实现复杂度和部署成本等多方面的考量，传统移动通信系统均采用正交多址接入技术。而正交多址接入只能达到多用户容量限的下限。为了解决 5G 系统传输容量的问题，进一步提升频谱利用率，非正交多址接入技术得到了业界的关注。目前，研究的热门主要有日本 NTT DOCOMO 提出的 PD-NOMA 技术、华为主推的 SCMA 技术、中兴推广的 MUSA 技术以及大唐研发的 PDMA 技术等。这些新型多址技术通过多用户的非正交叠加传输，不仅可以有效提升系统容量（用户连接数），还可以有效提高系统频谱效率。此外，通过免调度竞争接入，也可大幅度降低时延。但我们仍应清醒地认识到，在增强移动宽带场景下，非正交多址接入技术会由于连续、长时间地发送导致用户间的干扰而极大地抵消由于非正交所带来的系统增益。这样侧面验证了在特定的背景下，没有最好的技术，只有更适合的技术。

调制编码。考虑到 5G 既有高速率业务需求，也有低速率小包业务和低时延高可靠业务，引入更先进的调制编码技术可以灵活适配不同业务的传输要求，并进一步提升链路的频谱效率。以物流为例，某快递公司需要为卖家（信源）运送商品给买家（信宿），卖家到买家之间由于实际地理位置的不同而存在不同的单车道运输路径（信道），这些路径不可避免地会存在各种坑洼和颠簸（信道噪声），为了减少在运输过程中商品的破损（误码），需要在装车运送前对商品用气泡膜等填充物进行包装（编码），买家拿到商品后再进行拆封（译码）。虽然包装（编码）增加了开销，单位空间内能装的商品（信息净荷）减少了，但显然经过包装之后，破损率（误码率）也将大大降低。在允许一定破损率（误码率）的情况下，改进包装（编码）方法可以降低对路面和运输车辆（信噪比）的要求，而最低的要求（最小信噪比）就是香农极限。香农第二定理指出只要信息传输速率小于信道容量，就存在一类编码使信息传输的错误概率可以任意小，但并未说明什么编码可以达到。在过去的半个世纪中，RS 码、卷积码及目前 4G 系统在用的 Turbo 码等多种纠错码技术被提出，但均未能达到香农极限，直到 Polar 码的出现。目前 5G 调制编码备用技术呼声最高的分别是 Turbo 码、LDPC 码和 Polar 码。这三者在性能比较方面的优势几乎相当，均逼近或达到香农极限。因此，比起性能优势，5G 最终采用何种编码技术，可能更多地取决于实现的复杂度以及运用的成熟度。Turbo码在3G和4G系统已在用多年，LDPC码也已被IEEE 802.11体系所接纳，唯有Polar码的成熟度尚弱。那么，这3种编码技术背后的产业链支持力量就变得至关重要了。

双工通信。传统的FDD和TDD双工方式本质上仍为半双工通信，5G需要更为经济的时频资源利用方案。全双工通信由于支持在相同时间、相同频率上同时收发，理论上将使无线资源利用率翻倍。但全双工通信业同时带来了极大的自干扰信号（典型值为70dB），这使得全双工通信系统的具体实现存在极大的挑战。于是，天线被动干扰抑制、射频主动干扰抑制及数字主动干扰抑制等各类自干扰消除技术被提出。通过这些技术的联合应用，在特定的场景下，能消除大部分的自干扰。这虽然印证了全双工通信的可行性，但也暴露了全双工通信系统实现的复杂度极高。一种折中的方案是，采用灵活双工通信。灵活双工技术的基本思想是通过侦测业务的实时变化，动态分配上下行资源，以充分利用某时段可能被闲置的资源。灵活双工在自干扰消除的要求上较全双工低，其实现的关键在于如何实现上下行频谱资源与上下行业务需求的动态匹配。

3.3.3 增加系统带宽

全频谱接入。传统移动通信系统所利用的频段一直未能突破5GHz的限制。从香农公式可知，在频谱利用率不变的情况下，可用带宽翻倍则可以轻松实现数据传输速率的翻倍。然而实际上，历代移动通信系统更多的是聚焦于频谱效率的提升，而非增加系统带宽，这显然是由于当时的技术条件因素限制和实现成本高昂。随着认知无线电、毫米波通信和可见光通信等技术的研究和应用逐渐成熟，5G可以考虑用认知无线电技术聚合碎片化频谱资源，发挥毫米波高频段资源丰厚的优势实现热点高容量覆盖，用可见光补充室内覆盖甚至是特定室外区域的协同覆盖。全频谱接入技术为5G提供了从增加系统带宽的路径快速满足极端差异化性能需求的可行方案。可以说，只要解决高频信道和射频器件的影响，以及频谱分配的政策性问题，全频谱接入技术便能充分发挥其显著的作用。此外，频谱共享也是复用可用频谱资源的有效途径。

5G无线关键技术集如图3.2所示。为了5G空口设计流程的连贯性，下面我们将继续介绍5G空口的施行方案，而对于大规模MIMO、超密集组网、新型多载波和新型多址等关键技术集，将留待下一章再进行解读。

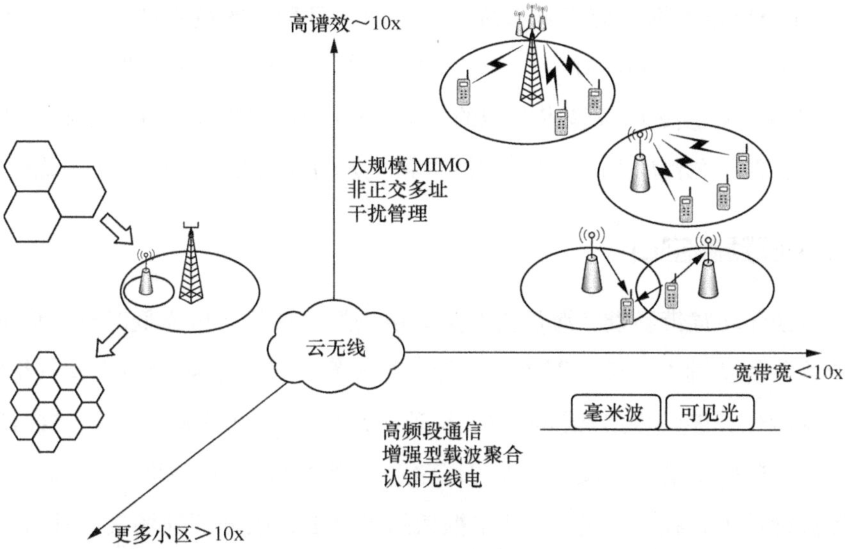

图 3.2　5G 无线关键技术集

3.4　实施方案——5G 空口设计

3.4.1　空口设计理念

综合考虑需求、技术发展趋势以及网络平滑演进等因素，5G 空口的设计可以分为 5G 新空口（含低频空口与高频空口）和 4G 演进空口两部分。一方面，受制于现有 4G 技术框架，大规模 MIMO、超密集组网等增强技术的潜力难以完全发挥，全频谱接入、新型多址等先进技术也难以在现有技术框架下采用，因此，必须要突破后向兼容的限制，设计全新的 5G 空口，以充分挖掘各种先进技术的潜力优势。另一方面，业界也应认识到，4G 网络投资暂未完全回收，同时 4G 也能够以 LTE/LTE-Advanced 技术框架为基础，通过引入增强技术来进一步提升 4G 系统的速率、容量、连接数、时延等空口性能指标，在一定程度上满足 5G 技术需求。所以业界有必要考虑 4G 演进空口的预留。总体来说，新空口将是 5G 主要的演进方向，而 4G 演进将是有效补充。

此外，5G 空口技术框架应当具有统一、灵活、可配置的技术特性。面对不同场景差异化的性能需求，客观上需要专门设计优化的技术方案。然而，从标准和产业化角度考虑，结合 5G 新空口和 4G 演进两条技术路线的特点，5G 应尽可能基于统一的技术框架进行设计，针对不同场景的技术需求，通过关键技术和参数的灵活配置形成相应的优化技术方案。

3.4.2 5G 低频新空口

无论是增强移动宽带场景、海量机器类通信场景，还是超可靠低时延通信场景，无不建立在“覆盖”的基础上，离开覆盖谈性能是毫无意义的。低频段由于具有绕射能力强、路径损耗小等特性，能够以最经济的方式快速满足广覆盖的需求。因此，5G 低频空口可以广泛用于三大典型场景，其技术方案可以整合大规模 MIMO、新波形、新型多址和先进调制编码等关键技术，在统一的 5G 技术框架的基础上，根据不同场景的独特需求，进行相应地优化设计。

在增强移动宽带场景中，面向连续广覆盖子场景应用，低频新空口可以充分发挥低频段良好的传播特性，通过提高空间复用度和提升频谱效率来实现 500km/h 的移动性支持和 100Mbit/s 的用户体验速率这两个技术难点。通过引入大规模 MIMO 技术，基站使用高达 128 根以上天线数目的大规模阵列天线，可支持 10 个以上用户的并行传输，进而大幅提升系统的吞吐率；同时通过使用自适应波束赋形技术，可以将能量集中在终端高速移动的方向，从而保证高移动性场景下的业务连续性。新型多载波突破了传统 CP-OFDM 按照完整频段进行滤波的限制，可以根据实际业务需求采用子载波或子频段的方式进行滤波，这样就使得频谱资源的利用更为灵活，同时也可以有效利用零散的频段。此外，由于新波形的带外泄漏普遍得到优化，自干扰得到更高程度的抑制，由此也带来了一定的系统增益。双工通信技术也可以扮演“助攻”的角色，尤其 TDD 可利用信道互易性更好地展现大规模天线的性能。上述各类技术的综合应用，最终体现在信道设计上。5G 传输信道需针对大规模 MIMO、新型多载波等技术需求，对参考信号、信道估计以及多用户配对机制等进行全新的设计。面向热点高容量子场景应用，实际上，低频新空口已经在一定程度上满足了该场景的传输速率与流量密度需求。对于数据流量需求极高而原低频空口技术仍无法完全满足的应用，业界可以考虑通过加密小区部署来实现热点高容量覆盖。实际上，对于这部分锦上添花的工作，其完全可以交由高频新空口来实现。这也体现了 5G 空口设计的一个显著特点，即不要求 5G 使能技术具有普适性，而是只需对特定场景有着很强的针对性。举例来说，葫芦七兄弟虽然个个本领高强，但在某些特定场合下也有其弱点，可是当其变身为葫芦小金刚后，葫芦小金刚根据不同的状况使出不同的本事，几乎就无往而不利了。5G 可系统地整合一组优选的关键技术，使其组合后能够发挥出较以往移动通信系统更为出色的性能。

在海量机器类通信场景中，由于物联网业务具有数据包较小、功耗低、连接密度高、突发性强等特点，虽然机器接入的总量很大，但对信道带宽的需求量实则较低，因此这一场景更适合采用低频段零散、碎片频谱或部分 OFDM 子载波来支持。这时，新型多址技术就发挥了显著的优势，PD-NOMA、SCMA、MUSA 和 PDMA 分别通过功率域、码域等的优化设计，最终都能通过叠加传输来支持更大量的用户连接，从而显著提升系统覆盖能力，并显著降低终端功耗和成本。新型多载波技术也有效实现子带间技术方案的解耦，不单支持零散频谱和碎片频谱的聚合使用，也支持不同子带的编码、调制、多址、信令流程等的独立配置。

在超可靠低时延通信场景中，实现超高可靠性的关键是，增加单位时间内的重传次数，同时还应有效提升单链路的传输可靠性。而实现低时延则要从降低空口传输时延、减少转发节点这两方面同时着手。可靠性方面，先进调制编码技术可以更大程度上保证单链路传输的可靠性和有效性。大规模 MIMO 的空时频分集也能起到类似的效果。时延方面，新型多载波技术有效解决了传统波形 CP 开销过大的缺陷，新型多址技术则可以实现免调度传输，避免资源分配流程，实现上行数据包调度“零”等待时间。需要强调的是，5G 空口的实现并非是单一从无线技术着手，网元功能的重构以及网络架构的进一步扁平化，也能带来显著的性能提升。例如，网元尽可能靠近用户部署，网元控制面与用户面分离等，这些都能一定程度降低网络转发时延。这里也体现了 5G 空口设计的另一特点，即无线关键技术与网络关键技术的应用是相辅相成的，而非割裂的。正因为如此，5G 不是手术刀式的切割和移植，而是系统性的调理。

3.4.3 5G 高频新空口

相比低频新空口的“普适性”，高频新空口更具“针对性”。高频新空口通过利用高频段资源丰厚，单跳通信距离短，信号传播方向性强等特点，一方面通过超大带宽来满足增强移动宽带场景下热点高容量子场景的极高传输速率要求，另一方面也可通过小区密集部署来实现极高的流量密度。高频段电磁波由于传播波束很窄，具有很好的方向性，因此可以结合大规模 MIMO 技术实现多波束赋形，从而可以提供更好的空间分辨率，增加系统容量，提升频谱利用效率。高频段通信另一天然的优势是，在双工通信方面，TDD 模式可以更好地支持高频段和大规模 MIMO 的应用。此外，由于高频新空口的高速率大容量传输特点，先进调制编码支持快速译码，且对存储需求量较小，可以更适应这种高速数据通信需求。与低频新空口同理，网络架构革新也可以带来一定的系统增益。为了妥善解决高频覆盖性能相对较差的问题，业界可采用低频与高频融合组网（对应网元组网形态是宏微结合的架构），低频空口可承担控制面功能，高频新空口主要用于用户面的高速数据传输，低频与高频的用户面可实现双连接，并支持动态负载均衡。

3.5 小结

5G 新空口从无到有的设计是一项极为浩大而且复杂的工程。实际上，在历代移动通信系统的演进过程中，前人探索的足迹已几乎遍历了我们今天所能挖掘的主方向，提升空间复用度、提高频谱效率以及增加系统带宽。而受益于业务需求的爆发式增长以及新技术、新理论的层出不穷，我们不必过多地受实现难度和成本等因素的制约，可以在一定程度上以复杂度的牺牲换取性能上的成倍提升。基于这一条件，5G 新空口可以由一组关键技术来实现，进而发挥出优越的性能。

参考文献

[1] IMT-2020（5G）推进组 .5G 愿景与需求白皮书 [R]. 2014.

[2] IMT-2020（5G）推进组 .5G 概念白皮书 [R]. 2015.

[3] IMT-2020（5G）推进组 . 5G 无线技术架构白皮书 [R]. 2015.

[4] 尤肖虎，潘志文，高希奇，等 . 5G 移动通信发展趋势与若干关键技术 [J]. 中国科学，2014.

[5] 张中山，王兴，张成勇，等 . 大规模 MIMO 关键技术及应用 [J]. 中国科学，2015.
[6] 张建敏，谢伟良，杨峰义 . 5G 超密集组网网络架构及实现 [J]. 电信科学，2016.
[7] 李宁，周围 . 面向 5G 的新型多载波传输技术比较 [J]. 通信技术，2016.
[8] 张长青 . 面向 5G 的非正交多址接入技术的比较 [J]. 电信网技术，2015.
[9] 白宝明，孙成，陈佩瑶，等 . 信道编码技术新进展 [J]. 无线电通信技术，2016.
[10] 张长青 . 面向 5G 的毫米波技术应用研究 [J]. 邮电设计技术，2016.

第 4 章

5G 无线使能技术

4.1 大规模 MIMO——多并行信道传输

MIMO 技术之所以在 4G 系统中广泛应用，主要是因为 MIMO 技术通过利用收发两端配置的多根天线，可以充分地利用空间资源，成倍地提高系统信道容量。一方面，多根天线的应用可以形成分集效应，用来对抗多径效应及平坦性衰落，从而提高系统的顽健性；另一方面，通过收发端配置的多根天线，可以形成多条独立的传输路径，利用空间的自由度提高单位时间内的信息传播量，间接地提高频谱资源的利用效率。MIMO 系统中分集和复用技术的结合是 MIMO 系统设计的重要问题。

MIMO 技术经历了从简单到复杂的发展过程，从最初的点到点通信，到单小区多用户 MIMO，再到多小区 MIMO。其中，单小区 MIMO 主要有 SISO、MISO、MU-MIMO（Multi-User MIMO）、MU- 大规模 MIMO；而多小区 MIMO（Multi-Cell MIMO）主要分为多小区非协作和协作 MIMO、多小区协作和非协作大规模 MIMO。具体发展历程如图 4.1 所示。

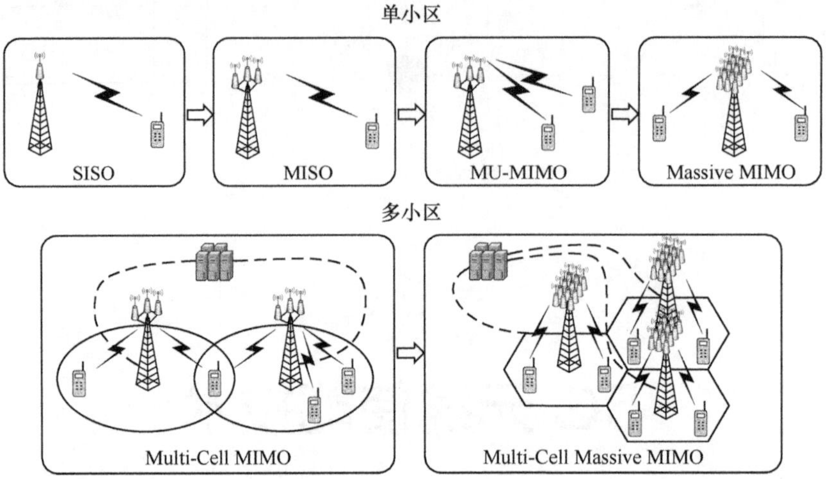

图 4.1　MIMO 技术的发展

研究表明，点对点单用户 MIMO（SU-MIMO，Single User MIMO）的系统容量与发射端和接收端的最小天线数成正比，但是在实际生活中，用户移动终端的天线数量是受限制的，即使基站天线数不断增加，也不可能实现系统容量的无限制增长，因此，SU-MIMO 系统的信道容量总是受限的。上述问题可以用多用户 MIMO（MU-MIMO，Multi-User MIMO）来解决，MU-MIMO 空分多址技术利用天线空间的自由度实现多用户分离，具体做法是，在下行传输系统中，基站可以将发给不同用户的数据进行预处理，分成多个数据流，每个数据流从不同的天线阵列发送出去，每根接收天线收到的信号是期望的有效信号及干扰信号的叠加。因此，MU-MIMO 的核心思想就是，在尽可能地提高用户接收功率的同时，降低不同用户之间的干扰。利用波束域信道相互正交的特点，多用户中的每个用户根据自己的波束域信道能量信息挑选互不重叠的波束与基站进行通信，这样每个发送的数据流选择不同的波束进行发送。从天线方向图来看，其可以看作是每个用户可以用几个特定的波束与基站进行传输交互，这样就实现了从 MU-MIMO 到 SU-MIMO 的转换，从而简化系统传输。

大规模 MIMO，又称大规模天线阵列，指在收发两端装备超大数目的天线（通常在 100 根以上）以发送和接收信号，从而使通信系统可以在相同的时频资源块上同时服务数十个用户。它在传统的技术优势下，利用天线数目的优势以获得更高空间复用增益、更高的频谱效率及系统顽健性。大规模 MIMO 的主要优势包括以下几方面。

大规模 MIMO 能够提高系统容量及能量效率，主要特点是在基站侧装配了大量的天线，可以在基站与用户之间形成多条独立传输的数据链路，因此，可以获得更大的空间复用增益。同时，在系统传输功率一定的情况下，分配到每一根天线的功率更小，而利用天线之间的相互作用可以通过波束赋形将传输数据发送到指定的用户区域，从而降低能源损耗。此外，基站侧采用分集发送，即利用多根天线向同一用户发送相同的数据，目标用户端接收到的不同数据流的信号进行相干叠加增加期望信号强度，其余用户端接收到的不同数据流的干扰信号可以相互抵消，降低干扰影响。由此，系统的能量效率得到极大提升。

大规模 MIMO 系统硬件设备成本低廉，便于推广。天线数目增加使系统对单根天线的精确度要求降低，从而使得需求器件的造价下降。同时，当天线数目增加，单根天线上的功率远远小于传统 MIMO，因此可以使用廉价的功率放大器代替传统的高功率放大器。同时，消耗的发射功率较小，可以满足 5G 关注的绿色节能目标。一方面，信号发射功率较小，直接降低了基站功耗；另一方面，基站辐射功率较小也可以减小基站对周边环境的电磁辐射，降低对周边生物的影响。

大规模 MIMO 提高系统的顽健性，采用大规模天线阵列，通常可以利用多根天线为同一用户进行服务，因此可以利用多径效应，在接收端利用信号合并对噪声、干扰、硬件噪声等进行平均化，从而消除传输过程中各种不确定性的影响，也可以避免人为故意干扰，整体上提升信息传输的可靠性和有效性。同时，传统 MIMO 系统对于射频链路的线性特征及放大器精度要求极高，往往系统某一部分的故障将致使系统整体崩溃。而大规模 MIMO 中天线单元众多，往往部分出现故障不影响整体性能，增强系统的顽健性。

4.1.1 MIMO 系统模型

大规模 MIMO 系统可以进一步划分为单用户（SU，Single-User）大规模 MIMO 系统，也称为点对点 MIMO 系统（Point-to-Point MIMO）以及多用户（MU，Multi-User）大规模 MIMO 系统。

SU 大规模 MIMO 是指在相同时频资源内，发射端只与一个接收端进行通信；而 MU 大规模 MIMO 则是发射端同时与多个接收端进行通信。大规模主要体现在天线数目上，由于接收端往往指用户终端，如智能手机、平板电脑等，其体积受到了一定的限制，配置过多的天线往往不能真正实现。通常 SU 大规模 MIMO 用来进行理论分析，MU 大规模

MIMO 则更多地用于真实场景的设置。

1. SU 大规模 MIMO

SU 大规模 MIMO 系统的具体系统模型如图 4.2 所示。

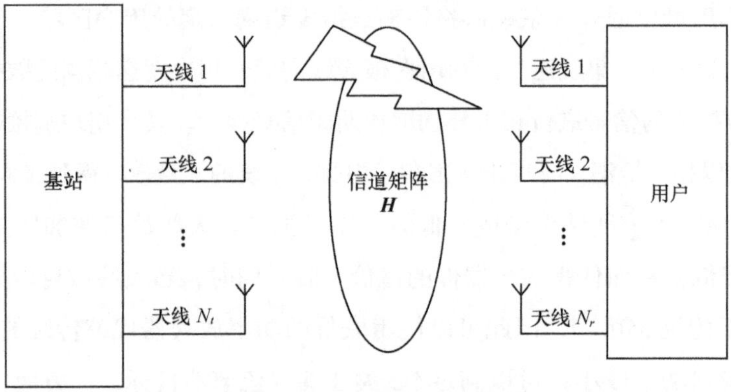

图 4.2　SU 大规模 MIMO 系统

一个点对点 MIMO 链路中，只包含一个发射端及一个接收端，且两端的天线阵列分别含有 N_t、N_r 根天线。假设链路信道为窄带时，其不变信道且具有确定性的常量信道矩阵 $\boldsymbol{H} \in C^{N_t \times N_r}$。当基于 OFDM 传输方案（5G 的 eMBB 场景下仍将采用正交多址方式）时，链路信道可以将频率选择性宽带信道转变为多个平行的平坦型衰落窄带信道。

用户的接收信号矢量 $y \in C^{N_r \times 1}$，可以表示为：$y = \sqrt{\rho} Hx + \boldsymbol{n}$，其中，$\boldsymbol{x} \in \boldsymbol{C}^{N_t \times 1}$ 是传输信号，$\boldsymbol{n} \in C^{N_r \times 1}$ 代表噪声。传输信号的总功率经归一化处理，即 $\boldsymbol{E}\left\{\|x\|^2\right\} = 1$。同时，噪声服从零均值循环对称复高斯分布，其协方差矩阵为单位矩阵 $\boldsymbol{I}$。按照以上假设，标量 ρ 表示传输功率。

在理想情况下，即假设传输信号服从独立高斯分布且接收端可以完善信道状态信息（CSI，Channel State Information），系统的瞬时可达速率可以表示为

$$C = \log_2 \det\left(\boldsymbol{I} + \frac{\rho}{N_t} \boldsymbol{H}\boldsymbol{H}^{\mathrm{H}}\right)$$

信道矩阵 $\boldsymbol{H}$ 中的传输系数经归一化可得 $T_r(\boldsymbol{HH}^{\mathrm{H}}) \approx N_t N_r$，利用 Jensen 不等式推导出可达速率的上界与下界如下式所示。

$$\log_2\left(1 + \rho N_t\right) \leqslant C \leqslant \min\left(N_t, N_r\right) \log_2\left(1 + \frac{\rho \max\left(N_t, N_r\right)}{N_t}\right)$$

实际的可达速率依赖于 $\boldsymbol{HH}^{\mathrm{H}}$ 的特征值分布。假设所有子信道矩阵经过相同的归一化，当其特征值均相等时获得最高的可达速率，即为上式的容量上界，此时的场景为信道矩阵中的所有传输系数服从独立同分布；当特征值中只有一个非零特征值时，获得最低的系统可达速率，即为上式的容量下界，此时的场景可以是视距（LoS，Line of Sight）传输场景。

需特别指出的是两种极端的传输情况，分别为传输天线数目趋近于无穷以及接收天线数目趋近于无穷。

当传输天线数目趋近于无穷，且接收天线数目为常数时，此种情况可表示为：N_t>>N_r，$N_t \to \infty$，信道矩阵 $\boldsymbol{H}$ 中的行矢量近似正交，因此可以得到 $\dfrac{\left(\boldsymbol{HH}^{\mathrm{H}}\right)}{N_t} \approx 1$，相应的可达速率近似于：$C \approx N_r \log_2(1+\rho)$，这相当于将 $N_t \to \infty$ 代入可达速率上界与下界公式后得到的速率上界。

当接收天线数目趋近于无穷，且发射天线数目为常数时，此种情况可表示为：N_r>>N_t，$N_r \to \infty$，相应可以得到 $C \approx N_t \log_2\left(1+\dfrac{\rho N_r}{N_t}\right)$，这也相当于将 $N_r \to \infty$ 代入可达速率上界与下界公式后得到的速率上界。

以上两种极端情况，展示了在 MIMO 链路中接收端或者发射端天线阵列中装备大量天线获得的复用增益。需要注意的是，以上的推导建立在信道矩阵 $\boldsymbol{H}$ 中的行或者列矢量是近似正交的假设条件下。

2. MU 大规模 MIMO

当消除不理想传输环境引入的问题，多用户 MIMO 系统比照点对点 MIMO 系统将获得更高的复用增益。

考虑多小区 MU 大规模 MIMO 系统，具体的系统模型如图 4.3 所示。

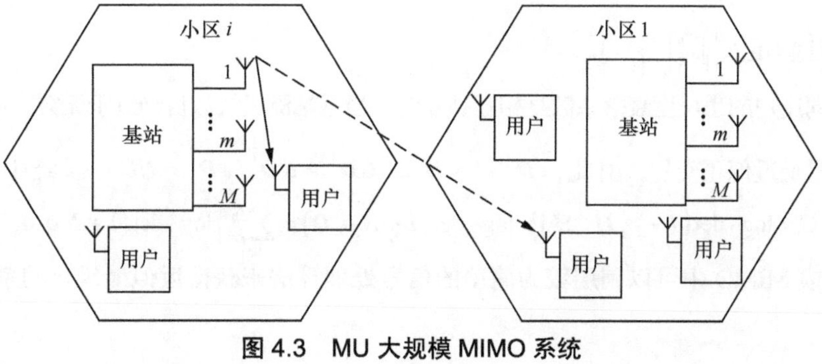

图 4.3　MU 大规模 MIMO 系统

假设在多小区 MU 大规模 MIMO 系统中，包含 L 个小区，分别标记为 $1,2,\cdots,L$。每个小区中存在 1 个基站和 K 个用户，且基站装备有天线数目巨大的天线阵列，天线数为 N，每个用户只拥有单根天线。

$h_{i,k,l,n}$ 表示第 1 个小区内的第 k 个用户到第 i 个基站的第 n 根天线的信道系数。$h_{i,k,l,n}$ 可以通过小尺度衰落因子与大尺度衰落和几何衰减共同确定的振幅系数相乘得到，即 $h_{i,k,l,n}=g_{i,k,l,n}\sqrt{d_{i,k,l}}$。其中，$g_{i,k,l,n}$，$d_{i,k,l}$ 分别表征小尺度及大尺度衰落系数。同时，假设当同一基站上不同天线对应的大尺度衰落系数相同，且与用户无关时，不同的用户或相同基站不同天线对的小尺度衰落系数不同。由此，从第 1 个小区所有 k 个用户到第 i 个基站的信道矩阵可以表示为

$$\boldsymbol{H}_{i,l}=\begin{pmatrix} h_{i,1,l,1} & \cdots & h_{i,k,l,1} \\ \vdots & \ddots & \vdots \\ h_{i,1,l,N} & \cdots & h_{i,k,l,N} \end{pmatrix}=\boldsymbol{G}_{i,l}\boldsymbol{D}_{i,l}^{\frac{1}{2}}$$

其中，$\boldsymbol{G}_{i,l}=\begin{pmatrix} g_{i,1,l,1} & \cdots & g_{i,k,l,1} \\ \vdots & \ddots & \vdots \\ g_{i,1,l,N} & \cdots & g_{i,k,l,N} \end{pmatrix}$；$\boldsymbol{D}_{i,l}=\begin{pmatrix} d_{i,1,l} & & \\ & \ddots & \\ & & d_{i,k,l} \end{pmatrix}$

为了分析简便性，我们仅考虑单小区 MU-MIMO 系统，即 l=1。系统内仅包含一个装备 N 根天线的基站及 k 个装备单根天线的用户。以下分别从上行和下行两个方面进行分析。

对于上行链路信号传输，在基站侧的接收信号矢量，记为 $\boldsymbol{y}_n\in \boldsymbol{C}^{N\times 1}$，且 $y_n=\sqrt{\rho_u}\boldsymbol{H}x_u+n_u$，其中，$\boldsymbol{x}_n\in \boldsymbol{C}^{K\times 1}$ 是来自所有用户的信号矢量，$\boldsymbol{H}\in \boldsymbol{C}^{N\times K}$ 可以通过信道矩阵公式去掉多小区指数得到，$\boldsymbol{n}_n\in \boldsymbol{C}^{N\times 1}$ 是零均值复高斯分布具有单位协方差矩阵的噪声矢量，ρ_u 是上行链路传输功率。来自第 k 个用户的传输符号记为 x_k^u，$\boldsymbol{x}_u$=[$x_1^u,\cdots,x_k^u$] 中的第 k 个元素，且满足 $E\left\{\left\|x_k^u\right\|^2\right\}=1$。

基于不同用户的小尺度衰落系数是相互独立的，当基站侧天线数目趋近于无穷，不同用户对应的列信道矢量是近似正交的。由此，$\boldsymbol{H}^{\mathrm{H}}\boldsymbol{H}=\boldsymbol{D}^{\frac{1}{2}}\boldsymbol{G}^{\mathrm{H}}\boldsymbol{G}\boldsymbol{D}^{\frac{1}{2}}\approx N\boldsymbol{D}^{\frac{1}{2}}\boldsymbol{I}_K\boldsymbol{D}^{\frac{1}{2}}=N\boldsymbol{D}$。系统中有用户的可达速率为：$C=\log_2\det\left(\boldsymbol{I}+\rho_u\boldsymbol{H}^{\mathrm{H}}\boldsymbol{H}\right)\approx\log_2\det\left(\boldsymbol{I}+N\rho_u\boldsymbol{D}\right)=\sum_{k=1}^{K}\log_2\det\left(1+N\rho_u d_k\right)$。

在大规模 MIMO 中可以利用较为简单的信号处理算法来获得近似最优化的系统性能。这

里可以使用匹配滤波算法（MF，Matched Filter）进行信号处理。当使用 MF 算法时，基站通过与信道的共轭转置相乘进行信号处理，$\boldsymbol{H}^{\mathrm{H}} y_u = \boldsymbol{H}^{\mathrm{H}}\left(\sqrt{\rho_u}\boldsymbol{H}x_u + n_u\right) \approx N\sqrt{\rho_u}\boldsymbol{D}x_u + \boldsymbol{H}^{\mathrm{H}} n_u$。

当基站侧天线数目趋近于无穷时，信道矢量之间近似正交。因此，上式中 $\boldsymbol{H}^{\mathrm{H}}$ 并不影响噪声矢量为白噪声的特性。同时，矩阵 $\boldsymbol{D}$ 是对角矩阵，经过 MF 处理后可以将不同用户的信号划分入不同的流，因此用户间干扰近似为 0。因此，每一个用户的信号传输可以看作并行的 SISO 信道。此时，第 k 个用户的信噪比为 $N\rho_u d_k$。最终通过 MF 处理后的系统可达速率与公式 $C = \log_2 \det\left(1 + \rho_u \boldsymbol{H}^{\mathrm{H}}\boldsymbol{H}\right) \approx \log_2 \det\left(1 + N\rho_u \boldsymbol{D}\right) = \sum_{k=1}^{K} \log_2 \det\left(1 + N\rho_u d_k\right)$ 的极限相同，这也反过来印证了，当基站侧天线数目 N 趋近于无穷时，即使是最简单的 MF 算法也能获得最优化的性能。

对于下行链路信号传输，在 k 个用户侧的接收信号矢量，记为 $\boldsymbol{y}_d \in C^{K\times 1}$，在大多数已有的大规模 MIMO 系统研究成果中，均采用 TDD 模式，因为在 TDD 模式中，可以利用信道的互异性更为便捷地获取下行信道的信道状态信息。以下的推导即是基于 TDD 模式进行的，由此接收信道矢量可以表示为：$\boldsymbol{y}_d = \sqrt{\rho_u}\boldsymbol{H}^{\mathrm{T}}\boldsymbol{x}_d + \boldsymbol{n}_d$。其中 $\boldsymbol{x}_d \in \boldsymbol{C}^{N\times 1}$ 是基站传输的信号矢量，$\boldsymbol{n}_d \in C^{K\times 1}$ 是加性高斯白噪声，ρ_d 是下行链路传输功率。来自第 k 个用户的传输符号记为 x_k^d，是 $x_d = \left[x_1^d, \cdots, x_K^d\right]^{\mathrm{T}}$ 中的第 k 个元素，且满足 $\boldsymbol{E}\left\{\left\|x_K^d\right\|^2\right\} = 1$。

假设基站侧可以利用上行导频传输获得所有用户对应的信道状态信息，则基站侧可以利用功率分配策略获取最大化的系统传输速率。此时系统的可达速率可以表示为：$\boldsymbol{C} = \max_P \log_2 \det\left(\boldsymbol{I}_N + \rho_d \boldsymbol{HPH}^{\mathrm{H}}\right) \approx \max_P \log_2 \det\left(\boldsymbol{I}_K + \rho_d N\boldsymbol{PD}\right)$。其中，$\boldsymbol{P}$ 是正数对角矩阵，其作用是进行功率分配，$[P_1, \cdots, P_K]$ 作为功率分配系数，满足 $\sum_{k=1}^{K} P_K = 1$。

同样，利用作为预编码算法，传输信号矢量可以表示为 $\boldsymbol{x}_d = \boldsymbol{H}^{*}\boldsymbol{D}^{-\frac{1}{2}}\boldsymbol{P}^{\frac{1}{2}}\boldsymbol{s}_d$，其中 $\boldsymbol{s}_d \in C^{K\times 1}$ 是源信息矢量。因此，所有 $\boldsymbol{K}$ 个用户的接收信号矢量是 $\boldsymbol{y}_d = \sqrt{\rho_d}\boldsymbol{H}^{\mathrm{T}}\boldsymbol{H}^{*}\boldsymbol{D}^{-\frac{1}{2}}\boldsymbol{P}^{\frac{1}{2}}\boldsymbol{s}_d + \boldsymbol{n}_d \approx \sqrt{\rho_d}N\boldsymbol{D}^{\frac{1}{2}}\boldsymbol{P}^{\frac{1}{2}}\boldsymbol{s}_d + \boldsymbol{n}_d$。式中矩阵 $\boldsymbol{D}$、$\boldsymbol{P}$ 是对角矩阵，经过 MF 处理后可以将不同用户的信号划分入不同的流，用户间干扰近似为 0。因此，每一个用户的信号传输可以看作并行的 SISO 信道。系统的最大速率传输可以通过优化设计功率分配矩阵得到，也印证了当基站侧天线数目 N 趋近于无穷时，即使是最简单的 MF 预编码也可以获得最优化的性能。

4.1.2 信道预处理

在移动通信系统中，信号传输的有效性依赖于信道状态信息（CSI）的准确性。然而，在大规模 MIMO 系统中，基站侧天线数以及小区内用户数目的增加，使信道状态信息的获取及准确性成为关键性问题。

在现有的移动通信系统中，主要存在时分双工（TDD）和频分双工（FDD）两种模式。

在 FDD 中，上下行信号分别利用不同的频带进行传输，同时上下行频带之间留有一定的频段保护间隔，避免了上下行信号间的干扰。FDD 使用上下行成对的频段，同时进行信号的发送和接收，使得上下行传输之间的反馈时延较小。FDD 中信道状态信息的获取主要是通过“导频序列—反馈”这一流程。以下行链路为例，基站侧向小区内广播导频序列，用户在接收到导频序列后进行信道估计，并将得到的信息反馈至基站。这些信息包括 CSI、信道质量指示（CQI）或者预编码矩阵指示（PMI）等。基站利用这些信息进行决定 MIMO 处理的过程，比如预编码码本选择、天线选择、用户调度等。在大规模 MIMO 系统中，系统所需的反馈信息量随着天线数目的增加成正比例增长，由此引发的系统反馈开销增加以及反馈信息的准确性、及时性降低已经成为 FDD 模式发展的瓶颈。

在 TDD 中，信号的发送和接收利用相同的频带进行，上下行信号的区分主要通过时间轴进行。TDD 信号可以在非成对的频谱内传输，具有较为灵活的特性。在已有的大规模 MIMO 系统中，通常考虑 TDD 方式，因为可以利用信道互易性直接通过上行导频估计出信道矩阵，避免了大量的反馈信息需求。

以下行信道为例，大规模 MIMO 系统的传输模型如图 4.4 所示，图中包括利用信道估计 CSI，并利用 CSI 进行预编码及用户调度。

1. 信道估计

对于传统的 MIMO 系统，下行多用户预编码以及上行信号检测都需要准确的 CSI。MIMO 系统中，用户信道估计的资源包括时间资源、频率资源等与传输天线数成正比。

当系统采用 FDD 模式时，上下行所需要的 CSI 是不同的。基站侧进行的上行信道估计需要所有用户发送不同的导频序列，此时上行导频传输需要的资源与天线的数目无关。然而，下行信道获取 CSI 时，需要采用两阶段的传输过程：第一阶段，基站先向所有用户传输导频符号；第二阶段，用户向基站反馈估计到的全部或者部分的 CSI，此时传输下行导频符号所需要的资源与基站侧天线数目成正比。当采用大规模 MIMO 系统，基站侧天线数目的增加大大扩大了 CSI 获取时占用的资源量。例如，考虑一个 1ms × 100kHz 的信道相干间隔，其可以传输 100 个数据符号，当基站侧装备 100 根天线，且每根天线对应的信道采用正交的导频波形，这样所有的资源将全部用于导频信息的传输，无法进行数据传输。因此，针对大规模 MIMO 系统采用 FDD 模式，最关键的问题在于有效降低数据传输中反馈占用的资源量。

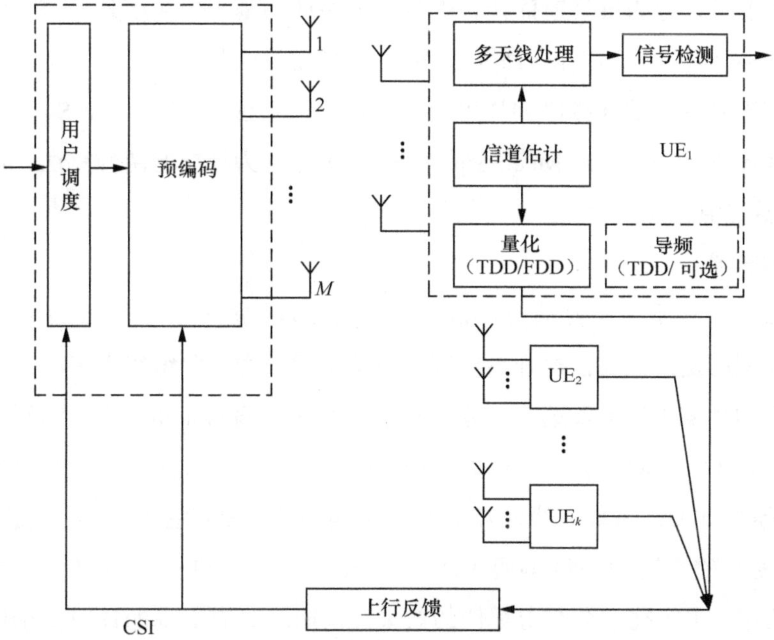

图 4.4 大规模 MIMO 系统传输流程

而 TDD 模式就不存在上述问题，因为上行 CSI 可以利用信道互易性获得。图 4.5 为 TDD 协议模型，其处理流程大致是：系统中所有的用户同时发送上行数据信号；随后用户发送导频序列，基站利用这些导频序列估计小区中用户的 CSI；接着基站使用估测到的 CSI 检测上行数据并生成下行传输的波束赋形矢量。然而，由于多用户大规模 MIMO 系统中，基站侧天线数目及系统中用户数目都很多，使得相邻小区的不同用户对应的导频序列可能不完全正交，从而引入了用户间干扰及导频污染问题。对于 TDD 传输模式，导频污染是限制其性能的重要因素之一。

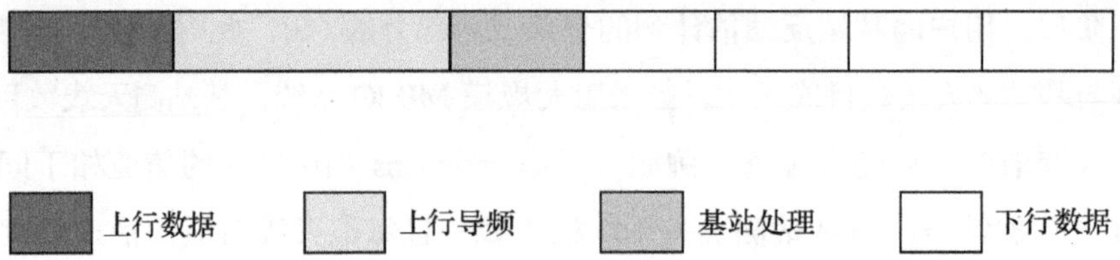

图 4.5　TDD 传输协议

目前，信道估计算法相关研究已经较为成熟，按照利用无线信道统计信息的情况，信道估计算法主要可以分为盲信道估计、半盲信道估计和基于导频序列的信道估计。基于导频序列的信道估计往往能够提供较好的性能，但是需要提前发射导频符号，降低了系统的传输效率。假设系统中的导频序列均可获得，最小二乘法（LS，Least Squares）和最小均方误差法（MMSE，Minimum Mean Square Error）是较为经典的两种算法，可以应用在大规模 MIMO 系统中。

2. 预编码技术

预编码技术主要是在发射端对传输信号进行处理的过程，其主要目的是优化传输信号，简化接收端的复杂程度，提升系统容量及抗干扰能力。预编码有多种分类方式，根据是否存在固定的预编码码本备选，可分为基于码本的预编码和非码本预编码；根据预编码效果，可以分为干扰消除预编码、最大化信干噪比预编码、最大化信泄漏比预编码等。

对于传统的 MIMO 系统，线性及非线性预编码技术都能被采用。与线性预编码技术相比较，非线性预编码如脏纸编码（DPC，Dirty-Paper Coding）或者矢量预编码（VP，Vector Perturbation）等往往会获得更佳的效果，同时也具有更高的计算复杂度。然而，在大规模 MIMO 系统中，随着基站侧天线数目的增加，一些线性预编码算法，比如匹配滤波器（MF）、迫零预编码（ZF，Zero-Forcing）等将会获得渐进最优的性能。因此，在实际应用中，采用低复杂度的线性预编码算法更为现实。

预编码技术从工作原理上可以理解成一种信道自由度的分配算法，即利用不同的子空间传输不同的数据流。根据数据流与子空间映射方式的不同，可以区分出不同的预编码算法。奇异值分解（SVD，Singular Value Decomposition）算法，是根据信道矩阵信息将信道分解成几个并行子信道，进而将数据流映射到不同的特征向量方向进行传输；ZF 通过预编码矩阵的选择，使得不同数据流分配到的信道空间是相互正交的，达到消除数据流间干扰的目的。

3. 信号检测

接收端信号检测器主要用于 MIMO 上行链路中恢复多传输天线发送的期望接收信号。设计出低功耗且低计算复杂度的接收端虽然较为复杂，但具有巨大的实际意义。常用的信号检测算法包括最大似然检测（MLD，Maximum Likelihood Detection）、迫零检测（ZFD，Zero-Forcing Detection）、最小均方误差检测（MMSED，Minimum Mean Square Error Detection）、连续干扰消除（SIC，Successive Interference Cancelation）等。不同的检测算法在检测性能和复杂度上不同，检测者可以根据不同的需要选择不同的检测算法。

最大似然（ML）解码是最为经典的解码算法之一，它可以获得最小的差错概率以及全部的分集增益。从理论上说，ML 解码算法可以达到最优的效果，但在实际中难以实现，尤其在大规模 MIMO 系统中，基站侧天线数目多使 ML 解码通常作为性能分析的上限值，为其他解码算法的研究提供参考。

线性检测算法主要有 ZF、MF 和 MMSE 这 3 种。这 3 种线性检测算法，本质上都是利用信道矩阵求逆，因此，3 种算法需要满足矩阵求逆唯一解的条件，即在多用户大规模 MIMO 系统中，满足发射天线数目小于等于接收天线的数目。线性检测算法的性能较 ML 解码算法相差较大。

非线性检测算法通常具有较好的性能，但是也具有较高的复杂度。常见的非线性检测算法包括串行干扰消除（SIC）、QR 分解和球性译码（SD）等。SIC 算法在进行期望信号检测时，将其他信号全部视为干扰。由于信噪比更高的信号更容易被正确解码，因此，在检测时，按照信号的强弱对解码顺序进行排序。每解出一路信号，则在剩余信号中将该信号剔除，继续解码其他路中信噪比最高的信号。而 QR 检测与 SD 检测基本原理相似，QR 检测可以看成是 SD 检测的一种特殊情况，都是利用矩阵论中 QR 分解的方法对信道矩阵 $\boldsymbol{H}$ 进行分解获得上三角矩阵以表征信道特征。SD 检测算法是在一定半径 R 的球体中进行搜索。据分析验证，当半径 R 取值较大时，检测结果与 ML 检测结果近似。然而在 SD 检测算法中，其搜索半径 R 受到的影响较多，无法确知节点的具体数目，因此 SD 检测算法的复杂度不确定，易受到外界环境的影响。

4.1.3 自适应波束赋形

在大规模MIMO多天线系统中，如果收发天线间的信道相位信息可以事先获得，则除了利用多天线进行常规的分集和复用传输外，还可以将多个天线用于波束赋形（BF，Beam Forming），实现将整个天线波束聚焦在目标通信方向。在发送端应用BF技术可以使整个发送天线形成指向目标接收端方向的窄波束，期望接收端获得最大强度的接收信号，并最大程度抑制对非目标方向用户的干扰；而在接收端利用多个接收天线进行BF，则可使信号接收窗口聚焦在来波方向，对有用信号进行最大限度地接收，而对非目标方向的干扰信号进行最大限度的抑制。

5G在移动性性能指标方面提出了极致的要求，即在500km/h的极端环境下，也能保持始终如一的高速连接。由于在高速、高铁等移动通信场景下，大部分时间都是单个列车与单基站之间点对点的通信模式，除进出站台等特殊时候很少有存在干扰传输的情况。因此，自适应波束赋形技术可以很好地应用于高速移动场景下。发送端的BF是对要映射到发送天线上的数据先进行加权然后再发送，以此形成窄的发射波束，将能量对准目标的通信列车方向，从而提高目标用户的信号强度，这对改善列车在距离基站较远位置处运行时的信号覆盖强度有显著意义。理论上，波束赋形技术可使接收端获得高达发送天线数倍的信号增强。

波束赋形技术除了可以在单流数据传输模式时进行信号增强之外，还可以根据信道秩的大小进行多流的数据复用传输和空分多址（SDMA）。图4.6展示了波束赋形的3种情况。

波束赋形技术的具体实现通常有两大类方式，即MIMO-BF和到达角（DOA，Direction of Arrival）波束赋形（DOA-BF）。这两者分别通过低衰落相关的多天线结构和高衰落相关的多天线结构实现。

1. MIMO-BF

MIMO-BF通过低衰落相关的多天线结构实现，此时发射天线间通常有足够大的天线间距或者不同的天线极化方向，如图4.7所示。

利用低衰落相关的多天线结构进行BF，要发送的数据首先通过MIMO预编码器进行加权映射到不同发送天线上以形成最后的天线发送信号。这种结构的多天线间的衰落相关性很低，各个发送天线所对应的信道衰落幅度和相位都可能有差异，所以这里的加权向量是复数值。不同天线上的发送信号的幅度和相位都可以被调节以达到最佳匹配信道的实时波动。

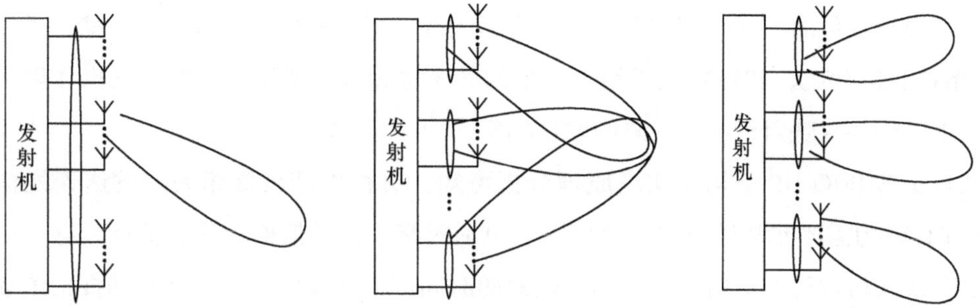

（a）单流波束赋形　（b）分组波束赋形　（c）基于分组波束赋形的 SDMA

图 4.6　波束赋形示意

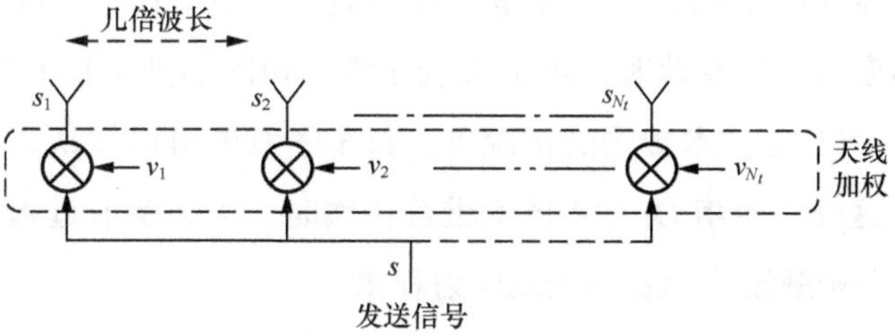

图 4.7　低衰落相关的 MIMO-BF 结构

用不同复数权值对不同天线上的发送信号进行加权后，各天线最后发送的信号用矢量形式可表示为

$$\boldsymbol{s}=\begin{pmatrix} s_1 \\ \vdots \\ s_{Nr} \end{pmatrix}=\begin{pmatrix} v_1 \\ \vdots \\ v_{Hr} \end{pmatrix}\cdot s=\boldsymbol{v}\cdot s$$

假设不同天线上的发送信号只经历平坦衰落和白噪声，即不存在无线信道时间色散，则为了最大化接收到的信号功率，多天线映射权重应根据如下式选取。

$$v_i=\frac{\boldsymbol{h}^*}{\sqrt{\sum_{k=1}^{N_r}\left|h_k\right|^2}}$$

其中，$\boldsymbol{h}_i$ 为第 i 个发送天线到所有接收天线经历的衰落向量。

从上式可知，MIMO-BF 采用的多天线映射向量是相应信道系数 h_i 的复共轭，再进行功率的归一化。所以，该映射向量可以产生如下效果：通过映射权值的不同相位叠加对发送信号进行相位的旋转以便对瞬时的信道相位进行补偿，并确保接收到的信号保持相位对齐；通过映射权值的不同幅度增益对不同发送天线进行功率分配，通常瞬时信道条件越好（信道增益 $|h_i|$ 越大），相应发送天线上分配的功率也越多；通过功率归一化操作以确保对发送数据进行加权映射后不改变总的发送功率。

从以上 MIMO-BF 结构及实现原理分析可知，这种由低衰落相关的发送天线构成的 MIMO-BF 结构需要非常详细的信道信息，包括对整个瞬时信道衰落的估计。这样就要求对发送天线映射向量的更新必须在相对较短的时间范围内完成才能很好地捕捉信道衰落的波动。由于这种实现结构对发送天线的调节同时考虑了各发送天线的瞬时信道增益和相位，所以还可以提供多天线分集以抵抗无线信道的衰落。

以上讨论都是基于信道增益在频域是常数的假设，即不存在无线信道频率选择性衰落。当信道经历频率选择性衰落时，每个天线在不同频段都可能有不同的信道衰落系数。然而，在系统采用 OFDM 技术传输的情况下，每个子载波可以被认为经历的都是非频率选择性信道衰落。这样在应用 OFDM 技术进行传输时，天线映射过程仍然可以以每个子载波为单位，为每个子载波计算发射天线映射权重。

2. DOA-BF

DOA-BF 技术由高衰落相关的多天线结构实现，是一种应用于小间距天线阵列的多天线传输技术，如图 4.8 所示。

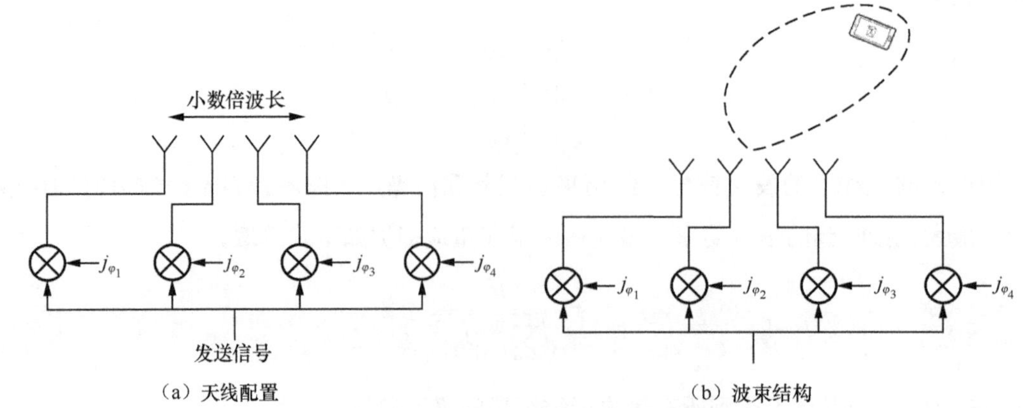

图 4.8 高衰落相关的 DOA-BF 结构

DOA-BF 的主要实现原理是利用小间距天线配置带来的空间信道的强衰落相关性，根据波的干涉原理产生强方向性的辐射方向图，使得辐射方向图的主瓣自适应地对准目标用户的来波方向，从而提高信噪比及系统容量或者覆盖范围。由于这种 BF 结构的天线配置间距非常小，不同发送天线到特定接收终端的信道衰落基本上具有一样的无线信道衰落幅度，但会存在与方向相关的相位差。然后，通过对不同发送天线上的信号进行不同的移相，即可整体形成指向目标用户的发射波束。所以，DOA-BF 技术是通过估计信号的 DOA 生成发射权值，使发射波束主瓣对准最佳路径方向的一种 BF 方法。DOA-BF 的权值仅仅需要匹配信道的慢变化，比如来波方向和平均路损。因此，在进行 BF 时，DOA-BF 技术可以不利用终端来反馈所需信息，来波方向和路损信息在基站侧通过测量上行接收信号获得，并且不要求上行使用多根天线进行数据发送。

与 MIMO-BF 相比，DOA-BF 具有以下特点。

DOA-BF 技术主要应用在小间距天线阵列（通常小于一个载波波长）场合，而在多径效应丰富的场合分集效果反而会降低，在非直视径（NLOS，None Line of Sight）场合，DOA 估计的不准也会降低系统性能。因此，DOA-BF 技术对农村和郊区等场合比较有效，而对密集城区使用效果反而不是很理想。但从通信业务需求的角度考虑，郊区和农村的通信业务量通常都不大，采用 DOA-BF 实现的 BF 技术性价比较低，因此实用意义不大。而 MIMO-BF 技术天线之间的间距都比较大，搜集多径的能力也比较强，特别适合在话务量高的密集区域使用，从而提升系统容量，有效降低高话务区域的系统成本。

DOA-BF 技术对天线阵元的一致性要求很高。因此，系统实现时不仅需要进行收发通道校正，还需要进行天线校正，而校正不理想时也会导致系统性能下降，故 DOA-BF 系统实现复杂度比较高。

3. 高速铁路场景应用

高速铁路移动通信场景下，列车大部分时间都是运行在郊区、原野等非城市环境甚至完全在高架桥环境，基站与列车接收端之间通常都只有很稀疏的散射体分布，并存在明显的强 LOS 径，多天线间经历的信道衰落也很相近。所以，这种强相关的信道能提供的分集效果并不显著。另外，在高速铁路场景下，列车的高速移动会使通信信道经历快时变，发送端无论是通过测量上行信号的方式，还是通过接收端反馈的方式获取信道信息都会造成较大的信道信息获取延时。这样，若通过先获取信道信息再利用信道信息进行 BF 调整的方式将很难快速将波束调整到期望的通信方向，特别是当列车在距离基站较近路段运行时，基站与列车通信终端间的方位角变化会非常快。所以，MIMO-BF 技术并不适合用于高速铁路通信场景。

另一方面，在高速铁路场景下，列车只会沿着固定的轨道线路及预设的运行速度进行规律性的移动，且列车的实时运行速度及相对服务基站的位置等信息也是可以事先获取的。所以，这种特性下，通信双方可以根据这些先验信息很容易计算出各自的发送 BF 方位角，且不需要接收端的信息反馈，也不会因为对 DOA 的估计不准而使 BF 方位角与实际期望的通信方位角产生偏差而导致通信性能下降。所以，基于方位角进行波束覆盖调整的 DOA-BF 技术可以充分利用这种通信场景的特性来形成高速铁路通信场景中的 BF 方案。

4.1.4 导频污染

导频污染是多小区大规模 MIMO 系统在 TDD 传输模式中主要的性能限制因素。理想情况下，TDD 系统中上下行各个导频符号之间都是相互正交的，这样对于接收端接收到的相邻小区的干扰信号都可以利用正交性在解码时消除。然而在实际应用中，理想情况很难实现，尤其在大规模 MIMO 系统中，相互正交的导频序列数目取决于信道延迟扩展及信道相干的时间，并不能完全满足天线及用户数目增加带来的导频序列数目的需求，因此导频污染现象尤其严重。导频污染的示意如图 4.9 所示。

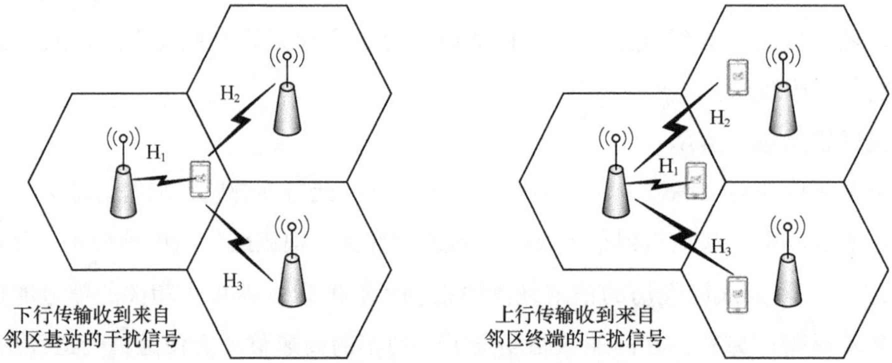

图 4.9　导频污染示意

理想情况下，本小区中的用户与相邻小区中的用户利用的导频序列是相互正交的。但是，当系统提供的时间及带宽一定时，正交导频序列的数目会反过来限制能够服务的用户数目。因此，为了同时服务更多的用户，相邻小区之间往往采用非正交的导频序列，这就导致了导频污染问题。当存在导频污染时，用户与各个小区基站之间的导频信号非正交，多个导频信号相互叠加，使得基站的信道估计将会产生误差。而信道估计的误差将会导致基站侧对传输信号的信号处理过程出现偏差，进而引入小区间干扰并导致速率饱和效应，即使天线数目持续增加，系统总传输速率也已趋近饱和并不继续增长。

关于导频污染的解决方案众多，主要可以分为以下 4 类：导频序列的协议设计、预编码算法的设计、基于 DOA 的信道模型设计、盲信道估计等。

4.1.5 三维信道建模

在 MIMO 技术的研究过程中，合理的信道模型是移动通信系统关键技术进行评估仿真的基础。目前，二维信道建模方法较为成熟，已经形成标准并广泛使用的包括 3GPP 提出的基于几何分布的散射体统计模型有 SCM 和 SCME 信道模型及 WINNER+ 提出的 WINNER II 信道模型。然而，这些建模模型均属于二维模型，假设模型信道中各个子径分布在二维平面内，只考虑了水平方位角的统计特性。

随着大规模 MIMO 技术的提出，基站侧装配有大量的天线，这些天线往往以一定阵列形式排布，使得天线阵列从一维向二维扩展，有源天线系统（AAS，Active Antenna System）便为其实现提供了可能。在大规模 MIMO 系统中，发射天线呈阵列排布，发射天线与接收天线之间存在一定的高度差，因此在实际的建模过程中，除考虑各个子径的水平方位角外，还应该考虑各个子径的垂直俯仰角。

在三维信道模型中，我们需要在水平维度和垂直维度分别对到达角和离开角进行建模，如图 4.10 所示。其中，α 表示天线的极化方向角，θ 表示信号矢量的垂直方向角，ϕ 表示信号矢量的水平方向角。

当垂直角 θ=90° 时，三维信道模型可以变为二维信道模型。已有的三维信道模型通常是在二维信道模型的基础上增加考虑垂直角的影响，将二维信道模型扩展为三维信道模型，具体的流程如图 4.11 所示。

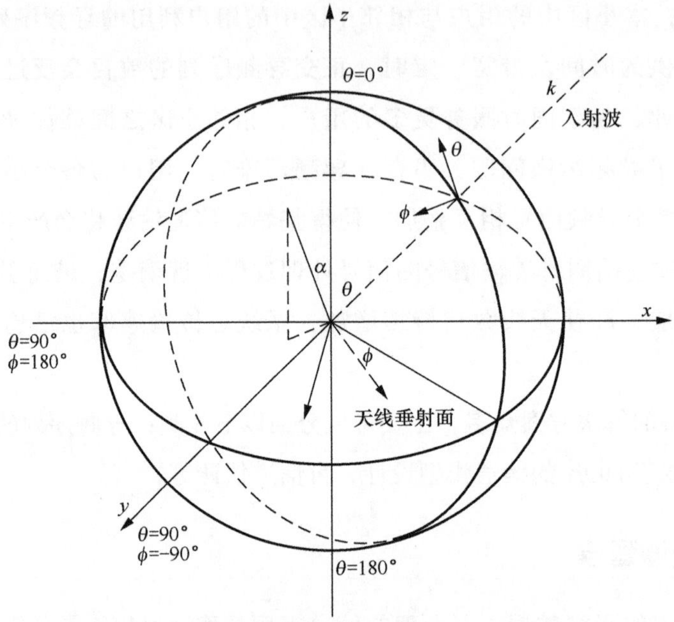

图 4.10　三维信道模型

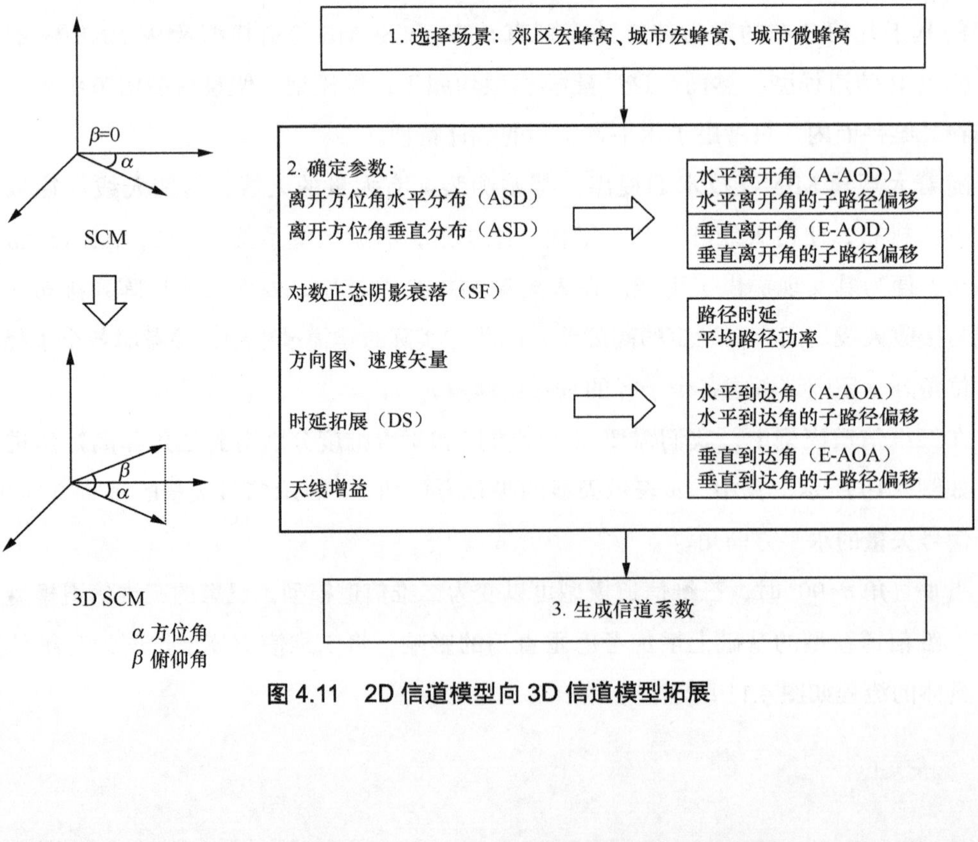

图 4.11　2D 信道模型向 3D 信道模型拓展

4.1.6 大规模 MIMO 天线

大规模 MIMO 技术应用的关键还在于天线的设计。面向 5G 的大规模 MIMO 天线的设计要求有 3 点：首先是 MIMO 天线要能够同时实现空间复用、空间分集和波束赋形；其次是阵列天线，其天线振子单元少则几十个，多则高达几百个，以满足大规模用户数据的同时收发要求；最后是有源天线，通过将天线振子单元、辐射功放单元、耦合振荡单元，甚至是相控阵单元集成一体，在实现天线小型化的同时也方便维护和优化。

针对上述设计要求，我们从天线振子间距、天线振子数量和电路集成类型 3 个方面，将其与传统 MIMO 天线进行对比和分析，借此发现大规模 MIMO 天线设计的难点和突破点。

天线振子间距。由于技术方面的局限性和业务需求的临时应用性，传统 MIMO 天线只能在空间复用、空间分集和波束赋形 3 个方案中，根据实际要求最大化地获取其中一种或两种增益，而无法完整地发挥三者的最优性能。我们知道，实现空间复用的首要条件是发射天线和接收天线的振子间距，必须大到可以保证收发端的各个子信道是独立衰落的不相关信道。空间分集对天线振子间距也有类似的要求。因为空间分集是一种涉及空间、时间、频率、相位和编码等多种发射资源相互组合的多天线技术，是利用电磁场强随空间随机变化实现的，空间距离越大。多径传播的差异性越大，引起传播路径中散射体的丰富程度也越大，从而使接收信号间的相似程度越小。空间分集的效果越好，决定了天线振子间距也必须足够大。在实际的天线设计中，为了满足空间复用和空间分集的技术性要求，每个天线振子的发射信号需具有独立性和无关性。一般来说，天线振子多采用 1/4 波长的奇数倍或 10 个波长以上的间距。而 BF 技术则要求天线阵列单元的间距是基于半个波长整数倍的小距离方式。因为根据波动理论，如果天线上的所有同极化振子之间的距离都为 1/2 波长的整数倍，这些振子发射的同频信号就可能存在半个波长或半个波长倍数的相位差，从而使得从这些振子上发射的同频信号之间产生干涉现象，出现某些方向的振幅增强、振幅减弱的相长相消现象。综上所述，空间复用、空间分集要求天线振子的发射信号具有无关性，振子间距尽可能大，而波束赋形要求振子单元的发射信号具有相干性，振子间距保持 1/2 波长的整数倍，这显然是冲突的。也正由于此，传统的 MIMO 天线只能偏重考虑天线的空间复用和空间分集等应用效果，仅通过预编码方式实现性能较差的 BF，导致无法充分发挥 MIMO 技术的全部性能。这也是未来 5G 大规模 MIMO 天线设计要攻克的关键难题。

天线振子数量。传统 MIMO 天线的阵元数一般不超过 8 个，而未来大规模 MIMO 天线的阵元数目将远远超过于此。考虑到工程实际的需要（如天线占用空间、施工难度等），天线的体积不可能随着振子单元的激增而无限膨胀。因此，5G 大规模 MIMO 天线设计的另一要点是要实现天线小型化。所幸的是，5G 将更多地采用高频段的载波进行通信，而通信理论表明，载波频率越高，波长越短，越有利于收发天馈系统的小型化、集成化和振子数量的大规模化。

电路集成类型。与其说天线有源化是大规模 MIMO 天线的要求，不如说有源化是大规模 MIMO 天线主动适应发展趋势的结果。有源集成天线是由有源辐射功放集成电路与天线振子等辐射单元集成在一起形成的，因此是一个既可产生射频功率，又可直接辐射电磁波的天线模块。有源集成天线阵列是由多个有源集成天线单元组合形成的。传统的 MIMO 天线振子数量较少，天线结构简单，没有很大必要引入有源天线阵列。对于大规模 MIMO 天线则不然，引入有源天线阵列有着诸多的好处。首先，在有源集成天线阵列中，由于每个单元的辐射功率是由辐射单元产生的，这样既可以省去复杂的功率分配网络，又可以减少额外功率的损耗，还能降低辐射单元的输出功率；其次，虽然每个有源天线单元的辐射功率有限，但利用空间功率合成就可以获得大功率辐射；再者，由于集成电路中的耦合振荡器具有非线性动态特性，可以控制每个有源天线单元的相位分布，方便实现空间波束反描构成相控阵列，产生高功率密度的 BF；最后，由于有源天线阵列可直接在天馈部分实现电磁波产生、变换、发射和接收等系统功能，天线不仅是辐射单元，还是有源电路的组成部分，双方不再是简单的级联，而是互为对方电路的部分。这就减少了中间元器件，减少了馈线连接和连接节点，使得在设计方面天线和有源电路是一个有机整体，更加方便于维护、管理和优化。

综上所述，对于大规模 MIMO 天线的设计，大规模阵列是基本需求，天线有源化是必然趋势，而空间复用、空间分集和 BF 三者增益的最大化则是关键。

大唐电信 5G AAS 256 天线的示意如图 4.12 所示。

图 4.12 大唐电信 5G AAS 256 天线

4.2　超密集组网——以空间换性能

未来移动网络数据流量需求急剧增大，按照香农定理，除了增加系统带宽和利用先进的无线传输技术提高频谱利用率外，通过加密小区部署提升空间复用度也是提升系统容量的有效方法。然而，传统的小区分裂方式随着小区覆盖范围的进一步缩小将很难继续进行，需要在室内外热点区域密集部署低功率小基站，形成超密集组网（UDN，Ultra Dense Network），如图 4.13 所示。

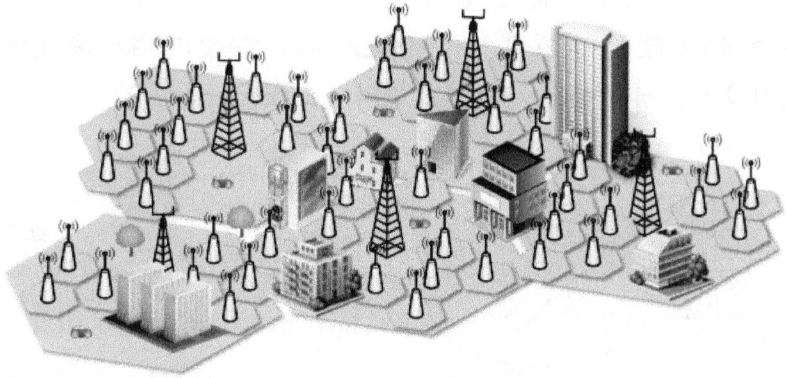

图 4.13　超密集组网示意

4.2.1　小小区

超密集网络由大量小小区（Small Cell）部署，小小区是低功率的无线接入节点，工作在授权的频谱，覆盖范围为 10m ~ 200m，而宏基站的覆盖范围可达数千米。常见的小小区可分为家庭基站（Femtocell）、微微小区（Picocell）、微小区（Microcell）等。其中，Femtocell 发射功率为 10mW ~ 100mW，覆盖半径为 10m ~ 20m，主要用于室内小面积覆盖；Picocell 室内型发射功率小于 250mW，覆盖半径为 30m ~ 50m，Picocell 室外型发射功率小于 1W，半径为 50m ~ 100m 范围，可用于中小型企业的公共热点覆盖；Microcell 的发射功率为 5W ~ 10W，覆盖半径达 100m ~ 300m，可用于室外覆盖。小小区的详细分类如表 4.1 所示。

表 4.1　小小区分类

	小区用户密度	小区密度	小区半径（m）	用户数据速率	干扰程度	部署场景
微微小区	高	中	< 100	中	中	室外热点
家庭基站	低	高	< 20	高	低	家庭、咖啡馆
室内小区	中 / 高	中	< 50	高	中	办公室、购物街
个人小区	低	高	< 10	低	高	D2D
微小区	高	中	< 300	中	中	室外补盲

小小区具有众多的优势：体积小、易安装，可在人流众多的密集区域安装，满足深度覆盖；发射功率小、覆盖范围小，可在宏网边缘进行异频较大密度的覆盖，而且不会产生干扰；小小区基站距离用户近，路径损耗较小，可较大程度地提升信号质量，提供高速率业务；小小区之间距离较小，可在多个小小区之间进行频率复用，提高频谱效率；成本低、辐射小，建站阻力小，回传灵活。小小区的应用场景如图 4.14 所示。

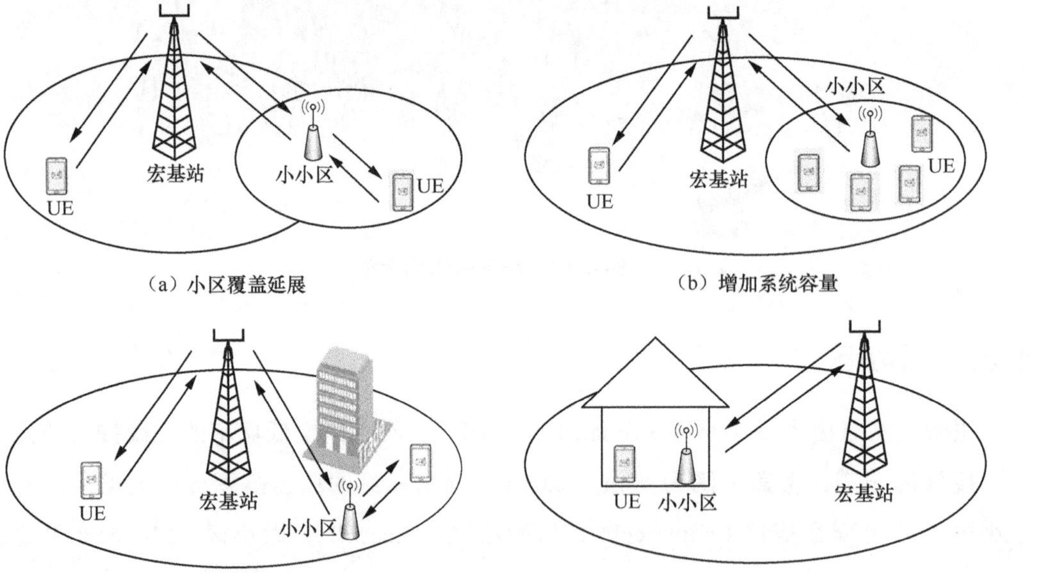

图 4.14　超密集组网小小区的应用场景

采用密集化小小区的无线网络是 5G 通信系统中一个关键的技术。小小区基站具有各种优势，而且种类多，对不同的网络场景针对性强。从频率的角度来看，也会有更多的不同频率应用到小小区密集网络中，例如开放频段（5GHz）和毫米波波段（3GHz ~ 20GHz）

等。多种频段的使用也可以一定程度上减少小小区间的干扰。

小小区的应用非常丰富，既可安放在宏基站的盲区中，用于增强网络覆盖，也可以安放在宏基站的热点中，用于减小网络与终端设备的物理距离，以此来提高链路质量，增大系统容量。具体应用场景有以下几类。

在城区的宏基站覆盖盲区。由于之前的宏基站站址已经很密，也很难继续加密，小小区即可用来覆盖这些网络盲区，极大地提升了网络的覆盖面积。

密集的热点区域。在交通枢纽、密集办公楼区域，由于用户的数量庞大，用户体验也会因为资源不足而体验下降，此时加大小小区的部署可提供较好的信号覆盖和用户体检。

在偏远的郊区。宏基站的建设成本高，但在人流较少的偏远郊区可以选择小小区的部署，性价比高。

4.2.2 干扰消除 / 协调技术

第一代到第三代移动通信网络中，同构拓扑的组网是基本方式。而到了 4G 时代，尤其是 LTE-A 网络，出现了异构拓扑，宏基站与低功率小站混合组网，以提高系统容量。系统容量的提升主要在于小区的分裂，小小区对于宏小区的业务分流；而到了 5G 时代，通信网络从异构网络演变到了超密集网络，这种密集化的部署不仅仅密度更高，而且网元形式也更具多样性。

超密集组网的技术特征要求有更高的数据流量和用户体验速率，而未来的 5G 移动网络，数据流量将会增大 1 000 倍、用户服务速率将会提高近百倍，这给无线接入网及其核心网带来了非常大的挑战。对于无线接入网，未来网络需要从使用先进的无线传输技术、更多的无线频谱和更加密集化的小区部署等方面进行规划与设计。

在网络部署场景的时候，我们必须把室内环境和室外环境进行区分对待。

室内环境可以通过部署分布式天线和大规模 MIMO 配备基站，其天线的元件可以分开放置于小区中，并且能够通过光纤和基站进行连接。移动终端的部署能够动态地改变相应运营商的核心网络的连接。同时，宏基站还需要一些虚拟蜂窝网络作为补充，这样可提升室内环境的覆盖率。

室外用户只需要通过与安装在建筑物上的一些大型天线阵列的室内 AP 之间通信，就可以使用多种短距离通信技术，从而实现高速率通信传输，比如 60GHz 毫米波通信，就能够解决频谱稀缺的问题。

接入网设计有4个特点：多接入异构技术的融合，包括GSM、UMTS、LTE、Wi-Fi等，通过使用单一无线控制器来操作；基站的资源虚拟化，资源被集中控制分配，在集中式部署的基站上，基带处理将渐渐由软件无线电（SDR，Software Defined Radio）实现，在原有C-RAN技术基础上演进到基于云架构的虚拟化基站，完成频谱资源的动态调度；通过基带池BBU模块与远端射频RRU单元协作工作，实现系统平台上的多种无线网络功能；需要优化传输路径。而核心网主要通过SDN、NFV等技术来推动网络变革。

可以看出，超密集网络是解决5G网络数据流量爆炸式增长问题的有效解决方案。在未来的无线网络和宏小区的覆盖区域中，各种无线接入技术的低功率小站的部署密度能够达到现在密度的10倍以上，形成超密集的异构网络。一方面UDN的实现也可以很好地应对到2020年用户终端的连接数量近百倍的增长局势，超密集网络的组网对于每个小区来说，所服务的终端数目降低，能有效缓解基站的负荷；另一方面用户的分簇化管理再加上中继等技术能够把多个终端的控制信令和传输数据进行混合传输，从而降低网络的负荷。并且，超密集组网能够通过缩短基站与用户终端的距离，大大提升无线链路的质量，从而实现有效的链路能效提升。而网络能效的提升一方面意味着网络能耗的降低，减小运营商的耗能成本；另一方面意味着延长终端设备的待电时长。

然而，超密集网络通过减小基站与用户终端之间的路径损耗来提升网络的吞吐量，这使得系统在增大有效接收信号的同时，也放大了干扰信号，即超密集网络减小了白热噪声对无线网络容量的影响，使其成为一个干扰受限的系统。如何有效进行干扰消除、干扰协调成为超密集网络提升链路容量需要重点考虑的问题。更进一步，小区密度的急剧增加也使得干扰变得异常复杂。此时，5G网络除了需要在接收端采用更先进的干扰消除技术外，还需要具备更加有效的小区间干扰协调机制。图4.15所示是超密集组网用于干扰消除或协调的可选关键技术。

1. 多点协作传输（CoMP，Coordinated Multiple Points Transmission/Reception）技术

CoMP技术，是指包含服务小区及其邻近小区在内的多个小区站点的天线，通过协作的方式来接收和发射，从而改善用户和eNB/gNB的接收信号的质量，减小小区间的干扰，提高小区边缘用户的吞吐量和小区平均的吞吐量。

CoMP技术可以分成两个类别：在多个小区之间的协作动态调度/协作波束赋形（CS/

CB，Coordinated Scheduling / Coordinated Beamforming）、多小区联合处理（JP，Joint Processing）。

CS/CB，所有数据只能够在服务的小区内部传输，但是 CoMP 协作集合中的点共同做出 CS/CB 决策。参与操作的各 CoMP 节点能够共享信道状态信息，用户数据只保存在服务该用户的 eNB/gNB 中。通过在各节点之间进行 CS/CB，可以降低各节点覆盖重叠范围区内的用户间干扰。应该说，这种方式应该属于干扰避免或者干扰协调，通过减少干扰的方法来提升用户接收的信号质量，从而提升数据速率等网络性能。

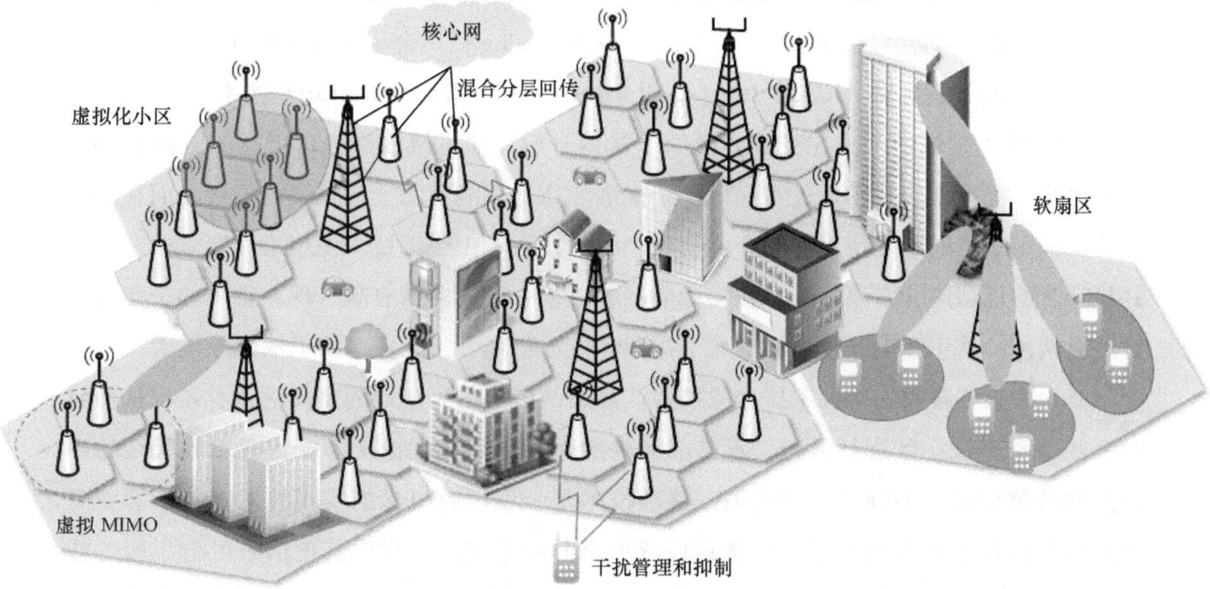

图 4.15 UDN 关键技术示意

CS/CB 通过牺牲一部分频率选择性能，使得不同小区的信号的发射方向错开（通过基于码本或非码本的预编码技术进行定向模式发射），进而减小干扰，提高 SINR。CS/CB 对于小区中央和边缘的用户都能够适用。

JP 是指用户数据和 CSI 信息能够在各 CoMP 的节点之间共享，在完成操作时，各节点依照规则向用户传输。JP 技术又可分为联合传输（JT，Joint Transmission）和动态小区选择 / 静默（DCS/Muting，Dynamic Cell Selection/Muting）。JT 是指一个用户的数据同时在多个点（可以是 CoMP 协作集合的一部分点或者全部点）上进行传输，从而改善接收的信号质量，或者消减对其他用户的干扰。根据香农定理，只有当信噪比很低时，它的提高才能给吞吐量带来大量提升，并且超出资源块资源的损失，提升单位 RB 的吞吐量，使得边缘用户获得吞吐量方面的提升。而对小区中心的用户来说，其信噪比提高所带来的吞吐量提升仍然不足以补偿 RB 资源上的损失，因此无法获得吞吐量的增益。所以，JT 只适合处于小区边缘的用户，而不适合小区中的用户。DCS/Muting 是指在某个时刻，CoMP 协作点的集合中只存在一个节点在对用户进行数据传输，其他节点不同时传输数据或是在给其他用户传输数据。小区间的切换需要通过高层信令指示，切换速度慢，而 DCS 能够通过用户上报的 RSRP 对小区进行快速选择，使得用户终端总是可以找到信号最强点，提升接收和发射性能。但静默的实际价值不是很大，完全可以使用 JT 来替代。因此，DCS/Muting 只适合小区边缘的用户。

2. 小区间干扰协调（ICIC，Inter-Cell Interference Cancellation）技术

ICIC 技术是通信节点在受到小区间干扰信号后，通过接收端处理增益的方法消除干扰和进行干扰抑制的技术。通常来说，干扰消除技术只能消除一些较强的干扰，而在实际中的小区间干扰通常是很多小的干扰叠加产生的，再者由于该技术使用条件要求非常严格并且计算的复杂度非常高，所以在实际应用的过程中效果非常有限。现在常用的干扰消除方法有两种：基于多天线接收的空间干扰消除技术和基于干扰重构的干扰消除技术。

基于多天线接收的空间干扰消除技术，通过两个小区到用户的空间信道有差异从而对服务小区和干扰小区进行区分，不依靠额外的发射装置。理论上，配置双接收天线的用户能够分辨出两个不同的空间信道。这项技术是一项接收机端的实现技术，并不需要对发射端进行任何额外的工作，但是其只依靠空分的方式，不采用其他信号区分手段（如码分、频分等），很难取得让人满意的效果。这种技术又称为干扰抑制合并接收（IRC，Interference Rejection Combining）技术。

基于干扰重构的干扰消除技术是在接收端将干扰信号进行解调或者解码后，再对干扰信号进行重构，最后从接收信号中消减的处理方法。如果该方法可以把干扰信号精准地消减掉，就能够达成消除干扰的目的。这是一种更加有效的干扰消除技术，目前来看，基于交织多址（IDMA，Interleaved Division Multiple Access）的干扰迭代重构消除技术在 LTE 系统中有较多研究。研究表明这项技术可以使小区平均吞吐量有 5% 的性能提升，而小区边缘用户的吞吐量也可得到 50% 的增益。

3. 增强型小区间干扰协调（eICIC，enhanced Inter-Cell Interference Coordination）技术

eICIC 技术能够行之有效地解决异构网络中不同种类基站之间的干扰问题，进而显著提升吞吐量和网络的整体效率。

eICIC 引入的目的是抑制异构网络里面相邻小区之间的干扰问题，尤其是控制信道干扰，以便在满足网络覆盖之余，也满足业务 QoS 需要。eICIC 新加入了时域上的考量，在时域中对于某些用户来说相邻小区的信号是正交的，直接避免了干扰问题。而相较于 ICIC 技术，eICIC 技术不仅仅是针对业务信道干扰，也可以有效降低其在控制信道间的干扰。也就是说，eICIC 技术通过对时域、频域和功率控制，来解决业务和控制信道中的小区干扰的问题。

4.3　新型多载波——滤波器组技术的赋能

波形技术是无线通信物理层最基础的技术。4G所采用的CP-OFDM技术属于传统FDM技术的正交化改进，其子载波之间相互正交使子载波频谱可以处于混叠状态，能够有效利用宝贵的带宽资源。其调制通过逆傅里叶变换（IDFT，Inverse Discrete Fourier Transform）实现，因此在硬件实现上可以利用快速傅里叶变换（FFT，Fast Fourier Transform），使得计算量大大降低，硬件结构简化。而且其子信道带宽大大小于信道相关带宽，因此信道衰落较为平坦，在对抗码间串扰时有一定的优势。然而在面对 5G 的丰富业务场景需求时，OFDM 却显得有些力不从心。

首先，CP-OFDM 的灵活性不足。事实上，一方面，车联网自动驾驶业务端到端 1ms 时延的要求，使得系统必须具有极短的时域符号和极短的传输时间间隔（TTI，Transmission Time Interval），而这就需要频域较宽的子载波带宽；另一方面，对于物联网业务，当物联网的很多传感器同时连接时，单个连接传送数据量极低，这属于短包类突发式通信业务，需要在频域上配置带宽比较窄的子载波，这就会使时域符号和 TTI 足够长，因此，对于物联网业务就几乎可以不考虑时延扩展的问题，也就不需要再引入 CP。现有 CP-OFDM 方案的子载波带宽确定后，符号的长度、CP 的长度等也就确定了，因此，CP-OFDM 系统的灵活性和应变能力不足。

其次，CP-OFDM 对精确同步的严苛要求。CP-OFDM 的优势主要体现在子载波间的正交性，这就需要精确的同步，但如果对于物联网场景中如此海量的连接都使用精确的同步过程，那么网络将存在大量的同步信令，造成网络阻塞，而且异步操作可以解决终端省电的问题。

最后，CP-OFDM 对零散频段的利用效率不高。由于各种原因，通信界中还有很多未使用的分散的频段，为了解决频带资源稀缺的问题，可以将这些离散的频段利用起来。5G 将这些零散频谱的利用作为 5G 支持通信场景中的一种。但是由于 CP-OFDM 等效于使用矩形窗进行脉冲成形，因此旁瓣功率泄露较大，这会导致严重的子载波间的干扰，进而对零散频段的利用造成极大困难。

由于存在上述严重问题，传统的 OFDM 将不再适合 5G 发展需要，我们必须重新考虑设计新的波形，以更好地满足未来复杂的业务需求。通过对传统波形的总结以及 5G 典型通信场景的分析，可知新的非正交波形要具备以下特征。

（1）支持零星通信。短消息即时发送的同时只需保证信息的粗略同步。非严格同步配置相应定时提前组，节省信令开销。允许随机接入，当不传递信息时进入休眠状态来节约能量。

（2）支持实时通信。体感网络的通信时延要求足够小，同时小包传输在固定带宽增量下保证吞吐量。非正交的波形可以不规定固定的保护带宽，根据通信需求更改保护带宽的大小，甚至不加保护带宽，允许更高的移动速度和频率。

（3）具备良好的频谱抑制。非正交波形的带外抑制技术，使得它们比传统正交波形有更好的频谱抑制性能，可将传输用频率和时域的资源块根据业务需求分割成不同大小的独立子带，进而提高多业务间的共存性。

（4）提高频谱利用效率。好的频谱抑制使得子带间的独立性增高，不需要额外的保护带宽来避免邻道干扰，从而提高频谱利用效率。新波形可有效利用空闲频谱，保证波形低的带外扩展。

（5）灵活的同步需求。对于时间和频率的偏移不敏感，有较低的同步要求，更适合多业务共存下的 5G 通信环境。

（6）兼容 LTE 导频模式和 MIMO 模式。非正交波形要有很好的系统兼容性，导频设计、MIMO 使用以及信道估计的方法要与传统系统中的方法相近，系统有较好的前后向兼容性，便于系统平滑升级。

当前主流的新波形研究主要包括基于优化滤波器设计的滤波器组多载波（FBMC，Filter Bank Multicarrier）、通用滤波多载波（UFMC，Universal Filtered Multicarrier）、广义频分复用（GFDM，Generalized Frequency Division Multiplexing）和基于子带滤波的正交

频分复用（F-OFDM，Filtered OFDM）等。这些新波形的共同特点在于它们都使用了滤波器组技术。基于滤波器组的新型多载波技术是指在发射端经由一个分析滤波器组实现多载波调制，相应地，在接收端也需要经过一个合成滤波器组来完成信号的解调。一般而言，系统发射端的分析滤波器组以及接收端的合成滤波器组均采用并行结构，有助于降低实现的复杂度。滤波器组的各个滤波器均可以由原型滤波器经过一定的处理得到。

OFDM 作为多载波调制技术，其各个子载波间是满足正交性的。然而对于基于滤波器组的多载波技术，由于原型滤波器是可以根据需求定制化设计的，因此各子载波之间可以不再满足正交性的要求。这也导致了各子载波之间天然地就有干扰，所以一般不采用循环前缀来抵抗 ISI 和 ICI。此外，由于滤波器可以人为控制，因此可以通过滤波器组的合理设计来很好地控制子载波间的干扰。这些基于滤波器组的多载波技术比较适用于频谱离散的情形，且其对于同步的要求也相应地降低了，而不是像 OFDM 一样需要用户间的严格同步。当然，任何灵活性的提升都伴随着一定的代价。

对于 FBMC、UFMC、GFDM、F-OFDM 这 4 种新波形，我们先将其与传统 OFDM 的特点进行对比，然后再逐一深入地解读其技术内涵，可以更好地把握新波形技术的要点。OFDM 与新波形的比较如表 4.2 所示。

表 4.2　OFDM 与新波形技术特点的比较

	OFDM	FBMC	UFMC	GFDM	F-OFDM
是否有 CP	有	无	无	有	有
滤波粒度	按完整频段	按子载波	按子频段	按子载波	按子频段
符号调制方式	不限	OQAM	不限	不限	不限
与 MIMO 结合难易	易	较难	较难	易	易

由表 4.2 不难发现以下几个特点：从 CP 的取舍来看，FBMC 和 UFMC 都直接舍去了 CP，这取决于其原型滤波器设计对干扰的抑制，而 GFDM 和 F-OFDM 都保留了 CP；从滤波粒度的大小来看，新波形相对于 ODFM 的最大特点在于滤波粒度更为灵活，FBMC 和 GFDM 细化到按子载波进行滤波，UFMC 和 F-OFDM 则是按子频段滤波，当然，子频段的长度是可选的；从对符号调制的要求来看，FBMC 必须使用 OQAM 调制方式来实现全速率传输，其他几种新波形对于调制方式的要求则较为宽松；最后，由于大规模 MIMO

是 5G 的标志性关键技术之一，我们还需关心新波形与 MIMO 结合的难易度，从这一理念出发来看，GFDM 和 F-OFDM 均与 MIMO 较易结合，而 FBMC 和 UFMC 与 MIMO 的结合，仍有待技术的突破。

4.3.1 FBMC

FBMC 区别于传统 CP-OFDM 的典型特点为：使用滤波器组对每个子载波进行单独滤波、使用偏移正交幅度调制（OQAM，Offset Quadrature Amplitude Modulation）符号代替 CP-OFDM 中的 QAM 符号，不再使用 CP。

对于 4G，由于子载波带宽仅有 15kHz，且旁瓣衰减很快，因此没有专门针对子载波设计的滤波器，只是在系统带宽内使用了 Sinc 函数原型滤波器。而实际上，我们可以视各个子载波都使用了滤波器组，只不过这些滤波器组在原型滤波器的基础上做了 $e^{j2\pi ki/M}$ 的依次频偏。但是，使用这样的滤波器组，CP-OFDM 的带外抑制性很差，各个子载波需要求严格同步，否则会带来严重的 ICI。如果业界能够设计出性能优良的原型滤波器，且对每个子载波进行滤波，那么将能大幅度减少子载波间的干扰，进而改善 CP-OFDM 系统带外泄漏过高的固有缺陷。

FBMC 正是基于这样的思路，在各个子载波上增加了特殊设计的滤波器来改善带外衰减，同时由于带外衰减很快，各个不相邻子载波都是独立的。由于 FBMC 发射端使用了原型滤波器，接收端也使用了与其匹配的滤波器，所以，在设计 FBMC 原型滤波器时，只需要频域参数的平方满足奈奎斯特（Nyquist）第一准则就可以。

如图 4.16 至图 4.21 所示，我们对 CP-OFDM 和 FBMC 在基带脉冲时频特性、带外抑制能力、频域正交性、调制方式和对 CP 的要求等方面做逐一对比。

CP-OFDM 的基带脉冲 An(t) 是未滤波的矩形脉冲，时域长度有限。而 FBMC 的基带脉冲 An 由于经过了滤波，时域被拓展。但是两者的时域脉冲响应都满足 Nyquist 滤波器无码间干扰准则。相应地，CP-OFDM 基带脉冲频域响应的包络为 Sinc 函数，而 FBMC 由于使用了具有良好的时频局部化特性（TFL，Time Frequency Localization）的原型函数（Prototype Function）作为成型脉冲，其频域响应的旁瓣幅度更小，带外抑制得非常干净。FBMC 原型滤波器的频域响应还跟重叠因子 K 有关，K 越大，带外抑制能力更强。可以看出，FBMC 原型函数在时域和频域上的能量都更为集中，因此也保证了子信道之间的独立性。

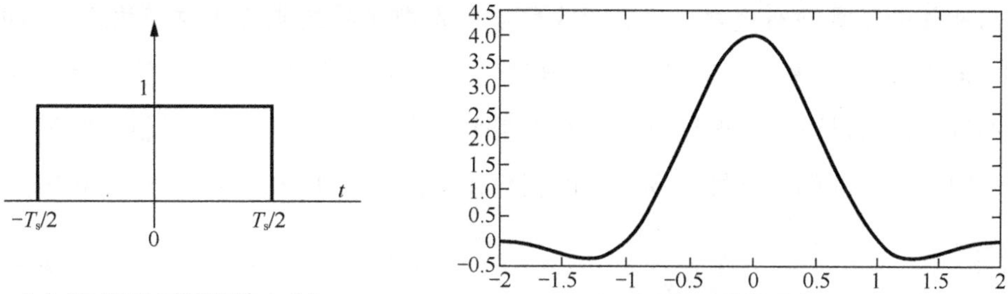

（a）CP-OFDM 基带脉冲 An（t）　　（b）FBMC 基带脉冲 An

图 4.16　CP-OFDM 和 FBMC 基带脉冲时域特性

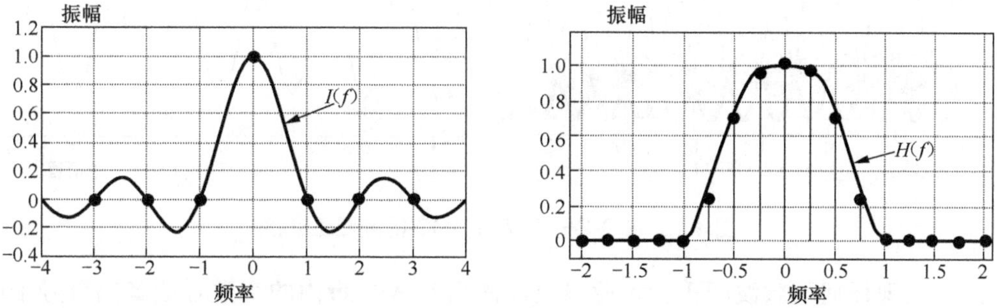

（a）CP-OFDM 基带脉冲 An（t）　　（b）FBMC 基带脉冲 An

图 4.17　CP-OFDM 和 FBMC 基带脉冲频域特性

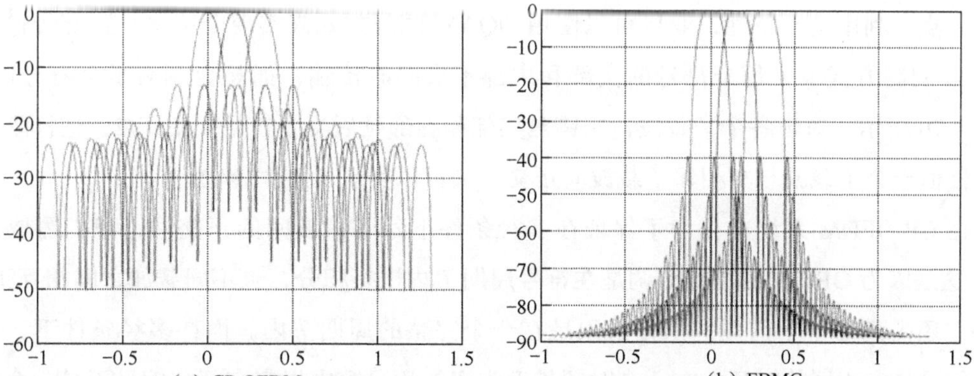

（a）CP-OFDM　　（b）FBMC

图 4.18　CP-OFDM 和 FBMC 的带外抑制能力

CP-OFDM 所有子载波频谱有重叠，所以所有子载波必须严格正交。而 FBMC 每个子载波只与相邻的子载波有重叠，也就是说所有的奇数子载波或者偶数子载波是不重叠的。因此 FBMC 只需要考虑如何保证某个子载波与相邻两个子载波是正交的即可。这是一个很重要的特性，通过进一步推导可知，对于某个特定子载波，干扰滤波器的时域响应虚部在半符号周期 $T_s/2$ 的偶数倍处过零点，而实部在半符号周期的 $T_s/2$ 奇数倍处过零点。

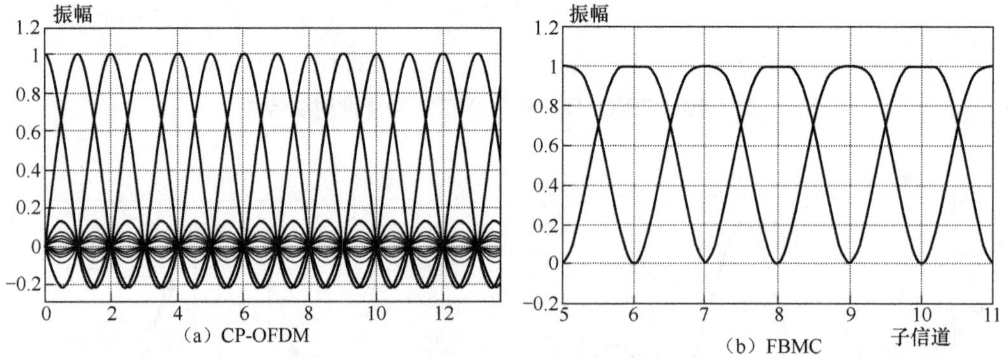

（a）CP-OFDM （b）FBMC

图 4.19 CP-OFDM 和 FBMC 的频域正交性

为了实现任何子载波间正交，业界只需使用 FBMC 带内的奇数号或者偶数号子载波来传输数据即可。但相应地，这样会显著降低频谱使用效率和传输速率，对于追求高频谱利用率和高传输速率的 5G 来说是不可接受的。因此，业界要寻找更好的方法来实现全速率传输。如前分析，对于 FBMC 的某个子载波，其干扰滤波器的实部和虚部依次交错过零点。利用这一特性，业界可以使用 OQAM 调制方式来实现全速率且正交传输。在 OQAM 调制方式下，每个符号的实部和虚部不会同时传输，而是会延后半个符号周期。如图 4.20 所示，对于各个子载波，交错对实部和虚部延后半个符号周期 $T_s/2$，这样既可以保证任何一个子载波与其相邻子载波间正交，又可以实现全速率传输。

在 CP-OFDM 系统中，为了保证在多径条件下各子载波间的正交性，我们需要使用 CP，这是因为 OFDM 的正交解调是在符号周期 T 内进行积分，且不同载波之间相互正交。另外，还需满足一个前提，积分必须是在一个完整的周期 T 内。而在多径条件下，由于多径信号具有不同的时延，在一个时间长度为 T 的积分窗内肯定有部分信号不是一个完整的周期，也就是说载波之间的正交性被破坏了。为了解决这一问题，CP-OFDM 利用了两个同频不同时延的正弦波叠加仍为同频正弦波的特性，通过复制信号的一部分作为冗余放在符号的开始，也就是循环前缀 CP，让符号长度大于基本周期 T。这样即使有多径时延，只要时延不超过 CP 的长度，在积分窗内总能看到一个完整的信号周期，也就是保证了多径条件下载波之间的正交性。其代价是降低了频谱的使用效率，因为一部分时间成为冗余。循环前缀时间越长，抗多径能力越强，频谱使用效率就越低。而 FBMC 则不需要 CP，其频谱使用效率相对 CP-OFDM 更高。

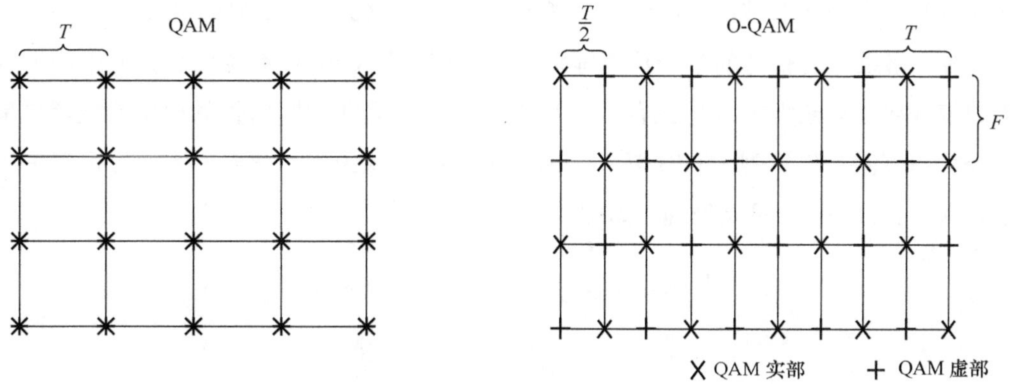

图 4.20　QAM 调制与 OQAM 调制

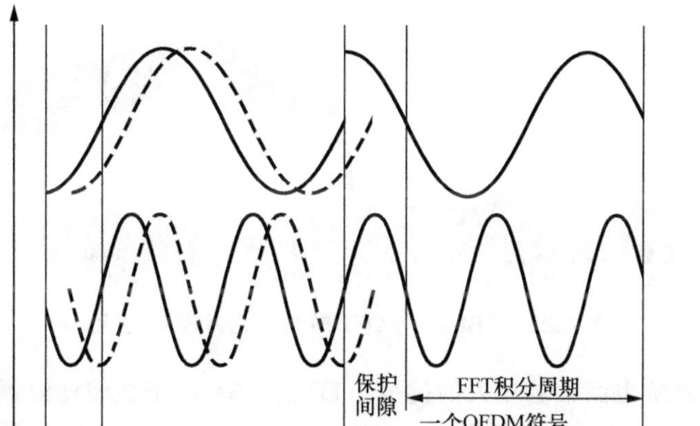

图 4.21　CP-OFDM 以 CP 来保证多径条件下子载波的正交性

综上所述，FBMC 系统相对 CP-OFDM 系统具有更优良的特性，具体表现如下。

无 CP 的方案的使用带来了频谱和功率效率的提升。由于原型滤波器的冲击响应和频率响应可以根据需要进行设计，各子载波之间不必是正交的，允许更小的频率保护带，因此不需要插入 CP，相比而言，FBMC 拥有更高的频谱和功率效率。

具备较强的抗 ISI 和 ICI 能力。在传统 OFDM 系统中，通过添加 CP 可以抵抗 ISI，但是对于抵抗 ICI 却无能为力。而在 FBMC 系统中，业界引入了具备优良时频聚焦特性的原型滤波器组，使得 FBMC 对于抵抗 ISI 和 ICI 具有更高的顽健性。

FBMC 系统实现相对简单。与传统的 OFDM 系统类似，FBMC 系统也可以基于 IFFT 和 FFT 实现，并且子载波成型可以使用基于多相网络结构方法来高效实现。

FBMC 系统具有很低的带外功率辐射。对于传统的 OFDM 系统而言，使用矩形成型带来的带外功率衰减为 -25dB 左右，而 FBMC 使用了优良 TFL 特性的原型滤波函数带来的带外功率衰减可以达到 -50dB 以下。因此在 FBMC 系统中，业界不需要提供保护频带或者做额外的带外辐射抑制处理，如图 4.22 所示。

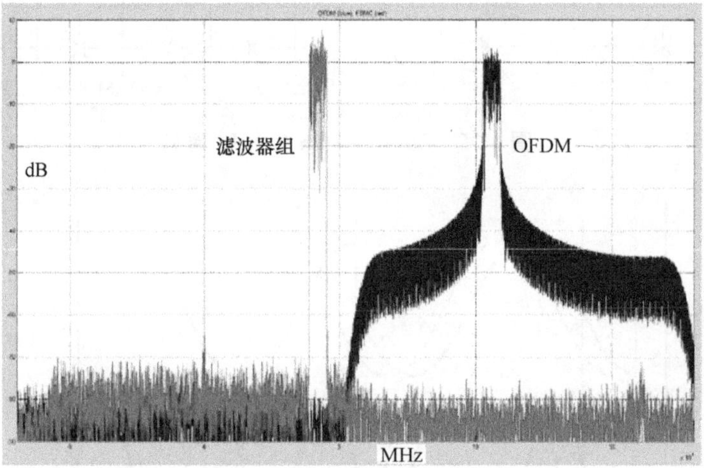

图 4.22 FBMC 与 OFDM 信号带外抑制对比

但是，FBMC 系统也面临着较大的挑战。首先，FBMC 子载波滤波器的频域带宽很窄，导致其时域长度通常为符号长度的 3 ~ 4 倍，因此，FBMC 信号中存在较长的前后拖尾，在 TDD 系统中将需要较大的开销，不适用于突发通信和对时延要求较高的通信系统；其次，也是更为致命的，由于 FBMC 存在固有干扰问题，当它与 MIMO 中的预编码技术结合时，由于等效信道的不平坦会造成严重的 ISI 和 ICI 问题；最后，信道估计困难、接收端均衡和解调等处理过程复杂，由于滤波器设计带来的硬件开销增加等也是 FBMC 系统面临的主要问题。

4.3.2 UFMC

UFMC 可以视为 FBMC 的演进版本。UFMC 将系统整个频带分成若干个子频带，采用合适的滤波器过滤每个子频带，也就是一组子载波，比如 LTE 中的一个物理资源块 PRB，即 12 个子载波。很显然，当每组子载波的数目变为 1 时，对应的就成为 FBMC 了，如图 4.23 所示。

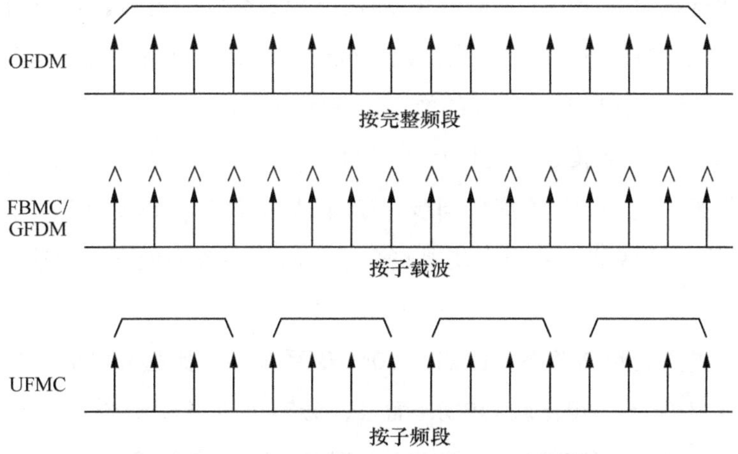

图 4.23　OFDM 与新型多载波的不同滤波方式

UFMC 在不同的子频带可以使用不同的采样间隔以及滤波长度，如用户 1 使用一个特定的 FFT 长度 N_1，滤波器长度 L_1；用户 2 使用 FFT 的长度为 N_2，滤波器长度为 L_2。只要满足 UFMC 符号的持续时间相同，即 $N_1+L_1-1=N_1+L_2-1$，UFMC 便成为一种高度自适应调制方案。

UFMC 不需要像 OFDM 一样插入 CP，只需要 UFMC 中所使用的滤波器长度与在 OFDM 中所使用的 CP 长度相等即可（仅仅是为了对比 OFDM 和 UFMC 的性能而做的仿真公平）。一般在仿真中，业界直接应用切比雪夫滤波器即可。UFMC 可以通过滤波器的过渡和缓降提供一个内在的软保护来抵抗符号间干扰，以提高异步情况下的多径用户的顽健性。

OFDM 技术的很多理论知识都可以直接用于 UFMC，但是却不能直接用在 FBMC 中。UFMC 可以使用 QAM 作为调制方式，来很好地支持 MIMO 以及 CoMP 等，而 FBMC 则用 OQAM 代替了 QAM，使得 FBMC 的前向继承性较差。FBMC 如果需要使用如复杂的预编码方式和空间复用等则需要做出巨大的修改。

对 UFMC 而言，关键是要研究其时频效率。时频效率主要从两方面进行考虑，一方面是时域方面的开销，比如滤波器滚降、循环前缀等；另一方面是频域方面的开销，比如频率保护等。在时域方面，UFMC 与 FBMC 不同，由于 FBMC 是对每一个子载波进行滤波，而UFMC是对一组子载波进行滤波。这导致的结果是UFMC滤波处理时间比FBMC短，滤波器长度变短直接导致时域开销变小。FBMC 对于长突发的传输是非常有效的，但是对短突发的传输却有致命的缺陷，而 UFMC 却很适合短突发的传输。正因为 UFMC 的这个特性，UFMC 可以支持快速 TDD 切换，允许低时延模式，支持小数据包传输，整体而言就有了比较低的能量消耗以及比较高的效率。在频域方面，FBMC 的子载波之间不是相互正交的，而 UFMC 的子载波之间是相互正交的。因此，在 FBMC 中，其需要一些格外的信令开销来做保护，比如 DL 的集成同步、UL 的探测符号，以及一些小的 UL 控制信息（ACK/NACK）等，这些信令的引入使得整个系统的效率较为低下，而这些问题在 UFMC 中则可避免。

UFMC 具有更高的频谱效率，比如在 10MHz 系统中，比起 OFDM，频谱效率有 10% 的增益，如图 4.24 所示。相比较 OFDM 而言，旁瓣可以低几十个 dB。UFMC 对时频偏移的容忍度较高，由于对时频同步的要求不是那么严格，信令开销必然会下降，因此带来了巨大的收益。

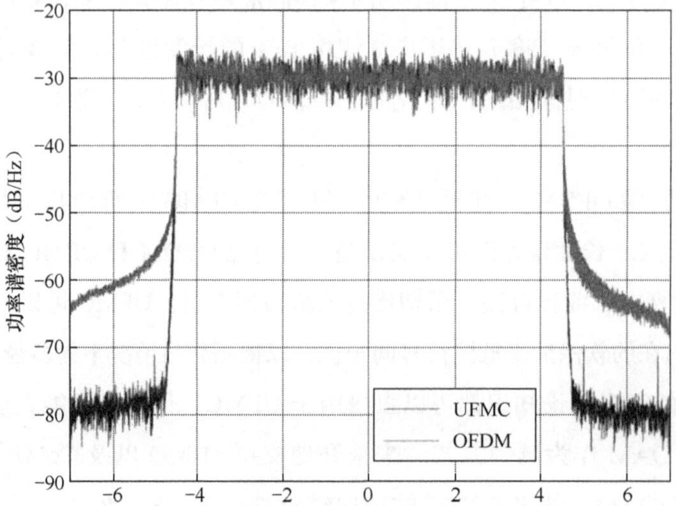

图 4.24　UFMC 和 OFDM 的频谱性能

虽然 UFMC 相对 FBMC 更具优势，但是在实际应用中，大尺度的时延扩散，需要更高阶的滤波器来实现。同时，接收机处也需要更复杂的算法，因此增加了系统的复杂度。

4.3.3　GFDM

相对于 OFDM 和 FBMC，UFMC 有更多优点，但因为没有 CP，UFMC 比 CP-OFDM 对短时间的不重合更敏感，因此，UFMC 可能对需要松散时间同步以节约能源的应用场景不适合。为此，广义频分复用被提出。

GFDM 是一种灵活的调制方式，能够将数据扩展成时频二维块结构（每个载波上有多个符号），如图 4.25 所示。通过在每个子载波上使用可调节的脉冲成形滤波器，传输信号展现出很强的频域聚焦特性。循环卷积来保护其块状结构的使用，以及 CP 的方法，使得数据在通过多径信道传输后，在接收端可以使用一种简单的均衡方式。此外，在扩展 GFDM 块中，采用时间窗方案可以进一步控制带外辐射，并且只会有很小的 CP 长度消耗。通过使用可变的脉冲成形滤波器，子载波之间的正交性基本上消除了，结果造成载波间以及符号间存在自干扰。

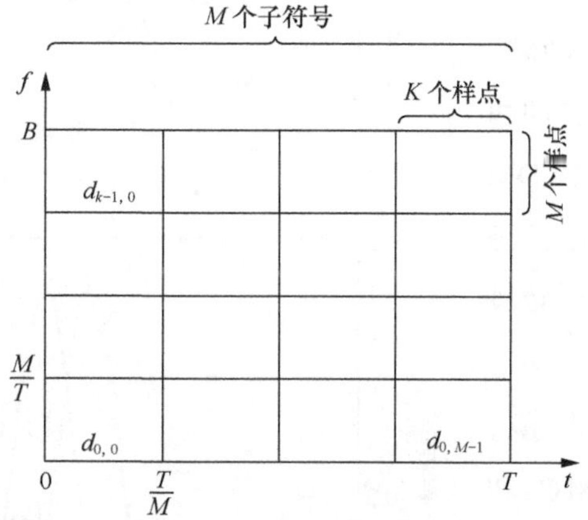

图 4.25　GFDM 传输块

在 GFDM 中，由于信号本身的设计而带来的自干扰，以及同步不理想而造成的损害都会影响多址接入场景下的系统性能。所以，为了解决这个问题，GFDM 将放宽对振荡器精度的要求（精度要求由当前 LTE 系统中的 0.1ppm 扩大到 1ppm ～ 10ppm）、略去复杂的同步过程和减少信号开销作为自己的目标。尽管如此，GFDM 也可以使用 OQAM 调制方式，与 FBMC 方法相类似，利用循环脉冲成形来消除滤波器尾部信号。在一些应用中，GFDM 还可以通过脉冲整形来满足正交条件。在 FBMC 中，子载波被单独整形以减少带外辐射，由于这些子载波带宽很窄，发送滤波器长度通常很长，这就使得 FBMC 只有在传输符号数量很多的情况下，才会达到较高的频谱效率，因此，FBMC 不适合应用在主要传输短的突发数据的低时延场景中。GFDM 的循环结构允许均衡在频域进行，而且可以很容易地克服扩展到多个符号中的多径影响，这就使其非常适合应用在短的突发数据传输中。

图 4.26 分别是 OFDM 和 GFDM 系统发送信号的频谱示意图。其中，最外侧黑色曲线为并串转换后，串行传输的信号频谱，整个曲线轮廓内的几条曲线分别表示并行各路信号的频谱。可见，OFDM 信号在带外有较大的波动，无论对于单路串行信号，还是串并转换后的信号，其波动性均较大。而 GFDM 系统的带外波动得到了有效抑制。从原理上来分析，这是由于 GFDM 系统中加入脉冲整形滤波器组，对带外的波动和辐射进行了滤除。这样，GFDM 将能够实现空白频谱碎片资源的整合利用，提高整个通信频段的频谱利用效率。

从某种程度上来说，GFDM 似乎较 FBMC 和 UFMC 更适合未来 5G 的传输要求。但我们也应认识到，GFDM 是以增加系统的复杂度为代价的。如何在性能与复杂度之间取得平衡，一直是我们在

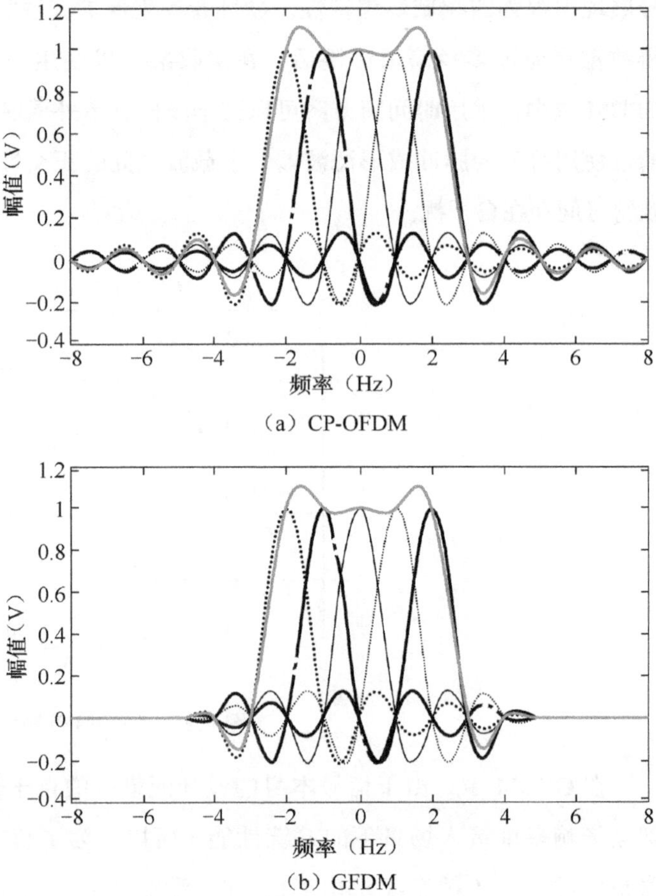

图 4.26　OFDM 和 GFDM 的频谱性能

5G 上不断探索的课题。

4.3.4 F-OFDM

F-OFDM 是一种可变子带带宽的自适应空口波形调制技术，是基于子带滤波的多载波波形。

F-OFDM 本质上是为了进一步拓展 OFDM 的应用范围而进行的升级和更新。对于传统的 OFDM，其时频图里，频域子载波带宽是固定的，时频符号周期长度是固定的，CP 和保护时隙（GP）也是固定的。然而，面对 5G 的广泛应用范围，单一的固定参数无法满足要求。F-OFDM 的基本思想是，子带滤波实现了子带间参数配置的解耦，使得系统带宽根据业务的不同，划分为不同的子带，并对每个子带配置不同的传输时间间隔、子载波间隔和 CP 长度等，从而实现灵活自适应的空口，增强系统对各种业务的支持能力，提高系统的灵活性和可扩展性。比如，为了实现低功耗大覆盖的物联网，我们可以在选定的子带中配置较窄的子载波间隔；为了实现较低的空口时延，可以采用更小的传输时隙长度；为了对抗更丰富的多径信道，可以采用更小的子载波间隔和更长的 CP。所以 F-OFDM 可以将整个频段按照不同种类的业务精细分割，对空口实现灵活切片以更好地满足不同业务对可靠性和时延要求，同时提高频谱资源利用率，如图 4.27 所示。

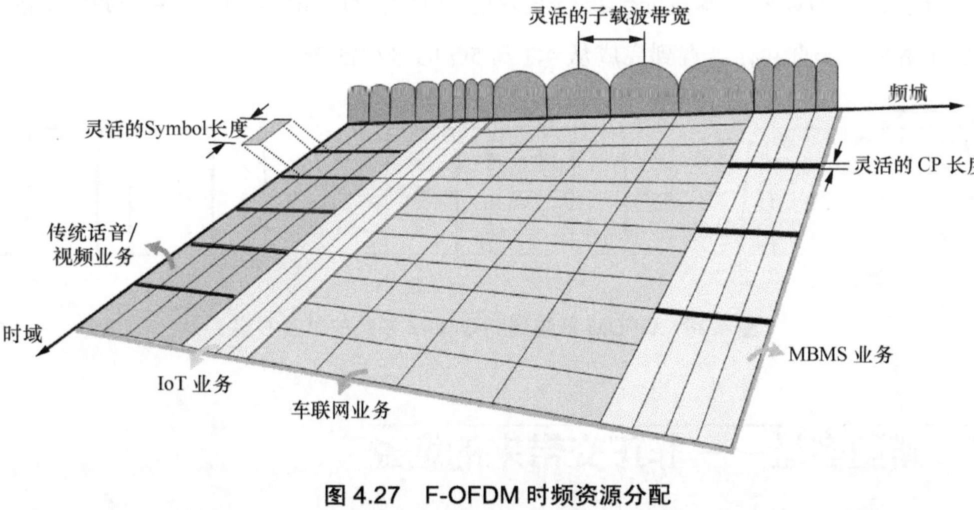

图 4.27　F-OFDM 时频资源分配

由于 F-OFDM 要对不同的子带信号做滤波处理，子带滤波器的时频域特性也就决定了滤波后信号的性能：滤波器时域聚焦可以减少符号间干扰，而滤波器良好的频域聚焦性可以保证滤波后信号有较窄的频域过渡带和很低的带外频谱泄漏，所以，F-OFDM 系统中滤波器设计的目标是获得兼顾时域与频域聚焦性好的滤波器响应，这将直接影响 F-OFDM 的链路可靠性。发射子带滤波器的设计须遵守以下两个准则：性能很好的滤波，以获得较小的带外频谱泄漏，同时在时域有很好的聚焦性，以满足短突发通信较低符号间干扰的要求；不同用户采用的子带滤波器必须与其所占用的频谱资源匹配。但是，由于用户所用的频谱资源随业务需求而动态变化，所以，发射滤波器需要根据分配的频谱带宽尺寸而动态变化。滤波器可以采用离线生成，然后根据子带信号频谱位置将基带滤波器搬移到子带频谱中心位置，以更好的滤波来降低带外泄漏。接收滤波器是发射滤波器的匹配滤波器，这样就可以很好地恢复发射信号，并消除其他子带的干扰。接收滤波器的设计是以发射滤波器设计为前提的，所以设计性能好的发射滤波器是 F-OFDM 系统的关键技术。

与其他候选波形相比，F-OFDM 与 OFDM 在技术原理上比较相近，能够很好地完成从 4G 向 5G 的过渡。图 4.28 展示了一种具有可实施性的过渡方案。为能够继续使用已有的 4G 通信设备，在过渡的初期阶段，4G 网络中作为保护间隔的 10% 系统带宽将使用 F-OFDM 系统传输数据。随着过渡的深入，系统将更多的频谱资源分配给 5G 中的 F-OFDM 系统，而相应地减少分配给 OFDM 系统的带宽，从而实现更加高效的频谱利用率。由于 F-OFDM 系统本身能够提供很好的前向兼容性和后向兼容性，OFDM 系统与 F-OFDM 系统可一直共存，直到完成从 4G 到 5G 的平滑演进。

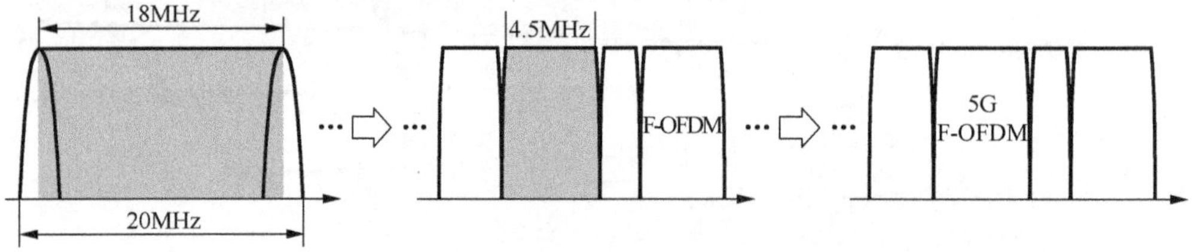

图 4.28　OFDM 系统到 F-OFDM 系统的过渡方案

4.4　新型多址——非正交带来的增益

多址接入（MA，Multiple Access）技术历来被视为每一代移动通信系统演进的标志。

MA 技术的引入，主要是为了让多个用户实现不同位置同时通信并尽可能减少用户之间的干扰，同时令多个用户共享有限的无线资源以提升频谱利用率。多址接入技术不但决定了移动网络的系统容量，也与网络的部署成本和系统的复杂度紧密相关。移动通信系统从 1G 到 4G 都采用正交多址接入技术（OMA，Orthogonal Multiple Access），主要受制于芯片的处理能力以及接收机实现的复杂度。多用户信息理论研究表明，OMA 技术只能达到多用户容量限的下限。

随着信号检测器件的快速发展、移动通信技术的不断进步以及移动业务需求的爆发式增长，为了解决 5G 系统的传输容量问题，大幅提升频谱效率，非正交多址接入技术（NOMA，Non-Orthogonal Multiple Access）逐渐引起了业界的关注。在频谱资源受限的情况下，NOMA 技术已经成为继 OFDMA 之后新型多址技术的发展趋势和突破方向。

根据 5G 应用场景的特点，NOMA 技术需要解决两大类问题。首先是在高速移动场景、远离基站的小区边缘等条件下，小区的平均容量及边缘用户容量受限的问题，如何利用远近效应，在广域覆盖场景下大幅提升边缘用户的吞吐量性能，达到比 OMA 时更高的容量。其次，智能家居、环境监测、智能电网和智能抄表等业务，要求无线网络能够支持大量的设备连接及其解决由此带来的控制信道开销过大的问题。

目前，主流的 NOMA 技术主要包括：基于功率域复用的非正交多址接入（PD-NOMA，Power Domain Non-Orthogonal Multiple Access）技术、基于码域复用的稀疏码多址接入（SCMA，Sparse Code Multiple Access）技术、基于复数多元码及增强叠加编码的多用户共享的接入（MUSA，Multi-User Shared Access）技术和基于非正交特征图样的图样分割多址（PDMA，Pattern Division Multiple Access）技术等。这些 NOMA 技术通过开发功率域、码域等用户信息承载资源的方法，极大地拓展了无线传输带宽，使自身成为在 5G mMTC 上行场景多址接入的重要候选方案。

之所以强调 NOMA 技术应用于 mMTC 的上行，是因为在 eMBB 场景下，UE 发送的数据量较大，长时间连续发送导致用户间的干扰将极大抵消 NOMA 本身带来的系统增益。相对而言，在 mMTC 的上行场景下，海量的物联网终端采用较低频率发送小数据包业务，随机接入的碰撞概率波动较大（忙时随机接入需求超高，闲时甚至可能无接入），且有效载荷较低，因此适宜采用大地址空间的多址接入。NOMA 技术正好满足了这种需求。

4.4.1 PD-NOMA

PD-NOMA 引入了一个新的维度，即功率域。PD-NOMA 通过叠加编码的思想来发送信号，使得信道条件不同的用户可以共享相同的频率资源，比如时域、频域、码域等正交资源。功率复用的主要思想是根据用户信道条件的差异来分配功率，为了保证用户的公平性，给信道条件差的用户分配更多的功率，从而在保证该类用户通信质量的条件下，提高系统的整体性能。PD-NOMA 在接收端利用串行干扰消除（SIC，Successive Interference Cancellation）技术来移除不同用户间的干扰。

图 4.29 展示了 PD-NOMA 系统下行链路发收端的信号处理流程。基站中每个时域、频域资源单元都承载了 n 个用户信号，为了区分这些用户信号，基站根据各登录用户上报的终端与基站间反映各用户信号传输中信道条件的相关信息，为这些用户发射的下行信号赋予强度不同的发射功率值，信道条件好的用户信号的下行发射功率弱，信道条件差的用户信号的下行发射功率强，从而使终端设备接收到的信号强度和 SNR 恰好相反，信道条件差的终端接收到的信号的强度和 SNR 高，信道条件好的终端接收到的信号的强度和 SNR 低。最后，根据 SIC 接收机原理，终端接收到 n 个用户信号后，按照先强后弱的顺序，就可以方便、简单、正确地逐次检索出所有用户信号。图 4.29 中，基站某扇区内有 3 个 UE_1、UE_2、UE_3，它们的信道响应分别为 h_1、h_2、h_3，信道对应的 SNR 分别为 20dB、10dB、0dB。由于 3 个用户与基站的信道质量不同，系统根据各自不同的 SNR 和相关算法分配给 UE_1 的发射信号功率最弱，UE_2 次之，UE_3 的发射信号功率最强。UE_1、UE_2、UE_3 最终都会接收到 3 个用户信号，然后分别根据 SIC 接收机原理，按照先强后弱的顺序，逐次检索出自己所需的用户信号。

这里我们有必要介绍下 SIC 的工作原理。作为 NOMA 方式接收端必备的技术，SIC 是一种针对多用户接收机的低复杂度算法，该技术可以逐次从多用户接收信号中恢复用户数据。在常规匹配滤波器中，每一级都提供一个用于再生接收到的来自用户信号的用户源估计，适当地选择延迟、幅度和相位，并使用相应的扩频序列对检测到的数据比特进行重新调制，从原始接收信号中减去重新调制的信号（干扰消除），将得到的差值作为下一级输入。在这种多级结构中，这一过程重复进行，直到将所有用户全部解调出来，SIC 接收机利用串联方法可以方便地消除同频同时用户间的干扰。

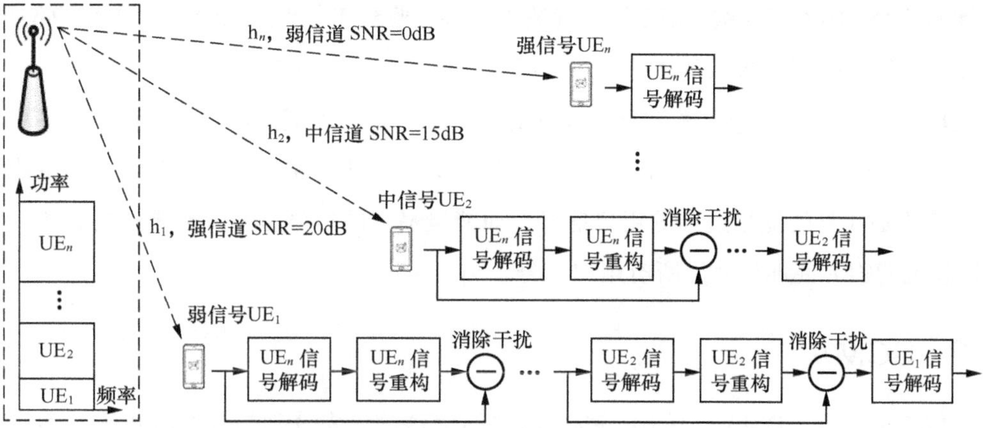

图 4.29　PD-NOMA 系统下行链路发收端信号处理流程

图 4.30 为串行干扰消除检测器 SIC 接收机的原理结构，由 n 个用户信号排序模块和 n 级干扰消除模块组成，其中每级干扰消除模块包括用户匹配滤波器、MF 检测器和再生器 3 部分，再生器又包括多个功能。当接收天线将通过无线信道传输的包括多个用户信息和噪声的传输信号发送给 SIC 接收机时，SIC 接收机首先通过用户信号排序功能模块将多用户信号按功率强弱依次排序，其次，SIC 接收机再通过多级干扰消除模块，从强信号到弱信号依次进行干扰消除。

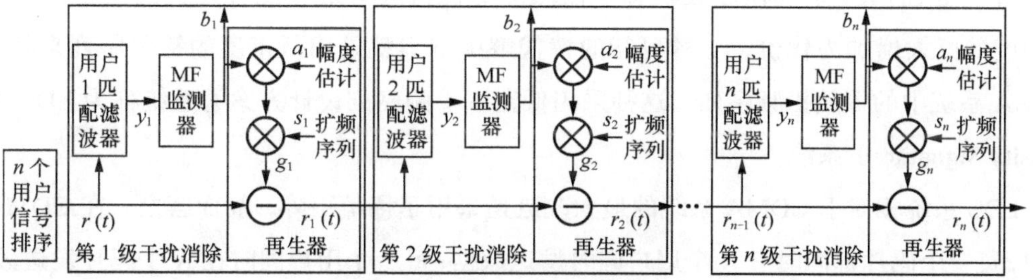

图 4.30　SIC 接收机原理结构

在第 1 级干扰消除过程中，用户 1 匹配滤波器将多用户信号 $r(t)$ 中功率最强的用户信号 y_1 过滤出来，传统的 MF 检测器对 y_1 做出正确判决，最后检测出用户信号 b_1。再生器根据用户 1 信号 b_1、估计幅度 a_1、估计定时 t_1 和扩频序列 s_1 等再生出用户 1 的时域估计值 g_1。紧接着，再生器从多用户信号 $r(t)$ 中减去时域估计 g_1，生成新的已清除用户 1 信

号干扰的信号 $r_1(t)$ 给第 2 级。第 2 级干扰消除模块在收到第 1 级送来的 $r_1(t)$ 多用户信号后，又重复第 1 级干扰消除模块的工作，同样检索出强度最大的用户 2 信号 b_2，并再生出已经清除用户 2 信号干扰的 $r_2(t)$ 多用户信号发给第 3 级。如此重复操作，直到将 n 个多用户信号 $b_1, b_2, \cdots, b_n$ 全部分离出来。因为每 1 级都将该级用户信号作为干扰消除，再生器中估计并消除的是收到的能量最强的用户信号，而能量最强的信号是最容易被检测到的，所以 SIC 接收机能很方便地检测出所有用户信号。

4.4.2 SCMA

我们知道，在 CDMA 系统中，所有用户的信息符号先分别与其扩频相乘，然后在相同的频率和时间上同时发送信号。由于每个用户都有自己的扩频码，并且该扩频码与其他所有用户的扩频码相互正交，因此，接收端可以根据不同用户的扩频码检测出目标用户的发送信息。因此，CDMA 系统支持的用户数量没有绝对的限制，系统的可靠性依赖于激活用户的数量。也就是说，CDMA 是干扰受限系统。当用户数量大于系统的扩频增益时，各个用户之间的扩频码无法保证严格正交，从而造成各用户之间出现多址接入干扰（MAI，Multiple Access Interfence），系统性能也随之下降。虽然多用户检测技术可以消除由于扩频码非正交所带来的 MAI，但是该技术会大大增加接收端的实现复杂度。

为了使 CDMA 系统在过载状态下依然能够保持较好的检测性能，同时不以接收端复杂度的巨大增加为代价，一种可行的替代解决方案就是用低密度的签名序列来替代原 CDMA 系统中的等效扩频序列。这种采用低密度扩频序列设计方案的系统称为 LDS（Low Density Signature）系统。

LDS 系统相对于 CDMA 系统的最大改进是采用了稀疏矩阵。简而言之，在 CDMA 系统中，每一个码片都同时有 K 个用户同时发送数据，每一个用户同时在 N 个码片发送数据。而 LDS 采用低密度扩频序列后，每一个码片同时仅有 k（$k<<K$）个用户同时发送数据，每一个用户同时仅在 n（$n<<N$）个码片发送数据。由于其稀疏性，在过载情况下，MAI 将在极大程度上得到抑制。

由 OFDM 衍生出的 OFDMA，它的各个子载波可以灵活地根据不同业务需求分配不同的调制方式，是调制和多址的完美结合，同时可以根据不同子信道的衰落情况动态分配各个信道的资源，从而提高系统传输性能。鉴于 OFDM 具有的诸多优势，假如把 OFDM

技术与 LDS 技术结合在一起，将进一步提升 MA 系统的性能。

在 LDS-OFDM 技术中，原始的数据流首先经过低密度的扩频序列进行扩频，然后映射到 OFDM 的各个子载波上进行调制、传输。相对于 OFDMA 中的用户数据只在某一个子载波上传输，LDS-OFDM 系统中的用户数据同时存在于 n 个子载波上。与基于 OFDMA 技术的接入系统相比，LDS-OFDM 可通过合理分配用户数据所在的子载波来提供频率分集增益。而与基于正交扩频序列设计的 CDMA 系统相比，LDS-OFDM 可以方便地支持过载，并且在过载 400% 的条件下依旧保持优良的检测性能。

图 4.31 展示了 LDS-OFDM 的示例。假设在时域有 4 个子载波，每个子载波扩频用的稀疏码字实际上跨越了 6 个扩频码，但每个子载波上只承载了 3 个由稀疏扩频码区分的用户信号，即 3 个稀疏扩频码占用了 6 个密集扩频码的位置。由于 3 个稀疏码字是在 6 个密集码字中选择的，这 3 个码字的相关性极小，而由这 3 个码字扩频的同频子载波承载的 3 个用户信号之间的干扰同样也很小，所以系统具有很强的抗同频干扰性。

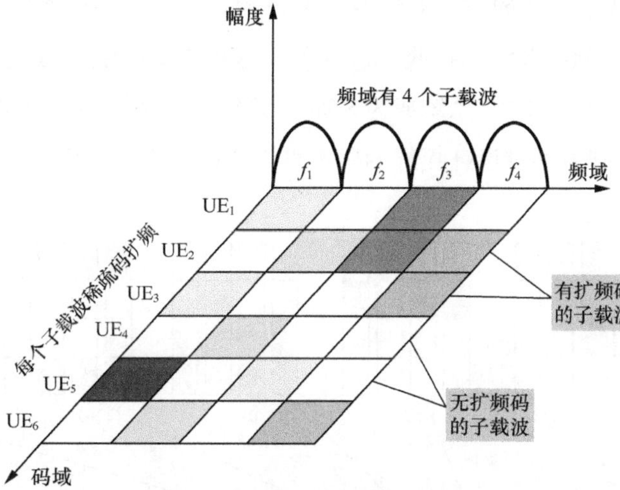

图 4.31　低密度子载波扩频示意

SCMA 本质上是对 LDS-OFDM 的简化和拓展。在 LDS-OFDM 系统中，用户数据分别经过映射和扩频两个步骤再发送出去，而 SCMA 将映射和扩频两步合在一起，用户数据直接向用户码字中的序列进行映射，用户实际发送的序列为码本中的一个码字，如图 4.32 所示。

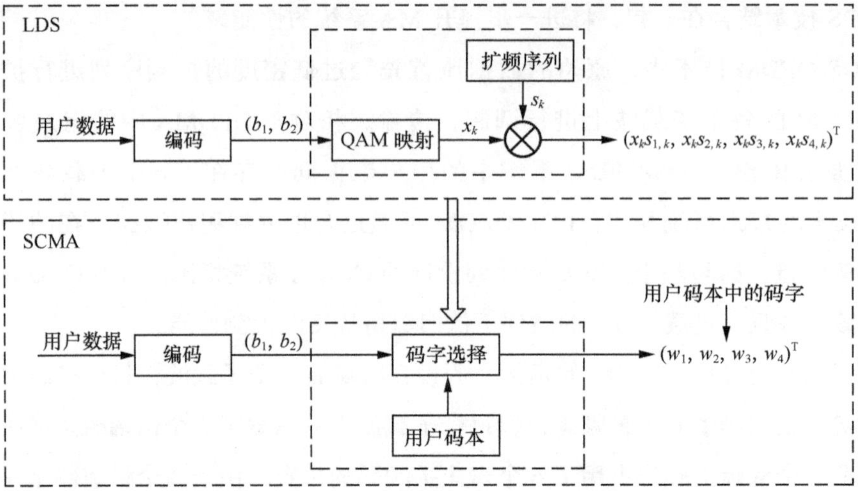

图 4.32 LDS 系统简化为 SCMA 的原理

SCMA 系统中这种码字选择的方式其实可以被看作是一种广义的多维星座图映射，如图 4.33 所示。这种映射方式的改变对接收机的影响并不大，LDS 系统中的接收机只需稍加改动就可以用作 SCMA 系统的接收机。此外，这种广义的映射方式给用户码本的设计带来了更大的自由度，使得 LDS 系统成为 SCMA 系统的一个特例。对于 SCMA 系统而言，更大的设计自由度意味着通过设计更好的码本可以获得更优良的系统化性能。

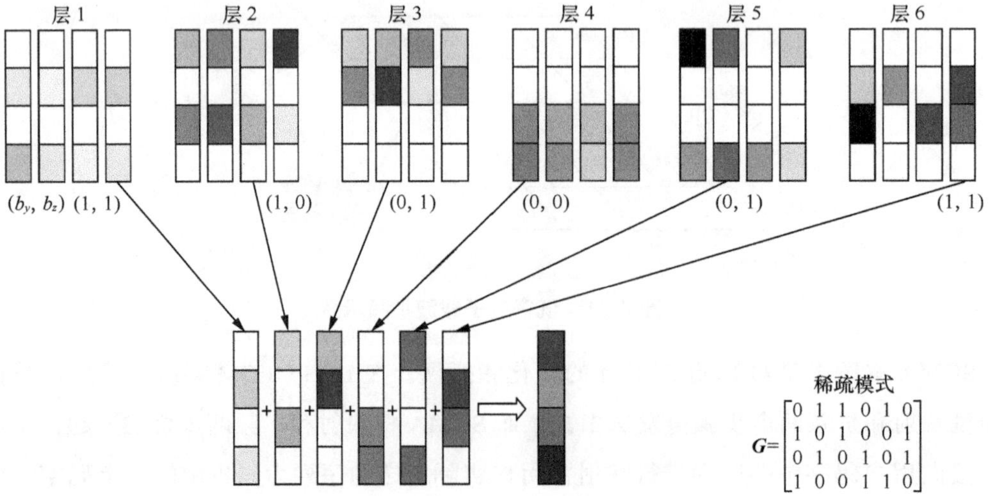

图 4.33 SCMA 系统码字选择示意

综上所述，SCMA 是一种基于码域叠加的新型多址技术，它将低密度码和调制技术相结合，通过共轭、置换以及相位旋转等方式选择最优的码本集合，不同用户基于分配的码本进行信息传输。由于采用非正交稀疏编码叠加技术，在同样资源条件下，SCMA 技术可以支持更多用户连接，同时，利用多维调制和扩频技术，单用户链路质量将大幅度提升。此外，业界还可以利用盲检测技术以及 SCMA 对码字碰撞不敏感的特性，实现免调度随机竞争接入，有效降低实现复杂度和时延，以适合小数据包、低功耗、低成本的物联网业务应用。

4.4.3 MUSA

MUSA 同样也是基于扩频码域的非正交多址方案，主要应用于上行链路。不同于传统的 CDMA 技术，MUSA 通过发送端的复数域多元码（低互相关的扩展序列）实现过载。在接收端，MUSA 利用 SIC 接收机去区分不同用户的信号。图 4.34 所示为 MUSA 系统上行链路发收端的信号处理流程。

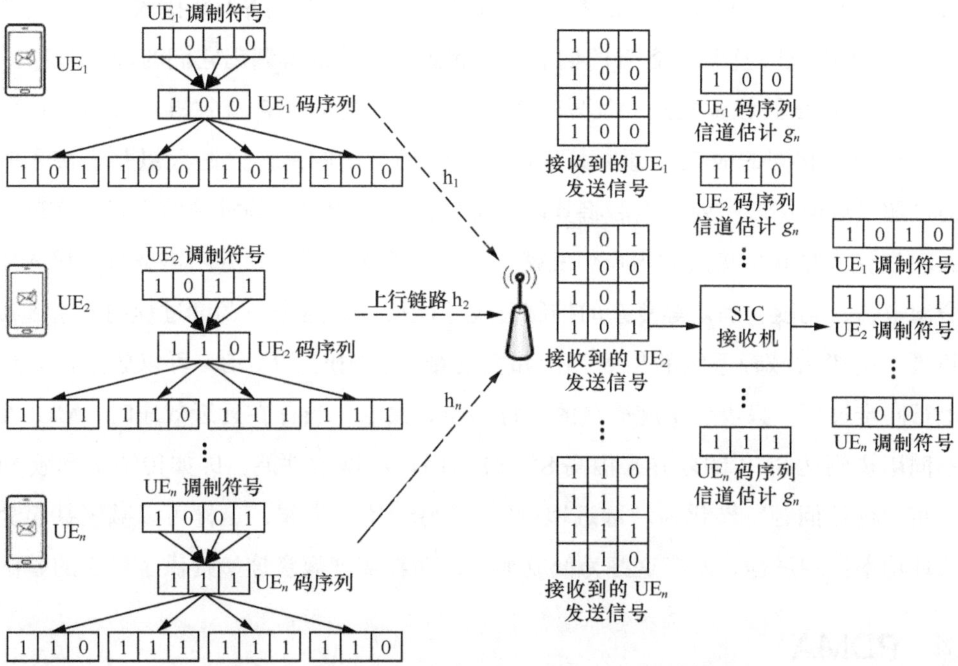

图 4.34　MUSA 系统上行链路发收端信号处理流程

终端中 MUSA 为每个用户分配一个码序列，再将用户数据调制符号与对应的码序列通过相关算法使之形成可以发送的新的用户信号，然后再由系统将用户信号分配到同一时域、频域资源单元上，通过天线空中信道发送出去，这中间将受到信道响应 h_n 和噪声影响，最后由基站天线接收到包括用户、信道响应和噪声在内的接收信号。接收端，MUSA先是将所有收到的信号根据相关技术按时域、频域和空域分类，然后将同一时域、频域和空域的所有用户按 SIC 技术分开，由于这些信号存在同频同时用户间干扰，所以系统必须根据信道响应和各用户对应的扩展序列，才能从同频同时同空域中分离出所有用户信号。

假设在基站同一小区，同一时域、频域和空域上有 3 个用户调制符号：用户 1 为"1010"，用户 2 为"1011"，用户 3 为"1001"。基站根据小区用户登录信息，首先为在相同资源单元上的每个用户设置一个码序列：用户 1 为"100"，用户 2 为"110"，用户 3 为"111"。若 MUSA 对终端用户调制符号与用户码序列的算法定义为：每个用户调制符号位都与对应用户码序列异或操作，则操作后新生的用户发送信号为：用户 1 是"101100101100"，用户 2 是"111110111111"，用户 3 是"110111111110"。这 3 个用户发送信号经过各自的信道响应 h_1、h_2 和 h_3 及噪声影响后，被基站天线接收，并发送到 SIC 接收机，SIC 再根据 3 个用户各自的信道估计和码序列分别解调出它们的调制符号。

由于 MUSA 复数域多元码的优异特性，再结合先进的 SIC 接收机，MUSA 可以支持相当多的用户在相同的时频资源上共享接入。值得指出的是，这些大量共享接入的用户可以通过随机选取扩展序列，然后将其调制符号扩展到相同时频资源的方式来实现，从而 MUSA 可以让大量共享接入的用户想发就发，不发就深度睡眠，并不需要每个接入用户先通过资源申请、调度、确认等复杂的控制过程才能接入。这个免调度过程在海量连接场景尤为重要，能极大减轻系统的信令开销和实现难度。同时，MUSA 可以放宽甚至免除严格的上行同步过程，只需要实施简单的下行同步。最后，当存在远近效应时，MUSA 还能利用不同用户到达 SNR 的差异来提高 SIC 分离用户数据的性能，即如传统功率域 NOMA 那样，将"远近问题"转化为"远近增益"。从另一角度来看，这样可以减轻甚至免除严格的闭环功率控制过程。所有这些为低成本、低功耗实现海量连接提供了坚实的基础。

4.4.4 PDMA

PDMA 是基于发送端和接收端的联合设计，在发送端，多个用户信号通过功率域、码域、空域单独或联合的进行编码传输；在接收端，采用 SIC 检测算法对接收信号进行多用户检测。因为 SIC 检测时，多用户会因为检测层的不同而导致分集度不一样，为了使多用户在 SIC 检测后得到等效一致的分集度，就必须提前在发送端将多用户设计为不同的分集度。而在发送端，不同的分集度可以从码域、空间域和功率域等多个信号域获得。

图 4.35 是 PDMA 功率域的设计图样与正交模式的多用户信号发送的比较。很显然，在图（a）的正交模式下，用户使用相同的功率在不同的频率资源上发送信号，接收端通过不同中心频率的滤波器就可以直接分离出多用户信号。而图（b）的非正交模式中，不同功率大小的信号使用相同的时频资源发送。这就导致接收端无法通过不同中心频率的滤波器从接收信号中分离出多用户信号，接收端想要从接收信号中分离出每一个用户的信号就必须考虑其他的方式，比如 SIC 检测。假设在两用户情况下，即将发送给用户 1 的已调符号为 x_1，功率因子为 α；即将发送给用户 2 的已调符号为 x_2，功率因子为 $1-\alpha$，则两个用户信号的发送功率分别为：$p_1=\sqrt{\alpha P}$，$p_2=\sqrt{(1-\alpha)P}$，其中，P 为总发射功率。则基站处的最终发射信号可表示为 $x=p_1x_1+p_2x_2=\sqrt{\alpha P}x_1+\sqrt{(1-\alpha)P}x_2$。

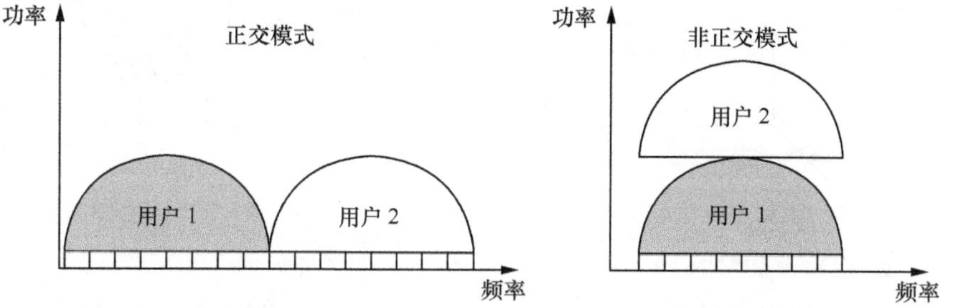

（a）正交模式　　　　（b）非正交模式

图 4.35　PDMA 功率域设计

PDMA 功率域设计的关键点是基于小区中心用户和边缘用户的信道质量，提出一个合理的功率分配机制来确保非线性接收机获得更好的检测性能。多用户通过指定每一个用户在功率域不同的功率参数，即功率域特征图样或者功率因子，共享相同的时频资源块，根据图样将信号叠加后传输。

PDMA 的空域图样设计就是在多天线情况下对用户信号进行空时编码。空时编码可以在高可靠、高速率无线通信链路中，基于 MIMO 技术上实现系统性能的进一步提升。

图 4.36 中以两天线发送数据为例，阐述 PDMA 空域设计的原理。图 4.36（a）是传统

的非正交发送模式，在天线1上分别发送用户1的数据S_1和用户2的数据S_3，在天线2上发送用户2的数据S_2。因为天线1上同时发送数据S_1和S_3，接收端即使采用SIC接收，由于信号的发送分集度不同，整体的性能仍然比较差。而如果信号通过图4.36（b）所示的空域编码，在天线1上发送S_1+S_2，在天线2上发送S_2+S_3，在接收端通过SIC检测后最终得到的S_1、S_2和S_3的分集度是相同的，这样就提升了整个接收过程的性能。

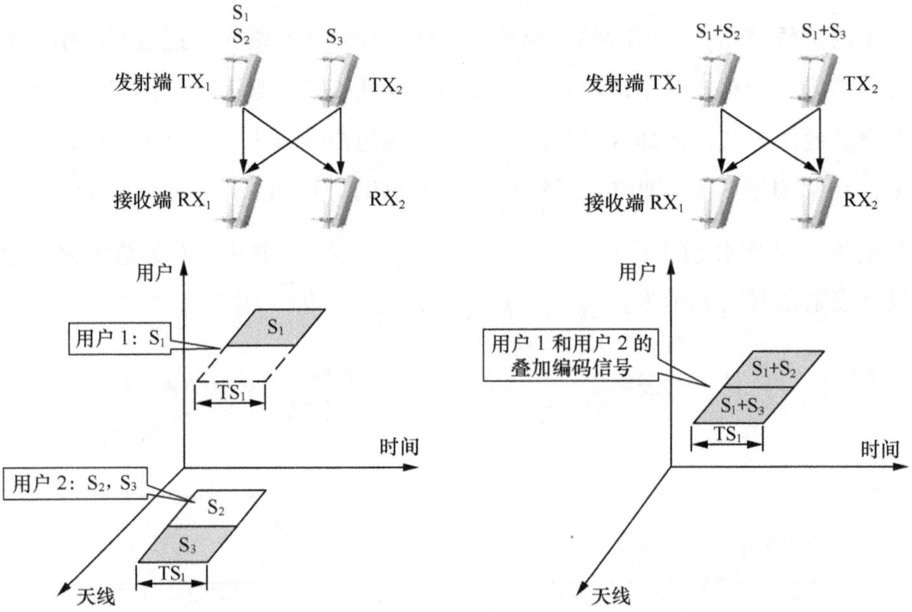

（a）传统非正交方式　　（b）PDMA非正交方式

图4.36　PDMA空域设计

PDMA的码域是通过使用不同的扩频码对即将发送的多用户信号进行扩频编码以实现用户区分。在发送端，用户根据既定的准则选择不同的扩频码对信号进行扩频，再选择性地结合空域和功率域发送出去。如图4.37所示，3个用户分别采用3个不同的扩频码进行扩频，得到3个用户的不同码流，然后选择性地经过功率图样和空域编码后发送出去。

当不同用户信号或同一用户的不同信号进入PDMA通信系统后，PDMA就将其分解为特定的图样映射、图样叠加和图样检测3个模块来处理，其中发送端首先对系统送来的多个用户信号采用易于SIC接收机算法的，按照功率域、空域或码域等方式组合的特征图样进行区分，完成多用户信号与无线承载资源的图样映射；其次，基站根据小区内通信用户的特点，采用最佳方法完成对不同用户信号图样的叠加，并从天线发送出去；最后，终端在接收到这些与自己关联的特征图样后，根据 SIC 算法对这些信号图样进行检测，解调出不同的用户信号。

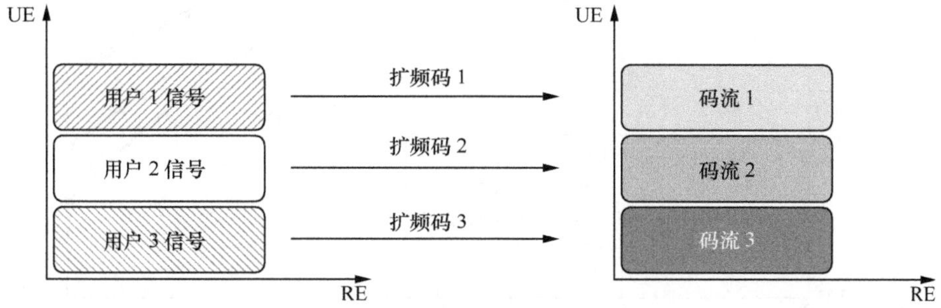

图 4.37　PDMA 码域图样设计

4.4.5　NOMA 技术的性能比较

不同于 SCMA、MUSA 及 PDMA，PD-NOMA 在发送端采用多个用户在功率域的线性叠加，相较于其他 3 种技术实现较为简单，但实际上发送端的低复杂度却导致接收端 SIC 接收机复杂度的提升，加大了其实际应用的难度。

如图 4-38 所示，对于 SCMA、MUSA 及 PDMA，通过仿真可得出这 3 种方案在瑞利衰落信道条件下的误码率。在相同信噪比条件下，SCMA 的误码率最小，性能最优，MUSA 与 PDMA 性能相近。即使 PDMA 采用与 SCMA 相同的因子图，SCMA 的性能仍优于 PDMA。

SCMA 在接收端采用 MPA 算法，MUSA 和 PDMA 在接收端采用 SIC 接收机。SIC 通过逐级干扰消除策略对多个用户进行联合译码，其对误差传播较为敏感，易产生误判。MPA 算法通过 FN 和 VN 之间的概率估计和反复迭代，虽然复杂度较 SIC 算法有增加，但性能更优。同时，SCMA 利用其码本的稀疏性也降低了 MPA 算法的一定复杂度，使其更具有优势，具体见表 4.3。

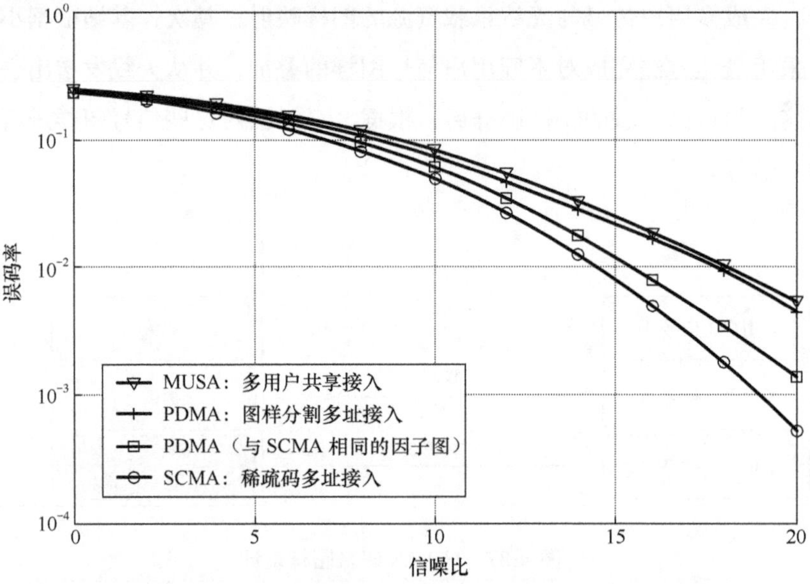

图 4.38　瑞利衰落信道中 SCMA、MUSA、PDMA 的误码性能比较

表 4.3　4 种非正交多址接入技术的特征比较

多址技术	关键技术	优势	存在问题	提出方
PD-NOMA	1. 功率域复用； 2. SIC	1. 系统中用户的公平性较好； 2. 提升了系统的频谱利用率和吞吐量	1. 功率域复用技术待进一步研究； 2. SIC 接收机的复杂度依然很高	NTT DoCoMo
SCMA	1. 低密度扩频； 2. 多维调制技术； 3. MPA 算法迭代	1. 码本具有一定的灵活性，适用场景广泛； 2. 高维调制技术使星座图增加成形增益； 3. 提升频谱效率 3 倍以上，上行容量为 OFDMA 的 28 倍，下行小区吞吐率比 OFDMA 提升 5% ～ 8%	1. 码本的进一步优化； 2. 降低 MPA 算法复杂度	华为
MUSA	1. 采用复数域多元码序列进行扩频； 2. SIC	1. 低误块率； 2. 支持大用户数的接入； 3. 提升频谱效率	1. 用户间的干扰较大； 2. 低互相关性复数域多元码的设计如何承载更多用户	中兴
PDMA	1. 采用特征图样区分不同信号域； 2. SIC	进行功率域、空域、码域联合或选择性的编码，上行系统容量提升 2 ～ 3 倍，下行系统频谱效率提升 15 倍	1. 特征图样的设计待进一步优化； 2. 技术复杂度高	大唐

4.5　先进调制编码——无线信道安全卫士

提高信息传输的可靠性和有效性，始终是通信领域不断研究与追求的目标，在未来的 5G 时代也不例外。1948 年，现代信息理论的奠基人香农在他的开创性论文 *A mathematical theory of communication* 中首次阐明了在有噪信道中实现可靠通信的方法，提出了著名的有噪信道编码定理，从而奠定了差错控制码（也称作纠错码）的基石。定理中指出：每个信道都有确定的信道容量 C，只要信道信息传输速率 R 不超过 C，就一定存在一种编码方法，在采用最大似然译码（MLD，Maximurn Likelihood Decoding）算法时，其误码率可以达到任意小；反之，若 $R>C$，则不可能实现无差错传输。该定理从理论上给出了纠错码的理论极限，同时也指明了纠错码研究的方向和目标。

从香农开创信息论到 20 世纪 50 年代，人们先后提出了汉明码、格雷码等多种不同的信道编码方案。但是这些编码方案都存在固有的缺点，如码长都较短，且纠错能力受硬判决解码方式限制。1962 年，LDPC 码被提出，这是最早提出的接近香农极限的信道编码。不过，受限于当时的环境，由于难以克服计算复杂性，LDPC 码被人们所忽视。1993 年，Turbo 码及相应的迭代解码算法被发明，它的纠错性能接近于香农极限（Turbo 码在码率为 1/2，码长为 10^6 时，在 BPSK 调制下，距 BPSK 信号的香农容量限仅 0.5dB），这引起了信道编码界的轰动。Turbo 码随之被广泛应用，从一开始的卫星链路等特殊场合，逐步拓展到数字音频和视频广播领域，乃至成为后来 3G 和 4G 编码技术的核心。直到 1999 年，学者意外地发现，LDPC 码与 Turbo 码一样具有接近香农极限的性能（距香农理论限仅相差 0.004 5dB），这才重新引起编码界对 LDPC 码的重视。此后，由于优越的性能，LDPC 码开始在 IEEE 802.11n 以及 802.16 中应用。信道编码迎来了两极争霸的局面。然而，2007 年，令人惊喜的 Polar 码被提出。该码是迄今发现的唯一一类能够达到香农极限的编码方法，并且具有较低的编译码复杂度。于是，在 5G 新空口信道编码的舞台上，我们就看到了 Turbo2.0、LDPC 码和 Polar 码同台竞技的场景。

2016 年 11 月 17 日，3GPP RAN1 #87 会议针对 eMBB 场景的信道编码技术方案达成了决议。eMBB 数据信道采用 PDLC 码作为唯一信道编码方式，控制信道则采用 Polar 码方式。Turbo 码则遗憾地落选了。但这并不意味着 Turbo 码的性能完全不如 PDLC 码和 Polar 码。Turbo 码作为从 3G 时代一直沿用的传统编码方式，其地位无疑是举足轻重的。而决定了 5G 采用哪种编码方式的因素不仅包括译码吞吐量、时延、纠错能力、灵活性等性能因素和实施复杂性、成熟度、后向兼容性等实现的难易度，还包括技术背后的支持力量。

4.5.1 Turbo 码

Turbo 码通常采用的编码方式有 3 种：并行级联（PCCC，Parallel Concatenated Covolutional Code）、串行级联（SCCC，Seiral Concatenated Covolutional Code）和混合级联（HCCC，Hybird Concatenated Covolutional Code）。其中，并行级联方式的 Turbo 码是现代通信系统中最为常用的 Turbo 码，我们将主要介绍并行级联的 Turbo 码的编码结构。

并行级联方式的 Turbo 码编码结构如图 4.39 所示，具体是将两个递归系统卷积编码（RSC）并行级联，而 RSC 之间则通过交织器相连。

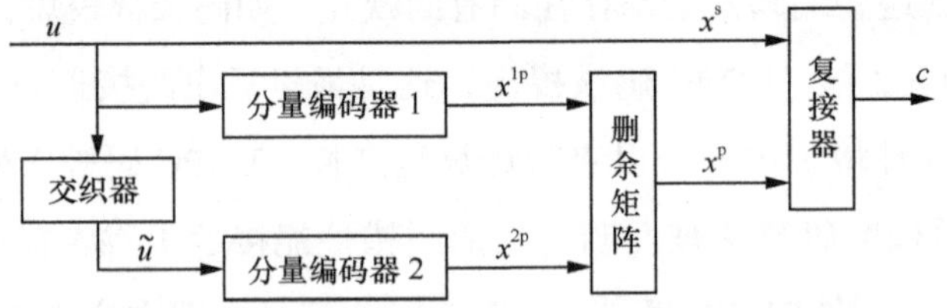

图 4.39　并行级联方式的 Turbo 码编码结构

在编码过程中，信息序列 $\mu=\{\mu_1, \mu_2,\cdots,\mu_N\}$ 经过一个交织长度为 N 的交织器后得到一个新的序列 $\mu'=\{\mu_1', \mu_2',\cdots, \mu_N'\}$。$\mu$ 和 μ' 的区别仅仅是它们中码元的排列顺序不一样而已。μ 和 μ' 分别被送至两个相同结构的分量编码器 RSC1 和 RSC2 后将生成两个不同的校验序列 x_1 和 x_2。两个校验序列 x_1 和 x_2 经过删余矩阵的删余处理后得到序列 x^p，这样可以提高编码速率和系统的频带利用率。得到的序列再与原信息序列 μ 一起通过复接器后构成编码序列 x。

在 Turbo 码中，加入交织器主要是为了降低校验比特之间的相关特性，以减少分量编码器输出校验序列的相关性而提高码重，从而可以降低迭代译码的误比特率（BER）。交织实际上是这样一个过程：将信息序列 $\mu=\{\mu_1, \mu_2,\cdots,\mu_N\}$ 中码元的排列顺序扰乱后得到的交

织序列 $\mu'=\{\mu'_1, \mu'_2,\cdots, \mu'_N\}$。交织器是可以实现这一功能的设备。解交织实际上是这样一个过程：将交织序列 $\mu'=\{\mu'_1, \mu'_2,\cdots, \mu'_N\}$ 还原成原始信息序列 $\mu=\{\mu_1, \mu_2,\cdots,\mu_N\}$。解交织器就是可以实现这一功能的设备。$\mu$ 和 μ' 仅仅是码元所处的位置不一样，从集合 μ 到集合 μ' 可以看成一个一一映射的过程，即 $\mu\rightarrow\mu'$。

Turbo 码一般选择递归系统 RSC 作为分量码。最常用的 RSC 的基本编码结构如图 4.40 所示。

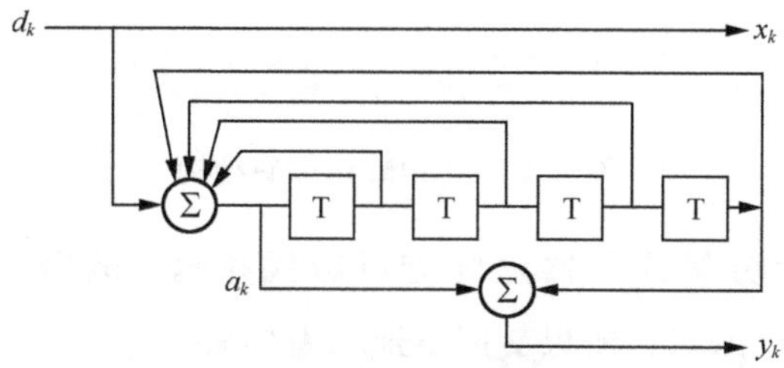

图 4.40　RSC 编码结构

删余矩阵中的元素取自集合 {0,1}，它的主要功能是改变 Turbo 码的编码码率，通过采用删余矩阵技术可以提高 Turbo 码的编码性能。删余矩阵中的每一行分别对应两个分量编码器，其中元素“0”表示将相应位置的校验比特删除，而元素“1”则表示的是将对应位置的校验比特保留。

Turbo 码译码性能可以接近理论极限的最重要原因是它采用了迭代译码的方式。Turbo 码最大的特征就是将迭代的思想引入到译码中，采用迭代译码的 Turbo 码译码复杂性不像采用最优最大似然译码随着码字长度的增加而成指数增长，而是随着码字长度的递增成线性增长。由此可得，迭代译码较之最优最大似然译码更具可实现性。

图 4.41 为 Turbo 码的基本译码结构。交织器与编码器中所使用的交织器相同，解交织器完成的功能恰好与交织器相反。第一个译码器利用接收到的所有与第一个编码器有关的信道符号进行译码，然后把产生的关于信息序列的信息送给第二个译码器。第二个译码器使用第一个译码器送来的信息和从信道接收到的所有与第二个编码器有关的信道符号进行译码，因此它比第一个译码器拥有更多的关于消息的信息量。第二个译码器产生的外部信息再送回给第一个译码器作为先验信息重新对接收到的信道符号进行第二轮的译码，因为其同样拥有更多的关于消息的信息量，所以可以使译码输出更接近消息序列。以此类推，

就完成了 Turbo 码的迭代译码过程。

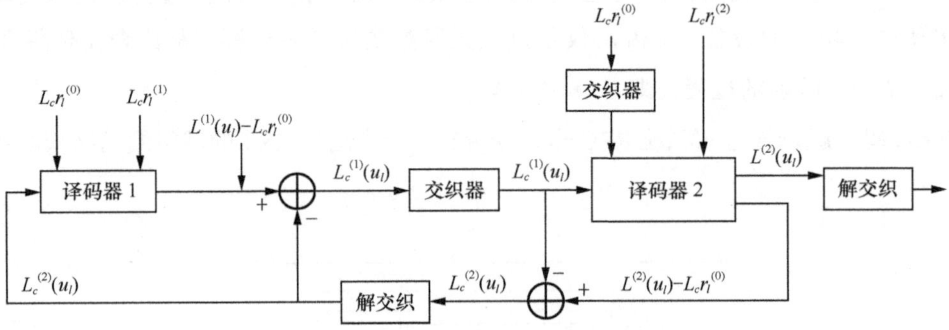

图 4.41　Turbo 码译码结构

由于译码是在两个分量译码器之间进行迭代译码，故整个译码过程类似于涡轮（Turbo）工作，如图 4.42 所示，所以又形象地称为 Turbo 码。

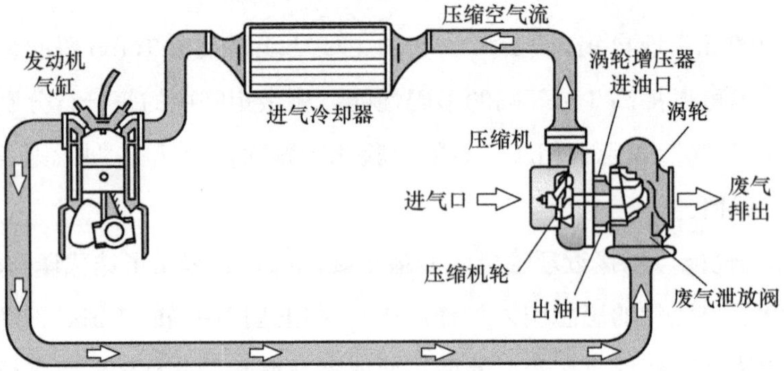

图 4.42　汽车发动机的 Turbo 结构

将 Turbo 码和传统卷积码做仿真分析，在 SNR ≥ 0.5dB 的仿真范围内，Turbo 码的性能要比卷积码的性能好得多。特别当 SNR>0.7dB 以后，Turbo 码的 BER ≤ 10^{-5}（工程上认为是近似无差错），与带限 AWGN 信道的香农极限相比，相差不到 1dB。当 SNR>1.0dB 以后，Turbo 码的仿真性能与 BER 上限（标准联合界）是非常接近的，但在 SNR 较低时（SNR ≤ 0.7dB），标准联合界则不能很好地给出 Turbo 码性能的估计。同时，仿真还可以发现，在 SNR>0.7dB 以后，Turbo 码的 BER 性能随 SNR 增加的变化是非常小的，即出现了所谓的“错误平层”。这是因为在 SNR 较大时，Turbo 码的性能主要由码字自由距离决定，而 Turbo 码的自由距离又比较小，从而造成了错误平层的出现。

4.5.2　LDPC 码

LDPC（Low-Density Parity Check）码是一种线性分组码，它具有线性分组码的普遍特性。

如果我们将信息序列按 k 个码元分组，然后通过编码器将每组的 k 个元信息按一定的规律产生 m 个冗余的码元，称为校验元或监督元。最后将信息序列和校验元组合后输出一个长为 $n=k+m$ 的码字，这样产生的码就叫作分组码。因此，每一个码字的 m 个校验元仅与本组的信息元有关而与别组无关。

分组码常用 (n,k) 表示，n 表示码长，k 表示信息位数目，$r=k/n$ 为码率。在二元域上，长度为 n 的序列的可能排列总共有 2^n 种（每一 n 长序列称为 n 重），也就是说长度为 n 的序列可以表示 2^n 个码字。一个 (n,k) 分组码的码字集合只有 2^k 种，分组编码其实就是以一定的规则从 2^n 个 n 重中选择其中的 2^k 个 n 重构成一个许用码的码集，而其余的 2^n-2^k 个 n 重称为禁用码组。解码时，我们需要判断收到的码字是否属于 2^k 个许用码字中的一个，如果不是，就需要使用一种算法来找出最有可能是发送码字的 n 重。

任何一个 (n,k) 分组码，如果其信息元与监督元之间的关系是线性的，即能用一个线性方程来描述的，就称为线性分组码。线性分组码在所有可能的分组码中只占很少的一部分，然而，它却几乎是唯一具有实际价值的分组码。(n,k) 线性分组码的每个码字有 m 个校验元，要从 k 个信息元中求出 m 个校验元，必须有 m 个独立的线性方程，根据求校验元所使用的不同线性方程，就可以得到不同的 (n,k) 线性分组码。

因此 (n,k) 线性分组码的编码问题就是如何根据已知的 k 个信息元求得 m 个校验元。由于是线性码，它们一定是由 m 个线性方程构成的线性方程组。(n,k) 线性分组码的 2^k 个码字组成 n 维向量空间的一个 k 维子空间，而线性空间可以由其基向量生成。设 k 个基向量为 $\boldsymbol{G}_1,\boldsymbol{G}_2,\cdots,\boldsymbol{G}_k$，那么任何有效码字都是这 k 个向量的线性组合，因此如果令 $\boldsymbol{G}=[\boldsymbol{G}_1,\boldsymbol{G}_2,\cdots,\boldsymbol{G}_k]^{\mathrm{T}}$，则有：$\boldsymbol{C}=\boldsymbol{K}\times\boldsymbol{G}$。其中，$\boldsymbol{K}=(K_1,K_2,\cdots,K_k)$ 是 k 个信息比特组成的信元向量，$\boldsymbol{C}$ 是与这 k 个信息比特所对应的码字，$\boldsymbol{G}$ 被称为线性分组码的生成矩阵。显然，码元全部为 0 的 n 重一定是一个有效的码字。

假设 n 维线性空间的另外 m 个基向量为 $\boldsymbol{H}_1,\boldsymbol{H}_2,\cdots,\boldsymbol{H}_m$，那么由线性空间的性质可以知道，

对于任意的有效码字 $\boldsymbol{C}$ 有 $\boldsymbol{C}\times\boldsymbol{H}_i^{\mathrm{T}}=0$。所以，如果令 $\boldsymbol{H}=(\boldsymbol{H}_1,\boldsymbol{H}_2,\cdots,\boldsymbol{H}_m)^{\mathrm{T}}$，则有：$\boldsymbol{H}\times\boldsymbol{C}^{\mathrm{T}}=0$。

由于对一个线性空间而言，其基向量组并不是唯一的，但是不同的基向量组是线性相关的。可以看出，对一个线性分组码而言，其生成矩阵 $\boldsymbol{G}$ 形式上也不是唯一的，但是这些校验矩阵也都是等价的；同时检验矩阵 $\boldsymbol{H}$ 形式上也不是唯一的，但这些校验矩阵也都是等价的。一旦给定某个生成矩阵或者校验矩阵，这个线性分组码也就完全被确定了。

两个 n 重之间，对应位置取值不同的总个数，称为这两个 n 重之间的汉明距离。一个码字集中，任意两个码字间的汉明距离的最小值称为该码的最小汉明距离，记为 $d_{\min}$ 或 d_0。可以证明，(n,k) 线性分组码的最小距离等于非零码字的最小重量。一种码的最小汉明距离是一个重要的参数，它决定了该码的纠错、检错能力。一般而言，d_0 越大，纠错的能力就越好。(n,k) 线性分组码的最小距离 d_0 的充分必要条件是校验矩阵 $\boldsymbol{H}$ 中，任意 d_0-1 列线性无关。

可以证明，对于一个最小距离为 d_0 的 (n,k) 线性分组码，有：

1. 检测 e 个随机错误，要求码的最小汉明距离 $\boldsymbol{d}_0\geqslant e+1$；
2. 纠正 t 个随机错误，要求 $d_0\geqslant 2t+1$；
3. 纠正 t 个随机错误，并检测 e($e\geqslant t$ ）个错误，则要求 $d_0\geqslant t+e+1$；
4. 纠正 t 个错误和 p 个删除，则要求 $d_0\geqslant 2t+p+1$。

因此，线性分组码需要构造尽可能大的 d_0 以确保更好的纠错能力。

LDPC 码通常用一个 m 行 n 列的奇偶校验矩阵 $\boldsymbol{H}$ 表示。$\boldsymbol{H}$ 矩阵的零空间就是它所定义的所有 LDPC 码字，并且 $\boldsymbol{H}$ 矩阵需要满足：

1. 矩阵的行重、列重与码长的比值远小于 1；
2. 任意两行（列）最多只有 1 个相同位置上的 1；
3. 任意线性无关的列数尽量的大。

其中，行重、列重指的是 $\boldsymbol{H}$ 矩阵某一行或某一列所包含的非零元素（“1”）的个数。

这样的 LDPC 码码长为 n，校验位长度大约为 m，信息位长度为 $k=n-m$。上述的条件 1 使得非零元素“1”在 $\boldsymbol{H}$ 矩阵中所占的比例非常小，这就是低密度奇偶校验码名称的由来。正是校验矩阵的稀疏性，使得 LDPC 码的解码复杂度能简化到仅与其码长呈线性关系，所以 LDPC 码能在长码长的应用中有实用价值。如果要证明一个码字是许用码字，它就要同时满足由 $\boldsymbol{H}$ 矩阵的 m 行所定义的 m 个校验方程。由于 $\boldsymbol{H}$ 矩阵的行重并不大，n 个码元中每次只有其中的若干个参与校验方程的校验，这就使得校验算法的复杂度被大大简化。而且容易证明，对码字的 m 个校验是可以同时进行的。并行操作使得 LDPC 码的解码算法可以有很大的吞吐率，正是这些优异的特性使得 LDPC 码在实际应用中备受青睐。

LDPC 码是由其校验矩阵 $\boldsymbol{H}$ 定义的。对于一个线性分组码，其校验矩阵并不是唯一的。也就是说如果对于线性分组码的校验矩阵做行变换，得到的矩阵也是这个码的校验矩阵。但是，对于 LDPC 码这种特殊的线性分组码而言，由于解码算法的设计和性能分析的需要，我们仅关心其属于稀疏矩阵的这个校验矩阵，因此，定义一个 LDPC 码必须给出这个稀疏的校验矩阵才有意义。对于 LDPC 码的生成矩阵，其并没有其他特殊的限制。LDPC 码可以用泰勒图（Tanner Graph）来表示，泰勒图能直观地表现出各码元间的校验关系，是常用的一种分析 LDPC 码的方法。

相对于 Turbo 码而言，LDPC 码具有以下优点：(1) 分组误码性能更好，错误平层更低；（2）不需要深度交织，系统时延比 Turbo 码短；（3）其译码算法属于全并行算法，能够设计并行度更高的译码器；（4）与 Turbo 码相比，LDPC 在高码率码的构造上更具灵活性。

4.5.3 Polar 码

Polar 码是基于信道极化理论提出的一种新的线性分组码，其中信道极化过程主要分为信道组合（Channel Combining）和信道分裂（Channel Splitting）两个过程。通过这两个过程之后，原来的组合信道会转化成多个比特信道，当码长 N 趋于无穷大时，即组合信道个数趋于无穷多个时，一部分比特信道的信道容量会趋近于 0，而另外一部分比特信道的信道容量则会趋近于 1，这就是信道极化现象。Polar 码就是根据这种特殊的信道极化现象，选择信道容量较大的信道传输有效信息，我们称之为信息位，而信道容量较小的比特信道传输固定信息，通常为 0，我们称之为冻结位。

以二进制输入离散无记忆信道（B-DMC）中的 Polar 码的构造为例，信道组合过程主要是通过递归方法对给定的 $\boldsymbol{W}$ 进行不断复制，从而得到一个组合信道 $\boldsymbol{W}_N$: $\boldsymbol{X}^N \to \boldsymbol{Y}^N (N=2^n, n \geqslant 0)$。在递归的第一级，即当 $n=0$ 时，$\boldsymbol{W}$ 只进行一次复制，设 $\boldsymbol{W}_1=\boldsymbol{W}$。当 $n=1$ 时，$\boldsymbol{W}_2$ 由两个独立的 $\boldsymbol{W}_1$ 信道递归组合而成，$\boldsymbol{W}_2$: $\boldsymbol{X}^2 \to \boldsymbol{Y}^2$。进一步，信道 $\boldsymbol{W}_2$ 的转移概率可表示为：

$$\boldsymbol{W}_2\left(y_1, y_2 \middle| u_1, u_2\right) = \boldsymbol{W}\left(y_1 \middle| u_1 \oplus u_2\right) \boldsymbol{W}\left(y_2 \middle| u_2\right)$$

然后，这里两个独立 W_2 信道又可以通过第二次复制组合成信道 W_4：$X^4 \to Y^4$，其转移概率为：

$$W_4\left(y_1^4 \middle| u_1^4\right) = W_2\left(y_1^2 \middle| u_1 \oplus u_2, u_3 \oplus u_4\right) W_2\left(y_3^4 \middle| u_2, u_4\right)$$

从信道 W_4 的输入到信道 W_4 的输入之间的映射关系为 $u_1^4 \to x_1^4$，可以写为 $x_1=u_1G_4$，这里 $G_4 = \begin{bmatrix} 1 & 0 & 0 & 0 \\ 1 & 0 & 1 & 0 \\ 1 & 1 & 0 & 0 \\ 1 & 1 & 1 & 1 \end{bmatrix}$，那么 W_4 与 W^4 之间的转移概率就可表示为 $W_4\left(y_1^4 \middle| u_1^4\right) = W^4\left(y_1^4 \middle| u_1^4 G_4\right)$。

以此类推，我们可以得到信道组合的一般形式，两个相互独立的信道 $W_{N/2}$ 可以通过信道组合转化成一个信道 W_N：$X^N \to Y^N$。组合信道 W_N 的输入向量 u_1^N 到原始信道 W^N 的输入之间的映射为 $u_1^N \to x_1^N$，可表示为 $x_1^N = u_1^N G_N$，其中 $G_N = B_N F^{\oplus n}$ 为生成矩阵，B_N 为置换矩阵，$F^{\oplus n}$ 表示 F 的 n 次张量积，其中核心矩阵 $F = \begin{bmatrix} 1 & 0 \\ 1 & 1 \end{bmatrix}$。由此推出，信道 W_N 对应的转移概率的关系式为：

$$W_N\left(y_1^N \middle| u_1^N\right) = W^N\left(y_1^N \middle| u_1^N G_N\right), y_1^N \in Y^N, u_1^N \in X^N$$

与信道组合对应的过程是信道分裂，信道分裂是把组合信道 W_N 分裂成 N 个二进制输入的比特信道 $W_N^{(i)}$：$X \to Y^N \times X^{i-1}, 1 \leqslant i \leqslant N$，对应的转移概率为：$W_N^{(i)}\left(y_1^N, u_1^{i-1} \middle| u_i\right) \triangleq \sum_{u_{i+1}^N \in X^{N-i}} 2^{\frac{1}{N-1}} W_N\left(y_1^N \middle| u_1^N\right)$。这里 u_i 为 $W_N^{(i)}$ 的输入，$\left(y_1^N, u_1^{i-1}\right)$ 表示为 $W_N^{(i)}$ 的输出。

由 $W_N^{(i)}$ 的转移概率公式可知，当 $N=2$ 时，信道分裂的情况为 $(W,W) \to \left(W_2^{(1)}, W_2^{(2)}\right)$，对应的转移概率公式为：

$$W_2^{(1)}\left(y_1^2 \middle| u_1\right) = \sum_{u_2} \frac{1}{2} W_2\left(y_1^2 \middle| u_1^2\right) = \sum_{u_2} \frac{1}{2} W\left(y_1 \middle| u_1 \oplus u_2\right) W\left(y_1 \middle| u_2\right)$$

$$W_2^{(2)}\left(y_1^2 \middle| u_1 \middle| u\right) = \frac{1}{2} W_2\left(y_1^2 \middle| u_1^2\right) = \frac{1}{2} W\left(y_1 \middle| u_1 \oplus u_2\right) W\left(y_1 \middle| u_2\right)$$

信道分裂过程也是一个递归的过程，相当于信道组合的逆过程。例如当 $N=4$ 时，W_4 首先被分解成两个相互独立的子信道 W_2，然后再将刚刚分裂的 W_2 分解成两个相互独立的子信道 W。

图 4.43 至图 4.45 给出 $N=2^n=2,4,8$ 时的信道分解结构图。

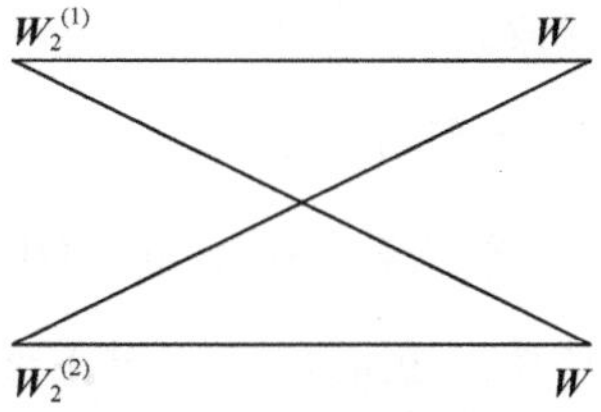

图 4.43　*n*=1 时信道分解

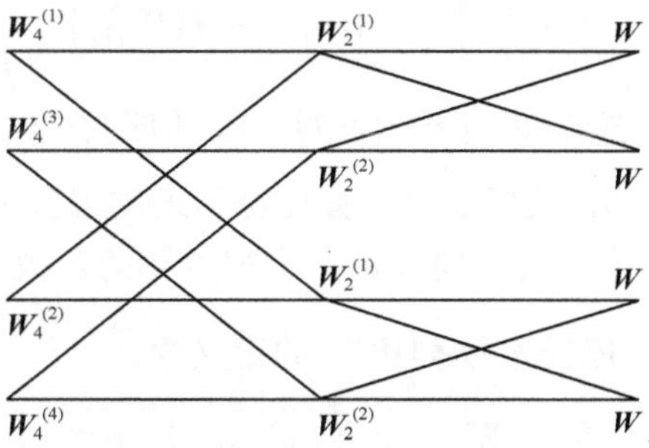

图 4.44　*n*=2 时信道分解

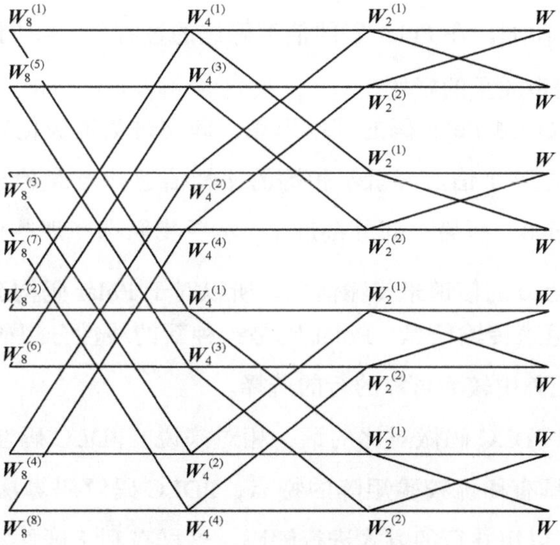

图 4.45　*n*=3 时信道分解

信道通过信道组合与信道分裂两个过程，形成的比特信道$\left\{W_N^{(i)}\right\}$。当码长趋于无穷大的时候便会出现极化现象，即一部分比特信道对应的信道容量$I\left(W_N^{(i)}\right)$趋于 1，另一部分比特信道对应的信道容量趋于 0 的现象。

信道极化定理：对于任意的 B-DMC 信道 $\boldsymbol{W}$，$\delta\in(0,1)$，当 $N(N=2^n)$ 趋于无穷大时，其信道容量 $\boldsymbol{I}\left(W_N^{(i)}\right)\in(1-\delta,1]$ 所占的比例趋于 $\boldsymbol{I}(\boldsymbol{W})$，而 $\boldsymbol{I}\left(W_N^{(i)}\right)\in[0,\delta)$ 所占的比例趋 $1-\boldsymbol{I}(\boldsymbol{W})$。

在差错概率 $\varepsilon=0.5$ 的 BEC 信道中，我们可以通过下面公式来计算 $\left\{\boldsymbol{I}\left(W_N^{(i)}\right)\right\}$ 对应的值：

$$\begin{Bmatrix} \boldsymbol{I}\left(W_N^{(2i-1)}\right)=\boldsymbol{I}\left(W_{N/2}^{(i)}\right)^2 \\ \boldsymbol{I}\left(W_N^{(2i)}\right)=2\boldsymbol{I}\left(W_{N/2}^{(i)}\right)-\boldsymbol{I}\left(W_{N/2}^{(i)}\right)^2 \end{Bmatrix}$$

其中，$\boldsymbol{I}\left(W_N^{(i)}\right)=1-\varepsilon$，而这个递归公式仅对 BEC 信道有效。如果对于一般的二进制输入离散无记忆信道（B-DMC），我们通过估算比特信道的巴氏参数来确定 $\boldsymbol{I}\left(W_N^{(i)}\right)$。

在以上的信道极化定理中，极化速率是一个很重要的参数，这个参数我们可以通过设置巴氏参数 $\boldsymbol{Z}\left(W_N^{(i)}\right)$ 来分析，巴氏参数 $\boldsymbol{Z}\left(W_N^{(i)}\right)$ 的定义为：

$$\boldsymbol{Z}\left(W_N^{(i)}\right)=\sum_{y_1^N\in y^N}\sum_{u_1^{i-1}\in X^{i-1}}\sqrt{W_N^{(i)}\left(y_1^N,u_1^{i-1}|0\right)W_N^{(i)}\left(y_1^N,u_1^{i-1}|1\right)}$$

巴氏参数是衡量传输可靠性的重要标准，它也是最大似然译码的误码率的上界。$\boldsymbol{Z}\left(W_N^{(i)}\right)$ 的取值范围是 [0,1]。在 Polar 码的信道筛选的过程中，我们一般用 $\boldsymbol{Z}\left(W_N^{(i)}\right)$，而不是 $\boldsymbol{I}\left(W_N^{(i)}\right)$ 来代表比特信道质量的好坏。

现在我们可以再次回顾 Polar 码的基本思想，即通过信道极化现象，使原来相互独立的 N 个原始信道转化为 N 个信道容量不相等的比特信道。当 N 趋于无穷大时，N 个信道的信道容量一部分接近 0，而另一部分接近 1，然后我们选择那些信道容量接近 1，也就是巴氏参数 $\boldsymbol{Z}\left(W_N^{(i)}\right)$ 接近 0 的信道来传输信息。所以对于 Polar 码构造至关重要的一步是选择那些性能较好的信道来传输信息。Polar 码是一种新的线性分组码，对性能较好的信道的选择也就是对生成矩阵中较为可靠的行的选择。

如果将 Polar 码和 PDLC 码做对比的话，相对来说，PDLC 码在算法研究和仿真实现上都比较成熟。由于具有稀疏校验矩阵的特点，PDLC 码解码算法的仿真实现复杂度不高。另外，PDLC 码可以用并行的方式进行解码，这样有利于硬件实现，同时也减少了解码带来的时延。但是 PDLC 码的性能优势也要在码长较长的情况下才能体现出来。另外，PDLC 码编码的复杂度较高，尤其是在码长很长的情况下，会给编码带来很大的时延。

Polar 码作为一种新兴的编码技术，具有很多优点。首先，理论上证明能够在信道中使通信达到香农极限，同时信道极化现象的提出也对将来信道编码的研究具有很大的意义。Polar 码在编解码过程中都采用了递归的思想，具有较低的复杂度，在硬件实现上也比较简单。但是 Polar 码需要超长编码块长度 $N(N=2^n)$，在中长码上的性能还比不上 LDPC 码。另外，Polar 码由于码长过大且使用解码算法，在硬件实现方面存在一定的时延，而且，Polar 码在具体通信领域中的应用成熟度暂时还不如 LDPC 码。

综上所述，Polar 码和 LDPC 码这两种编码方案相比，Polar 码在码率上没有规定，但在码长上有限制，必须是 2 的幂次方，这是由于它是基于信道极化现象完成的。另外，Polar 码在编解码算法复杂度上有明显优势，且在信道中理论上其可以达到香农极限。LDPC 码编码时改变编码码长和码率很容易，实现起来也比较简单。同时 LDPC 码具有较大的吞吐量。目前，LDPC 码的编解码算法已经比较成熟，也运用到 WLAN 等众多的通信系统中，而 Polar 码在实际通信系统中运用相对还比较少，但其强大的理论支撑和完美的性能优势必将成为编码领域的热点。

4.6 全双工通信——同时同频复用

同时同频全双工（CCFD，Co-frequency Co-time Full Duplex）无线通信技术是 5G 通信中极具潜力的进一步挖掘频谱资源的技术之一，将开创无线频谱资源利用的新局面。与传统的 TDD 或者 FDD 方式不同，无线同频全双工技术允许数据在两个方向上同时传输，能够同频段同时收发。因此，同频全双工技术理论上可以使得无线频谱资源利用率翻倍，同时同频全双工还能对无线网络的物理层设计带来极大的好处。

目前发展的无线通信系统中，一般采用 TDD 或 FDD 方式来实现双向通信。FDD 模式是在分离的两个对称频率信道上进行接收和发送，区分上下行链路，用保护频段来分离接收和发送信道，其单向的资源在时间上是连续的，如图 4.46 所示。TDD 模式使用同一频率载波的不同时隙作为接收和发送信道的承载，其单方向的资源在时间上是不连续的，时间资源在两个方向上进行了分配，一部分时间段由基站发送信号给移动台；另外的时间段由移动台发送信号给基站，基站和移动台之间必须协同一致才能顺利工作，如图 4.47 所示。

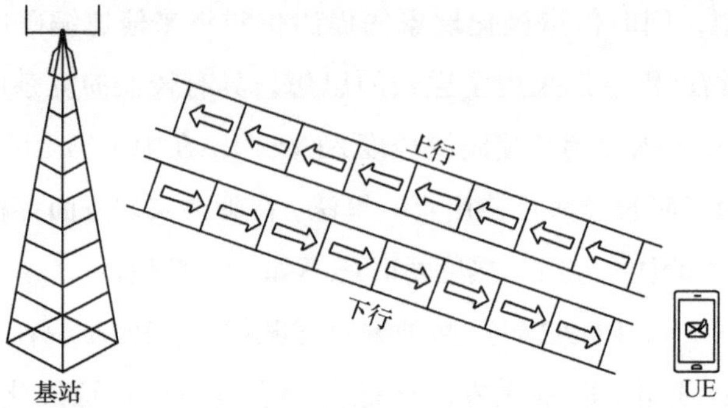

图 4.46　FDD 模式

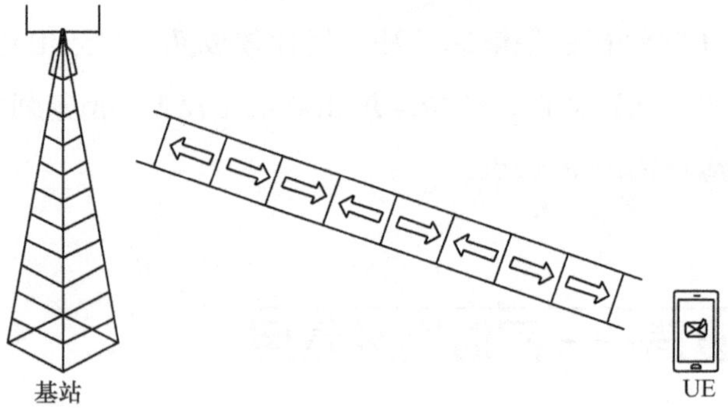

图 4.47　TDD 模式

尽管对于实际通信效果而言，TDD 和 FDD 方式已经可以让数据同时在两个方向上传递，但其本质仍为半双工无线通信系统。在频分双工或时分双工的思想上，如果采用 TDD 进行传输，则无线通信的时间效率会降低；如果采用 FDD 传输，那么对于无线频谱资源将会产生更多的消耗。而全双工通信技术能够使得通信双方在同时、同频的情况下进行信息的传递，从而节省一半频率或时间资源，能够使传输效率提升到新的高度，成倍增加无线网络的系统容量，如图 4.48 所示。

实现一个 CCFD 无线通信系统的最大难点在于，每一端的发送信号远大于其所要接收的远距离信号，使信号的接收受到强自干扰的影响。对于接收天线，在模数转换处散布着强大的自干扰，因此在量化时对有用信号而言会有很大的量化噪声，使通信变为不可能。因此，自干扰消除技术就成为全双工通信的关键技术之一。此外，由于全双工释放了收发控制的自由度，改变了网络频谱使用的传统模式，这将会带来网络上用户的多址方式、无线资源管理等技术的革新。因此，与全双工通信相匹配的高效的组网技术也是研究重点。

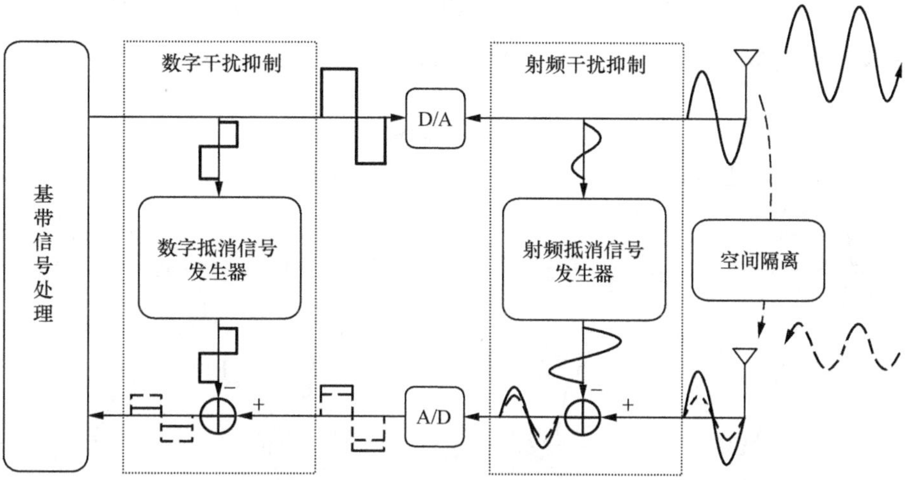

图 4.48 全双工系统工作原理

4.6.1 自干扰消除技术

如果在无线通信系统中应用全双工模式进行同频、同时的数据传输，通信节点的发送数据的信号强度与接收数据的信号强度截然不同，信号强度的差异有时会达到 10^6 ~ 10^9 倍，发送数据的信号会在同一时间淹没接收数据的信号，导致通信系统无法进行正常的收发，所以强大的自干扰信号成为全双工无线通信技术的最大阻碍。

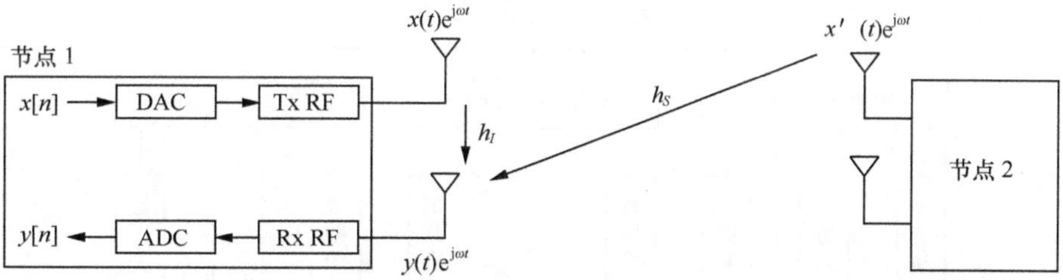

图 4.49 全双工系统干扰示意

如图 4.49 所示，由于全双工系统支持通信双方同时向对方发送信息，通信节点 1 向通信节点 2 在发送有效信号的过程中，通信节点 1 的接收天线在接收有效信号的过程中受到自身发送信号的影响，反之亦然。全双工通信节点的收发天线相隔的距离与有效信号的传播路径相比要小很多，根据电波传播的特性我们可以知道，发射天线对自身接收天线传输的有效信号形成了巨大的干扰，这就是所说的自干扰信号。自干扰信号会对有效信号产生强烈干扰，甚至会将有效信号完全掩盖，造成通信链路失效，如图 4.50 所示。

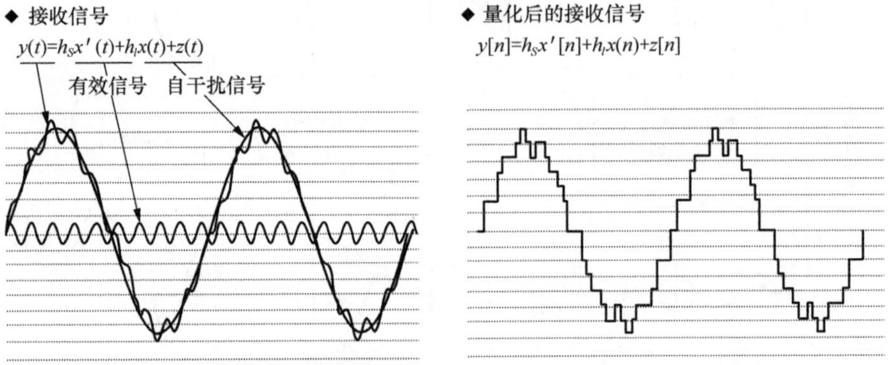

图 4.50　自干扰信号示意

针对全双工无线通信系统存在的自干扰问题，现有的自干扰消除技术主要分为三大类（见图 4.51）：天线被动自干扰抑制、射频主动自干扰抑制和数字主动自干扰抑制。实际上，来自接收天线的无线接收信号在无线接收机侧会通过一系列模块进行相应处理，而不同的自干扰消除技术是在接收链路的不同模块下完成自干扰消除的，无线接收机基本流程框图如图 4.52 所示。

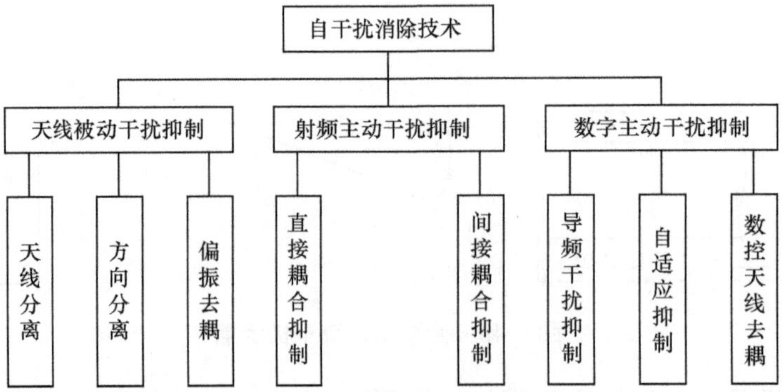

图 4.51　自干扰消除方法分类

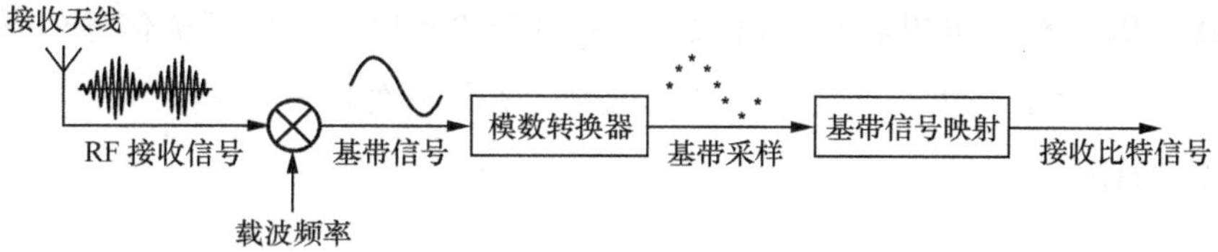

图 4.52　无线接收机基本流程

如图 4.53 所示，自干扰消除可以在接收链路的不同模块进行信号消除，在模数转换器（ADC）之前，模拟 RF 信号处进行模拟自干扰消除或者在 ADC 数字采样之后进行数字自干扰消除。

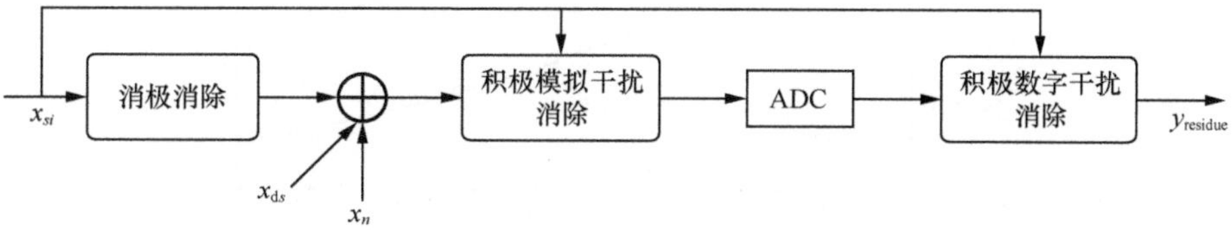

图 4.53　自干扰消除方法串联

1. 天线被动干扰抑制

天线被动干扰抑制技术的目标是通过使用天线设计减少全双工节点上发射天线与接收天线间的电磁耦合来降低自干扰信号功率。天线被动干扰抑制应用在自干扰信号和有用信号在全双工节点接收天线处发生碰撞之前。消极干扰消除量依赖于全双工设备上收发天线间的距离、收发天线的指向及天线的放置位置。因此，我们可将天线被动干扰抑制技术分为天线分离、方向分离和偏振去耦 3 类。

天线分离是一种最简单的天线被动干扰抑制机制。全双工无线节点采用一副全向发射天线和一副全向接收天线，通过发射天线与接收天线间的空间间隔产生的传播路径损耗来降低自干扰信号功率。在环境允许的情况下，发射天线与接收天线间的距离越大，自干扰消除性能越好。在常规的路径损耗模型中，功率衰减与发射天线和接收天线间的距离的平方成正比关系，与无线信号频率的平方成正比。数学上，这样简单的自由空间路径损耗可以表示为$P_{\text{L}}=20\lg\left(\dfrac{4\pi d}{\lambda}\right)$。其中，$P_{\text{L}}$ 表示路径损耗，单位为 dB；d 是指收发天线间的距离；λ 是指信号的波长。假设信号发射功率为 0dBm，图 4.54 为信号经过不同的距离衰减后到达接收天线时的功率。可以看出，若收发天线距离 2m 以上，自干扰信号的强度会下降 50dB 以上。但是由于无线节点实际尺寸的限制，天线间的距离不能太大，自干扰信号的衰减也就非常有限了。

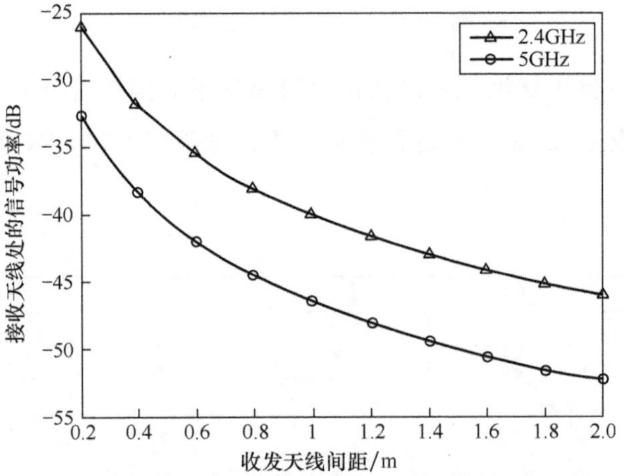

图 4.54 接收天线处的信号功率与收发天线间距关系

方向分离（天线指向）是指使用定向天线，保证发射天线不向接收天线方向辐射，反之亦然。当发射天线与接收天线的主瓣相互正交时，两天线间的互相耦合将明显减少。方向分离方法也可以通过将发射天线与接收天线安装在全双工设备的不同位置来最优化全双工节点的自干扰消除性能。图 4.55 给出了 3 种天线配置，每一种配置只包含两副天线：一副用于发射，另一副用于接收。由于大部分全向天线在近场不是真正意义上的全方位辐射，特别是沿垂直方向，全向天线发射功率较弱。因此在配置 A 中，收发天线安置在设备的上下两端，收发天线处于相互的垂直方向上；在配置 B 中，发射天线与接收天线被安置在设备的相反位置，这样可以使收发天线间的分离距离较大；在配置 C 中，两副天线处于相互垂直的位置上，这种配置目的在于利用天线辐射模式的不同来减少收发天线耦合。在这 3 种天线配置中，配置 B 是用于 MIMO 系统的理想天线配置形式，与其他配置相比，无论模拟消除存在与否，天线配置的自干扰信号功率都是最低的。

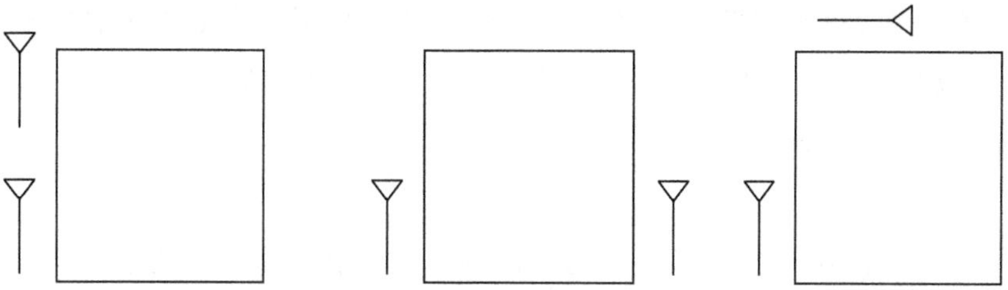

图 4.55　3 种天线配置

偏振去耦是通过发射天线与接收天线处于正交偏振状态来减少干扰的。全双工无线通信系统收发节点使用两根传输天线和一根接收天线，在接收天线的两侧放置两根传输天线，两根传输天线离接收天线的间隔分别为 d 和 $d+\lambda/2$，λ 表示传输信号的电磁波波长。由于两根传输天线传输信号到达接收天线的距离之差为半个波长，电磁波信号的相位刚好相差 180 度，在同一时间接收天线叠加消除自身传输信号，有利于接收其他节点的传输信号。但偏振去耦方法的缺点在于，天线配置只能在单载波频率上进行工作，不适合于宽带传输，所以在实际中也较少使用。

2. 射频主动干扰抑制

射频主动干扰抑制的主要思路为：通过在本地重建一个与自干扰信号幅度相等、相位相反的射频信号，与接收到的自干扰信号相抵消，达到抑制目的，主要分为直接和间接两类。

直接射频干扰抑制耦合一路发射信号，对其进行时延、幅度和相位调整，重建出与自干扰信号幅度相等、相位相反的信号，并与接收到的自干扰信号合成，根据反馈的合成后信号功率，采用相关算法调整时延、幅度和相位等参数，使合成后的信号功率最小，实现自干扰抑制，其结构如图 4.56 所示。通常由于空间多径效应的存在，发射信号将会通过多条路径到达接收天线，因此对自干扰信号重建链路的时延要求不一样，故重建链路通常不止一条。

间接射频干扰抑制通过在数字域采用相关的算法进行自干扰信道估计，并经过另一条独立的发射通道重建出自干扰信号，其幅度相同、相位相反，再与接收到的自干扰信号相合成，并在数字域反馈接收 ADC 后的信号功率，调整信道估计算法，使得接收 ADC 后的信号功率最小，完成自干扰抑制，其结构如图 4.57 所示。相比于直接耦合的方法，间接耦合在数字域完成自干扰信道估计，不需要用多条射频重建链路来解决多径信号的问题，然而此结构需要另一条独立的发射通道，同时反馈的接收信号功率值受 ADC 分辨率等参数影响。

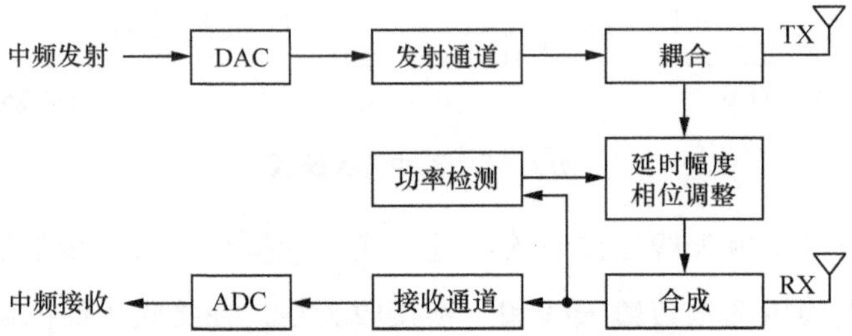

图 4.56　直接射频干扰抑制耦合结构

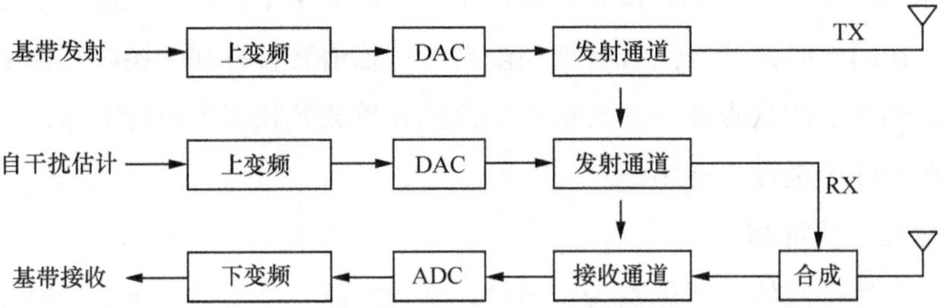

图 4.57　间接射频干扰抑制结构

3. 数字主动干扰抑制

在前面的天线和射频进行干扰消除后，仍存在的残留的自干扰信号将会与接收的有用信号一起通过 ADC 进入数字端，因此还需要进行数字干扰抑制。常用的数字干扰抑制技术主要有 3 类：导频估计干扰抑制、自适应干扰抑制和数控天线去耦。

导频估计干扰抑制的主要思路与间接射频干扰抑制类似：通过在基带发射信号时引入特定导频（如块状导频、梳状导频和离散导频，可根据不同的应用场景选择合适的导频方法），接收机在获得发射导频信息后，通过相关算法得到自干扰信道，再根据已知的发射信号进行干扰重建抵消。其结构如图 4.58 所示。

自适应干扰抑制技术主要采用自适应滤波器的方法重建自干扰信号，与接收输入信号相减，同时将信号反馈回滤波器，如图 4.59 所示。采用相关算法（如 LMS 算法）调整滤波器参数，当反馈信号最小时，自干扰抑制程度最大。

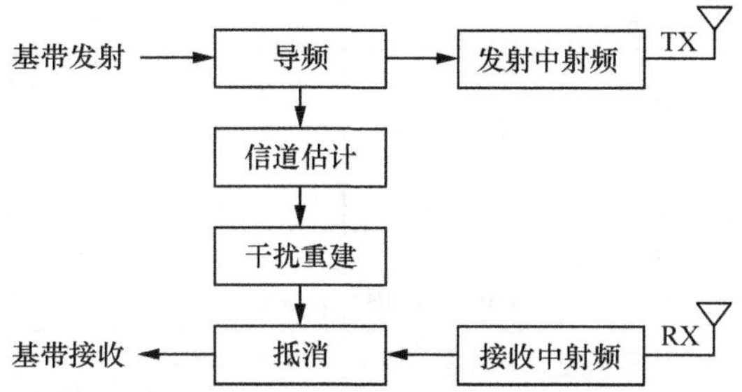

图 4.58　导频估计干扰抑制结构

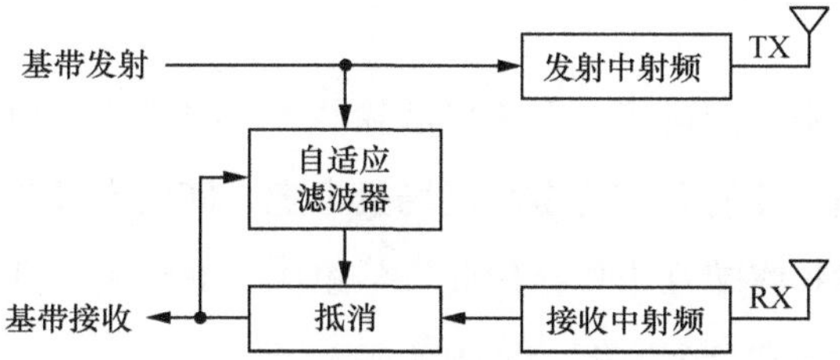

图 4.59　自适应干扰抑制结构

数控天线去耦是通过数字信号处理调节收发天线，使得发射天线处于接收天线零点区域，从而达到抑制自干扰信号的目的。

对于全双工系统的自干扰抑制能力，斯坦福大学、莱斯大学、加州大学等国际知名院校均进行了实验，相关数据如表 4.4 所示。

表 4.4　自干扰消除能力实验数据

项目	加州大学	莱斯大学	斯坦福大学 2012 年	斯坦福大学 2013 年	电子科技大学 2012 年	电子科技大学 2013 年
天线配置	1T1R	1T1R	1T1R	1T1R	1T1R	2T2R
频率	2.4GHz	2.4GHz	2.4GHz	2.4GHz	1.6GHz ～ 4.0GHz	2.5GHz ～ 2.7GHz
信号带宽	30MHz	10MHz	10MHz	80MHz	20MHz	20MHz
发射天线功率	10dBm	10dBm	10dBm	20dBm	10dBm	23dBm
天线被动干扰抑制	无	20dB	20dB	15dB	20dB	45dB
射频主动干扰抑制	47dB	35dB	45dB	63dB	55dB	35dB

续表

项目	加州大学	莱斯大学	斯坦福大学 2012 年	斯坦福大学 2013 年	电子科技大学 2012 年	电子科技大学 2013 年
数字自动干扰抑制	无	26dB	30dB	35dB	31dB	27dB
总抑制能力	47dB	55dB	90dB ～ 95dB	105dB ～ 110dB	91dB	107dB
实验环境	微波暗室无多径环境	实验室多径环境	实验室多径环境	实验室多径环境	实验室多径环境	实验室多径环境

4.6.2 全双工组网技术

在全双工蜂窝系统中，假定通过自干扰消除技术可以完全抑制全双工天线发射端和接收端处的干扰，基于随机几何分布的多小区场景考虑，即使在较为理想的条件下，也仍会存在较大的小区间干扰和终端互干扰。因此，从组网层面出发，业界需要考虑引入一种优化的全双工网络资源管理和分配方案，如图 4.60 所示。

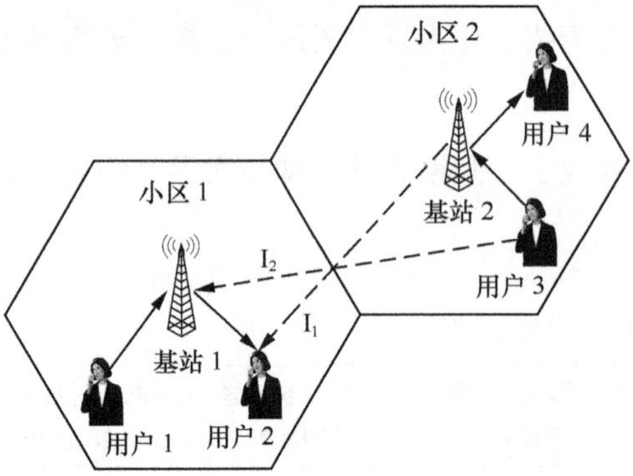

（a）传统蜂窝系统

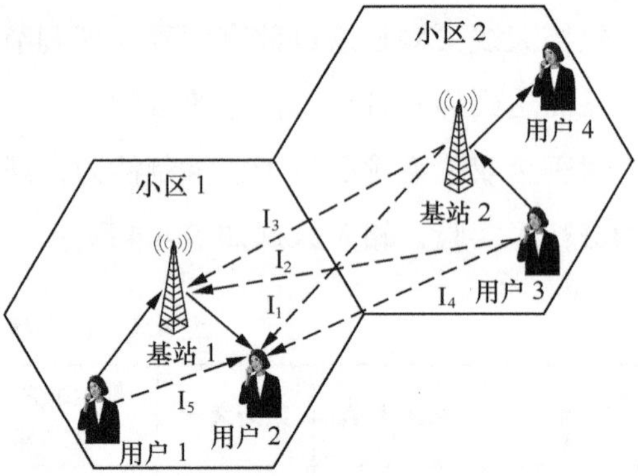

（b）SISO全双工蜂窝系统

图 4.60 传统蜂窝系统和全双工系统的干扰情况

在上述自干扰消除技术的分析中，我们仅考虑单输入单输出（SISO）的情况。而实际上，将 MIMO 技术与全双工技术相结合，将进一步提升频谱利用率。但同时，引入 MIMO 之后，全双工无线通信系统的小区间干扰（ICI）也会随之增加，干扰情况如图 4.61 所示。

如图 4.61 所示，假设基站按照规则的正六边形分布，在 SISO 模型下，小区 1 中的下行链路（用户 2）受到来自基站 2 的干扰（I_1），同时受到用户 1 产生的干扰（I_3）以及用户 3 的干扰；而上行链路（用户 1）受到邻小区上行链路的影响（I_2）以及来自基站 2 的干扰。然而，在下行多用户 MIMO 模型中，基站采用多天线发送信号，基站可在同一时间和频率资源块上支持多个下行用户，小区 1 中的下行用户 2 除了受到来自基站 2 的干扰和上行用户的干扰（上行用户 1），还将受到由多天线引起的下行用户间干扰（下行用户 5），同样的，下行用户 5 也将受到用户 2 的影响，而对于上行链路（用户 1）依然只受到来自用户 3 的干扰和基站 2 的干扰（与 SISO 模式相同）。在 MIMO 模型实现方案中，下行链路的用户将受到来自相邻小区及本小区内下行更大的干扰。因此，全双工无线通信系统引入 MIMO 后，还需要采用波束成型等技术来达到抑制干扰的目的。当然，通过合理的组网技术来减少干扰也是很好的解决方案。

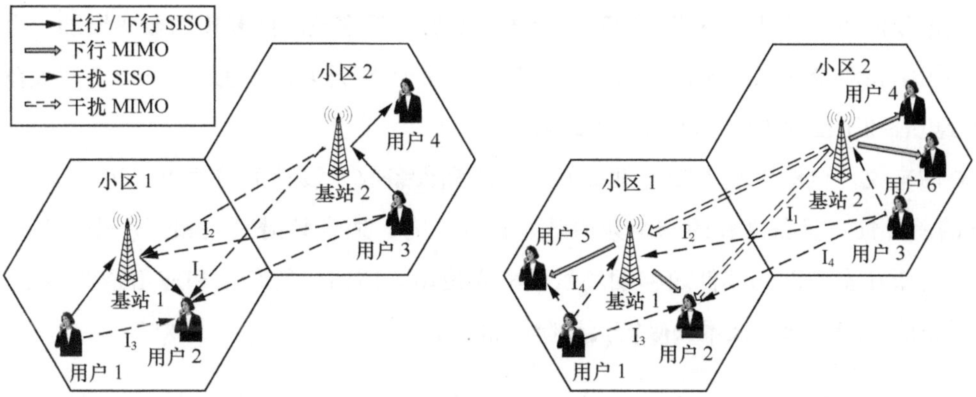

（a）SISO 模型　　（b）下行多用户 MIMO 模型

图 4.61　SISO 和 MIMO 模型下的干扰情况

全双工基站与 FDD 半双工终端的组网案例如图 4.62 所示。假定为用户 1 分配编号为 i 的频率对 f_1 和 f_2，分别用于上下行传输，而用户 2 则反向使用这对频点，即上行用 f_2，下行用 f_1，相应的频率编号记为 $-i$。由于基站同时收发 f_1 和 f_2 上的信号会产生自干扰，这需要基站具备全双工自干扰抑制的能力。而对于终端用户 1 和用户 2，为了协调避免终端间干扰，一种可行的方法是以区域划分的方式来分配频率资源。图 4.62 中就是以 9 对频点进行反向复用，将特定的空间划分成 9 个区域，并为每个区域分配特定的频率对，借此避免反向频率复用可能造成的终端间干扰，也使得频谱使用效率比原来增加一倍。

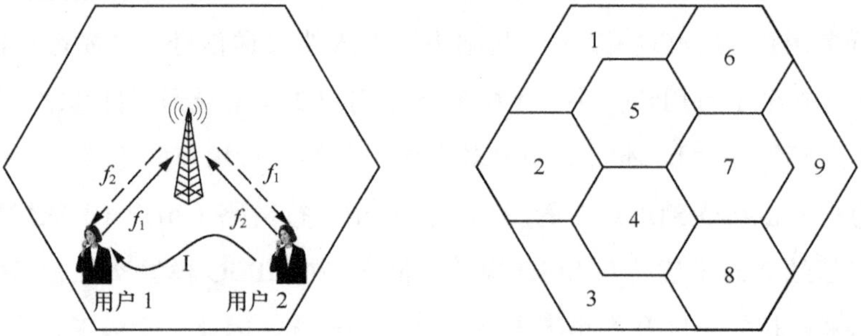

小区号	1	2	3	4	5	6	7	8	9
频率	1，−9	2，−7	3，−5	4，−1	5，−8	6，−2	7，−3	8，−6	9，−4

图 4.62　全双工组网案例示意

理论分析和仿真结果表明：随着用户数的增加，频率被反向复用的概率增加，全双工载波利用率相对半双工的提升较为明显；此外，在干扰容限允许的条件下，空间大粒度区域划分更有利于全双工网络频谱效率的增加。

总的来说，全双工最大限度地提升了网络和设备收发设计的自由度，可消除 FDD 和 TDD 的差异性，具备潜在的网络频谱效率提升能力，适合频谱紧缺和碎片化的多种通信场景，有望在室内低功率低速移动场景下率先使用。但由于复杂度和应用条件不尽相同，各种场景的应用需求和技术突破需要逐阶段推进。

4.7　灵活双工通信——时频资源灵活复用

灵活双工通信技术是针对业务需求的多样性而实施的对上下行链路的无线资源的动态控制、管理技术，旨在提高系统资源利用率。灵活双工通信可以通过时域和频域方案实现，其特例是上下行被配置为同时同频，即全双工通信。

灵活双工通信对于 5G 系统具有重要的意义。由于未来移动通信的业务种类更加丰富，上下行业务分布更加多样，如果仍然沿用上下行对称的固定分配的双工方式必然会造成资源不能被充分利用。如视频点播业务，下行数据量很大而上行只需要少量控制信息，这时上行资源几乎完全闲置而造成极大的资源浪费。因此，为了更好地适应未来 5G 移动通信的发展方向，传输上下行不对称的业务以及上下行数据量不断变化的业务，灵活双工通信技术的概念便应运而生。

灵活双工通信的基本思想是根据不同方向链路的业务种类、总量、长期统计以及瞬态特性，动态调节上下行链路的资源分配。这类似于潮汐车道的概念，可以根据早晚交通流量的不同情况，调整某一车道不同时间段内行驶方向的变化缓解交通拥挤情况。

在传统的双工方式中，频分双工系统上下行频带由保护频带隔开，分别传输上行和下行业务，这样的双工方式上下行频率被固定分配，一旦确定后将不能调整，当服务区内业务下行业务比上行业务大很多时，将造成严重的频率资源浪费。而时分双工系统分为上行时隙和下行时隙，上下行时隙之间利用保护时间间隔分开，因此可以适应非对称业务的传输。时分双工技术可以是固定的上下行时隙结构，也可以是不固定的。具有非固定时隙结构的时分双工系统可以称为时分灵活双工系统。其上下行时隙的分配可以根据业务的情况动态调整，即上下行时隙的切换点是可变的。这种变化包括上下行链路滑动切换点和动态切换点两种。滑动切换点是指上下行链路只有一个切换点，该切换点的位置可以在整个数据传输时隙段之间移动，从而形成不同比例的上下行链路时隙数目。动态切换点则是指在整个数据传输时隙段上可以有多个上下行链路切换点。由于上下行链路切换点处的保护时隙比同向链路时隙之间的保护时隙要大得多，滑动切换点模式占用的保护时隙较少，一帧可以传输更多的数据，但是总的频谱利用率较动态切换点模式低。相对于 TDD 模式，FDD 模式下的灵活双工的实现较为困难。一种可行的方案是，根据业务的实际情况确定上下行单位带宽，将上下行频率按上下行单位带宽分成多个频点，所有上下行频点组成上下行频率池，每个小区根据业务的实际情况，动态使用频率池中的频点。这样的频分灵活双工系统，既继承了传统 FDD 系统的优点，又兼具 TDD 系统的灵活性。

灵活双工通信技术可以应用于宏微结合的异构网络中，如图 4.63 所示。灵活双工技术将 FDD 系统中的部分上行频带灵活配置为下行传输，从而实现了上下行频谱资源与上下行业务需求的匹配。

灵活双工通信技术实现的关键在于干扰协调和资源分配的问题，这有待进一步的研究突破。

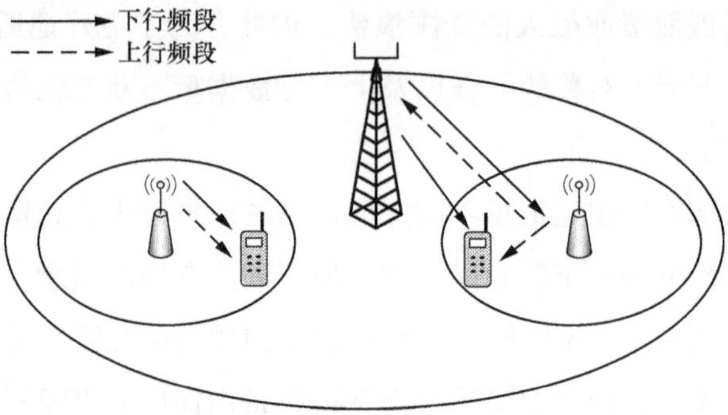

图 4.63　灵活双工应用场景

4.8　全频谱接入——多频段混合组网

面向 5G 极致的传输速率要求，可行的解决思路之一是通过全频谱接入，在增加频谱利用率的同时增加频谱带宽。

对于提升频谱利用率，除了新型多载波、新型多址和先进调制编码等关键技术外，另一种可行的解决方案是引入认知无线电技术，合理地利用空闲频谱资源。类似于专用车道，在规定的专用使用时间之外，其他车辆可以进入专用车道行驶。同理，一旦无线通信系统侦听到某特定频段（可以是授权频谱或非授权频谱）在当前时段空闲，可以将其动态分配到当前系统中加以利用，从而有效地提升整个频谱段资源的利用效率。

相对于提高频谱利用率，增加频谱带宽的方法显得更简单直接。在频谱利用率不变的情况下，可用带宽翻倍则可以实现数据传输速率翻倍。但问题是，目前常用的 5GHz 以下的低频段已非常拥挤，必须将目光转向高频段尤其是毫米波的开拓。如图 4.64 所示，LTE 在 2.1GHz 频段的可用带宽仅约 100MHz。而在毫米波频段中，28GHz 频段的可用频谱带宽就可达 1GHz，相当于 2.1GHz 频段的 10 倍，而 60GHz 频段资源更为丰富，每个信道的可用信号带宽更是高达 2GHz（整个 9GHz 的可用频谱分成了 4 个信道）。如毫米波频段能被有效利用，通过低频和高频混合组网实现全频谱接入，则完全可以满足 5G 对更高速率和容量的需求。

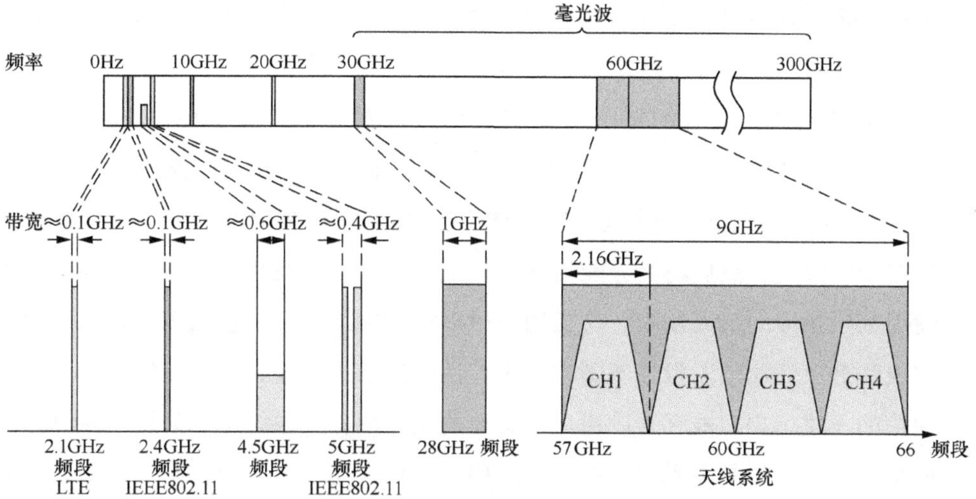

图 4.64 各频段可用频谱带宽比较

此外，可见光（波长范围为 380nm ~ 780nm，带宽 400THz）也是可选的补充频段。可见光通信可以实现短距离的无线通信，具有传输频段宽、保密性强、无电磁干扰、无须频谱认证和节约能源等优点，可适用于蜂窝通信和 Wi-Fi 等无法覆盖的场景。可见光通信可应用在室外场景，典型如基于交通信号光源的可见光通信系统，如图 4.65 所示。但由于室外存在自然背景光噪声和大气的干扰，可见光通信更多应用于室内场景。

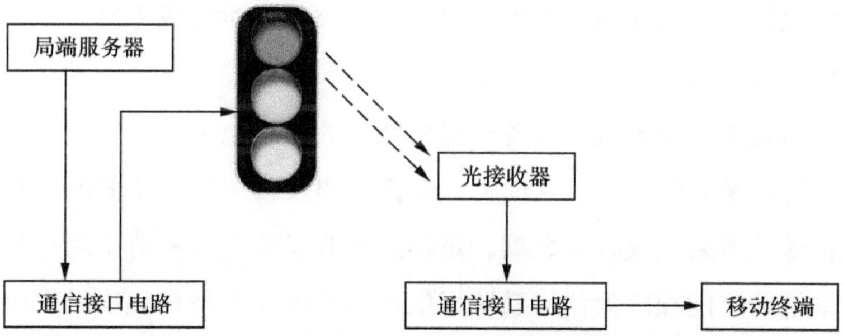

图 4.65 基于交通信号光源的可见光通信系统

4.8.1 认知无线电

认知无线电（CR，Cognitive Radio）的基本思想是通过对无线环境中的频谱进行检测和分析，根据一定的频谱租赁规则来实现频谱共享，从而达到提高频谱利用率的目的。认知无线电技术主要有两大特征：认知和重新配置能力。

为了更好地描述CR技术的特征，我们先引入两对术语，即主用户（PU，Primary User）和认知用户（SU，Secondary User）、授权系统（Primary System）和认知系统（Secondary System）。当前，无线电频谱资源被划分为授权频谱和非授权频谱两部分，其中授权频谱被政府分成若干个频段，然后将其分配给部分无线电用户，这些用户在一定空间或范围内具有合法使用某段频谱的最高权限。这类用户可以称为主用户，即授权用户。认知用户是那些不具有权利拥有任何频段且在不影响主用户性能的前提下能够智能地伺机接入空闲频谱来进行通信的无线用户，被称为次用户或者非授权用户。主系统也称为授权系统，即通过授权频段来实现通信的基本系统，系统中主用户独自占用合法频段，常见的主系统如我国的蜂窝通信系统。而认知用户使用空闲频段进行无线通信的系统称为认知系统，也被称为非授权系统。

认知能力是指认知用户从所处环境中获取相关信息的能力。首先认知用户对授权频谱使用情况进行检测，在一定时间和空间内捕捉空闲频谱；然后，对其空闲频谱特性（可用时长、可用带宽等）进行分析；最后，以频谱分析为依据选择与认知用户最匹配的频段来帮助其传输，以实现最大化频谱资源利用。一方面，认知用户需要通过不断地频谱感知来探测空闲频谱；另一方面，即使在获得空闲频谱进行传输后，认知系统仍需对其占据的频谱继续保持周期性的感知，从而避免当主用户回到该频段时造成主用户干扰。衡量认知用户认知能力的标准有准确性和高效性两个方面。

重新配置能力是指认知无线电设备根据所感知的无线电环境，在不改变硬件条件下自动调整通信系统运行参数的能力。它使得认知无线电设备可根据不同的无线通信环境，采用不同的无线传输技术来完成收发数据。重构的核心思想是以不对主用户产生有害干扰为前提，利用主系统的空闲频段为认知系统提供可靠传输。当授权频段被主用户使用时，认知用户采用两种处理方式，一种是直接切换到另外的空闲频段继续进行传输；另一种是通过改变发射功率或者调制方案来避免对主用户产生有害干扰，此时认知用户可继续使用该频段。

目前，认知无线电技术的主要目标是以频谱为中心来提高系统对环境适应性以及频谱利用率，这一目标通常采用如图4.66所示的认知循环来实现，它主要包括3个步骤：频谱感知、频谱分析和频谱决策。

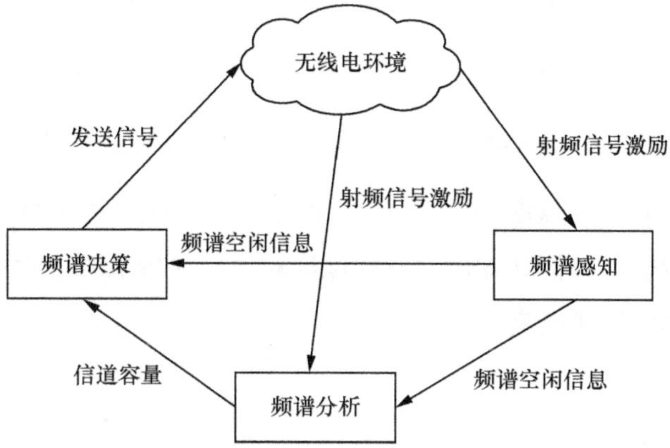

图 4.66 认知循环

频谱感知是认知循环过程中对外部环境感知的部分，在整个认知通信中，频谱感知处于首要的位置。频谱感知在授权频段和非授权频谱实施有所不同，在此我们只讨论感知用户在授权频段的情况。认知无线电设备在接入频谱之前，首先感知频谱的占用情况，寻找那些没被主用户占用的频段，即频谱空洞；在认知设备借用频段后，还需要继续检测主用户是否再次使用该频段，以避免过多影响主用户的通信。一般而言，频谱感知技术被分为发射机检测、干扰温度检测和协作检测。

基于发射机检测的频谱感知方法是认知无线电设备对主用户发出的信号进行检测，然后分析监测到的信号中有无主用户的信号来判定频段的使用情况。常用的发射机检测方法主要包括匹配滤波、能量检测和周期性检测 3 种，其优缺点对比情况如表 4.5 所示。

表 4.5 发射机检测的频谱感知方法比较

频谱感知方法	适用条件	主要优点	主要缺点
匹配滤波	认知用户知道主用户信号先验信息	在短时间内获得较高的处理增益	需要先验信息
能量检测	认知用户未知主用户信号先验信息	无须先验信号，实现简单	门限难以确定，不能区分信号类别
周期性检测	认知用户信号具有周期自相关特性	可以区分噪声能力和主用户信号能量	计算复杂度很高

基于干扰温度的频谱感知方法是，通过预测认知用户传输产生对主用户接收机的干扰是否超过干扰温度门限，实时调整自己的发射功率、调制模式等参数，确保来自认知用户

的干扰低于干扰温度门限，从而保证认知用户和主用户的正常通行。反之，若通过参数调整后，来自认知用户的干扰不能低于干扰温度门限，那么认知用户将立即停止通信。这里的干扰温度是一种用于量化和管理干扰源的模型，如图 4.67 所示。干扰温度的模型 T_i 可表示为：$T_i\left(f_c,B\right)=\dfrac{P_i\left(f_c,B\right)}{\mathrm{k}B}$，其中 $P_i(f_c,B)$ 是以 f_c 为中心频率，B 为带宽的平均干扰功率，k 是玻尔兹曼常数。而干扰温度门限 T_L 代表了对于一个给定区域的一段特定频段，主用户可忍受的最大干扰值。任何认知用户必须保证对主用户带来的干扰加上原有的干扰不能超过主用户接收机端的干扰温度门限。

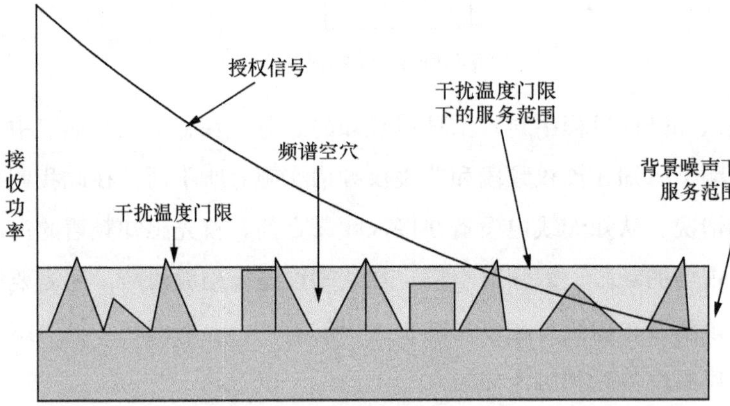

图 4.67 干扰温度模型

基于协作检测的频谱感知方法的基本思想是，允许同一频段上的多个认知用户之间进行合作，共同完成频谱环境的感知。协作检测可以分为集中式和分布式两种。集中式协作检测由中心控制器或者基站收集各认知用户的检测信息，经过融合判决后广播可用频谱信息；而分布式协作检测无控制中心，认知用户彼此交互频谱检测信息，各认知用户自己对信息进行融合判决。

频谱感知技术解决的是认知用户怎样快速而准确地捕捉到可用的频谱资源，以及认知无线电系统中还需要引入动态频谱接入技术来解决不同认知用户之间的频谱共享或者主用户和次用户之间的频谱共享的问题。

根据用户的类型，我们可以把动态频谱接入划分为认知用户间的频谱接入，以及主用户和认知用户间的频谱接入。这两种接入技术又可以进一步细分，如图 4.68 所示。

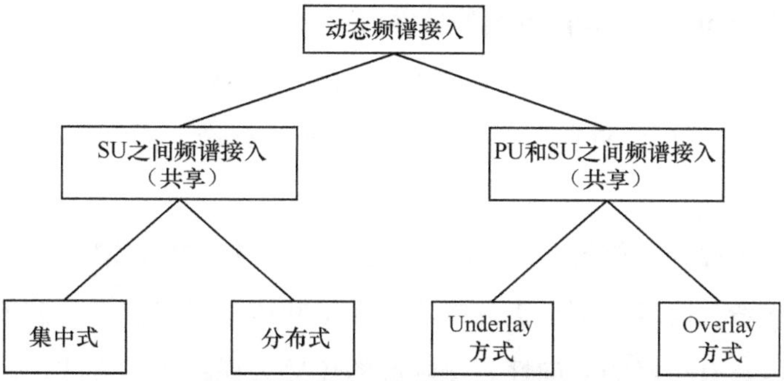

图 4.68　动态频谱接入方式的划分

对于 SU 间频谱接入，集中式频谱共享和分布式频谱共享的划分主要取决于是否由一个动态频谱分配的控制中心来对频谱进行分配和接入。若网络系统中的每个认知用户都把自己检测到的频谱信息反馈到控制中心，然后由控制中心提供频谱分配映射图，最后把信息告知各个认知用户，那么这种频谱共享方式为集中式。反之，在分布式频谱共享方式中，网络系统不存在控制中心，每个认知用户都通过自身策略来获得频谱接入。

对于 PU 和 SU 之间频谱接入，可分为填充式（Overlay）和共存式（Underlay）。Overlay 方式引入了“频谱池”的概念。在 Overlay 方式下，认知用户和主用户使用的频谱不重叠，认知用户在主用户没有占用的频谱空洞频段来进行传输，干扰主要来自感知的准确度，因此认知用户功率没有限制。对主系统来说，能够不受认知用户的影响，保持正常的传输。Underlay 方式中认知用户与主用户共享同一频段，但必须严格限制认知用户的传输功率，以保证主用户受到的干扰低于一定水平值。与 Overlay 频谱接入方式相比，认知用户可以获得更多的通信时间且可利用更宽的频带。就现有的频谱分配规则而言，Overlay 方式更适用于现有的移动通信系统。

4.8.2　毫米波通信

5G 的高传输速率、高网络容量需要更多的频谱资源来提供支持。低频段（3GHz 以下）频谱已经相当拥挤，相比低频段日益稀缺的频谱资源，高频段（如毫米波频段）存在丰富的频谱资源，可以实现高速无线通信，支持 5G 容量和传输速率等方面的需求。同时，毫米波通信技术结合大规模 MIMO 技术实现多波束赋形，能够提供更好的空间分辨率，提高频谱利用效率。随着微波毫米波集成电路的发展、射频通信系统技术的成熟，毫米波频段移动通信已经成为5G移动通信重要的技术方向之一。

通常毫米波频段是指30GHz ~ 300GHz，相应波长为1mm ~ 10mm。毫米波的波长介于微波与光波之间，兼有两者的优点。在移动通信领域，通常把24GHz ~ 100GHz称为5G毫米波。

毫米波与常用于移动通信的UHF波段相比，具有特殊的传播特性。

从传输方式来看，毫米波属于极高频段，在空间传播时保持直射波的方式，由于其传播波束很窄，所以具有很好的方向性。毫米波的传播为视距传输方式，一方面，由于毫米波受大气吸收和降雨衰落影响严重，所以单跳通信距离较短；另一方面，由于频段高，干扰源很少，所以传播稳定可靠。

从传播衰减特性来看，毫米波具有“大气窗口”和“衰减峰”。通常认为，无线信号频率越高，传播损耗越大，覆盖距离也就越小。但是，毫米波例外，它的传播主要受到氧气和水蒸气的影响。氧气是磁极化分子，直径为0.3nm，水蒸气中的水分子是电极化分子，直径为0.4nm，这些直径相当的极化分子与毫米波作用后，产生对电磁能量的谐振吸收。因此，在整个毫米波频段中，存在3个衰减出现极大值的窗口，即60GHz、120GHz及180GHz，也成为“衰减峰”。其中，60GHz、120GHz主要是由于氧气分子的作用，而190GHz主要是因为水蒸气的作用。相对衰减窗口而言，毫米波还有4个大气传输衰减相对较小的透明窗口，中心频率分别为35GHz、94GHz、140GHz及220GHz。这些大气透明窗口对应的可用带宽分别为16GHz、23GHz、26GHz及70GHz，其中任何一个窗口的可用带宽几乎可以把微波频段以及所有低频频段容纳在内。由此也可见，毫米波段频谱资源的丰富。

从极端条件的传播来看，毫米波受雨雪天气的影响较为严重。有研究指出，毫米波的衰减和降雨时的雨速、距离以及雨滴形状均有关系，且衰减和雨速大小、距离远近、雨滴大小均成正比，因此，下雨因素的增加降低了毫米波信号用于通信的可利用性，业界需要在进行毫米波通信系统设计时预留出足够的电平衰减余量来应对。而对于烟雾等恶劣的天气环境，毫米波并不敏感，其穿透能力很强，几乎能无衰减地通过沙尘和烟雾。

5G引入毫米波时需要合理地利用毫米波的上述传播特性。由于移动通信系统中，终端与基站之间一般很难保持视距传播，所以毫米波的视距传播特性成为应用于5G移动通信的最大制约。而由于毫米波在5G中面向的场景主要是热点高容量场景，覆盖范围较小，大气窗口及其带来的损耗影响几乎可以忽略，所以 5G 毫米波具体频段的选择不受其传播特性限制，如图 4.69 所示。

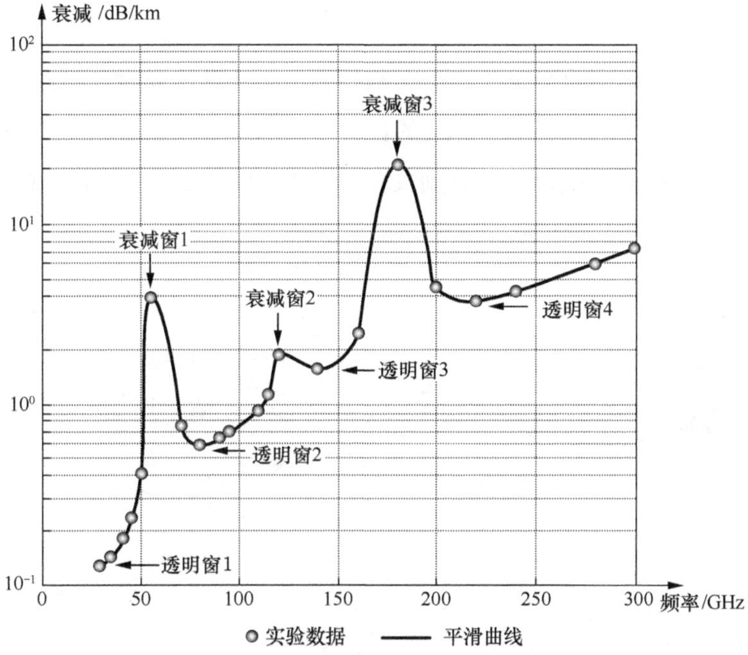

图 4.69　毫米波在大气中的衰减曲线

以毫米波为代表的高频段在 5G 移动通信网络中可以应用于两类主要场景，即基于宏微结合增强高速环境下的移动通信用户体验，以及基于毫米波的移动通信回程。

1. 场景一：基于宏微结合增强高速环境下的移动通信用户体验

考虑如图 4.70 所示的宏微结合移动通信网络场景，其中，宏基站为大功率发射基站（MNB，Macro NodeB），微基站为低功率发射基站（LNB，Low power NodeB）。基于用户平面与控制平面分离的思想，令 MNB 工作于低频段并作为移动通信的控制平面，LNB 工作于毫米波高频段并作为移动通信的用户数据平面，可以给系统性能尤其是移动性增强带来极大提升。

通过宏微结合的超密集小区部署，低频满足广覆盖需求，毫米波等高频满足热点高容量需求。这样，即使在 MNB 的小区边缘，用户也可以获得极高的上下行发送速率。但是，如果用户终端高速移动，则将面临频繁的小区切换，同时由于干扰的增加也会造成切换失败率的增加。为此，业界可以通过引入双连接技术来避免过度的切换并保证用户吞吐性能，从而实现移动性增强。双连接是指工作在无线资源控制（RRC）连接态的终端同时由至少两个网络节点提供服务，通常包括一个主基站（MeNB，Master eNodeB）和一个辅基站（SeNB，Secondary eNodeB）。各网络节点在为同一个终端服务过程中所扮演的角色与节点的功率类别无关。典型的情况是一个宏基站和一个小基站同时为终端提供服务，也就是说一个终端的服务小区来源于两个跨层的具有不同功率大小的基站。当用户终端同时连接到 MeNB 和 SeNB 时，终端可以接收到来自 MeNB 和 SeNB 发送的 RRC 信令。

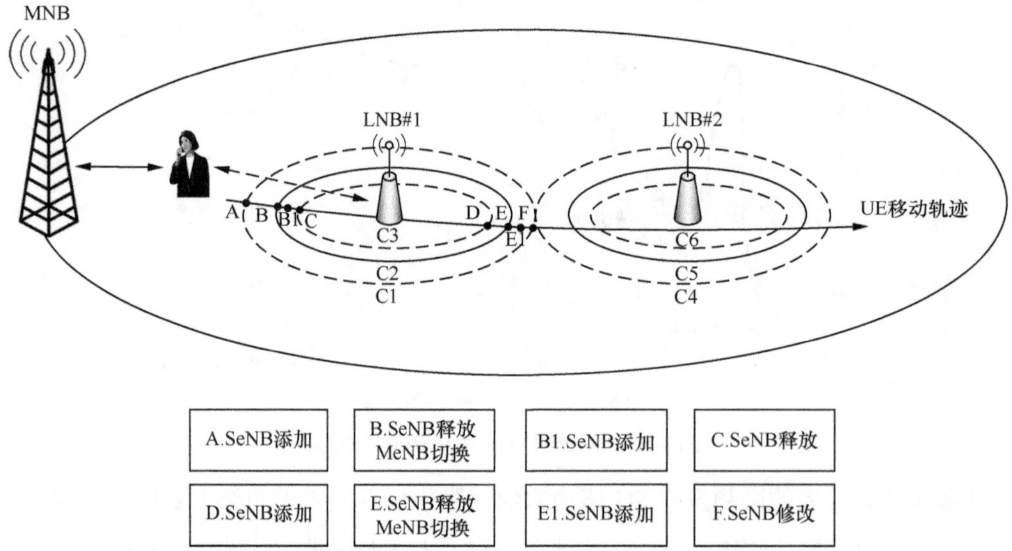

图 4.70　基于宏微结合的移动性增强实例

在上述实例中，UE 在 MNB 覆盖范围下穿过 LNB#1 和 LNB#2，终端初始和 MNB 保持 RRC 连接，即此时的 MeNB 为 MNB。配置以下移动性事件：A2 为服务小区比门限差，A3 为邻小区比服务小区好，A4 为邻小区比门限好，A6 为邻小区比辅服务小区好。当 UE 移动到 A 点时，MeNB 根据 A4 事件为 UE 添加 LNB#1。当 UE 到达 B 点，根据 A3 事件，UE 从 MNB 切换到 LNB#1，此时 MeNB 变为 LNB#1。在 B1 点，LNB#1 为 UE 添加合适的 SeNB，例如 MNB。到达 C 点时，如果 SeNB 不能满足通信需求，满足 A2 事件，可以释放 SeNB。过 D 点以后，MeNB（LNB#1）可以再次为 UE 添加 SeNB。到达 E 点，执行 A3 切换，UE 从 LNB#1 切换到 MNB，此时 MeNB 又变为 MNB。在 E1 点，MeNB 为

UE 添加 SeNB，例如 LNB#1。在 F 点处，根据 A6 事件，MeNB 修改 UE 的 SeNB，释放 LNB#1，添加 LNB#2。可以看出，双连接区域位于 C1 和 C2 之间的 LNB 边缘环形区域以及 C2 和 C3 之间的 LNB 覆盖下的环形区域内。

由于 MNB 和 LNB 是异频部署，则 MNB 和 LNB 之间不存在干扰，此时干扰主要为 LNB 之间的同频部署干扰。由于 LNB 始终处于 MNB 的覆盖范围下，且 MNB 可以为 UE 提供稳定的连接，因此，甚至可以去除 MeNB 切换的过程，让 UE 始终保持与 MNB 的 RRC 连接，而 LNB 只为 UE 提供用户平面连接。这样仅仅涉及 SeNB 的添加、修改、释放，避免了与切换相关的信令对核心网造成负担。

综上所述，毫米波等高频段可以应用于宏微结合场景中的微基站覆盖，并通过与双连接技术、小区拓展技术等紧密结合，实现移动性增强，进而满足 5G 用户体验速率和移动性的指标要求。

2. 场景二：基于毫米波的移动通信回程

回程（Backhaul）在宽带移动通信系统中扮演着重要的角色，在密集部署低功率节点的异构网络中尤为如此。回程性能不仅会影响用户吞吐量，还会影响整个无线网络的系统性能。具有高性能低时延的回程链路能够保证节点间的紧密协调，使频谱利用更加高效；而低性能高时延的回程链路使得节点间的协调不及时，影响网络的性能。

在传统网络部署中，回程链路一般采用优质光纤作为传输媒介。然而，在未来的 5G 时代，小 / 微基站的数目将非常庞大，继续采用单一的光纤回程将造成部署难度大、成本高昂问题。所以，5G 需要灵活采用传输媒介，实现多样化的回程部署。基于毫米波的移动通信回程是多样化回程部署的可行方案之一，如图 4.71 所示。

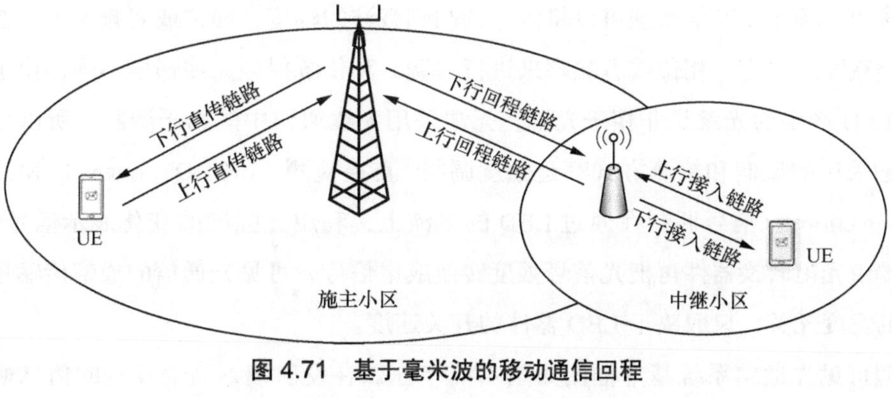

图 4.71 基于毫米波的移动通信回程

基于毫米波频段的小 / 微基站作为中继节点，实现 UE 到施主基站的上下行回程链路。在回程链路的传输资源使用中，如采用 FDD 模式，则基站→中继节点和中继节点→基站分别在下行频带和上行频带上传输；如采用 TDD 模式，则基站→中继节点和中继节点→基站分别在施主基站与中继节点之间的回程链路的下行子帧和上行子帧上传输。可以看出，中继节点和施主基站覆盖下存在 UE 竞争资源，原则上可以通过动态资源分配（将中继节点看作小区覆盖下的 UE）或者通过预留频带资源来解决。

由上述分析可知，在采用毫米波信道作为移动通信的回程后，叠加组网将具有很大的灵活性，可以随时随地根据数据流量增长需求部署新的小 / 微基站，并可以在空闲时段或轻流量时段灵活、实时关闭某些小 / 微基站，从而达到节能降耗的效果。

4.8.3 可见光通信

近年来，由于 LED 技术的迅猛发展和 LED 照明的不断普及，以 LED 为基础的室内可见光通信引起了国内外科研机构和各大厂商的密切关注。利用可见光频段，在照明的同时完成数据的传输，缓解传统无线通信频带紧张的问题，并且无电磁辐射，安全性高，是一种绿色环保的新型短距离无线通信方式，具有广阔的应用前景和发展空间。因此，VLC 也成为 5G 频谱资源拓展的重要方向之一。

可见光通信（VLC，Visible Light Communication）技术是一种在发射端利用 LED 等半导体器件的发光响应特性，将需要传输的信息调制到可见光频段的光载波上进行传输，在接收端利用光电二极管（Photodiode）等光电转换器件接收光信号，并最终获得接收信息的技术。

传统的射频无线通信系统可以将信号调制到载波的幅度、相位或者频率上，在接收端通过检测载波的幅度、相位或者频率来进行解调。和传统射频无线通信不同，由于可见光通信中 LED 产生的光源是非相干光源，无法采用无线通信中的相干调制，所以可见光通信的传输采用的调制和检测方式都是强度调制 / 直接检测（IM/DD，Intensity Modulation/Direct Detection）。信号调制在通过 LED 的电流上，利用光强度的变化表示信号的变化，在接收端由光电转换器件再把光信号强度转换成电信号。可见光通信的通信传输带宽和所用光谱的宽度无关，只取决于 LED 器件的开关速度。

典型可见光通信系统基本框图如图 4.72 所示。在发射端，需要发送的信息通过发送端的电信号处理后送入光发射装置，在光发射机中进行电信号到光信号的转换，最终电信号以电流的形式驱动 LED 发出光信号。光信号在空间中经过直射、散射、反射等路径，通过光信道后到达接收端。在接收端，光信号经过光接收机的处理，实现光电转换，将光信号转化为电信号。接收到的电信号再经过接收机的滤波、均衡、检测、解调等处理后获得最终的接收信号。

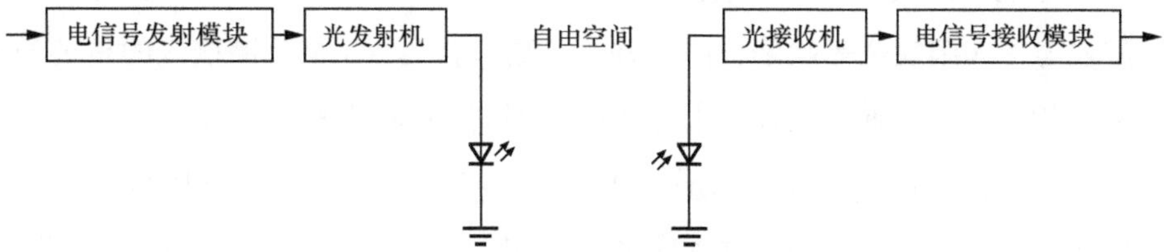

图 4.72　可见光通信系统基本框图

可见光通信系统的发射器件主要为 LED 灯。LED 是一种可将电信号转换成光信号的半导体器件，具有高效节能、寿命长和结构牢固的特点。目前最广泛应用的是白光 LED，根据其发光原理，可以分为磷激发 LED 和红绿蓝（RGB）三色混光 LED 两种。磷激发 LED 是由激发所得的黄光与原本蓝光晶片产生的蓝光混合，获得白色光。而 RGB 三色混光 LED 是在一个 LED 芯片上放置红、绿、蓝 3 种单色光，最终混合成肉眼可见的白色可见光。LED 灯以电流驱动，驱动电流与产生的光强在低电流条件下基本满足线性关系，当驱动电流逐渐加大以后，由于 LED 的发热效应，会影响其发光效率，导致非线性的产生，甚至当电流过大时，会引起 LED 的损坏。

光电二极管的作用与 LED 正好相反，它是一种将光强信号转换成电信号的器件，目前用于可见光通信接收机中的主要有两种光电二极管，PIN 光电二极管和雪崩光电二极管（APD）。

室内可见光通信信道与红外无线通信信道非常相似，不管是直射方式信道还是漫射方式信道，信道中发射及反射特性常用朗伯辐射源来近似。由于光信号的反射、散射及背景光噪声的影响，可见光数字信道中存在多径干扰，这是提高信道质量以及进行高速率应用时应解决的主要问题。一般室内可见光通信的信道可以建模为线性低通信道。

可见光通信系统中可以采用多载波调制方案，如直流偏置光 OFDM （DCO-OFDM，DC-biased Optical OFDM）和非对称削峰光 OFDM （ACO-OFDM，Asymmetrically-dipped Optical OFDM）。DCO-OFDM 调制在经过 IFFT 变换后的 OFDM 时域发射信号上加入直

流偏置，从而获得正数信号，这种方法实现简单，频率利用率高，但是增加了直流功耗。ACO-OFDM 则只在奇数子载波上传输调制符号，偶数子载波不发送符号，将经过 IFFT 得到的时域信号的负数部分丢弃，只保留正值部分。这样既能保证发送的时域信号是正的实信号，又能降低发射功率，节约资源。但是，这种方法频率利用率较低，以牺牲数据速率为代价，但避免了加入直流偏置的功率损耗。

虽然可见光通信系统还存在通信技术较为单一、传播损耗严重、无法穿透墙壁、背景噪声强、需要考虑人眼安全等缺陷，但这并不妨碍其作为 5G 全频谱接入的重要补充手段。与传统意义上的射频无线通信相比，基于 LED 的可见光通信有以下几点优势。

（1）丰富的频谱资源。无线光通信使用无须申请的频段，并且可见光带宽约为 300THz（450THz ~ 750THz），远大于射频带宽（约为 300GHz），可用带宽资源十分丰富。

（2）无电磁干扰。无线通信中的电磁干扰会影响各种精密仪器和设备的正常工作，而采用可见光的无线光通信则可以很好地避免电磁干扰的问题。因此从安全方面考虑，尤其是在医院、工业控制等精密仪器工作的特殊场合，采用无线光通信技术毋庸置疑将更加合理、安全。

（3）发射功率大。射频信号功率过大的话，过强的电磁辐射会危及人类健康，对发射功率的限制阻碍了射频通信系统性能的提升。而 LED 灯所发出的可见光，一般不会威胁到人体健康，通常可以采用大幅度调高其发射功率的方式获得相对优良的系统信噪比。

（4）传输速率高。LED 性能优良，响应速度快，结合相关驱动技术和并行传输技术后可以支持百兆以上的高速通信。

（5）信号覆盖好。VLC 技术的物理实现是以室内照明光源为基础的，而照明的功能就要求灯光要能覆盖整个房间，因此光源的设计就要求全房间信号的良好覆盖。

（6）设备兼容性好。VLC 的信号发送设备采用的是用普通照明或显示屏的 LED，实现照明 / 通信合一、显示 / 通信合一，充分提高现有基础设施的利用率。

4.9　频谱共享——有限资源的局部共用

传统的静态频谱分配策略将频谱分为两个部分：授权频段和非授权频段。大部分频谱资源被划分为授权频段，只有拥有授权的用户才能使用。在当前频谱已分配殆尽的情形下，存在着频谱资源利用不均衡、出现时—频—空多维频谱空洞、频谱利用效率低下等严重问题。例如，2005 年对美国芝加哥地区 30MHz ~ 2.9GHz 的频段进行频谱占用度测量的结果表明，平均频谱占用度约为 6%，最高的即时占用度仅为 17%。2009 年中国移动研究院针对北邮信息网络中心附近地区的频谱测量结果也显示，该地区已分配频谱的总体利用率很低，大部分频段的占用度低于 5%，有些频段甚至完全空闲。同时，频谱实际使用情况在频率、时间、地理位置上呈现高度的不均衡性。为了智能、动态、灵活地使用频谱资源，频谱共享的概念开始进入人们的视野。

频谱共享是指由两个或两个以上用户共同使用一个指定频段的电磁频谱，参与频谱共享的用户主要分为主用户和授权用户两类。其中，主用户是指最初被授予频段且愿意与其他接入者共享资源的用户；授权用户是指其余被允许按照共享规则使用频谱的用户。

频谱共享的意义不仅是能够利用更多相对空闲的频谱，提高频谱使用效率并提升用户体验，使拥有授权频谱的移动运营商受益，还前所未有地为无授权频谱的厂商创造机会，如有线运营商、企业和物联网垂直行业等。

根据频谱资源授权方式，我们可以将频谱共享分为：授权频谱共享和非授权频谱共享。

4.9.1　授权频谱共享

授权共享接入（LSA，Licensed Shared Access）是不同于传统的频谱授权或免许可使用之外的一种新型的频谱管理方式。这种方式下，每一个要使用共享频段的用户都必须获得授权，这种许可与一般的频谱使用许可不同，是非排他性的，但该频段授权的共享用户必须保证不能影响此频段主用户的服务质量。也就是说，这种对原有服务的保证与频谱使用的授权是结合在一起的。

在授权频谱共享中，主用户的利益会得到充分的保证。除了要求获得共享授权的用户满足授权条件外，还可以在共享协议中规定原所有者可以在某一时段，某一区域或某一频段排他性地使用频率资源。此外，主用户可以通过这种授权获得一定经济补偿或其他方面的利益，将自身的服务影响扩大到更大的范围。

而对于授权用户而言，这种方式使其在一定情况下可以获得更多可用的频率资源。例如，面对全球 LTE 频率分配中的频率碎片化问题，用户可以通过使用授权的频谱共享方式，使终端可以在较大范围内通过同一频率接入网络，解决漫游问题。此外，通过授权的频谱共享，运营商可以获得更多的资源，缓解面临的频谱缺口问题。

授权频谱共享一般分为静态频谱共享和动态频谱共享。

静态授权频谱共享的实现较为简单。授权用户在获得授权前即通过与主用户的协商获得了主用户的频谱使用情况。例如，获知该授权频段在某些地理区域或某些时间段的使用较少，便可以基于地理位置或基于时间实现静态的授权频谱共享（见图 4.73）。

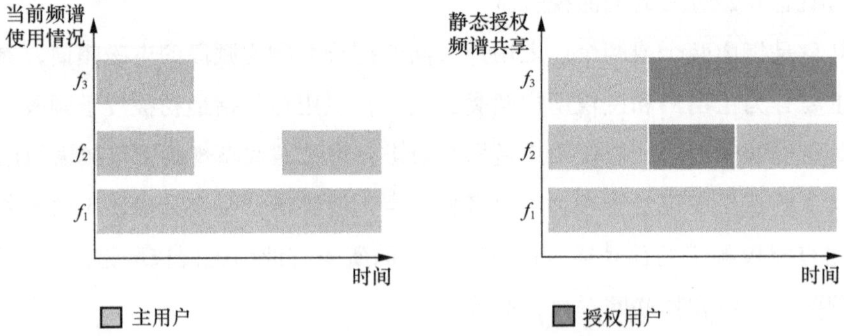

图 4.73　基于时间的静态授权频谱共享示意

动态共享中，授权用户需要动态地感知共享频段的使用情况，如空间占用、时间占用和频率使用等，只有在该频段主用户不使用此频段时才可使用，而当主用户要使用此频段时，获得授权用户必须立刻出让此频段的使用权，以保证原所有者对此频段的正常使用，不损害其服务质量。这就要求授权用户要具备主动探测频谱当前的使用情况的能力，例如，通过认知无线电技术来实现频谱感知。

4.9.2　非授权频谱共享

当前通信领域接触较多的非授权频谱主要有 ISM 频段（开放给工业、科学和医学机构的频段，共有 11 个频段，其中通信领域主要用到 2.4GHz 和 5.8GHz）和 5GHz WLAN

频段。

授权辅助接入（LAA，Licensed Assisted Access）可将当前无线通信系统接入非授权频段，进而有效解决授权频段上频谱日益紧张的问题。LAA 主要工作在 5GHz 非授权频段上。在业务流量繁忙的热点区域，通过将无线通信系统从授权频段转接入非授权频段，可以有效地将不能处理的授权频段的业务分流到非授权频段，从而提升运营商提供业务的能力，满足用户体验的需求。

LAA 的主要思想是通过将一个主小区（Pcell，Primary cell）和一个或者多个辅小区（Scell，Secondary cell）的载波进行聚合，其中辅小区在非授权频段上工作，提供数据传输；主小区在授权频段上工作，主要用于管理服务质量，发送比较重要的信息等。辅小区根据需要既可配置为同时支持上下行，也可以配置为仅支持下行，如图 4.74 所示。

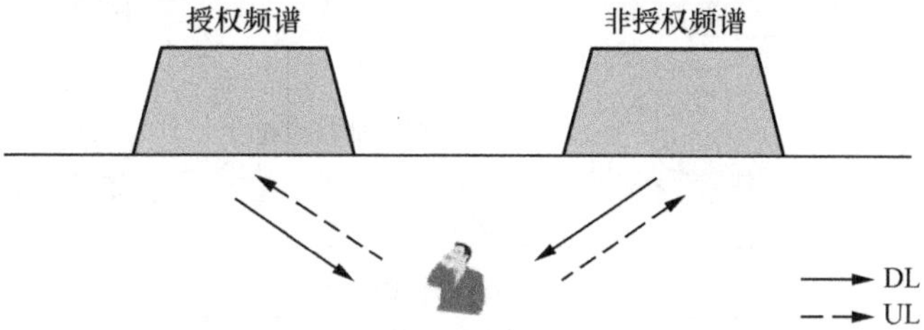

图 4.74 LAA 示意

由于非授权频段主要指 5GHz，其工作频谱较高，不能为宏小区提供大面积覆盖，且其所受干扰不可控等，故 LAA 只将非授权频段作为辅载波，用于传输数据。

LAA 主要有 4 类部署场景，分别考虑了宏蜂窝覆盖、室内 / 室外部署和授权载波与非授权载波间的协同定位等因素，如图 4.75 所示。各部署场景中可以有一个或多个授权 / 非授权载波，且小基站间的回程链路可以是理想或非理想回程，但非授权小区与授权小区载波聚合时，两者间必须是理想回程（无线接入网和核心网间的链路是单程时延小于 2.5μs、吞吐量为 10Gbit/s 的光纤链路；而低于此性能的回程链路即为非理想回程，有光纤、DSL、有线电视电缆或无线链路等）。

场景 1 是授权宏蜂窝与非授权小基站间异频组网时的场景，宏蜂窝用授权频段 F1 作为主载波，小基站用非授权频段 F3 作为辅助载波，非授权频谱小基站 F3 与授权频谱宏蜂窝 F1 之间进行载波聚合。

场景2则是没有宏蜂窝覆盖时，授权小基站与非授权小基站间异频组网的场景，授权小基站用授权频段F2作为主载波，非授权小基站用非授权频段F3作为辅助载波，两者之间进行载波聚合。

场景3中考虑了授权宏蜂窝和授权小基站同频组网，而授权小基站与非授权小基站间异频组网载波聚合的场景。宏蜂窝和授权小基站用授权频段F1作为主载波，非授权小基站用非授权频段F3作为辅助载波，授权小基站F1与非授权小基站F3之间进行载波聚合。该场景依赖于宏蜂窝的覆盖。

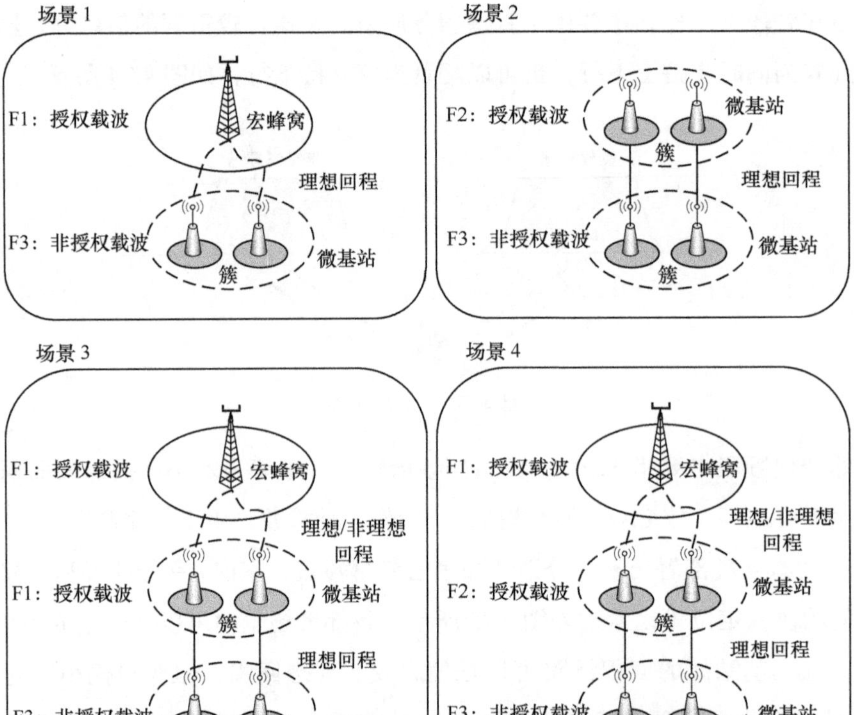

图4.75　LAA部署场景

场景4则是在授权宏蜂窝、授权小基站与非授权小基站三者异频组网时，授权/非授权小基站间载波聚合的场景。如果场景4中授权宏蜂窝与授权小基站间是理想回程，则可在授权宏蜂窝、授权小基站与非授权小基站间进行载波聚合。

4.10 小结

移动通信系统升级换代的重要标志是空口技术的突破。5G 的移动通信系统的标志性空口技术主要体现在超高效能的无线传输技术和高密度无线网络技术。5G 空口将由一组关键技术，包括大规模 MIMO、超密集组网、新型多载波、全频谱接入等无线关键技术，分别从提高空间复用度、提升频谱效率以及增加系统带宽的路径来优化 5G 的网络性能，以最终满足 5G 的技术指标和愿景需求。这些技术并非是独立发挥作用的，它们之间相互关联，互为促进，充分发挥“技术集”的优势，在复杂度与性能之间获得相对最优的平衡，最终促进 5G 愿景的实现。

参考文献

[1] IMT-2020（5G）推进组 . 5G 无线技术架构白皮书 [R]. 2015.

[2] 尤肖虎，潘志文，高希奇，等 . 5G 移动通信发展趋势与若干关键技术 [J]. 中国科学，2014.

[3] 张中山，王兴，张成勇，等 . 大规模 MIMO 关键技术及应用 [J]. 中国科学，2015.

[4] 孟蕊 . 大规模 MIMO 收发技术联合设计研究 [D]. 北京邮电大学，2015.

[5] 李菊芳 . 下一代移动通信系统中大规模 MIMO 技术研究 [D]. 华侨大学，2014.

[6] 程祥乐 . 高铁场景下大规模 MIMO 技术应用研究 [D]. 西南交通大学，2015.

[7] 张长青 . 面向 5G 的有源大规模 MIMO 天线研究 [J]. 电信网技术，2016.

[8] 刘宁，袁宏伟 . 5G 大规模天线系统研究现状及发展趋势 [J]. 电子科技，2015.

[9] 张建敏，谢伟良，杨峰义 . 5G 超密集组网网络架构及实现 [J]. 电信科学，2016.

[10] 李宁，周围 . 面向 5G 的新型多载波传输技术比较 [J]. 通信技术，2016.

[11] 张立碧 . 基于滤波器组的调制解调技术研究 [D]. 东南大学，2016.

[12] 罗潇景 . 基于滤波器组的多载波（FBMC）调制系统的研究及实现 [D]. 电子科技大学，

2016.
[13] 张玉松 . 新一代滤波器多载波调制技术研究：Filtered-OFDM 信号设计与接收处理 [D]. 电子科技大学，2016.
[14] 李强 . 5G 备选波形之 FBMC 原理及使用 SMW200A 信号源生成 FBMC 信号 [R]. 罗德与施瓦茨（中国）科技有限公司，2017.
[15] 张长青 . 面向 5G 的非正交多址接入技术的比较 [J]. 电信网技术，2015.
[16] 康绍莉，戴晓明，任斌 . 面向 5G 的 PDMA 图样分割多址接入技术 [J]. 电信网技术，2015.
[17] 袁志锋，曹伟，黄伟芳，等 . MUSA：面向 5G IoT 的免调度高过载接入方案 [J]. 电信网技术，2016.
[18] 胡显安 . 5G 新型非正交多址技术研究 [D]. 北京交通大学，2017.
[19] 赵元苏 . 5G 通信信道编码研究综述 [J]. 北京工业职业技术学院学报，2017.
[20] 舒长青 . LDPC 码和 Polar 码的实现相关研究 [D]. 南京大学，2014.
[21] 许顺频 . 有效 Polar 码译码方法的研究 [D]. 南京邮电大学，2016.
[22] 白宝明，孙成，陈佩瑶，等 . 信道编码技术新进展 [J]. 无线电通信技术，2016.
[23] 王凯 . 基于双向协作的频谱接入方法研究 [D]. 浙江工业大学，2015.
[24] 宋美荣 . 毫米波频率和基站密集度对系统性能的影响研究 [D]. 北京交通大学，2015.
[25] 杜忠达 . 双连接关键技术和发展前景分析 [J]. 电信网技术，2014.
[26] 李先栋，于翠波，勾学荣 . LTE-Advanced 移动通信系统双连接技术 [J]. 现代电信科技，2014.
[27] 蔡子华 . 面向 5G 高移动性场景的毫米波技术应用研究 [J]. 广东通信技术，2017.
[28] 袁颖 . 短距离无线通信高效调制与解调技术研究 [D]. 东南大学，2015.
[29] 周钰哲 . 动态频谱共享简述 [J]. 移动通信，2017.
[30] 刘悦 . 授权的频谱共享技术 [J]. 电信网技术，2013.
[31] 何浩，彭雄根 . LTE-U/LAA 技术及应用部署研究 [J]. 邮电设计技术，2017.
[32] 宋心刚，王首峰，李行政，等 . LTE-U 关键技术与网络规划策略 [J]，电信工程技术与标准化，2017.
[33] 杨雨苍 . 全双工无线通信系统的干扰消除技术研究 [D]. 北京邮电大学，2013.

[34] 焦秉立，马猛 . 同时同频全双工技术浅析 [J]. 电信网技术，2013.
[35] 李娜 . 单信道全双工无线通信系统中数字自干扰消除方法研究 [D]. 山东大学，2013.
[36] 杨彬祺 . 面向 5G 通信的射频关键技术研究 [D]. 东南大学，2015.
[37] 王丹，黄开枝，李云洲 . 同时同频全双工数字自干扰抵消算法 [J]. 计算机应用研究，2016.

5G

网络架构篇

移动通信网络的架构不断推陈出新取决于实际的业务发展需求。面对极端差异化的性能指标要求，5G继承了4G网络架构的纵向扁平化思想，同时进行了横向切片化的重构。5G架构的最大创新之处在于通过网络切片的方式来解决多样化的场景需求，而不再只是单一网络架构。且5G以“一个逻辑架构，多种组网方式”极大地满足了不同运营商的部署需求，使其自身更易落地推行。

第 5 章

5G 网络架构变形记

5.1 移动通信网络演进趋势

移动通信网络的代际演进蕴含着一定的设计规律。为了保证后向兼容性，新的网络架构通常参考上一代的网络架构并相应地进行功能重构。因此，追溯历代网络架构的演进规律，对 5G 的网络架构设计将有启发作用。

传统的蜂窝网络架构（如 3GPP 的 GPRS、UMTS，非 3GPP 的 cdma 2000 等）包含电路域和分组域，而为了向全 IP 化演进，LTE 时代大刀阔斧地精简了电路域，无论语音和数据，均通过 IP 网络传输。全 IP 化的趋势不可逆转，5G 的网络架构也必定遵循这一思路。因此，为了简化，我们在分析移动通信网络架构的演进趋势时，仅保留分组域的对比，如图 5.1 所示。

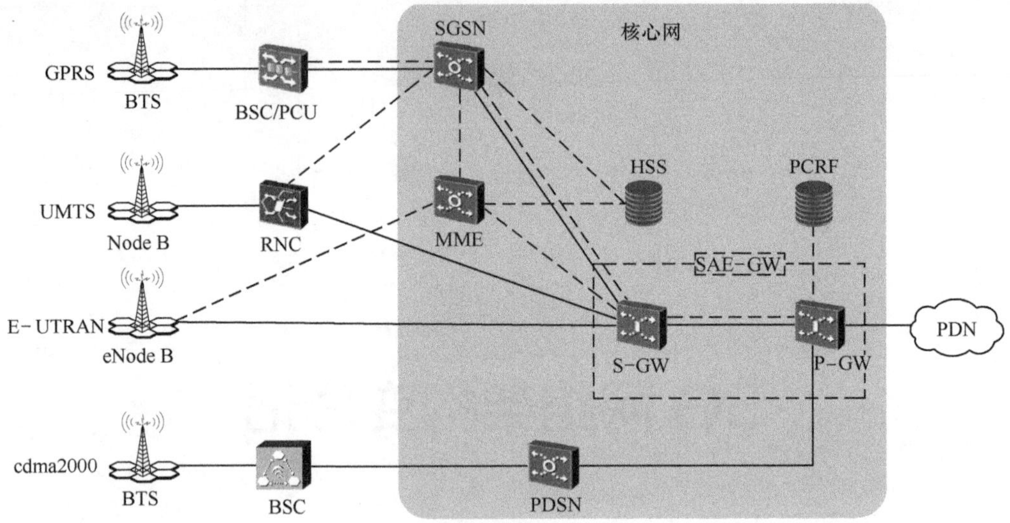

图 5.1　移动通信网络架构的演进

5.1.1　代际更迭启示

移动通信网络架构的演进包含两个方面，即无线接入网（RAN，Radio Access Network）的演进和核心网（CN，Core Network）的演进。

我们首先看无线接入网侧。从 GPRS/UMTS 到 E-UTRAN，最大的变化是网络扁平化，传统蜂窝网中重要的网元——基站控制器 BSC/RNC 被“砍掉”了，相应的部分功能也下沉到 eNode B 上。eNode B 之间通过 X2 接口直接互联形成网状，eNode B 与核心网（对应 EPC）之间通过 S1 接口连接，提供无线接入网资源访问功能。这样做的好处是降低了呼叫建立时延和用户数据传输时延，并且随着网络逻辑节点的减少，网络建设资本支出（CAPEX）和运营成本（OPEX）也会相应降低，满足了低时延、低复杂度和低成本的要求。

无线接入网侧发生变化的同时，核心网侧也发生了重大变革。除了全 IP 化外，核心网的演进也体现了控制与转发分离的思想。

在 GPRS/UMTS 中，服务 GPRS 支持节点（SGSN）主要负责鉴权、移动性管理和路由选择，而网关 GPRS 支持节点（GGSN）负责 IP 地址分配、数据转发和计费。到了 LTE 时代，EPC 主要由移动性管理实体（MME）、服务网关（S-GW）和 PDN 网关（P-GW）

构成。其中，MME 主要负责移动性管理，包括承载的建立和释放、用户位置更新、鉴权、加密等，笼统地被称为控制面功能，而 S-GW 和 P-GW 更主要的是处理用户面的数据转发，但还保留有内容过滤、数据监控与计费、接入控制以及合法监听等控制面功能。可以看到，从 GPRS 到 EPC 的演进中，两者具有相似的体系架构和接口，并朝着控制与转发分离的趋势演进，但这种分离并不彻底。比如 MME 就相当于 SGSN 的控制面功能，S-GW 则相当于 SGSN 的用户面功。

留心的读者可能会注意到，LTE 核心网还新增了一个网元 PCRF，即策略与计费执行功能单元。PCRF 的引入，可以实现对用户和业务态服务质量（QoS，Quality of Service）的控制，为用户提供差异化的服务，并且能为用户提供业务流承载资源保障以及流计费策略，真正让运营商实现基于业务和用户分类的更精细化的业务控制和计费方式，以合理利用网络资源，创造最大利润。

通过上述分析，我们可以简要总结移动通信网络演进趋势的 4 个重要特征：基于性能需求和网络运营的双重考虑，对部分网元的功能进行重构，并尽量靠近用户部署（网元功能下沉），网络架构更加扁平化；网络全 IP 化；控制与转发功能逐步分离，以实现网络性能的优化；重视对业务和用户分类的精细化控制。

5.1.2 5G 架构设计挑战

面对极致的体验、效率和性能要求，以及“万物互联”的愿景，5G 的网络架构设计面临着极大的挑战，主要来自关键性能需求和网络运营需求方面的考虑。为了便于讨论，我们再次参考 4G 的网络架构，对比 5G 新的性能需求和运营需求，逐一分析现有网络架构的局限性，以便有的放矢，提出相应可行的解决方案。

1. 关键性能挑战

对于 eMBB 场景，可进一步细分为连续广覆盖场景和热点高容量场景。

在连续广覆盖场景下，除了要随时随地提供 100Mbit/s ~ 1Gbit/s 的体验速率外，甚至在 500km/h 的高速移动过程中也需要具备基本的服务能力和业务的连续性。而在现有的网络架构中，基站间虽能通过 X2 接口交互，但仍无法通过基站间通信实现高效的无线资源调度、移动性管理和干扰协同等功能，基站站间协同能力有待提高。另外，4G 主要是通过核心网实现对多种无线接入的统一控制，不同接入技术在无线网侧拥有各自独立的控制面，难以提供一致的用户体验，同时，差异化的信令流程将导致终端切换与互操作过程复杂，网络协同控制的能力不足。

在热点高容量场景下，核心网网关部署的实际位置较高，且数据转发模式单一，导致了业务数据流量向网络中心汇聚，容易对移动回传网络造成较大的容量压力。

对于 mMTC 场景，当海量 5G 差异化的物联网终端接入时，由于现网采用的是与移动互联网场景相同的单一移动性和连接管理机制，承载物联网少量数据仍需消耗较大的基于隧道的连接管理机制报头开销，不只效率较低，还极有可能造成信令拥堵的风险。

对于 uRLLC 场景，现有网络架构的控制面功能逻辑上分布在多个网元中，无法实现集中控制，同一网络控制功能可能需要多个网元通过接口协议协商完成，端到端通信时需经历较长的传输时延，对于本地业务甚至可能出现严重的路由迂回现象。这既无法满足 5G 高可靠性前提下的低时延要求（现网的端到端时延与 5G 的时延要求约存在两个数量级的差距），也难以满足特定业务（如车联网）的安全性要求。

2. 网络运营需求

除了关键性能指标的要求外，运营商在部署新型网络时，还需要考虑网络建设和运营方面的可行性和便利性。这也将对 5G 网络架构的设计带来全新的挑战。

网元功能灵活部署问题。5G 需要根据不同应用场景的需要，基于同一系统架构在网络中灵活部署相适应的网元功能。如果采取如 LTE 控制承载合一的 eNode B 节点作为主要网元形式，则网元功能的形式比较单一，无法满足差异化需求。特别是在超密集组网场景下，运营商需要通过简化网元功能以降低站址的部署条件要求，实现网元即插即用快速部署。在 4G 时代，站址资源已经被极大程度地挖掘和消耗，进一步挖潜的空间不大，如果仍以 eNode B 作为 5G 超密集组网的主要网元，新增站址资源几乎是难以逾越的障碍，而且从成本角度来看，投资过于巨大，也不现实。

覆盖与容量兼顾问题。前文谈及，4G 网络架构一定程度上体现了控制与转发分离，但并不彻底。图 5.2 是 4G 非漫游网络架构，从图中我们可以看到，MME、HSS 以及新引入的 PCRF 都是纯控制面网元，但 eNode B、S-GW、P-GW 等主要网元在实现用户面功能的同时仍需实现部分控制面功能。控制与转发分离不彻底，除了导致网络信令复杂、处理时延高外，也在扩容时造成了灵活性不足的问题。以 eMBB 场景为例，连续广覆盖分场景倾向于采用低频高功率宏基站组网，利用低频通信无线衰落小的传播特性以及宏蜂窝大功率的设备特性，提供广覆盖服务。而热点高容量分场景显然更加强调网络容量，以满足高密度用户的需要，在具体部署时也更倾向于采用高频低功率节点密集组网，单个节点覆盖用户少，控制面带宽需求也相对较低。如果沿用控制与转发紧耦合的设计，连续广覆盖分场景下为了改善覆盖而增加的宏基站，就有相当一部分投资浪费在用户面的扩容上，反之热点高容量分场景下的基站扩容，就有部分投资被浪费在控制面。同时，由于缺少一个整体集中的控制面管理，网络整体优化的难度将越来越大。

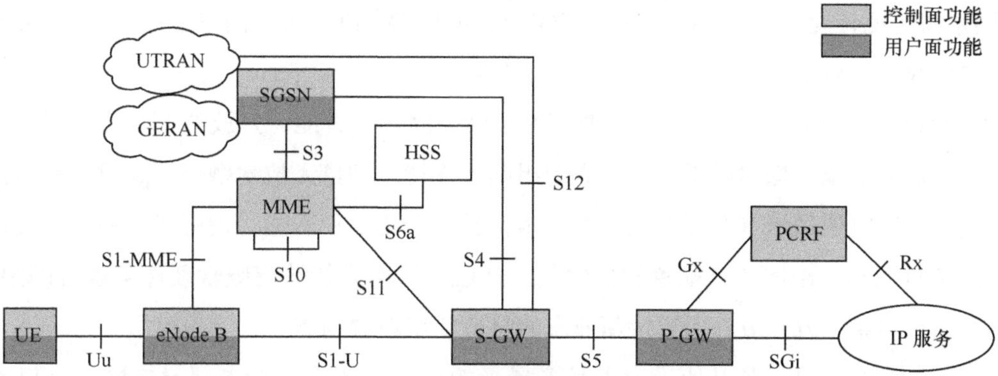

图 5.2 4G 非漫游网络架构

精细化业务控制需求。现有网络架构虽然引入了 PCRF 这一网元，使运营商可以基于 QoS 机制提供用户差分服务和业务的差异化服务，但是我们还应认识到，用户数据从 P-GW 到 eNodeB 的传输仅能根据上层传递的 QoS 参数转发，难以深入分析和挖掘用户的业务特征，导致难以实施更为灵活和精确的路由控制。

网络开放能力问题。可以预见，在 5G 时代，随着业务流量和终端密度的双重提升，运营商在不断降低网络建设和运营成本的同时，也将向物联网和垂直行业延伸，以进一步拓展自身的盈利能力。而现有网络的开放能力非常有限，网络缺乏对外开放的接口，无法实现与第三方业务需求的友好对接。

跨厂商设备兼容性需求。基于运营策略和业务需要，运营商通常跨厂商采购网络设备，而各厂商的设备基本上是基于专用设备定制开发的。这样一来，不仅跨厂商互通问题只能严格依赖国际标准化手段解决，而且运营商也很难将不同厂商的网络设备进行功能合并，网络可拓展性极大受限。

5.1.3 5G架构设计思路

为了满足性能和运营需求，有效克服现有网络架构的局限性，5G网络架构设计必须重点考虑构建更合理统一的端到端的逻辑网络架构。

移动网络演进趋势给了我们很好的启示，即进一步实现控制与转发分离，将业务面功能下沉至用户侧。同时，为了解决网络开放能力和设备兼容性等问题，我们可以考虑引入软件和硬件功能解耦技术，以支持网元功能的虚拟化和模块化，便于按需组网。总结起来，5G网络需实现转发分离化（Seperated）、部署分布化（Distributed）、网络虚拟化（Virtualized）和功能模块化（Modularized）的4D逻辑网络架构。

在5G网络架构的具体设计上，要遵循灵活、高效、智能、开放的原则。灵活，指根据不同的业务需求，构建以用户为中心的组网，支持多种接入技术融合；高效，指简化状态、信令，同时使网络具有更低的传输成本，且易于拓展；智能，指网络能够实现资源的自分配和自调整、组网的自配置和自优化；开放，指网元能够突破软硬件紧耦合的限制，网络能力可向第三方开放，以支持新业态的打造，创新盈利点。

对于5G接入网，要设计一个满足多场景的以用户为中心的多层异构网络，以支持宏微结合，统一容纳多种接入技术，提升小区边缘协同处理效率，提高无线和回传资源利用率。

对于5G核心网的设计，一方面要将转发功能进一步简化和下沉，将业务存储和计算能力从网络中心下移至网络边缘，以支持高流量和低时延的业务要求，以及灵活均衡的流量负载调度功能；另一方面也要更高效地实现对差异化业务需求的按需编排功能。

综上所述，5G网络架构设计将呈现“一个逻辑架构，多种组网方式”的特点，即逻辑功能界面更加清晰，但部署方式却更为灵活，甚至可融合部署。

5.2 5G架构设计技术基础——网络重构的先决条件

IT新技术的发展给上述满足未来业务和运营需求的5G网络架构的实现带来了希望。其中以控制面与数据面分离和控制面集中化为主要特征的软件定义网络（SDN，Software

Defined Network）技术，以及以软件与硬件解耦为特点的网络功能虚拟化技术（NFV）的结合，有效地满足未来 5G 网络架构的主要技术特征，使 5G 网络具备网络能力开放性、可编程性、灵活性和可扩展性。

5.2.1　SDN——控制与转发分离

软件定义网络技术因控制平面和数据平面分离、逻辑上集中控制的主要思想成为解决未来 5G 网络性能和运营问题的关键技术之一。

2007 年，美国 GENI 项目资助的斯坦福大学 Clean Slate 课题组推出了 Ethane 系统。在该系统中，控制面与转发平面完全解耦，控制器可通过标准化接口实现对网络设备的管理和配置，这成为 SDN 技术的雏形。2008 年，以斯坦福大学 Nick McKeown 教授为首的研究团队提出了 OpenFlow 的概念并应用于校园网络的试验创新。基于 OpenFlow 为网络带来的可编程的特性，Nick McKeown 教授及其团队进一步提出了 SDN 的概念。2009 年，SDN 概念入围 Technology Review 年度十大前沿技术，自此获得了学术界和工业界的广泛认可和大力支持。

SDN 网络相对于传统网络，就好比是实况足球与真人足球。

在真人足球中，球员们（网络设备）整体上执行教练员（上层应用）的进攻和防守策略，但在具体每一球上，对应执行的球员都必须经过自己的判断（网络设备的控制平面功能）后再相应做出传球或射门的动作（网络设备的转发平面功能）。而一旦教练员做出策略的改变，需中场暂停再将策略告知全体球员（广播）。替换球员上场时（网络设备更新），新球员也可能需要一定的热身才能很好地替代原来球员发挥的作用（网络设备兼容性）。

在实况足球中，游戏平台本身相当于一个 SDN 实例。玩家扮演了教练员（上层应用）的角色，且借助游戏内置的程序和手柄（SDN 控制器），玩家可以自如地控制每一个球员做出反应动作，而球员只需要执行他们接收到的指令（网络设备仅执行转发面功能）。这样一来，玩家可以在任意时刻做出任意的策略改变，而不再受到球员自身意识的影响（网络设备控制面功能被剥离）。即使更换球员，受益于游戏中球员的无意识（通用硬件），该球员也能第一时间进入角色。

在现实生活中，真人足球与实况足球的对比并非如此简单。但作为对比网络技术的参照，我们可以借此更好地理解 SDN 网络与传统网络的差异。

为了加深理解，接下来，我们继续引入一个虚拟的网络案例。

如图 5.3 所示，某地区网络 1 由网络节点和节点间的链路组成。每一个节点都有一个控制面和与其他节点交换的网络信息。某时刻，最右侧 H 节点获知存在一个新的网络 2，现在它需要将这一信息传达给网络中的其他节点。然而，节点 H 只和节点 F 和节点 G 直接相连，节点 H 通过链路状态通告（LSA，Link State Advertisements）通知节点 F 和节点 G，节点 F 和节点 G 再将信息传递给它们的邻近节点，最终该消息传达到整个网络。这样，网络内每个节点都会更新自己的路由表，以确保数据可以传送到网络 2。如果节点 C 和节点 E 之间的链路中断，由于节点的“近视”，节点 A 会继续通过 C—E 链路向网络 2 传送数据包，导致数据堆积在该节点，这需要花一定的时间来向整个网络传送网络状态更新信息和完成纠错。网络越大，这种情况就越多发和易发。

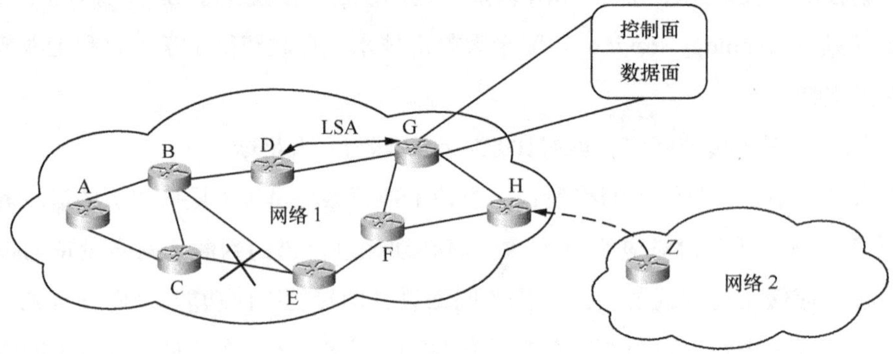

图 5.3　某地区网络架构

引入 SDN 后，如图 5.4 所示，SDN 负责分离控制平面和数据平面，将网络控制面整合于一体。这样，网络控制面对网络数据面就有一个宏观的全面的视野。路由协议交换、路由表生成等路由功能均在统一的控制面完成。控制面完成初始化后，会向每个转发节点发送转发表，根据转发表，用户数据在网络内传送。假设现在节点 H 获知新的网络 2。节点 H 将通过 OpenFlow 协议告知控制面，因为控制面统领全局，它可以快速为每一个转发节点创建新的路由表，这样用户数据就可以被传送到这个新网络中。

从上述案例，我们对 SDN 有了感性的认识。下一步，我们将进一步探索 SDN 的本质，从技术层面分析 SDN 网络架构相对于传统网络架构的显著特征，并总结 SDN 的主要优势。

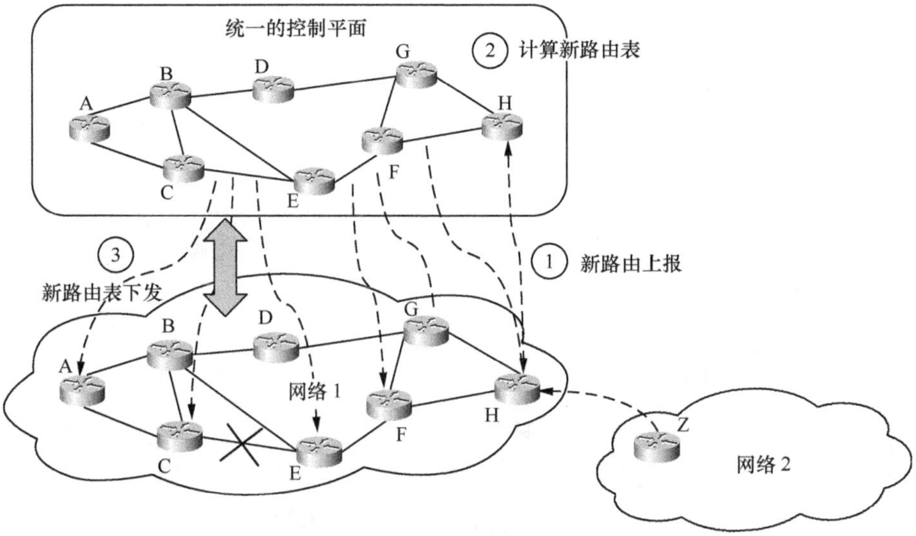

图 5.4　引入 SDN 的某地区网络架构

1. SDN 的本质和价值

与其说 SDN 是一种新型的网络技术，不如说 SDN 本质上是一种全新的设计理念。SDN 的设计理念是将网络的控制平面与数据转发平面进行分离，从而通过集中的控制器中的软件平台去实现可编程化控制底层硬件，进而实现对网络资源灵活地按需调配。在 SDN 网络中，网络设备只负责单纯的数据转发，可以采用通用的硬件。而原来负责控制的操作系统将被提炼为独立的网络操作系统，负责对不同业务特性进行适配，而且网络操作系统和业务特性以及硬件设备之间的通信都可以通过编程实现。

如图 5.5 所示，和传统的网络架构相比，SDN 网络具有以下 3 个基本特征。

控制与转发分离。转发面由受控转发的设备组成，转发方式以及业务逻辑由运行在分离出去的控制面上的控制应用所控制。

控制面与转发面之间的开放接口。SDN 为控制面提供开放可编程接口。通过这种方式，控制应用只需要关注自身逻辑，而不需要关注底层更多的实现细节。

逻辑上的集中控制。逻辑上集中的控制面可以控制多个转发面设备，也就是控制整个物理网络，因此，可以获得全局的网络状态视图，并根据该全局网络状态视图实现对网络的优化控制。

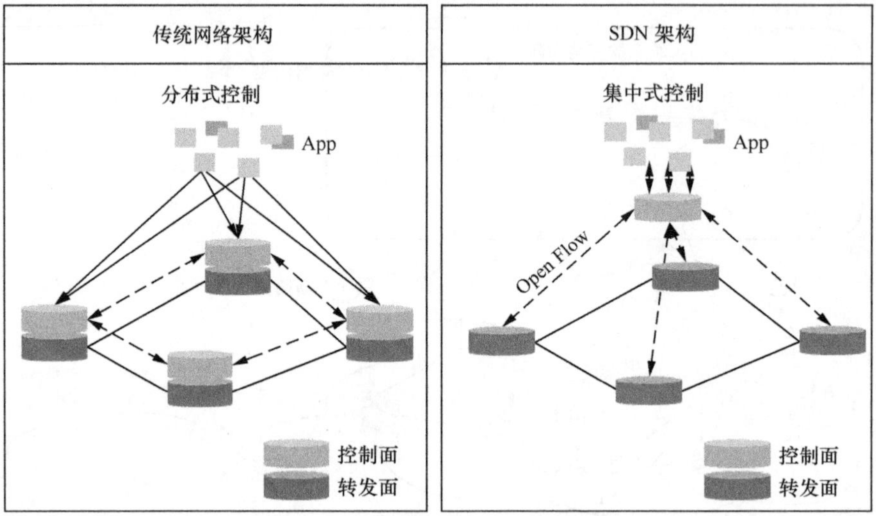

图 5.5 传统网络架构与 SDN 架构的对比

SDN 的 3 个基本特征带来的好处是显而易见的。首先，设备硬件归一化，硬件只关注转发和存储能力，与业务特性解耦，可以采用相对廉价的商用的架构来实现。其次，网络的智能特性全部由软件实现，网络设备的种类及功能由软件配置而定，对网络的操作控制和运行由服务器作为网络操作系统（NOS）来完成。最后，其对业务响应相对更快，可以定制各种网络参数，如路由、安全、策略、QoS、流量工程等，并实时配置到网络中，开通具体业务的时间将缩短。

2. SDN 技术架构解析

SDN 架构是典型的 3 层网络架构如图 5.6 所示，自下而上分别是基础设施层、控制层和应用层。其中，基础设施层与控制层之间为南向接口，控制层与应用层之间为北向接口。

基础设施层是硬件设备层，专注于单纯的数据、业务物理转发。对于物理层我们关注的通常是与控制层的安全通信，其处理性能一定要高，以实现高速数据转发。

控制层内 SDN 控制器组成。控制器集中管理网络中所有设备，将整个网络虚拟化为资源池，根据用户不同的需求以及全局网络拓扑，灵活动态地分配资源。SDN 控制器具有网络的全局视图，负责管理整个网络：对下层，通过标准的协议与基础网络进行通信；对上层，通过开放接口向应用层提供对网络资源的控制能力。

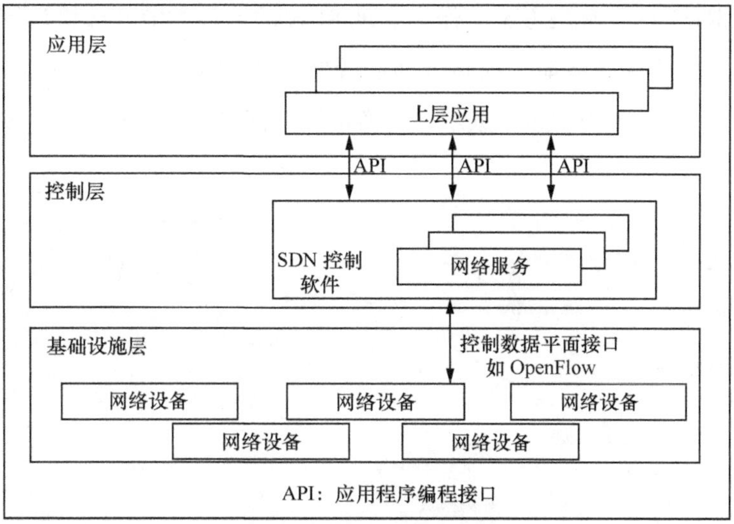

图 5.6　SDN 的典型架构

应用层通过控制层提供的编程接口对底层设备进行编程，把网络的控制权开放给用户，基于北向接口可开发各种业务应用，实现丰富多彩的业务创新应用。

南向接口是物理设备与控制器信号传输的通道，相关的设备状态、数据流表项和控制指令都需要经由 SDN 的南向接口传达，实现对设备管控。

北向接口是通过控制器向上层业务应用开放的接口，目的是使业务应用能够便利地调用底层的网络资源。北向接口直接为业务应用服务，其设计需要密切联系业务应用需求，具有多样化的特征。

假如以人的大脑和四肢为例，那么 SDN 的架构很容易被理解。如图 5.7 所示，应用层类似于各种创新想法，大脑在其驱动下对四肢进行指挥。控制层是人的大脑，负责对人身体的总体管控。物理层是人的四肢，在大脑的控制下活动。北向接口类似于脑电波，负责向上传送信号，驱动创新想法。南向接口是人体内的神经，负责向四肢传达信号。

3. SDN 的实现途径

当前，实现 SDN 的主要途径有 3 种，分别是基于开放协议的方案、基于叠加网络的方案和基于专用接口的方案。

基于开放协议的方案是当前 SDN 实现的主流方案。该类解决方案基于开放的网络协议，实现控制面与转发面的分离，支持控制全局化，获得最多的产业支持。ONF SDN

和 ETSI NFV 都属于这类解决方案。作为实现 SDN 的一种主流开放协议标准，OpenFlow 协议本身就可以高效且严格地实现转发面和控制面的分离，本质上就适合 SDN，因此，OpenFlow 架构的 SDN 成为华为、戴尔、瞻博网络，博科、惠普等企业都支持的方案。

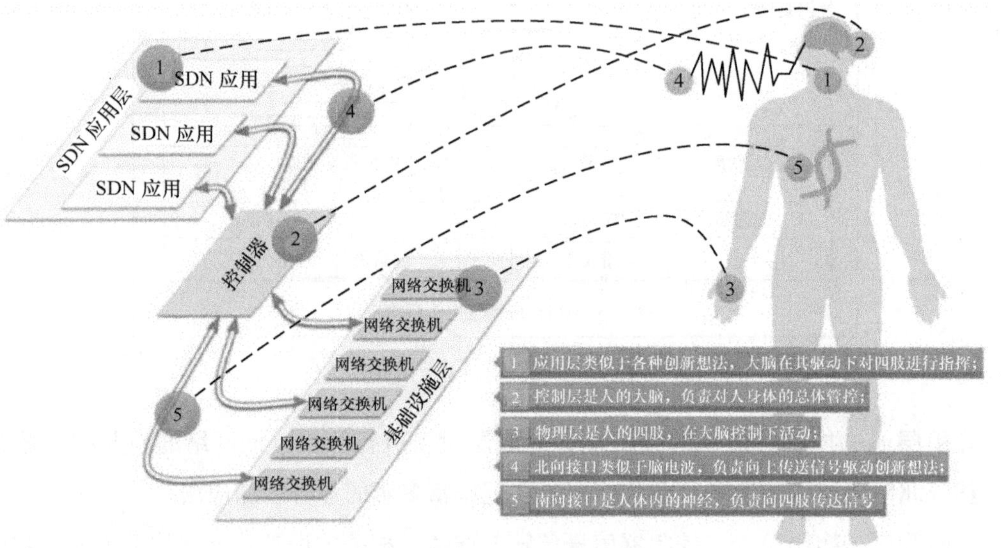

图 5.7　SDN 技术架构解析

基于叠加网络的方案的实现思路是以现行的 IP 网络为基础，在其上建立叠加的逻辑网络（Overlay Logical Network），屏蔽掉底层物理网络差异，实现网络资源的虚拟化，使多个逻辑上彼此隔离的网络分区，以及多种异构的虚拟网络可以在同一共享网络基础设施上共存。该类方案主要由虚拟化技术厂商主导，主要的实现方案包括 VXLAN、NVGRE、NVP 等，代表企业有 Vmvare、微软等。

基于专用接口的方案的实现思路是不改变传统网络的实现机制和工作方式，通过对网络设备的操作系统进行升级改造，在网络设备上开发出专用的 API 接口，管理人员可以通过 API 接口实现网络设备的统一配置管理和下发，改变以前需要设备登录配置的手工操作方式，同时，这些接口也可供用户开发网络应用，实现网络设备的可编程。典型的基于专用接口的 SDN 实现方案是思科的 ONE 架构。

上述 3 类实现方案各有优缺点，如表 5.1 所示。简要来说，基于开放协议的方案的优点是获得更多的产业支持，缺点则是协议的定义还不完善。基于叠加网络方案的优点是屏蔽底层物理网络的实现细节，能便捷地在现网中部署，并与虚拟化管理整合，缺点则非常明显，其实施效果受底层网络质量影响，同时增加网络架构复杂度，降低数据处理性能。基于专用接口的方案依托网络设备厂商已有产品体系，对现网部署的改动小，实施部署方便快捷，但缺点是方案中接口与设备之间紧密耦合，存在网络设备和能力被厂商锁定的风险。

表 5.1 实现 SDN 的 3 种方案对比

实现方案	优点	缺点
基于开放协议的方案	获得最多的产业支持，是目前最主流的方案	协议定义还不完善，用户可能信心不足
基于叠加网络的方案	屏蔽底层物理网络的实现细节，能便捷地在现网部署，并与虚拟化管理整合	实施效果受底层网络质量影响，同时增加网络架构复杂度，降低数据处理性能
基于专用接口的方案	依托网络设备厂商已有产品体系，对现网部署改动小，实施部署方便快捷	方案中接口与设备之间紧密耦合，存在着网络设备和能力被厂商锁定的风险

由于基于 OpenFlow 开放协议的 SDN 实现方案相对最为成熟，以下我们对 OpenFlow 协议进行简要介绍。

4. OpenFlow 协议

OpenFlow 标准的全称是 OpenFlow Switch Specification。

最初，提出 OpenFlow 的出发点是，校园内网络研究人员在试验其创新网络架构、协议时，考虑到网络创新思想需要在实际网络上才能被更好地验证，而研究人员又无法修改在网的网络设备，因此提出了 OpenFlow 的控制转发分离架构，将控制逻辑从网络设备盒子中引出来，研究者可以对其进行任意的编程从而实现新型的网络协议、拓扑架构而无须改动网络设备本身。该想法首先在美国的 GENI 研究项目中得到应用。OpenFlow 的架构如图 5.8 所示。

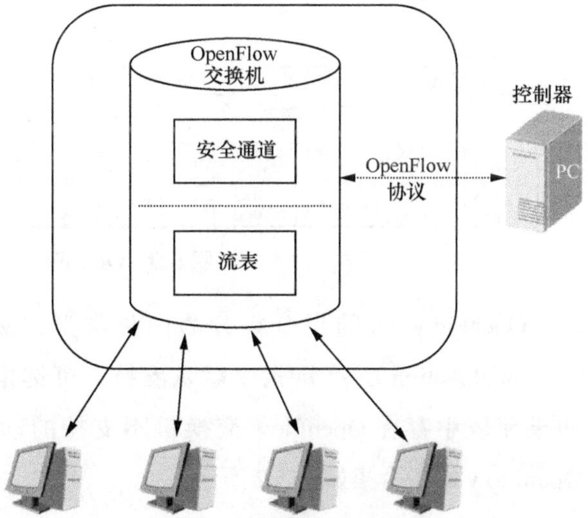

图 5.8 OpenFlow 概念架构

OpenFlow 的思路很简单，网络设备维护一个流表（Flow Table）并且只按照流表进行转发，流表本身的生成、维护、下发完全由外置的控制器（Controller）来实现。

流表的下发可以是主动的，也可以是被动的。

在主动模式下，控制器将自己收集的流表信息主动下发给网络设备，随后网络设备可以直接根据流表进行转发。被动模式则是指网络设备在收到一个报文没有匹配的流表记录时，便将该报文转发给控制器，由后者进行决策该如何转发，并下发相应的流表。

被动模式的好处是网络设备无须维护全部的流表，只有当实际的流量产生时才向控制器获取流表记录并存储，当老化定时器超时后可以删除相应的流表，因此可以大大地节省三态内容寻址存储器（TCAM）空间。

当一个控制器同时控制多个交换机或路由器设备时，它们看起来就像一个大的逻辑交换机，各个交换机或路由器硬件就如同这个逻辑网络设备的远程线卡。

OpenFlow 于 2010 年发布了第一个版本 1.0，目前已更新到 1.3 版本。但目前使用和支持最多的仍然是 1.0 和 1.1 版本。以下笔者将简单介绍 OpenFlow 1.0 的流表组成。

OpenFlow 1.0 的流表分为匹配域（Match Fields）、计数器（Counters）和指令集（Actions）3 个部分，如图 5.9 所示。匹配域是报文匹配的输入关键字，具体包含 12 个字段，也称为 12 元组（Tuple）。计数器是管理所需，指令集决定报文如何转发，最基本的转发行为包括转发给某个端口、封装改写报文后转发以及丢弃。

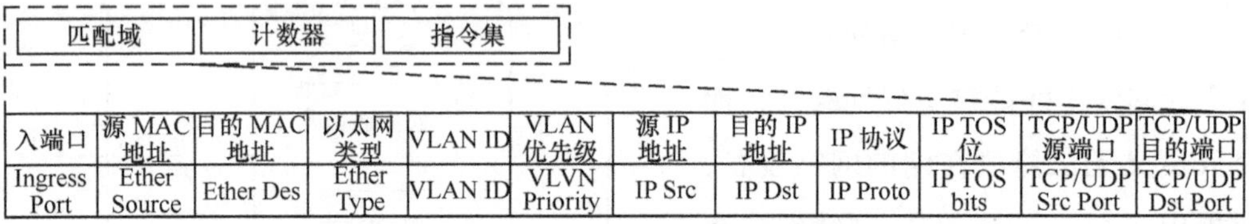

图 5.9　OpenFlow 1.0 流表结构

OpenFlow 1.0 的指令集分为两种类型：必选指令（Required Action）和可选指令（Optional Action）。必选指令默认支持，可选指令需要控制器通知交换机才能够支持。如果流表中存在 OpenFlow 交换机不支持的动作，交换机将向控制器返回错误消息。OpenFlow 的指令集如表 5.2 所示。

表 5.2 OpenFlow 主要指令集

类型	名称	说明
必选指令	转发	交换机必须支持将数据包转发给设备的物理端口及下面的虚拟端口 ALL：数据包复制多份转发到所有端口（不包括入口） CONTROLLER：将数据包封装为 Packet-in 消息并转发给控制器 LOCAL：转发给本地网络栈 TABLE：对控制器 Packet-out 数据包执行流表的匹配 IN_PORT：把数据包从它的入端口发回去
	丢弃	没有明确指明处理行动的表项，所匹配的所有网包默认被丢弃
可选指令	转发	NORMAL：按照 OpenFlow 所支持的传统交换机的二层或三层策略进行转发 FLOOD：通过最小生成树从出口泛洪发出，但不包含入口
	入队	将包转发到某个端口已配置好的队列中（队列配置 OpenFlow 无法实现）
	修改域	交换机将修改数据包的包头

当数据包进入 OpenFlow 交换机后，交换机将解析出数据包中的 12 元组，然后对照流表中各表项匹配域中的 12 元组以决定后续指令。流表的匹配过程如图 5.10 所示。

流表的匹配类似于快递的分拣和派送过程。当快递员（OpenFlow 交换机）接收到快递（数据包）时，先逐件扫描快件上的完整信息，提取快件寄往的目的地（解析出 12 元组）信息，然后按照预定的业务流程（指令集）发往某地（转发）。

由于流表的引入，OpenFlow 交换机可以包含更多层次的网络特征，且由控制器直接编程定义，而不再受限于设备出厂时的操作系统。这样，OpenFlow 交换机可以集交换、路由、网关乃至防火墙等功能于一身，极大地提升了网络部署的灵活性。

5. SDN 的实现难点

北向接口方面缺少业界公认的标准。北向接口是直接为业务应用服务的，因此，其设计需要密切联系业务应用需求，具有多样化的特征。与南向接口方面已有 OpenFlow 等国际标准不同，当前业界对于北向接口协议的标准制定还未达成共识。SDN 领域不同的参与者或从用户角度出发，或从运营角度出发，或从产品能力角度出发，提出了超过 20 种方案。未来北向接口标准制定的走向难以预料，但是可以明确，充分的开放性、便捷性、灵活性将是衡量接口优劣的重要标准。

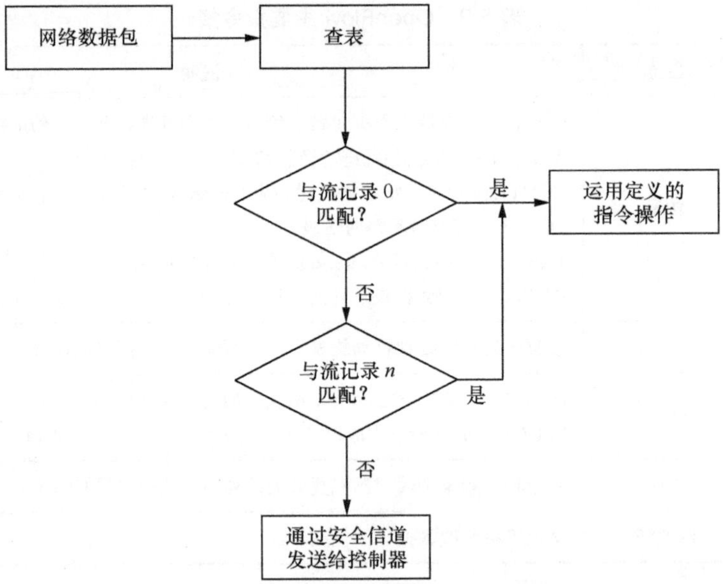

图 5.10　OpenFlow 流表匹配流程

SDN 控制能力的集中化，可能导致性能和安全瓶颈问题。控制器负责控制整个 SDN 网络的集中化，对于把握全网资源视图、改善网络资源交付都具有非常重要的作用。但控制能力的集中化，也意味着控制器在安全性和性能成为全网的瓶颈。另外，单一的控制器也无法应对跨多个地域的 SDN 网络问题，需要多个 SDN 控制器组成的分布式集群，以避免单一的控制器节点在可靠性、扩展性方面的问题。但是，用于多个控制器之间沟通和联系的东西向接口目前还没有标准化的定义。

当采用基于 OpenFlow 的 SDN 解决方案时，随着网络中应用程序的增加，控制器或交换机存储的流表将急剧膨胀。这不仅影响设计的复杂度，也将导致交换机的转发效率下降。

6. SDN 的应用场景

SDN 的主要应用场景有数据中心网络、数据中心间的互联、政企网络、电信运营商网络、互联网公司业务部署。

（1）场景 1：SDN 在数据中心网络的应用

数据中心网络 SDN 化的需求主要表现在海量的虚拟租户、多路径转发、VM（虚拟机）的智能部署和迁移、网络集中自动化管理、绿色节能、数据中心能力开放等几个方面。SDN 控制逻辑集中、网络能力开放化和虚拟化的特点恰好满足上述需求。

数据中心的建设和维护一般统一由数据中心运营商或 ICP/ISP 维护，具有相对的封闭性，可统一规划、部署和升级改造，SDN 在其中部署的可行性高。数据中心网络是 SDN 目前最为明确的应用场景之一，也是最有前景的应用场景之一。

（2）场景 2：SDN 在数据中心互联的应用

数据中心之间互联网的网络具有流量大、突发性强、周期性强等特点，需要网络具备多路径转发与负载均衡、网络带宽按需提供、绿色节能、集中管理和控制的能力。引入 SDN 网络可通过部署统一的控制器来收集各数据中心之间的流量需求，进而进行统一的计算和调度、实施带宽的灵活按需分配、最大程度优化网络、提升资源利用率。

（3）场景 3：SDN 在政企网络中的应用

政府及企业网络的业务类型多，网络设备功能复杂、类型多，对网络的安全性要求高，需要集中的管理和控制，需要高灵活性的网络，且能满足定制化需求。

SDN 转发与控制分离的架构，可使网络设备通用化、简单化。SDN 将复杂的业务功能剥离，由上层应用服务器实现，不仅可以降低设备硬件成本，还可使企业网络更加简化，层次更加清晰。同时，在 SDN 控制的逻辑集中，企业可以实现企业网络的集中管理与控制，企业的安全策略集中部署和管理，还可以在控制器或上层应用灵活定制网络功能，更好地满足企业网络的需求。

（4）场景 4：SDN 在电信运营商网络的应用

电信运营商网络包括宽带接入层、城域层、骨干层等。具体的网络还可分为有线网络和无线网络，网络存在多种方式，如传输网、数据网、交换网等。总的来说，电信运营商网络具有覆盖范围大、网络复杂、网络安全可靠性要求高、涉及的网络制式多、多厂商共存等特点。

SDN 的转发与控制分离特点可有效实现设备的逐步融合，降低设备硬件成本。SDN 的控制逻辑集中特点可逐步实现网络的集中化管理和全局优化，有效提升运营效率，提供端到端的网络服务。SDN 的网络能力虚拟化和开放化，也有利于电信运营商网络向智能化、开放化发展，并发展更丰富的网络服务，增加收入。

（5）场景 5：SDN 在互联网公司业务部署中的应用

互联网公司业务基于 SDN 架构部署，将是 SDN 的重要应用场景之一。SDN 具有网络能力开放的特点，通过 SDN 控制器的北向接口，向上层应用提供标准化、规范化的网络能力接口，为上层应用提供网络能力的服务。ICP/ISP 可根据需要获得相应的网络服务，有效提升最终用户的业务体验。

5.2.2 NFV——软件与硬件解耦

以软硬件解耦为主要技术特征的网络功能虚拟化（NFV，Network Function Virtualized）技术作为未来 5G 网络应用和发展的重要技术之一，越来越多地受到关注。

在移动互联网时代，运营商面临内外交困的局面。对内，传统的“流量增长—网络扩容—收入增长”业务模型正在逐渐失效，庞大、僵化的电信基础网络无法满足用户日益丰富和变化的需求。对外，OTT 服务商不断推陈出新的各类移动互联网业务也强烈冲击着运营商传统业务市场，使运营商相关服务收入停滞甚至下降，并且在网络中沦为“管道工”的角色。

NFV 技术恰好适应了电信 IT 化的趋势，作为一项新的网络技术进入大众的视野。2012 年，由 AT&T、德国电信、中国移动等 13 个国际主流运营商牵头，在欧洲电信标准化协会（ETSI）成立了 NFV ISG 工作组，共同致力于推动 NFV 技术框架的研究和产业化发展。

将 NFV 技术应用到电信网络中，能够大幅提升网络的灵活性，有利于新业务的开发和部署，实现业务的灵活配置，提升网络的管理和维护效率。那么 NFV 是如何实现这一利好的呢？

设想我们运营某地区的道路交通系统，开展客运和货运服务。G 公司向我们订购了物流专网的服务。经调研，在增加 G 公司物流运输的前提，综合考虑车流量波动等因素下，道路的交通运输能力仍然可以得到保证。为了降低运营成本，我们在原干道上划分出 G 公司物流专用车道，且在专用服务时间外，其他车辆可在该车道上行驶。这类似于 VPN 的概念，在公用网络上建立专用网络，进行加密通信。而 NFV 在网络虚拟化的道路上更进一步。假设某阶段，G 公司因业务运营需要，要求使用专列代替普通货车，以提升单次运输的容量和速度。按照传统的方式，我们需要将原路段改建为铁路，新增投入专列，且引进列车调度系统，以适应新的运营需求。这样操作不仅耗时长、弹性差，CAPEX 和 OPEX 也将急剧增加。为了降低成本，响应客户需要，经过和 G 公司沟通协调，我们创新投入了某种“铁路公路两栖通用车”。该车可以根据实际需要自由切换运输方式，且可以根据实际运输方式选用不同类型的调度系统。对比两种方式，传统方式使用了专用设备（货车对应道路交通调度系统，专列对应列车调度系统），但无法实现道路交通系统的灵活部署和弹性伸缩。而创新方式引入通用设备，实现了硬件和软件的解耦，一旦面临运营需求变更，我们无须替换硬件设备，只要新增面向服务的软件功能即可。

上述的创新方式类似于 NFV 的理念，通过引入软硬件解耦的通用网络设备以及网络功能的虚拟化，各种网元变成独立的应用，灵活部署在基于标准的服务器、存储器、交换机构建的统一平台上。运营商可以只部署统一的基础网络，并根据实际业务需求进行资源的自动部署、弹性伸缩、故障隔离和自愈等，从而加快新业务的研发和上线进度，取得市场先机，摆脱“盲管道”的尴尬角色。

下文我们将进一步把握 NFV 的本质，并总结其主要优势。

1. NFV 的本质和价值

如图 5.11 所示，NFV 的技术基础主要是云计算和虚拟化，虚拟化技术能将通用的计算、存储、网络等硬件设备分解为多种虚拟资源，实现应用与硬件解耦，根据需要实现网络功能及动态灵活部署。云计算技术可以实现应用的弹性伸缩及资源和业务负荷的匹配，不但提高了资源利用率，而且保证了系统响应速度。

相比传统网络，NFV 网络具有以下 3 个明显的特征。

基础硬件平台的可编程性。为实现与业务无关的资源池化能力，计算、存储及转发设备应当在保证性能的前提下，提供可编程的逻辑内核和易于调用的应用接口。可编程硬件将逐步替代传统专用硬件，实施过程则依赖于网元节点的功能属性、性能要求、成本等多种因素的综合影响。

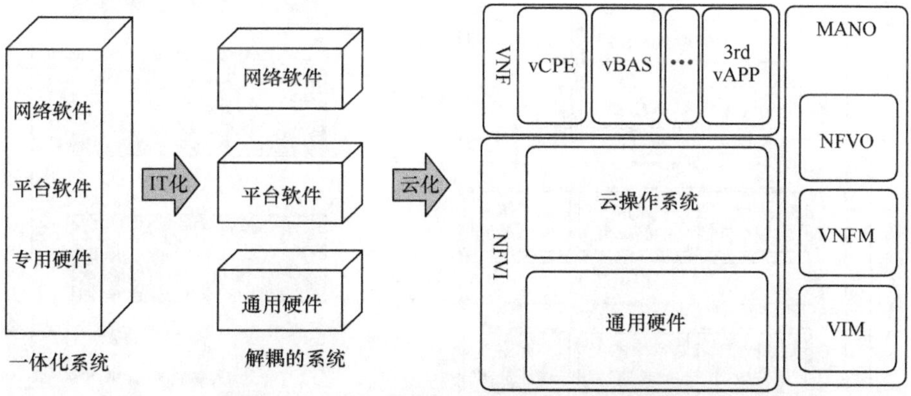

图 5.11　云计算和虚拟化是 NFV 的技术基础

基础硬件之上将加载虚拟化和云计算平台软件。云平台软件既对计算、存储和网络设备等资源进行调度和管理，又为上层业务显现提供一个开放的运行环境。因此，这就要求云平台软件必须具备高度的开放性，不仅能支持多种硬件共存的异构网络环境，而且可提供健康的生态系统。

NFV 架构将硬件、中间件与软件实现解耦，因此，各类上层业务和功能作为软件模块能够进行灵活地集成与部署。

基于此，NFV 网络具有敏捷、灵活、成本效益高、可拓展和安全的特点。NFV 使用标准 IT 虚拟化技术，旨在巩固各种网络设备使其成本符合大容量服务器、交换机和存储的工业标准，这样可以让网络更敏捷、更有效。在灵活性上，NFV 可以轻松快速地部署网络并完成预配置。在成本方面，NFV 使用的现成的通用商用芯片明显比专用芯片价格低廉。NFV 还可以快速适应用户不断变化的需求并提供新的服务，使网络运营商有能力在多个服务器上对其网络架构进行扩展，而不是局限于原有的架构。最后，NFV 允许用户在其网络上安全地运行自己的虚拟空间和防火墙，满足用户独特的安全性需求。

2. NFV 技术架构解析

同当前网络架构（独立的业务网络 + OSS 系统）相比，NFV 分别从网络的横向和纵向进行解构。NFV 标准架构如图 5.12 所示。

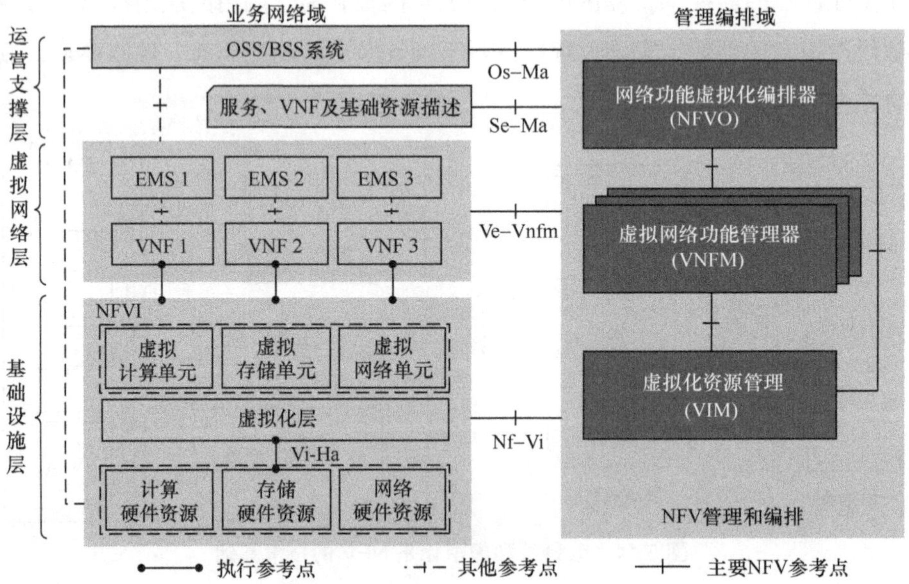

图 5.12　NFV 标准架构

从横向来看，NFV 架构可分为两个域：业务网络（NS，Network Service）域和管理编排（MANO，Management and Orchestration）域。其中，MANO 域作为 NFV 相较于传统网络的新增功能，负责对整个网络服务过程进行管理和编排，将网络服务从业务层到资源层自上而下分解。MANO 域包括虚拟化资源管理（VIM）、虚拟网络功能管理器（VNFM）和网络功能虚拟化编排器（NFVO）3 个实体，共同完成对 NS 域及整个网络服务的生命周期和调度策略的管理。

从纵向来看，NFV 架构的 NS 域自下而上又可分为 3 层，即基础设施层（NFVI）、虚拟网络层（VNF）和运营支撑层。

NFVI 是用来部署和执行 VNF 的一组资源，通过对底层计算、存储、网络等物理资源进行虚拟化，实现对 VNF 所需各元素的物理承载。在 NFV 网络中，多个虚拟化网络功能实体以虚拟机（VM）的形式共享物理硬件，使原有大部分物理组件均被虚拟机替代，因此，虚拟机服务质量的好坏直接决定了 NFV 网络的总体性能。NFVI 的核心是虚拟化，与传统的云计算虚拟化技术相比，NFVI 面临的是更为复杂的拓扑组网需求，尤其是大型数据中心的网络架构。另一方面，NFVI 不仅要求具备同时为一个或多个 VNF 实例提供基础设施资源的能力，还需要实现不同 VNF 资源的动态配置。因此，NFVI 层性能的关键在于虚拟资源是否可以全面且灵活地支撑上层模块的灵活调用。

VNF 作为 NFV 架构中的虚拟网络功能单元，可以理解为对电信业务网络中现有物理网元进行功能虚拟化的过程，它将以软件模块的形式部署在 NFVI 提供的虚拟资源上，从而实现网络功能的虚拟化。VNF 产业链的参与者涉及制造商、运营商和服务提供商等。VNF 制造商负责研发相应的虚拟功能单元，重点关注软件研发。网络运营商则会关注部署和在其网络功能虚拟化设施上运营虚拟网络功能的效率。服务提供商关注的是基于虚拟网络功能提供给终端用户业务的实施性、可靠性以及计费方面的问题。相对于 VNF，传统的基于硬件的网元可以称为 PNF。VNF 和 PNF 能够单独或者混合组网，提供特定场景下所需的端到端网络服务。

运营支撑层就是目前的 OSS/BSS 系统，一方面是传统的网络管理功能，另一方面是在虚拟化核心网环境中与 NFVO 交互完成网络的操作、维护功能。

典型的采用 NFV 部署的网络服务示例如图 5.13 所示。

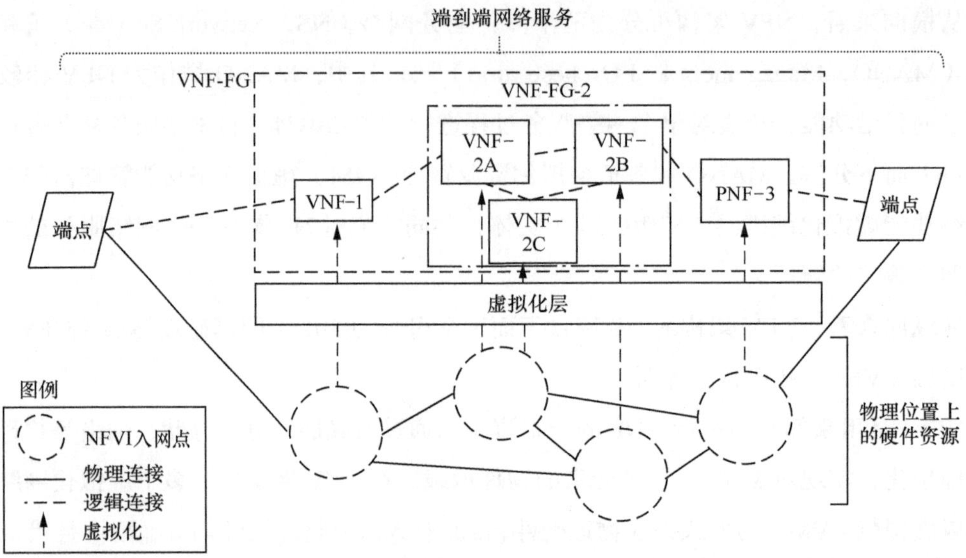

图 5.13 NFV 网络服务示例

从逻辑层面来看，网络流量从一端的接入点流入，经过 VNF-1、VNF-2(A/B/C)，再经过一个 PNF-3，最后从另一端的接入点流出。但是从物理层面看，外面的流量是从一端的入网点（PoP，Point of Presence）进入，经过几个 PoP 上物理设备的转发，最终从另一个接入点流出。

3. NFV 的实现策略

当前，基于 NFV 分层解耦的特性，根据软硬件解耦的开放性不同，可将 NFV 实现策略分为单厂家、共享虚拟资源池、硬件独立、三层全解耦 4 种方案。

单厂家方案主要验证虚拟化效果，减少互通难度。共享虚拟资源池倾向 IT 化思路，选择最好的硬件平台和虚拟机产品，要求上层应用向底层平台靠拢。硬件独立则倾向于电信思路，由电信设备制造商提供所有软件，只是适配在 IT 平台上。三层解耦则需要上层应用厂家根据运营商选定的虚拟资源层的厂家、版本对上层应用软件开发做相应适配，对系统集成能力要求较高。

其中，共享虚拟资源池方案和硬件独立方案需要当前阶段比较务实的两层解耦，在这种部署场景下，云操作系统处于中间层，起到承上启下的关键作用，而操作系统的云化正好为平台与应用软件之间的解耦提供了天然的解决方案。因为云操作系统为应用软件提供的是虚拟机，这个虚拟机运行在硬件和底层软件上，对于应用是透明的。所以应用软件不必做任何修改就可以在任何虚拟机上运行，实现天然的、自然而然的解耦。

从目前产业发展情况来看，三层解耦再集成虽然面临着一些挑战，但却是运营商的普遍选择，而且已经不乏成功案例。以国内某运营商为例，它们选择了三层全解耦方案进行了现网试点。其采用符合集采要求的通用服务器，部署两个资源池，集成底层硬件资源、虚拟层、VoLTE 核心网应用层，验证 NFV 三层解耦的 VoLTE 基本业务功能。

在海外，AT&T 的 NFV 网络建设采用的是 VNF 与 NFVI 分层解耦，数据业务部署在本地 DC，控制面与 CDN、VAS 部署在区域 DC。Telefonica 的 UNICA 架构也同样要求 VNF 与 NFVI 分层解耦。德国电信 PAN EU 基于 NFV 的数据中心架构设计，采用两级 DC，对开放、开源诉求非常强烈，VNF、CloudOS、COTS 要求厂家做到全解耦。

4. NFV 的主要挑战

部署 NFV 网络的主要挑战有硬件部署问题、虚拟化引入问题、软件部署问题和基础设施管理问题。

硬件部署的挑战。NFV 利用虚拟化技术将网络功能网元统一部署到通用服务器、交换机和存储平台上，提升了底层硬件服务器的通用性，但同时也带来了相关的问题。首先，采用 NFV 技术后，硬件由高可靠的专用硬件（5 个 9；衡量可靠性的标准通常是 X 个 9，X 个 9 表示在系统一年时间的使用过程中，系统可以正常使用时间与总时间之比，X 的典型数字是 3 ～ 5）转变为可靠性相对一般的通用服务器（3 个 9），硬件可靠性下降导致上层电信业务可靠性受到威胁。其次，通用服务器与传统电信专用服务器在尺寸规格、供电模式、功耗和温度适应性方面存在较大差异。如果通用服务器部署在传统的电信机房中，会涉及机房改造和适配问题。

虚拟化引入的挑战。NFV 通过引入虚拟化技术屏蔽底层硬件的差异性，实现软硬件之间的解耦和底层硬件资源的共享，但同时也带来性能损耗、安全和组网上的问题。在性能损耗方面，采用虚拟化技术后，虚拟化软件自身的运行会消耗一部分硬件资源，从而导致性能下降，即使是采用资源利用率较高的容器虚拟化技术，性能仍有所下降。此外，由于虚拟机之间资源需求和程序运行的不同，虚拟机之间在运行时会因管理和调度上的开销产生干扰而影响性能。在安全问题上，除了传统的攻击威胁外，虚拟化技术还面临着隐蔽通道、基于虚拟机的 Rootkit 攻击以及新恶意软件等威胁，因此，需要有效预防、发现和消除这些恶意威胁，以保证虚拟机之间运行和通信的隔离性、连接建立的安全性以及数据在传输过程中的机密性。而在组网问题上，VNF 和 PNF 的混合组网较为复杂，会给网络建设和管理带来新的压力。

软件部署的挑战。NFV 和云计算一样都是借助了虚拟化技术，但是由于 IT 云平台和电信云平台的差异性较大，目前还不能很好地将 IT 云计算中的虚拟化技术和软件移植到电信云平台上，在软件功能、性能以及测试上会存在一定程度的差异。

基础设施管理的挑战。NFV 基础设施的部署，打破了传统电信网元烟囱式的建设模式，基础设施作为共同的基础平台，为上层虚拟化网元部署提供资源，基础设施平台的独立建设和共享，给运营商运维管理和网络建设带来重大影响。在运营组织架构方面，NFV 引入后，底层基础设施作为各个专业公共的基础平台，基础设施维护团队的组建以及与专业网络维护团队的分工与协作是 NFV 技术设施管理需要解决的重要问题之一。在网络建设方面，基础设施规划与建设应满足上层网元建设和部署的资源需求，需要两者进行配合和协调以保证上层电信业务的正常上线和开展。

5. NFV 的应用场景

现阶段，虚拟化宽带远程接入服务器（BRAS，Broadband Remote Access Server）、虚拟化客户终端（CPE，Customer Premise Equipment）、虚拟化移动演进分组核心网（EPC，Evolved Packet Core）、虚拟化 IP 多媒体子系统（IMS，IP Multimedia Subsystem）以及虚拟化业务路由器（VSR，Virtual Service Router）5 大场景是业界普遍认同的 NFV 率先应用领域。

（1）场景 1：虚拟化 BRAS

智能边缘是城域网的关键节点，是用户接入的终节点及基础服务的提供点。专业一体化设备在业务功能实现上与硬件强相关，给新业务部署带来很大难题。vBRAS 是实现智能边缘虚拟化的代表技术，其以功能集为单元对设备控制平面进行重构，形成用户管理、组播、QoS 与路由等独立模块，每个模块可按需在虚拟机上部署，且可基于通用服务器的虚拟化资源提供扩展，实现灵活扩展。因此，vBRAS 成为当前业界认同的发展方向。

（2）场景 2：虚拟化 CPE

传统 CPE（客户驻地设备）在定制化家庭网关 / 企业网关应用中存在提供新业务能力差、升级周期长、三层配置复杂且故障率较高、网络演进困难等诸多问题。vCPE 是将传统 CPE 上的三层路由、网络翻译（NAT）、用户认证、组播控制、增值业务等功能上移到网络侧，客户端设备仅保留二层转发、L2TP 隧道封装及配置、基于二层信息的防火墙等功能。该方式简化了客户侧设备的配置难度，从而降低用户侧故障率，避免对网关频繁升级引起的故障以及硬件、软件成本增加，有利于网络演进。目前，vCPE 已在部分运营商网络中进行试点，产业链相对较为成熟。vCPE 部署方式如图 5.14 所示。

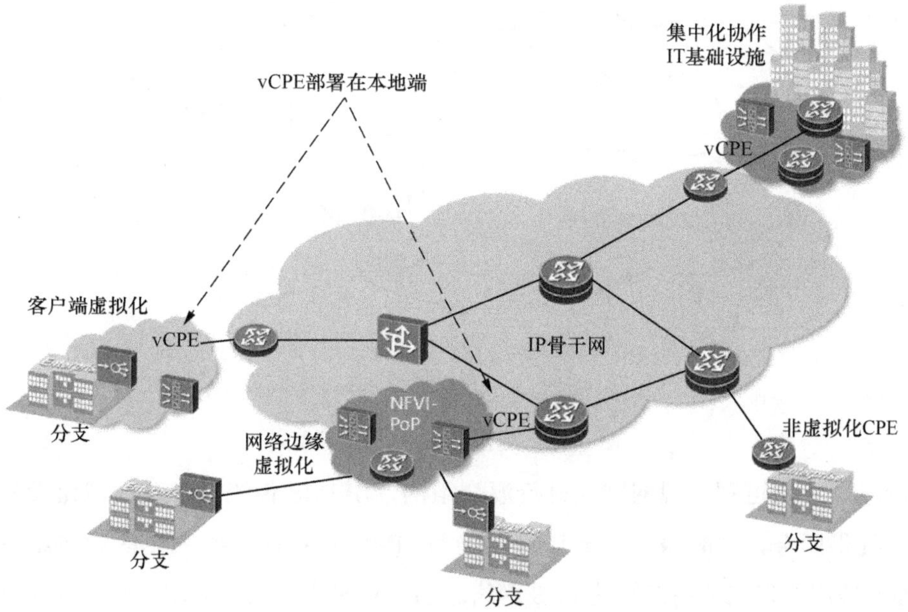

图 5.14　vCPE 部署方式

（3）场景 3：虚拟化 EPC

传统 EPC 设备为专用的硬件设备（大多数为 ATCA 设备），设备通用性差导致研发、测试、入网和运维周期长，且成本难以降低。vEPC 通过通用硬件构建虚拟化的统一平台，支撑 EPC 网元（包括 ME、HSS、PCRF、SGW、PGW）的高效部署，从而降低建网和运维成本。引入虚拟化后，vEPC 网络架构、接口及协议依然遵循原有规范。虚拟化 EPC 的部署如图 5.15 所示。

（4）场景 4：虚拟化 IMS

vIMS 网络可以快速调配硬件资源池中的资源；快速搭建业务测试环境；对预上线的

业务进行上线测试。这将有助于运营商缩短业务上线时间，提升市场的竞争能力。

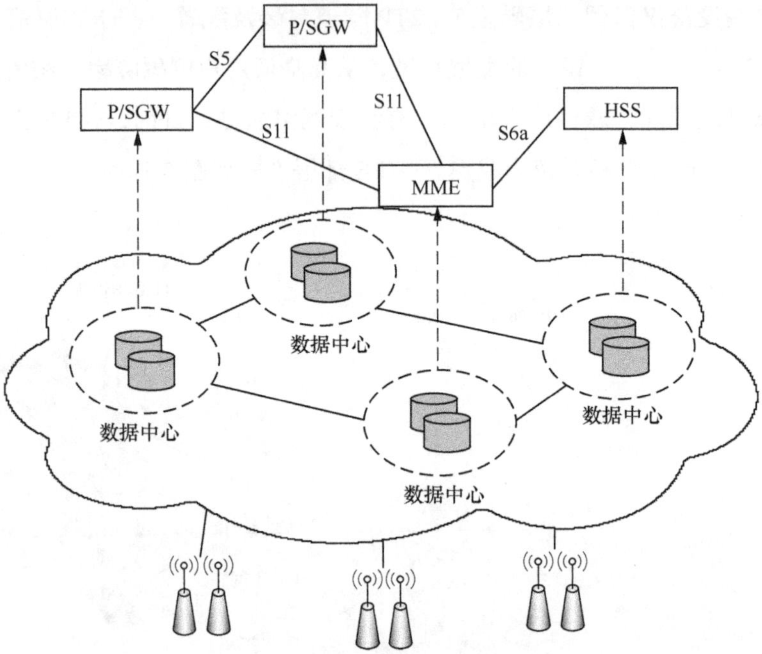

图 5.15　虚拟化 EPC 部署示意

现阶段运营商可利用现网网元进行混合组网，使 IMS 传统设备及虚拟化设备同时在网运行并提供服务，同时保持传统 IMS 网络与 vIMS 网络的分离。vIMS 提供给试点用户接入，而普通用户仍然使用传统的 IMS 网络。通过相对小规模的应用，积累 vIMS 的集成、部署、运维及管理经验，验证 vIMS 的运营能力。建设初期，运营商可考虑选取 IMS 核心网的 S-CSCF/I-CSCF 和 TAS 网元实现虚拟化。在新增试点 SBC 内置 P-CSCF 及 DNS 功能，试点用户应由试点 SBC 接入。新增的虚拟化 S/I-CSCF 和 TAS 需连接现网 HSS，试点 SBC 需连接现网 PCRF。试点的组网架构如图 5.16 所示。

随着网络规模不断扩大，vIMS 网络开始接入普通用户，传统的 IMS 网络设备逐步退出服务，最后完成向全面的 NFV 架构演进。

（5）场景 5：虚拟化路由器 vSR

为了实现虚拟私有云与企业租户的内部网络互通，运营商需要通过虚拟私有云网关在虚拟私有云与企业内部网络之间建立虚拟专用网（VPN）。虚拟路由器 vSR 运行在标准的服务器上，可提供路由、防火墙、虚拟专用网、服务质量等功能，帮助企业建立安全、统

一、可扩展的智能分支，精简分支基础设施的数量和投入。目前，世界上主要的几大公有云服务器提供商，包括亚马逊、谷歌、微软，国内的阿里云、腾讯云等，都在虚拟私有云（VPC，Virtual Private Cloud）内部出口处，提供 VPN 网关业务。随着 VPC 应用的增加，vSR 的应用将越来越广泛。

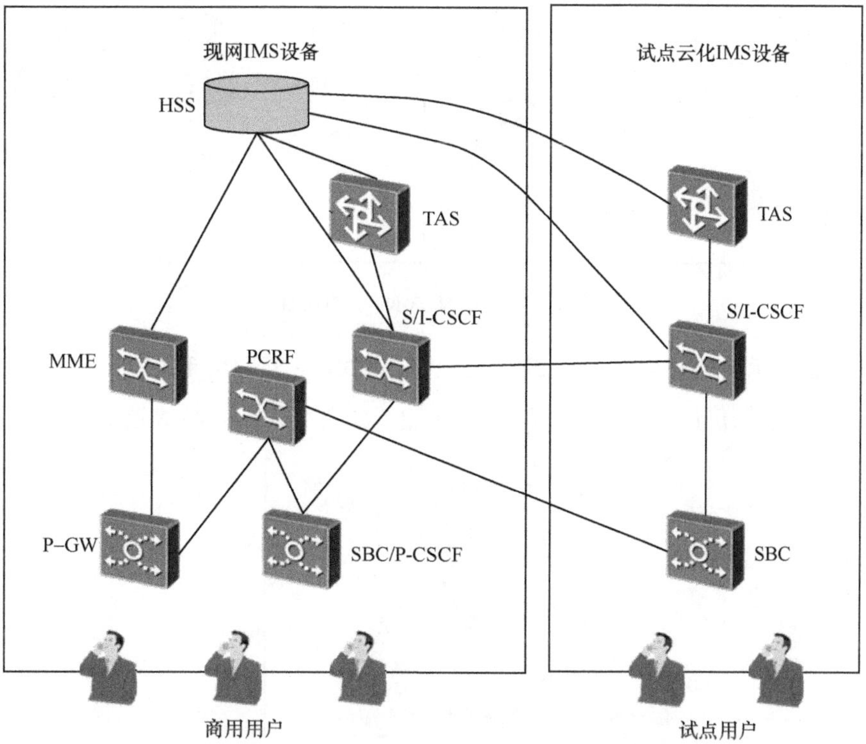

图 5.16　部分网元进行 NFV 试点的 IMS 组网架构

5.2.3　SDN 与 NFV 的关系

如图 5.17 所示，SDN 和 NFV 的共同点是网络从封闭走向开放、从独享的硬件发展到共享的软件。两者具有很强的互补性，但是它们彼此之间是相互独立的，没有必然的依赖性。SDN 侧重于控制与转发的分离、网络集中控制（逻辑上）和网络虚拟化，主要影响的是网络的结构；而 NFV 侧重的是软件与硬件的分离、硬件通用化和网络功能虚拟化，主要影响的是网元的形态。

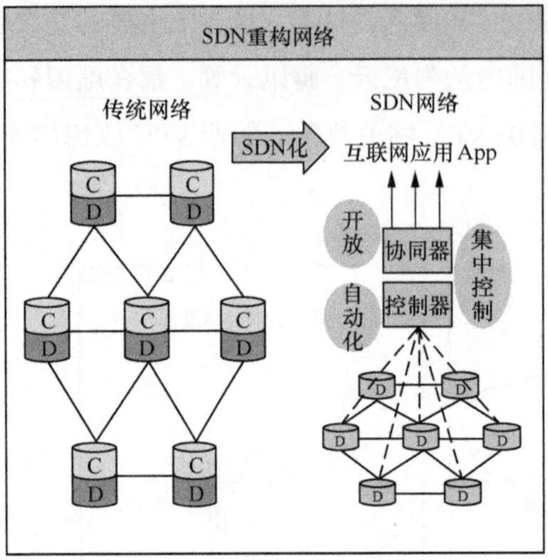

图 5.17　SDN 与 NFV 的对比

如图 5.18 所示，如果参照 OSI 的 7 层模型，SDN 主要适用于 L2 ～ L3 层流量的控制调度，而 NFV 更适用于 L4 ～ L7 层的网络功能（如负载均衡、防火墙等）。

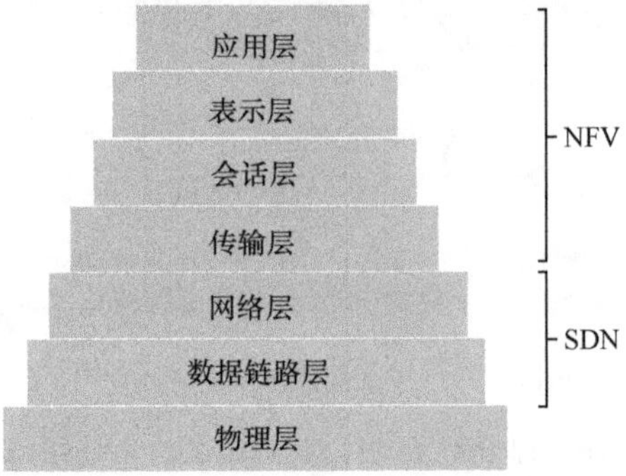

图 5.18　SDN 与 NFV 的适用范围

SDN 和 NFV 彼此可推动对方部署的灵活性。一方面，SDN 的集中控制方式有利于 MANO 对于网络连接的统一调度，另一方面，NFV 通过采用通用服务器、云计算以及虚拟化技术可降低 SDN 基础设施层的成本。SDN 和 NFV 融合将形成新的创新和价值。我们试着举例来看。

一个传统的托管路由服务部署的典型案例如图 5.19 所示。在该示例中，每个客户均使用一台路由器提供服务。

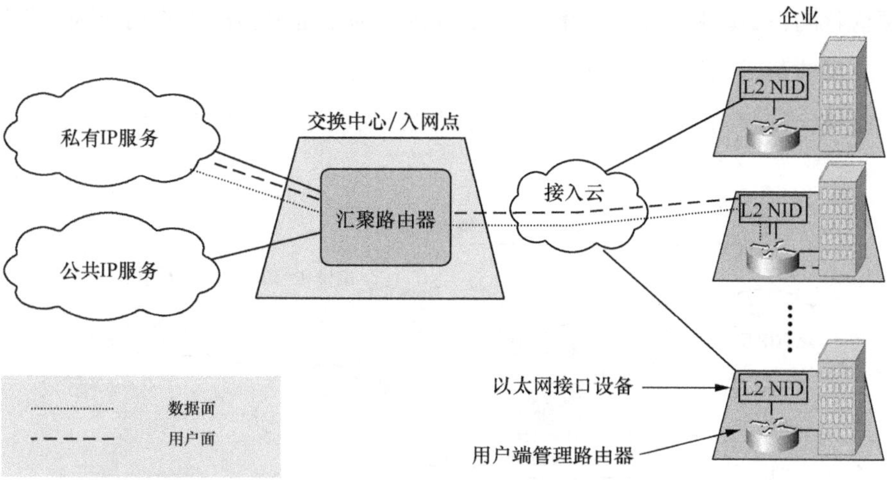

图 5.19　传统的托管路由服务部署示例

如图 5.20 所示，引入 NFV 后，所有的用户都按照虚拟路由器划分的网络分界点获取相应的网络服务。虚拟路由器还同时负责网络性能的测量。

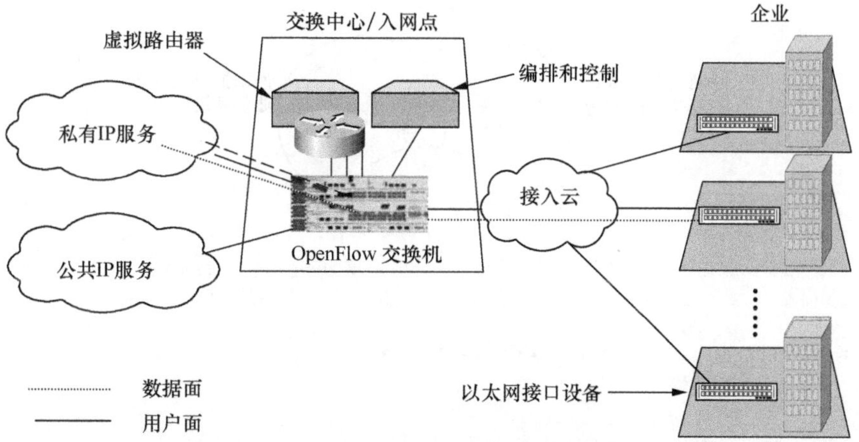

图 5.20　使用 NFV 的托管路由服务示例

最后，我们进一步引入 SDN 对控制面和转发面进行分离，数据包将会通过优化后的转发路径进行转发，路由功能则运行在某机柜服务器的虚拟机内。

通过上述案例，我们可以看出，SDN 和 NFV 的结合提供了最优的解决方案如图 5.21 所示。首先，昂贵的专用网络设备被通用硬件和高级软件所替代。其次，软件控制面被转移到了更优化的位置。最后，控制面功能从专用网络设备上剥离出来后得到了标准化，使后续网络应用的革新无须依赖于网络设备硬件的升级。

综上所述，SDN和NFV两者间既有区别又密切联系。图5.22很好地体现了这种内在关系。

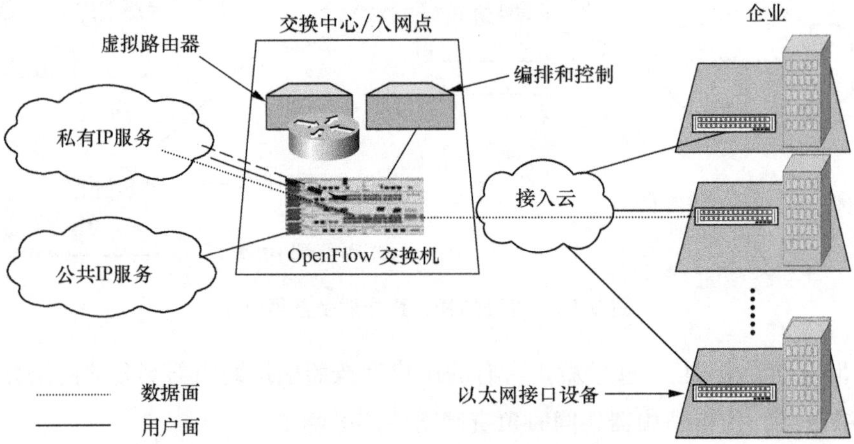

图 5.21　SDN 与 NFV 结合的托管路由服务示例

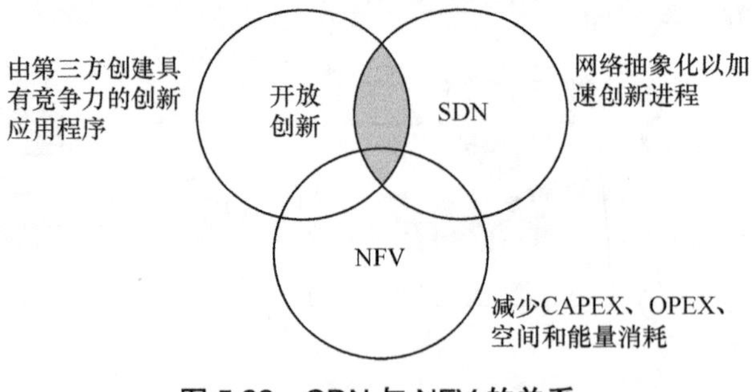

图 5.22　SDN 与 NFV 的关系

5.3　5G网络架构解析——5G的内核

目前，3GPP已经确定了5G的网络架构。从总体上看，5G网络由控制面、转发面和接入面组成。控制面采用了服务化架构（SBA，Service Based Architecture），各个网元功能模块集中化，组成融合的控制面。转发面进一步简化下沉，同时将业务存储和计算能力从网络中心下移到网络边缘。接入面统一容纳空口的多种接入技术，组网拓扑形式更为丰富。

下面我们将通过分步骤设计 5G 网络架构的形式，逐步展示 5G 的新型逻辑架构及其与 4G 架构的内在联系和本质区别。

5.3.1　5G 逻辑网络架构——网络重构五步走

在 5G 逻辑架构的设计上，我们遵循先继承、后创新的思路，参照现有成熟的 LTE 网络架构，引入 SDN 和 NFV 等关键技术对网络功能进行解析和重构，以逐步适应 5G 架构的演进需要。

为了简化，我们选取的参考架构是 LTE 的非漫游网络架构。漫游网络架构的原理与非漫游网络架构基本相同，只是表述上略为复杂，这里我们不做论述。

我们将 LTE 非漫游网络架构从逻辑上划分为 3 个部分，如图 5.23 所示。第一部分是 LTE 为了满足网络的后向兼容性所引入的，我们留待后文讨论。第二部分是接入网部分，接入网（空口）的演进几乎是历代移动通信网络架构演进中最为关键的部分。第三部分是核心网部分，出于对现有网络架构的缺点的把握和对技术成熟度的考虑，我们优先聚焦该部分的重构。

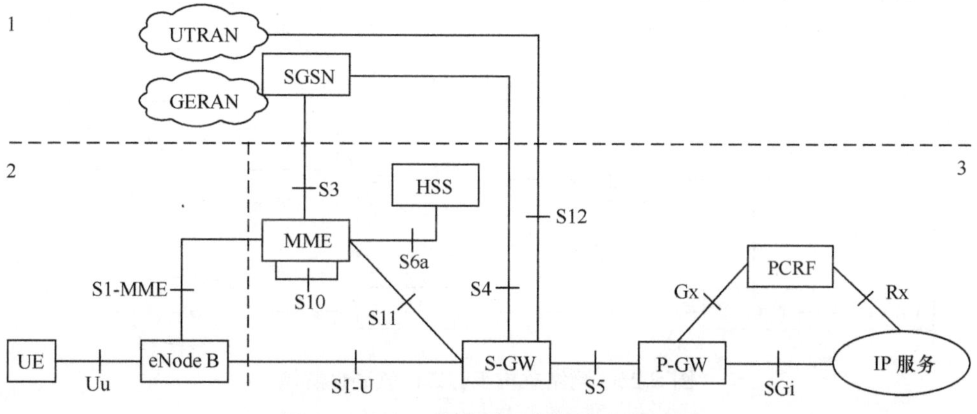

图 5.23　LTE 非漫游网络架构功能划分

第一步，为了解决控制与转发分离不彻底的问题，我们首先对兼具控制和转发功能的网关进行解耦。LTE 架构中 S-GW 和 P-GW 实际上支持物理网元合一部署，在逻辑上我们可以将其视为统一的 SAE-GW，然后引入 SDN 技术进行网络功能解耦，用户面功能由新定义的网元 UPF 承载，控制面功能则交由新网元 SMF 进行统一管理。相应地，我们对原本已是纯控制面网元的 MME、HSS 和 PCRF 分别重定义为 AMF、UDM 和 PCF，但对网元的实际功能只做微小的变更或整合。网络重构的第一步如图 5.24 所示。

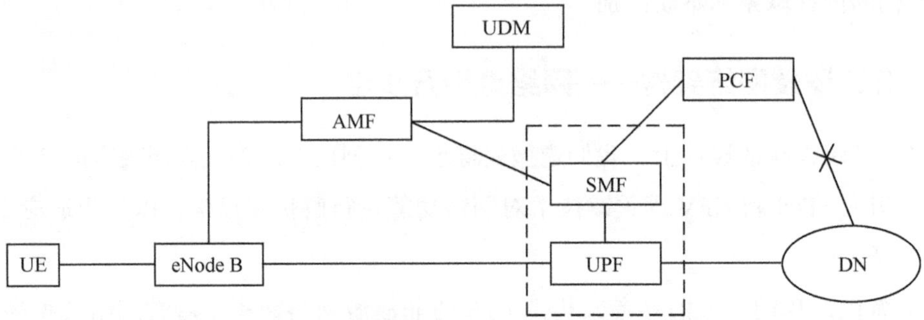

图 5.24 网络重构步骤一：控制与转发分离

第二步，为了满足网络资源充分灵活共享的需求，实现基于实际业务需求的网络自动部署、弹性伸缩、故障隔离和自愈等，我们引入 NFV 对网络功能进行虚拟化。因此，我们定义新网元 NF 以适应新的需要。考虑到 NF 面向的是用户差异化的服务，我们将其置于网元 PCF，并定义新的接口以便 NF 能够按需获取 PCF 的策略控制等参数。网络重构的第二步实现效果如图 5.25 所示。

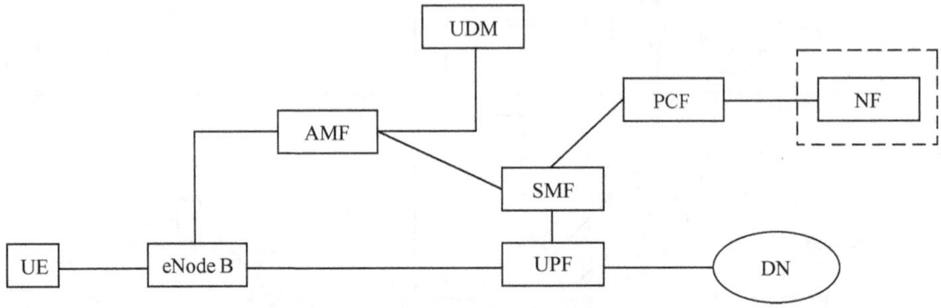

图 5.25 网络重构步骤二：软硬件解耦

第三步，我们要将业务平台下沉到网络边缘，为用户就近提供业务计算和数据缓存能力，实现网络从接入管道向信息化服务使能平台的关键跨越。因此，我们增强网元 UDM 的功能，以承担业务平台下沉后相应的数据管理工作。同时，引入网元 AUSF 承担数据访问的鉴权和授权工作。此外，考虑到 5G 面向的是极端差异化的业务场景，传统的“竖井式”单一网络体系架构无法满足多种业务的不同 QoS 保障需求，我们还需引入网元 NSSF

以实现网络切片选择的功能，使网络本身具备弹性和灵活扩展的能力。为了便于观察和突出层次感，我们将各个网元的摆放位置做简单的调整，但不改变其拓扑关系。第三步重构后的网络架构如图 5.26 所示。

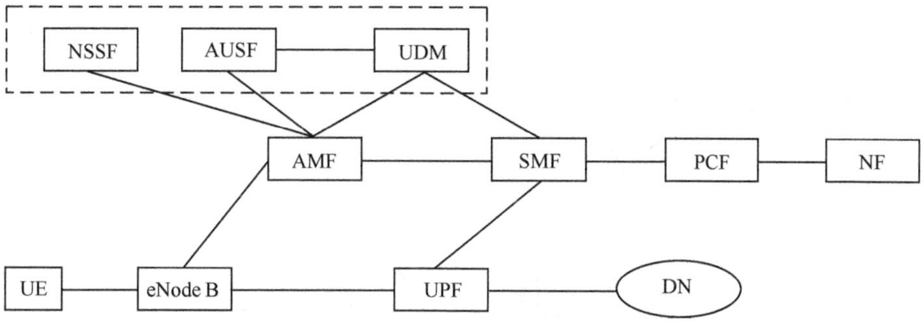

图 5.26　网络重构步骤三：引入移动边缘计算和网络切片

到此，我们基本完成了核心网层面的网络重构。接下来我们要考虑的是第四步：接入网侧的网元编排。

从 1G 到 4G，无线通信系统经历了迅猛发展，现实网络逐步形成了包含多种无线制式（Multi-RAT）、频谱利用和覆盖范围的复杂现状。在 5G 时代，同一运营商将面临多张不同制式的网络长期共存的局面。如何高效地运行和维护多张网络、减少运维成本是需要解决的重要问题。因此，多网络融合也成为 5G 网络架构设计的不可规避的考虑因素。对此，我们改变原有网络单一的 eNode B 接入形式，对接入网侧做进一步地优化和增强。我们定义新的网元为（R)AN，以表示接入侧不再是单一的无线接入，而是固移融合。经过第四步重构后，网络图示如图 5.27 所示。

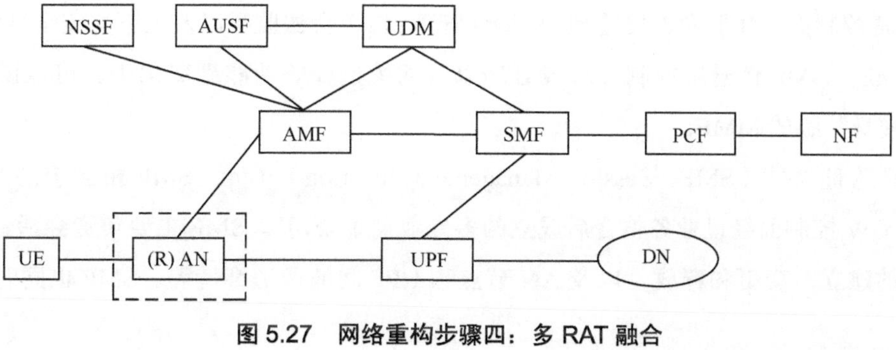

图 5.27　网络重构步骤四：多 RAT 融合

第五步，我们为各个网元间的逻辑连接定义必要的接口，如图 5.28 所示。值得重点提醒读者的是，终端 UE 和 AMF 实体之间的那根直线和新定义的 N1 接口。我们可以肯定，两个网元之间不易觉察的这一根直线，将使得低时延、高可靠、超密集连接等 5G 愿景变得更加触手可及。

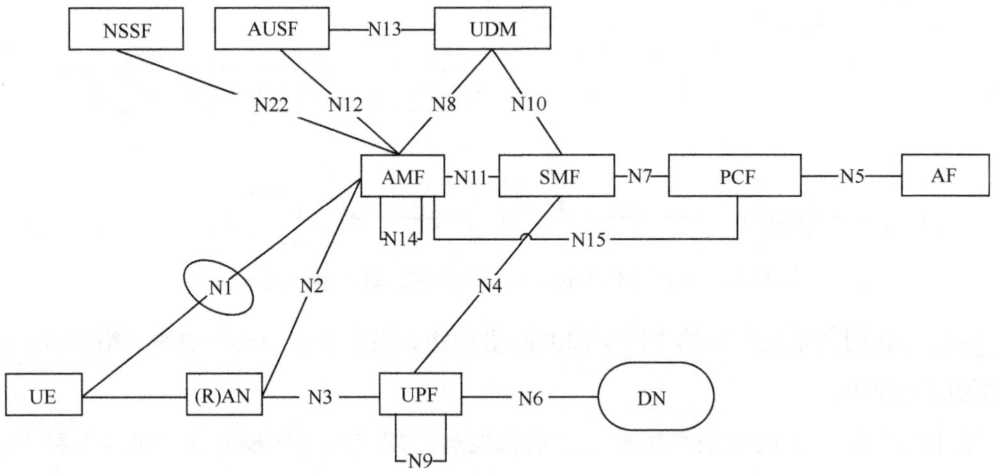

图 5.28　网络重构步骤五：重新定义接口

经过网络重构五步走，我们得到了一张全新的 5G 非漫游网络架构图。这也就是目前 3GPP 所确定的 5G 网络逻辑架构。为了加深理解，下面我们对 5G 的主要网元做简单介绍。

1. 5G 主要网元

接入和移动性管理功能（AMF，Access and Mobility management Function）单元。AMF 负责控制面的注册和连接管理、移动性管理、信令合法监听以及上下文安全性管理等。相比 MME，AMF 将漫游控制、承载管理以及网关选择等功能剥离出去。可以说，AMF 就是“瘦身”版的 MME。

会话管理功能（SMF，Session Management Function）单元。SMF 相当于是 MME 以及 SAE-GW 控制面经过业务整合后成立的多专业“子公司”。SMF 主要负责会话管理，包括会话的建立、变更和释放，以及 AN 节点和 UPF 间的通道维持等。SMF 也同时继承了原有 MME 的漫游控制功能、UPF 选择和控制功能（相当于网关选择），以及继承了原属于 SAE-GW 的 UE IP 地址分配等功能。

用户面功能（UPF, User plane function）单元。UPF 保留了 SAE-GW 的数据转发功能，包括本地移动性锚点、包路由和转发、上下行传输级包标记、包过滤和用户面策略控制功能执行等。UPF 并无自主经营权，而是忠实地执行来自 SMF 的政策干预和统筹调拨。

策略控制功能（PCF，Policy Control Function）单元。PCF 支持统一的策略框架以管理网络行为，它一方面结合自定义信息做出决策并强制控制面执行；另一方面也为前端提供了连接用户数据库以获取订阅信息的渠道。PCF 在网络中的地位与 4G 网络中的 PCRF 几乎相同。

统一数据管理（UDM，Unified Data Management）实体。UDM 包含两个部分，即应用前端和用户数据管理器。应用前端负责凭证处理、位置管理和订阅管理等；而用户数据管理器根据应用前端的需求，相应地进行用户订阅数据的存储，具体包括订阅标识、安全认证、与移动性相关的订阅数据、与会话相关的订阅数据等。其作用相当于 4G 架构中 HSS 的增强版。

认证服务器功能（AUSF，AUthentication Server Function）单元。AUSF 最主要的功能是认证和授权。作为网络准入的裁决者，AUSF 对通过 AMF 来访的 UE 进行认证，认证通过的 UE 可凭借 AUSF 授权的专用密钥实现数据访问与获取。

网络切片选择功能（NSSF，Network Slice Selection Function）单元。NSSF 的主要功能是根据网络配置，为合法的 UE 选择可提供特定服务的网络切片实例。NSSF 实现网络切片选择的机制是，通过切片需求辅助信息的匹对，为 UE 选择一个或一组特定的 AMF 提供的网络服务。

应用功能（AF, Application Function）单元。AF 通过与核心网交互对外提供专用服务。值得注意的是，AF 是运营商自行部署的受信任的应用，可直接访问网络的相关应用功能，无须经过其他外部接口。

2. 5G 后向兼容

前面我们在设计 5G 网络架构时，只是重点针对 4G 网络架构的接入网和核心网部分进行重构，而搁置了后向兼容的问题。由于多制式的运营商网络长期共存是必然的，我们现在须重新考虑向下兼容 3GPP 网络，以及允许非 3GPP 网络接入的问题。

由于在设计 5G 网络架构时，运营商继承了 4G 的基础架构，实际上各网元的基本功能都得以完整保留，因此 5G 架构可以很好地向下兼容。但这并不是说 5G 架构只是相对于 4G 架构的渐进式改良。5G 架构基于 SDN 和 NFV 技术对网络进行控制、转发、分离和软硬件解耦，这对网络本身带来的变化几乎是革命性的。从某种程度上说，5G 的强大之处，正在于它很好地适应了网络前向演进的跨越式需求，也能够完美地进行后向兼容，为 4G 网络向 5G 演进提供了清晰的路径。图 5.29 展示了 5G 与 4G 协作的非漫游网络架构。从图 5.29 中可以注意到，为了便于 5G 核心网与 EPC 的交互，在 AMF 和 MME 之间增设了 N*x* 接口，以满足不同制式网络切换时会话的无缝连接。

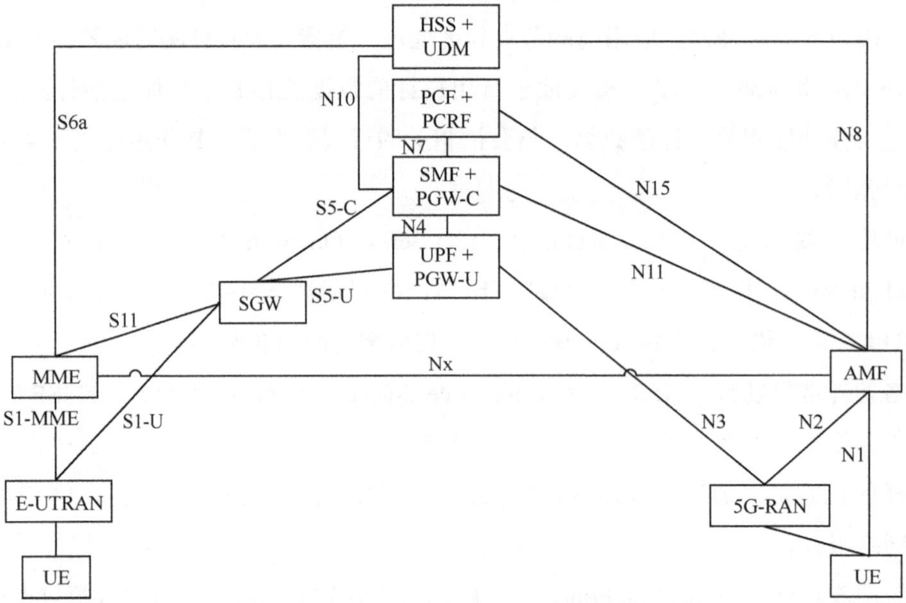

图 5.29　5G 和 4G 共存的非漫游网络架构

在设计 4G 网络架构时，我们考虑了非 3GPP 网络（如 CDMA 2000）的接入问题。到了 5G 网络，我们同样延续这一好的做法。

为了支持非 3GPP 网络的接入，我们定义新的网元 N3IWF。该网元支持 UE IP 通道的建立、UE 与 UPF 之间 NAS 信令和数据包的上下行中继、上下行包标记、AMF 的选择等功能。图 5.30 展示了非 3GPP 网络接入 5G 的非漫游架构。

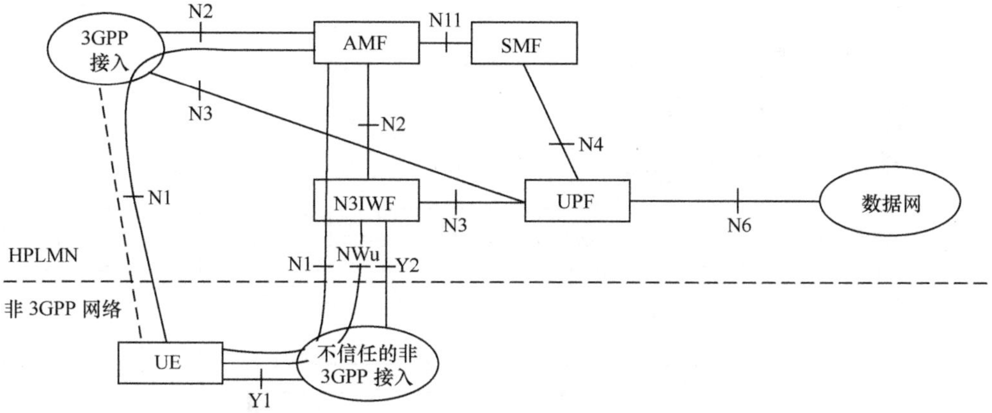

图 5.30　非 3GPP 网络接入 5G 的非漫游架构

5.3.2　5G 架构关键特征——还 5G 本来面目

5G 网络架构具有 4 个典型的特征：控制转发分离、服务化（SBA）架构、网络切片和固移融合。下面我们逐一探讨。

1. 控制转发分离

如果在 5G 非漫游网络架构图上做简单的标识，如图 5.31 所示，我们很容易就能发现，5G 网络架构清晰地呈现出控制面、转发面和接入面分离的特点。这与 IMT-2020 推进组提出的“三朵云”5G 网络架构的思想契合，如图 5.32 所示。

控制面基于可重构的集中的网络控制功能，提供按需接入、移动性和会话管理，支持精细化资源管控和网络能力的全面开放。转发面具备分布式的数据转发和处理功能，提供更动态的锚点设置，以及更丰富的业务链处理能力。接入面引入多站点协作、多连接机制和多制式融合技术，构建更灵活的接入网拓扑。

2. SBA 架构

5G 核心网采用了服务化架构（SBA，Service Based Architecture）的设计，将现在的网元按照功能的维度进行解耦，形成相互独立、模块化的功能，然后再通过服务化的方式，在统一的构架里按业务需要组织起来，敏捷地支持多种接入方式和多种业务的需求，而且每个功能都可以独立迭代更新，以快速支持新的业务需求。

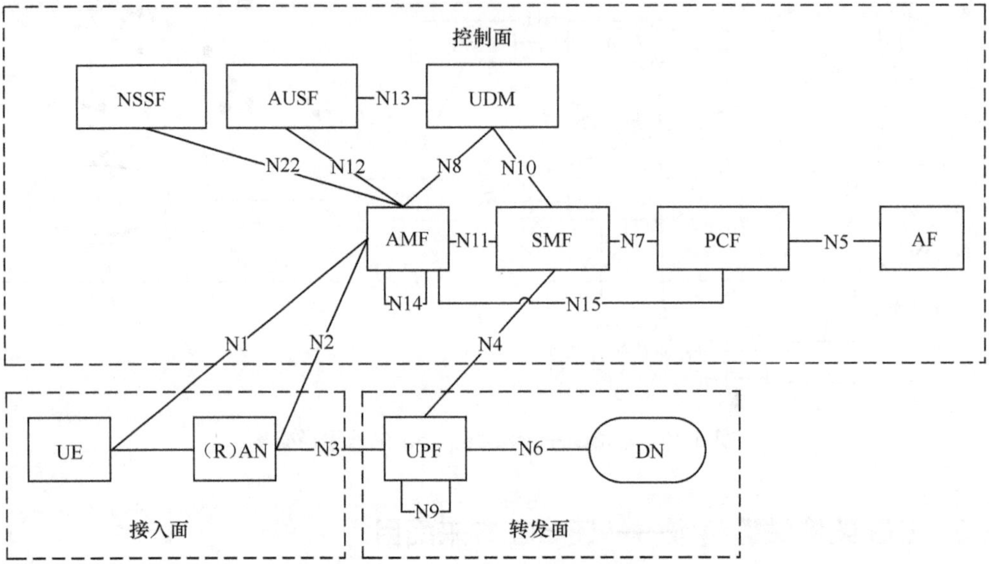

图 5.31 控制 / 转发 / 接入面分离

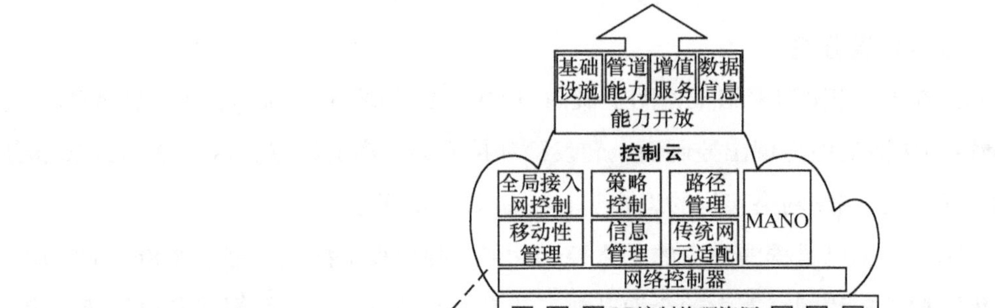

图 5.32 “三朵云”5G 网络架构

但是，5G 网络面对的是多样化的第三方应用服务需求，出于对安全性和计费等因素的考虑，我们需要定义新的网元功能。之所以不使用 AF，一方面是因为 AF 是运营商自定义的上层网络应用，不能满足第三方的个性化需求；另一方面是 AF 作为受信任应用，可以直接访问网络的数据服务，如果对第三方开放，那么极有可能造成网络安全隐患。

参照应用程序编程接口（API，Application Programming Interface）的设计思路，我们将 5G 核心网封装为黑盒子，以屏蔽网络内部的工作细节，只保留对外的特定数据访问和存储的接口。相应地，我们定义新网元 NEF 和 NRF。

网络开放功能（NEF，Network Exposure Function）单元。NEF 为诸如第三方应用、边缘计算等提供了发现 3GPP 网络服务和能力的途径。当其他应用接入时，NEF 对其进行鉴权、授权和流量控制。

网络功能存储（NRF，NF Repository Function）单元。NRF 的作用类似于 HSS，只不过 HSS 存储的是用户信息，而 NRF 存储的是网络功能信息。它接收 NF 实例的请求，告知其当前网络中哪些服务可用，并支持 NF 实例对特定服务的调用。

最后，我们再定义一系列服务化的接口，包括 Nnef、Nnrf、Npcf 等。这些接口均以 N*x* 命名，*x* 对应着相应的网元名称。

5G 系统的服务化架构如图 5.33 所示。

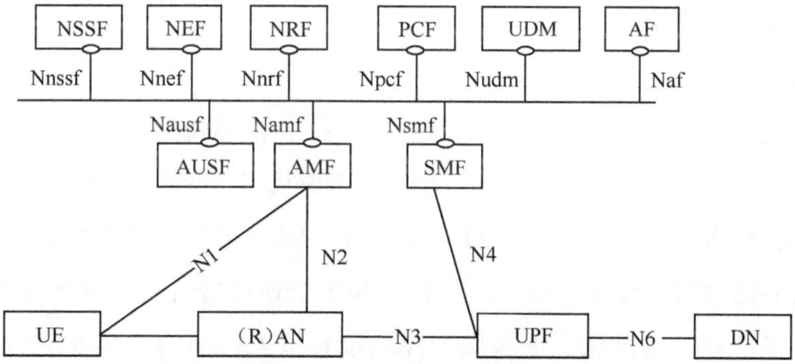

图 5.33 5G 系统的服务化架构

服务化架构使 5G 实现了网络功能的即插即用，网络变得非常敏捷，且能够快速部署满足客户业务需要的功能。

3. 网络切片

网络切片是NFV应用于5G的关键特征。一个网络切片将构成一个端到端的逻辑架构，按切片需求方的需求灵活地提供一种或多种网络服务。

图 5.34 给出了一个多 5G 切片在相同基础设施上共存的实例。

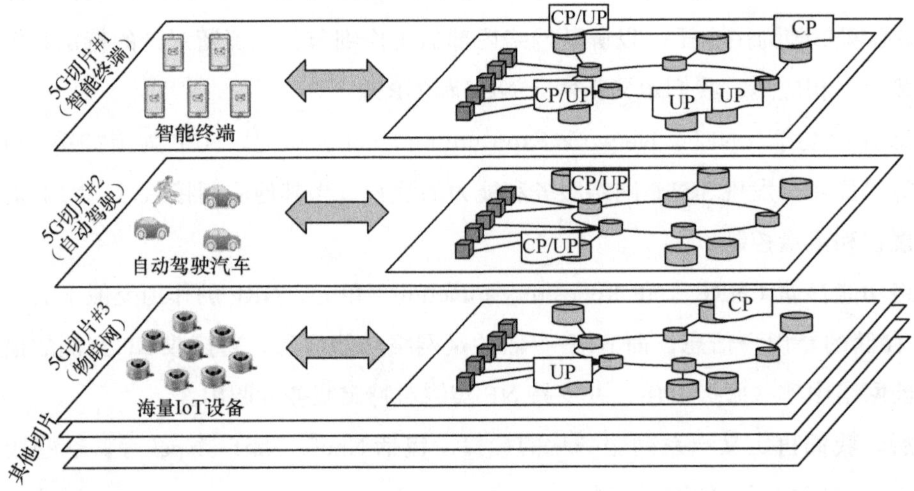

图 5.34　5G 网络切片

基于云化架构的网络切片为面向业务的管道资源和能力智能化分配提供实现基础，运营商可以为不同业务场景提供差异化的服务。

4. 固移融合

5G 核心网使用统一的接口和统一的鉴权，支持多种制式的接入方式，采用固移融合技术（FMC，Fixed Mobile Convergence）来保证任意场景下无缝的业务体验。

FMC 的 5G 网络具有以下优势：接入无关性，网络支持各种终端通过 IP 方式接入，整个网络呈扁平化结构；开放、标准的架构，易于快速部署各种多媒体业务；打破固网、移动网各自“竖井式”的营账、业务层、控制层和接入层结构，实现资源共享；优化网络结构、统一运维，从而降低网络复杂度和运维成本；为新业务提供更多的应用场景。

5.4 小结

移动通信网络架构演进中控制与转发分离、业务面功能下沉等趋势为 5G 网络架构的设计提供了启示。基于对 4G 网络架构局限性的解剖，以及 SDN 和 NFV 关键使能技术的引入，我们对现有网络架构进行了重构。重构后的新型 5G 逻辑架构显著体现了控制转发分离、服务化架构、网络切片、固移融合的特征。这一灵活的网络架构有助于 5G 更好、更快地落地部署。

参考文献

[1] 张海君 . 大话移动通信 [M]. 北京：清华大学出版社，2011.

[2] 杨峰义，张建敏，王海宁，等 . 5G 网络架构 [M]. 北京：电子工业出版社，2017.

[3] Future mobile communication forum，5G 白皮书 [R]. 2015.

[4] 陆晓东，谢伟良，杨峰义 . 基于控制与承载分离的 5G 无线网架构研究 . 移动通信 [J]. 2016.

[5] IMT-2020（5G）推进组 . 5G 网络技术架构白皮书 [R]. 2015.

[6] IMT-2020（5G）推进组 . 5G 网络架构设计白皮书 [R]. 2016.

[7] 3GPP TS 23.501，System architecture for the 5G system [R]. 2017.

[8] 3GPP TS 23.502，Procedures for the 5G system [R]. 2017.

[9] 曹亘，李佳俊，李轶群，等 . 5G 网络标准架构的标准研究进展 [J]. 移动通信，2016.

第 6 章

5G 网络关键技术

6.1 网络切片——灵活自适应的网络形态

面对多样化场景的极端差异化性能需求，在设计基于 SDN/NFV 的 5G 网络架构实现控制与转发分离、软硬件解耦等技术要点后，我们还需要引入多元化的网络技术，以形成针对所有场景的解决方案。目前，除了 SDN 和 NFV 两项基础技术外，网络切片、移动边缘计算、无线 Mesh、动态自组织网络、D2D 通信等也被认为是 5G 的主要技术方向，均能够在 5G 主要技术场景中发挥关键作用。而网络切片是众多 5G 使能技术中最具特色的。

传统上的核心网被设计为“竖井式”的单一网络体系架构。该架构中的一组垂直集成的网元节点提供了网络所有功能，并支持后向兼容性和互操作性。这种“一刀切”的设计方法使网络部署成本保持在合理化区间，但是并不支持网络的灵活和动态拓展。

5G 网络将面对人与人、人与物、物与物之间丰富多样的差异化通信业务需求。这些需求对于网络的要求也是千差万别的，例如，连接带宽从物联网抄表领域应用场景的

50kbit/s 到云服务的 1Gbit/s；时延从广播类业务的 10ms 到自动驾驶的小于 1ms；移动性从静止到高速列车场景的 500km/h 等。如果针对每种典型业务都专门建立特定的网络来满足其独特需求，那么网络成本之高将严重制约业务的拓展。同时，如果不同业务都承载在相同基础设施和网元上，网络可能无法满足多种业务的不同 QoS 保障需求，5G 对网络切片的应用需求如图 6.1 所示。

网络切片（NS，Network Slicing）技术通过虚拟化将一个物理网络分成多个虚拟的逻辑网络，每一个虚拟网络对应不同的应用场景，从而提供高能效、易部署的网络解决方案。

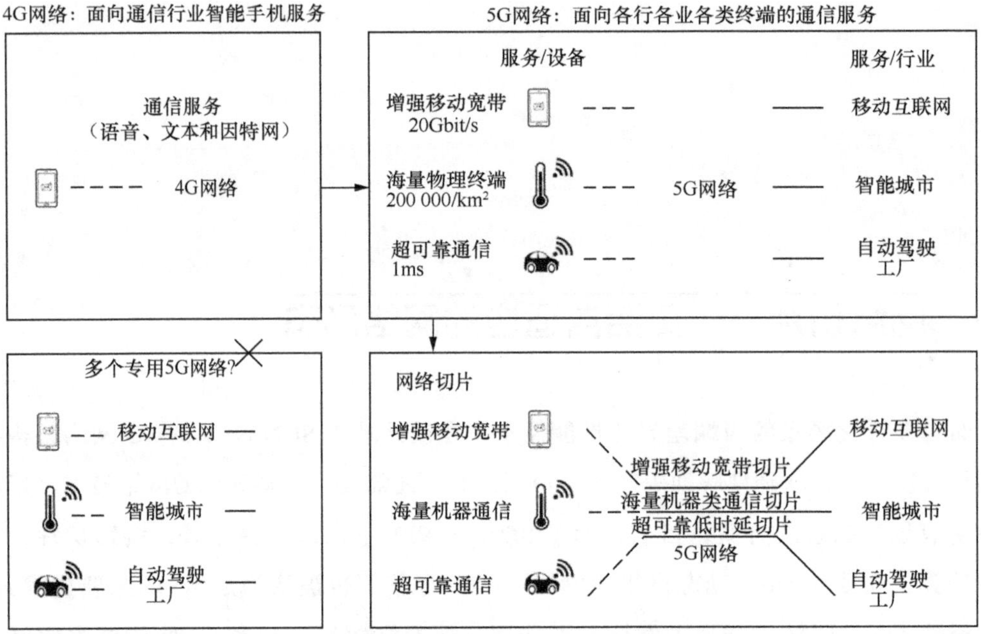

图 6.1　5G 对网络切片的应用需求

6.1.1　网络切片系统架构

典型的端到端网络切片系统架构如图 6.2 所示。网络切片架构包含接入侧切片（含无线接入和固定接入）、核心网切片以及将这些切片组建成完整切片的选择功能单元。选择功能单元按照实际通信业务需求选择能够提供特定服务的核心网切片。

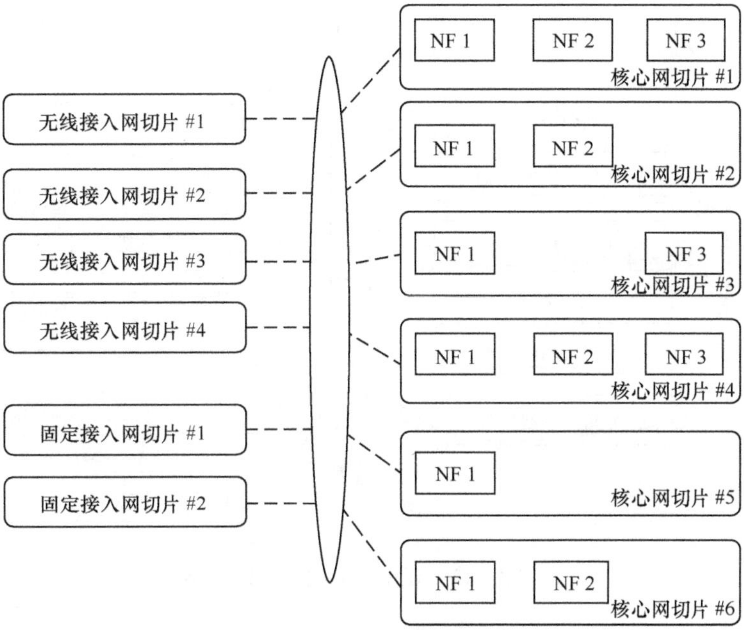

图 6.2　网络切片系统架构

每个网络切片都是一组网络功能（Network Function）及其资源的集合，由这些网络功能形成一个完整的逻辑网络，每一个逻辑网络都能以特定的网络特征来满足对应业务的需求。通过网络功能和协议定制，网络切片为不同业务场景提供所匹配的网络功能。其中每个切片都可独立按照业务场景的需要和话务模型进行网络功能的定制剪裁和相应网络资源的编排管理，是对 5G 网络架构的实例化。

终端设备、接入网切片以及核心网切片之间的配对既可以按 1:1:1 的关系匹配，也可以按照 1:M:N 进行映射，即一个终端设备可以使用多个接入网切片，而一个接入网切片也可以连接到多个核心网切片上，如图 6.3 所示。

为了满足特定的网络功能和通信需求，接入网切片和核心网切片的配对可以是静态的，也可以是半动态配置。网络切片将为与之连接的设备提供完全的网络功能支持，并持续到预期的全生命服务周期结束。

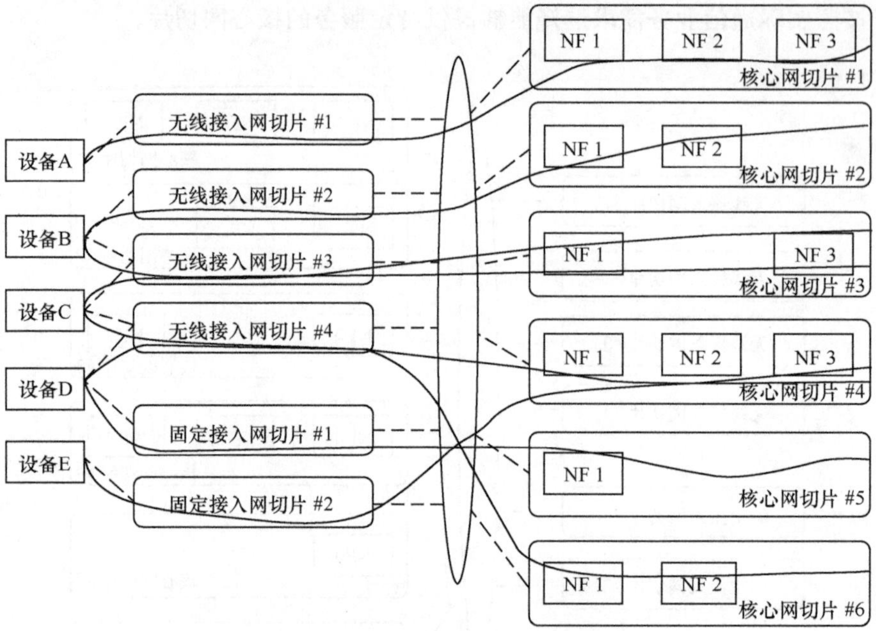

图 6.3　终端设备与网络切片的连接

典型的网络切片应用案例如图 6.4 所示。

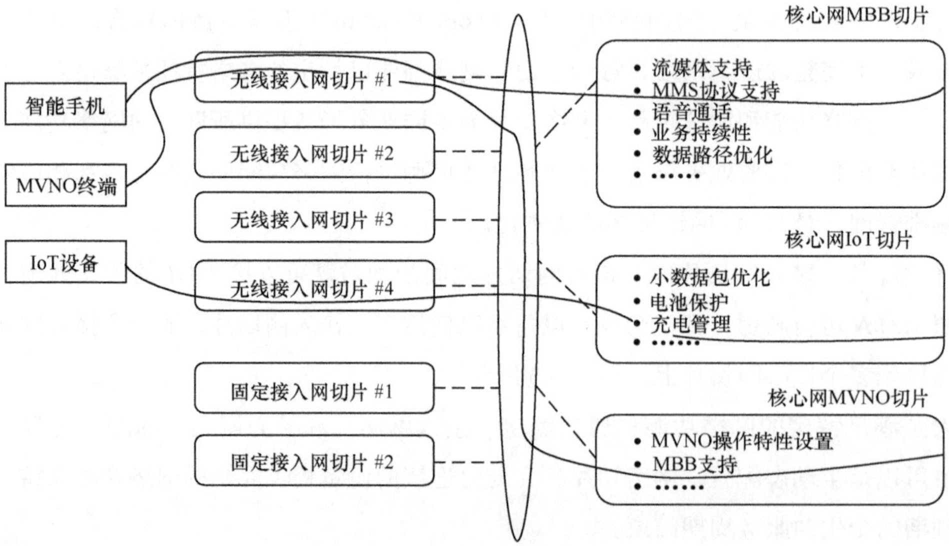

图 6.4　网络切片应用案例

值得注意的是，某些网络切片是可以共享同一个接入网切片的，如图 6.4 中的智能手机切片和虚拟运营商终端切片。举例来说，所有服务于公共事业单位的切片，都可以接入专为 mMTC 场景定制的接入网切片中；而面向流媒体视频优化的切片都可以连接到专为 eMBB 场景建立的接入网切片。

而某些网络切片则专享专用接入网切片和核心网切片。如工业控制场景切片，为了满足时延低、可靠性高的性能需求，运营商会专门定制专用的切片。

6.1.2 网络切片主要优点

网络资源利用最优化：NS 可以通过业务场景需求对网络进行定制以及实现灵活的网元组网，优化业务流程和数据路由，使网络资源的利用达到最优化。

动态地分配资源：NS 能够满足用户的动态需求，使网络具有动态分配资源的能力，从而提高网络资源利用率。

提升网络的灵活性：NS 需要弹性和灵活的扩展，当业务需求和用户数量可能出现动态变化时，可以将多个 NS 进行融合，或将一个 NS 切分成多个 NS，以便更灵活地适配用户动态的业务需求。

提高网络的安全性：通过 NS 可以将两个业务应用间的网络资源进行隔离和区分，一个切片的配置、拥塞和过载的调整不会影响其他切片，能够在保证当前业务质量的前提下，增强整体网络的安全性和顽健性。

6.1.3 接入网切片设计

接入网切片的设计在一定程度上类似于数字集成电路芯片的封装和调用，如图 6.5 所示。芯片内部集成了众多的逻辑器件，这些器件能够独立或者组合实现特定的功能。芯片对外留出了不同的芯片引脚，引脚的具体功能取决于芯片的内部逻辑和接线方式。类似地，为了提高系统的性能和效率，接入网切片管理器实现了统一的控制面和用户面功能，并为不同的切片分配特定的切片 ID。由于切片 ID 与特定配置规则具有一对一的映射关系，不同的切片可以通过统一的控制面和用户面功能，实现对特定网络

图 6.5 数字集成电路芯片

功能的调用。这里我们可以理解为，不同的切片相当于不同的芯片引脚，它们由管理器统一控制，并共享基础硬件资源。但由于配置规则的不同，切片可以调用及实现的网络功能具有差异性。

接入网切片的关键技术有以下几点。

切片间的资源管理和调度。不同的接入网切片可以根据其配置规则，以动态或静态的方式共享无线资源（包括时间、频率、空间）以及相应的基础硬件设施（如数字基带处理组件、模拟无线电组件等）。切片间的无线资源共享通过调度或竞争的策略来完成。在静态资源分配方案中，频率资源、时间资源被固定地分配给每一个特定的网络切片，资源一旦配置，网络切片就可持续获得很长时间，并且用户可以根据无线资源和 RAT 信息的预配置来接入目标网络切片。由于每个网络切片彼此独立，因此，网络切片可以独立工作。在半静态资源分配方案中，频率资源、时间资源被半静态地分配给每一个特定的网络切片。每个网络切片所占用的带宽和 / 或时隙随着基站到基站的不同不时地变化。在这种情况下，运营商可以设计更灵活的机制以帮助用户确定目标网络切片的无线资源和 RAT 信息。在动态资源分配方案中，频率资源、时间资源和空间资源在网络切片之间动态分配，例如，由网络切片的实时分组到达条件确定带宽和 / 或时隙占用情况。网络切片的公共调度器实现动态的资源分配，并保证网络切片之间的公平性。可以说，静态调度能够保证每个切片的资源分配，而动态竞争则侧重于整体资源使用的优化。

图 6.6 是一个多切片通过频分复用和时分复用共享无线资源的典型案例。

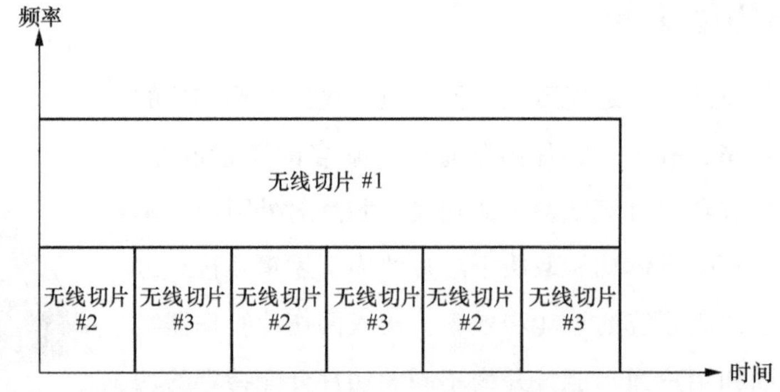

图 6.6　多切片通过频分和时分复用共享无线资源

统一的控制面和用户面功能。切片管理器根据 5G 场景的需求以及空口技术预定义了控制面和用户面的协议栈。各个切片可以基于 QoS 指标需求动态调度场景所需的协议栈功能模块，并释放不需要的模块，这样不仅能够简化协议栈层级结构，还能高效地管理资源，提升资源的有效利用率。

图 6.7 展示了简单的分场景切片定制（实际定制过程更为复杂）。不同切片间按照特定需求有选择性地调用同一协议栈，非阴影功能模块为切片当前所需，阴影功能模块则是非当前所需的。

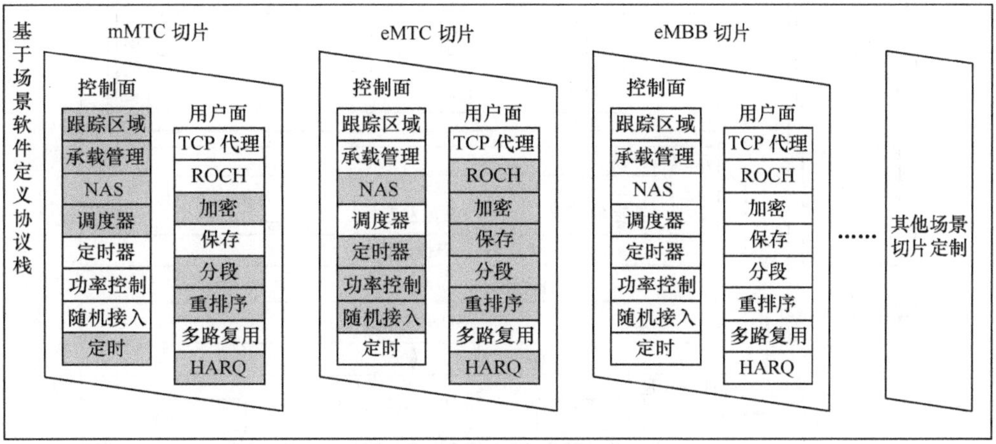

图 6.7 软件定义协议栈

切片的接入访问控制。切片管理器对 UE 的访问请求进行鉴权，鉴权通过的 UE 被授以特定切片的访问权限。这里涉及的问题是，UE 对切片配置信息的获取。被授权使用的切片的资源配置信息对于 UE 是透明的，其他未授权切片配置信息则不可被感知，这样能够增强虚拟网络的安全性。

6.1.4 网络切片实现方案

NFV 软硬件解耦及动态伸缩特性是 5G 切片的实现基础，而 SDN 的控制与转发分离特性是 5G 切片的实现引擎。基于 SDN 和 NFV 的网络切片架构主要由 5 个部分组成：OSS/BSS 模块、虚拟化层、SDN 控制器、硬件资源层以及 MANO 模块，具体如图 6.8

所示。

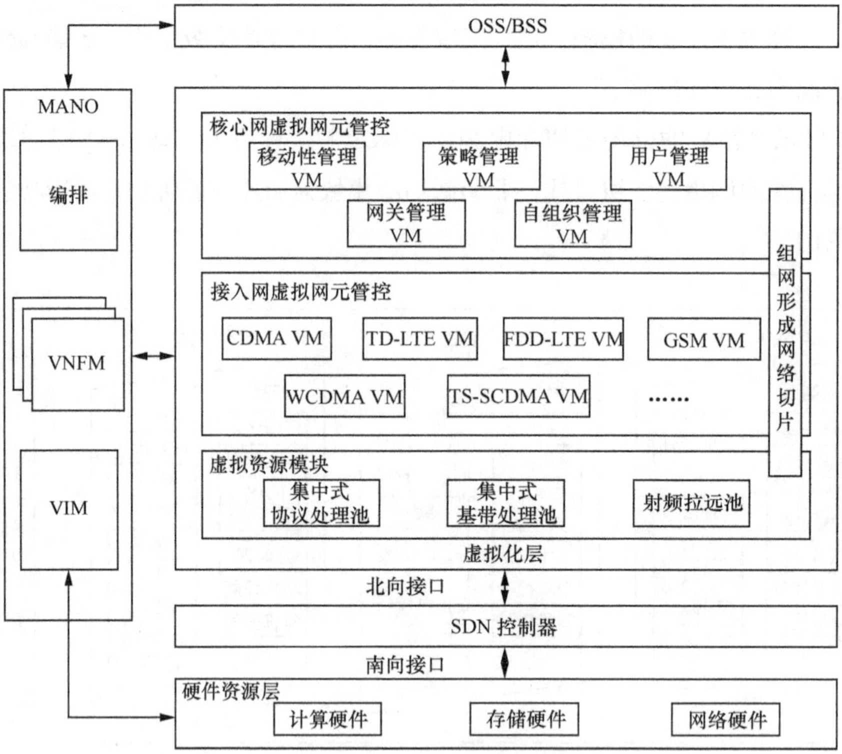

图 6.8　基于 SDN 和 NFV 的网络切片架构

OSS/BSS 模块是全局管控的角色，负责整个网络的基础设施和功能的静态配置，是整个网络的总管理模块。OSS/BSS 模块通过接收第三方需求来为虚拟化层中的网元管控模块提供定制化策略；在切片建立的过程中为切片生成相对应的切片 ID；通过分析第三方需求，对虚拟化层、SDN 控制器、硬件资源和 NFV 管理和编排模块进行管理和配置，可及时更新这些模块配置信息，维护 SDN 控制器的运行环境，以便实时做出调整。

虚拟化层主要由核心网虚拟网元管控、接入网虚拟网元管控和虚拟资源模块组成。其中，核心网虚拟网元管控可以通过核心网将切片 ID 发送给 UE，然后 UE 通过辨识切片 ID 来正确地接入所属接入网网元，从而与运营商建立通信连接。虚拟资源模块中主要包含集中式协议处理池、集中式基带处理池和射频拉远池，其中，集中式协议处理池主要包含接入网的控制面和用户面协议，通过虚拟化技术以及 SDN 技术，可实现软件定义协议栈，根据上层信令的反馈，自动生成对应的协议资源；集中式基带处理池由多个基带处理（BBU，Base Band Unit）单元组成，所生成的 BBU 与接入网虚拟网元管控模块生成的虚拟基站和虚拟基站群具有直接的对应关系；射频拉远池由多个射频拉远（RRU，Radio Remote Unit）单元组成，BBU 与 RRU 通过光纤实现连接，主要的网络拓扑组网方式有星型、链型和环型等，我们可将这些不同组网方式形成的网络看成不同的切片，用以满足具有特定需求的租户。

SDN 控制器是逻辑上可以集中或分散的控制实体。在控制面，通过对计算硬件、存储硬件和网络硬件资源进行统一的动态调配和软件编排，实现硬件资源与编程能力的衔接；在数据面，通过对虚拟化层的操作行为进行抽象，利用高级语言实现对虚拟化层各功能网元之间接口的定制化，从而达到面向性能要求和上层应用的资源优化配置的目标。

硬件资源层主要包括计算硬件、存储硬件和网络硬件，例如服务器、操作系统、交换机、管理程序和网络资源，以及用户连接到 VNF 的物理交换机等，它是支持整个通信网络的底层硬件资源池。

MANO 主要负责整个网络的基础设施和功能的动态配置，完成对虚拟化层、硬件资源层的管理和编排，负责虚拟网络和硬件资源间的映射以及 OSS/BSS 对业务资源流程的实施等。首先，OSS/BSS 依据服务需求生成相关的 NS 用例，NS 用例中包含此服务所需的网络功能网元、网元间的接口和网元所需的网络资源；然后，MANO 按照该 NS 用例来申请所需的网络资源，并在申请到的资源上实例化创建虚拟网络功能模块的接口。MANO 实现对形成 NS 的监督和管理，通过分析实际的业务量在网络资源分配时进行缩容、扩容和动态调整，在生命周期截止时释放 NS。利用大数据驱动的网络优化实现合理的网络资源分配、自动化运维和 NS 切分，实时响应业务和网络的动态变化，保证高效的网络资源利用率和良好的用户体验。

6.1.5　网络切片创建流程

5G 网络切片是一种按需组网的方式。一个网络切片的生命周期包括创建、管理和撤销 3 个部分。如图 6.9 所示，运营商首先根据业务场景需求匹配网络切片模板，切片模板包含对所需的网络功能组件、组件交互接口以及所需网络资源的描述。上线时由服务引擎导入并解析模板，同时向管理器申请网络资源，并在申请到的资源上实现虚拟网络功能、接口的实例化及服务编排，将切片迁移到运行态。网络切片可以实现运行态中快速功能升级和资源调整，在业务下线时及时撤销和回收资源。

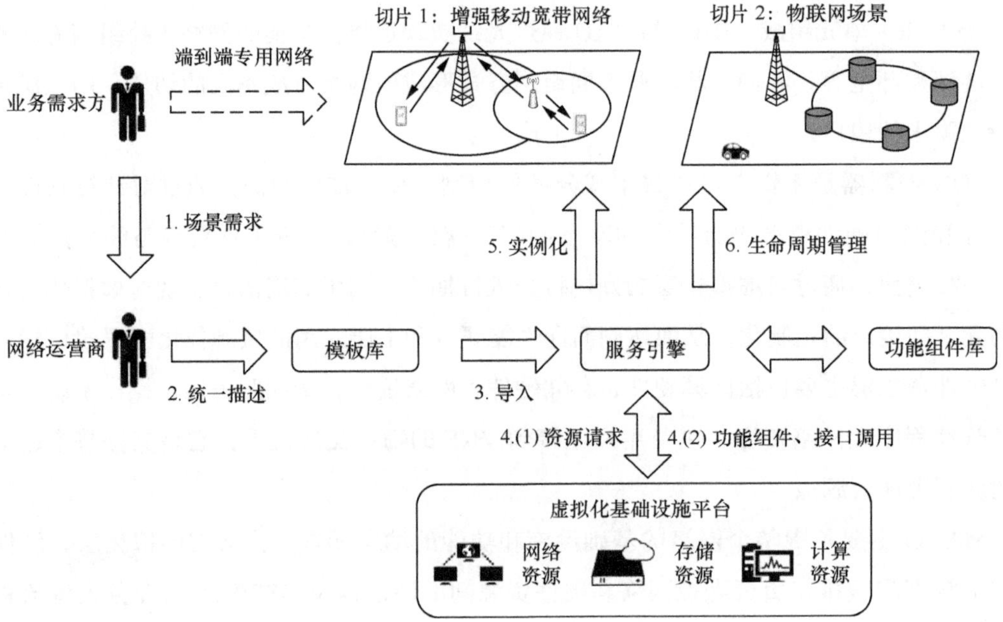

图 6.9　网络切片的创建流程

6.2　移动边缘计算——业务本地化的利器

5G 的超大带宽、极低时延业务接入对网络提出了新的需求。我们知道，传统的网络结构呈树状结构，业务层需要汇聚到中心节点处理。但面对 eMBB 业务场景时，问题随之产生。假设我们上传了一段约为 100MB 的 5G 技术学习短视频，某区域内恰好有 1 000 名初学者使用移动终端观看了这段视频，那么就会产生 100GB 的流量，而实际上这段内容从互联网到移动网络被重复发送了 1 000 遍，99.9% 的网络带宽都被浪费了。如果这段内容能缓存在靠近接入网边缘的节点，大量的传输将被节省，网络效率将极大提升。因此，eMBB 场景下的超大流量需要内容的本地化。低时延业务则要求核心网功能部署到网络边缘。LTE 虽然实现了 2 跳的扁平化架构，但实际上 eNode B 到 EPC 往往相隔数百公里，途经多重汇聚、转发设备，再加上不可预知的拥塞和抖动，无法满足 1ms 端到端时延的业务需求。所以，5G 为满足未来车联网等低时延业务要求，必须将网络功能和业务处理功能下移到靠近接入网的边缘，以减少中间层级。移动边缘计算（MEC，Mobile Edge Computing）技术可以很好地解决这类网络“痛点”，如图 6.10 所示。

作为 5G 的使能技术之一，MEC 通过为无线接入网提供 IT 和云计算能力，使业务本地化、近距离部署成为可能，从而促使无线网络具备低时延、高带宽的传输能力，并且回传带宽需求的降低极大程度减少了运营成本。同时，MEC 通过感知无线网络上下文信息（位置、网络负荷、无线资源利用率等）并向业务应用开放，可有效提升用户的业务体验，并且为创新型业务的研发部署提供平台。

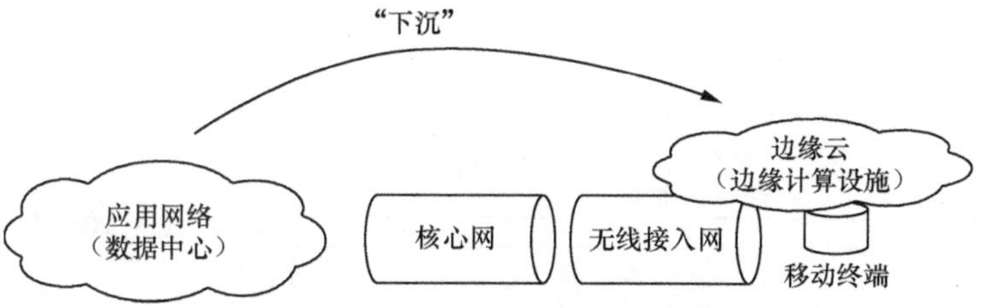

图 6.10 移动边缘计算的概念

6.2.1 MEC 平台架构

移动边缘计算的实现取决于 MEC 平台的能力。MEC 平台提供了计算资源、存储容量、网络连接线，并且可以获取用户业务流和无线网络状态信息。

ETSI 于 2014 年发表了移动边缘计算白皮书。其中，MEC 服务平台如图 6.11 所示。ETSI 的 MEC 服务平台主要包含 MEC 托管基础设施层、MEC 应用平台层以及 MEC 应用层。

MEC 托管基础设施层基于通用服务器，采用网络功能虚拟化的方式，为 MEC 应用平台层提供底层硬件的计算、存储等物理资源。托管基础设施层具体又可分为硬件资源和虚拟化层，至于其连接方式和接口，需要在具体的移动网络标准中定义。

MEC 应用平台层由 MEC 的虚拟化管理和应用平台功能组件组成。其中，MEC 虚拟化管理采用以基础设施作为服务（IaaS，Infrastructure as a Service）的思想，为应用层提供一个灵活高效、多个应用独立运行的平台环境。MEC 应用平台的功能组件主要包括数据分流、无线网络信息管理、网络自组织（SON，Self-Organizing Network）管理、用户 / 网络大数据分析、网络加速以及业务注册等功能，并通过开放的 API 向上层应用开放。

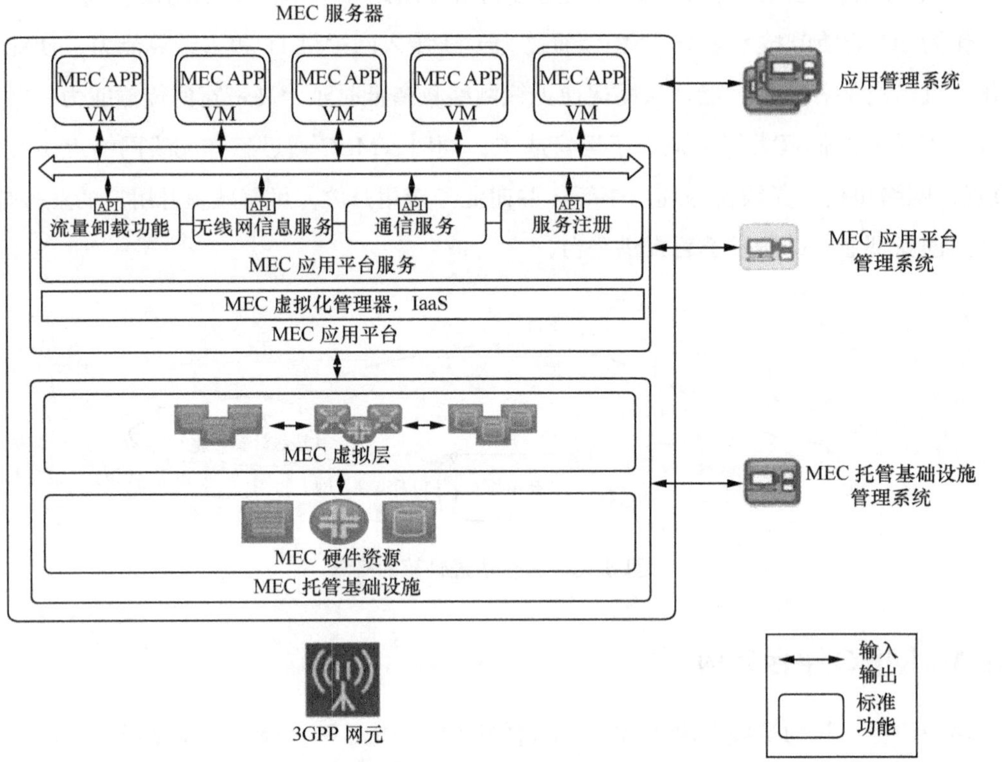

图 6.11　MEC 服务平台

MEC 应用层基于网络功能虚拟化 VM 应用架构，将 MEC 应用平台的功能组件进一步组合封装成虚拟的应用（本地分流、无线缓存、增强现实、业务优化、定位等应用），并通过标准的接口开放给第三方业务应用或软件开发商，实现无线网络能力的开放与调用。

6.2.2　MEC 关键技术

MEC 为应用程序开发者和内容提供者提供云计算能力和移动边缘网络的 IT 服务环境，

以实现超低时延、高带宽、实时性的网络信息访问，它主要包括如下关键技术。

无线侧内容缓存。MEC 应用平台与业务系统对接，获取业务中的热点内容，包括视频、图片、文档等，并进行本地缓存。在业务进行过程中，MEC 平台对基站侧数据进行实时的深度包解析，如果终端申请的业务内容已在本地缓存中，则直接将缓存内容定向推送给终端。

本地分流。用户可以通过 MEC 平台直接访问本地网络，本地业务数据流无须经过核心网，直接由 MEC 平台分流到本地网络。本地业务分流可以降低回传带宽消耗和业务访问时延，提升业务体验。

业务优化。通过靠近无线侧的 MEC 服务器，可以对无线网络的信息进行实时采集和分析，基于获得的网络情况对业务进行动态地快速优化，选择合适的业务速率、内容分发机制、拥塞控制策略等。

网络能力开放。通过 MEC 平台，移动网络可以面向第三方提供网络资源和能力，将网络监控、网络基础服务、QoS 控制、定位、大数据分析等能力对外开放，充分挖掘网络潜力，与合作伙伴互惠共赢。

6.2.3 MEC 与网络切片异同

MEC 的业务感知和网络切片的流量区分在一定程度上具有相似性，但在流量区分的目的、区分精细度、区分方式上都有所区别。

在流量区分目的上，网络切片侧重于将网络从逻辑上分为不同的切片，而 MEC 仅决定是否进行流量卸载。

在流量区分精细度上，网络切片是按业务类型来区分流量的，比如细分为 eMBB 类型、mMTC 类型和 uRLLC 类型。而 MEC 的精细度更高，具体支持按照业务、服务提供商、用户区分等不同维度的细分。

在流量区分方式上，网络切片一般按 PDN 连接类型（APN）进行流量区分，而 MEC 依赖于 L3 层和 L4 层的信息以及应用层的信息区分数据流。

MEC 与网络切片的联系还在于，MEC 可以支持对时延要求最为苛刻的业务类型，从而成为超低时延切片中的关键技术。也就是说，MEC 技术有助于驱使 5G 网络切片技术的发展和具体实现。

6.2.4 MEC 应用场景

MEC 技术的应用场景非常丰富，主要有活动设备定位追踪、增强现实内容传输、视频监控和智能分析、分布式的内容和 DNS 缓存、车联网应用、工业控制等。

活动设备定位追踪。在该场景下，通过驻留在 MEC 服务器中的第三方地理位置定位应用，以及相对最优的地理定位算法，可以基于网络测量实现对激活态终端设备的实时定位跟踪，如图 6.12 所示。该应用场景的商业价值是在 GPS 覆盖信号微弱或不可达的区域，MEC 通过对本地测量报告的处理和基于事件的触发器，为企业用户及个人经营或获取各种基于地理位置的业务，提供一个高效、可规模化部署应用的解决方案。

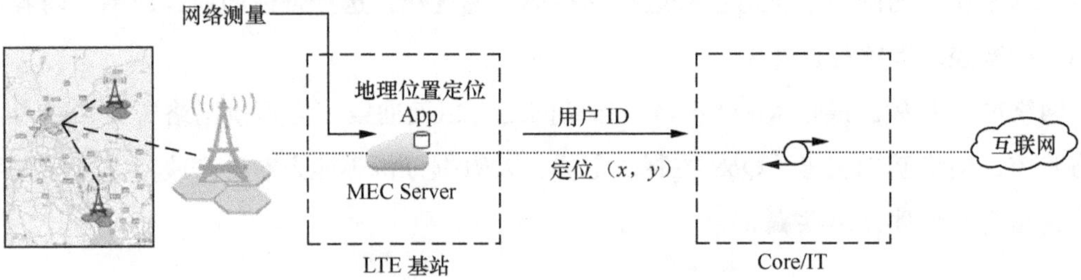

图 6.12 基于 MEC 的活动设备定位追踪

增强现实内容传输。在现有的 AR 解决方案中，智能终端上的 AR 程序可以在摄像头拍摄的视野上叠加增强现实的内容，但终端的内存、电量和存储容量限制了 AR 的发展。如图 6.13 所示，MEC 平台通过本地目标追踪和增强现实内容缓存，实现了本地实景和 AR 内容频道的实时聚合。通过这类基于位置的 AR 内容的快速灵活部署和发现，可构成 MEC 全新的就近内容提供和广告商业模式。

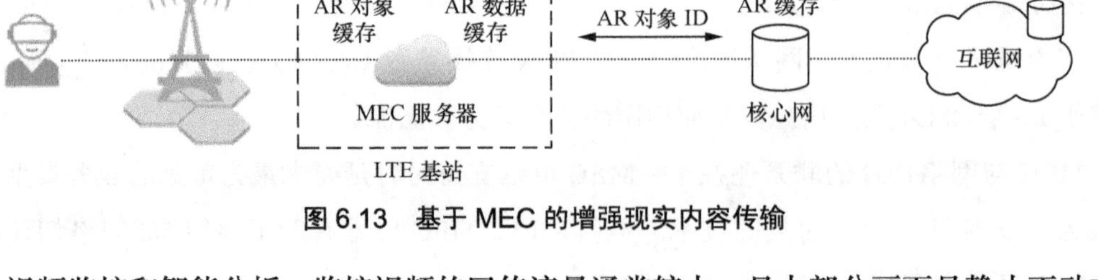

图 6.13 基于 MEC 的增强现实内容传输

视频监控和智能分析。监控视频的回传流量通常较大，且大部分画面是静止不动或无价值的。通过在 MEC 服务器上加载视频管理应用，可将捕捉到的视频流进行转码和就地保存，以节省传输资源。同时，视频管理应用还可对视频内容进行分析和处理，对监控画面有变化的片段或出现预配置事件的片段进行回传。该应用场景可面向公共安全（如防盗监控、人流密集场所安保）和智慧城市（如车牌检测）等。基于 MEC 的视频监控和智能分析如图 6.14 所示。

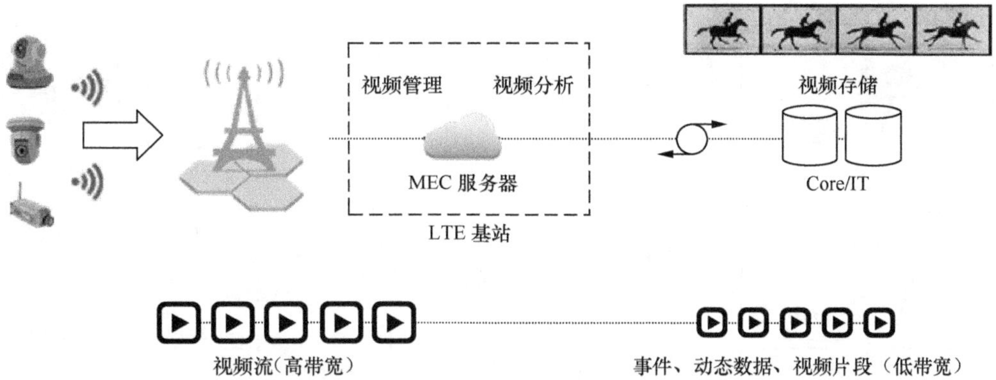

图 6.14　基于 MEC 的视频监控和智能分析

分布式的内容和 DNS 缓存。前面我们举了某地区 1 000 名初学者观看同一段 5G 技术学习视频的例子。对于这类场景，核心网侧可以缓存内容源的完整数据，MEC 服务器上则可以本地缓存发往终端设备的数据包以及 DNS 响应，从而节省回程，避免传输带宽的浪费，并且提高 QoE。根据 ESTI 的测算，在 MEC 服务器上进行内容缓存，所节省的回程线路容量最高可达 35%，页面下载时间缩短最高可达 20%。部署案例如图 6.15 所示。

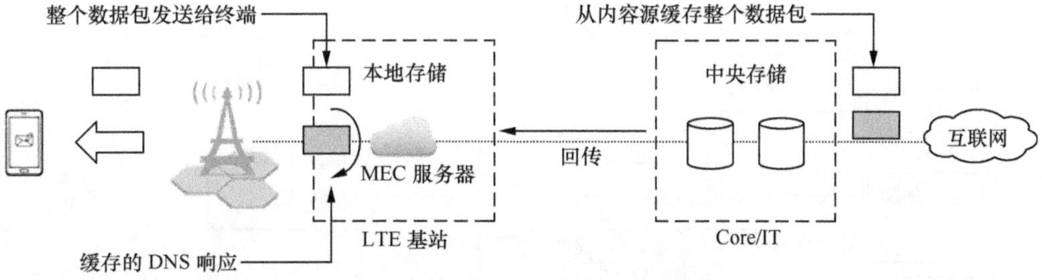

图 6.15　基于 MEC 的分布式内容缓存

车联网应用。未来车联网的应用对于超低时延的要求非常严苛。通过 5G 蜂窝网络和

MEC车联平台的本地计算，可大幅度降低现网的端到端时延，在紧急情况下发送告警等辅助驾驶信息给车载单元OBU，以实现紧急制动等应急操作。这对于减少交通事故，降低公共和个人财产损失具有重要的现实意义。通过MEC车联网平台，还可以部署行车路径优化、行车和停车引导、安全辅助信息推动等增值服务，创造新的商业机会和新的价值链。基于MEC的车联网平台如图6.16所示。

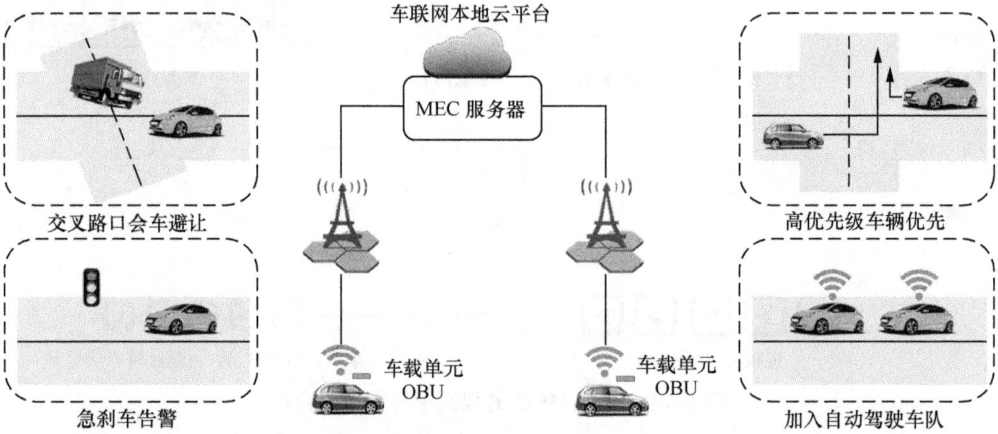

图6.16　基于MEC的车联网平台

工业控制。目前多数厂区 / 园区均使用Wi-Fi实现无线接入，但Wi-Fi在业务连续性、抗干扰、信道利用率、安全认证等方面无法得到保障，难以满足工业需求。通过5G蜂窝网络和MEC本地工业化平台，可实现机器类通信产生的数据的实时分析和本地分流，从而实现工业自动化生产，如图6.17所示。基于MEC的工业控制方案，由于无须经传统核心网处理，可直接本地处理，因此，它具有时延小、可靠性好、安全性高等优势。

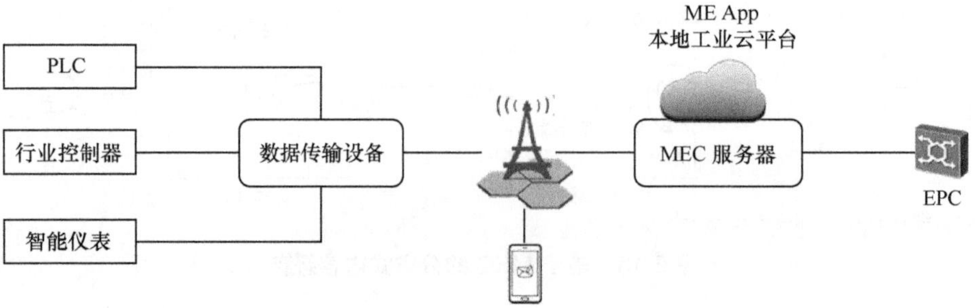

图6.17　基于MEC的工业控制方案

6.3　无线 Mesh 网络——新型宽带多跳无线网络

如图 6.18 所示，无线 Mesh 网络（WMN，Wireless Mesh Network）是一种骨干节点静止的分组交换网络。未来 5G 网络中存在多种类型的基站，例如 UDN 小基站、大规模 MIMO、传统宏基站以及 D2D 站等。各种类型的基站之间的横向协作将比 4G 更为频繁，因此，运营商必须使基站组成 Mesh 网络。而且为了适应用户的移动以及网络本身的移动，Mesh 网络必须是动态自适应的，而不是全局静态的。

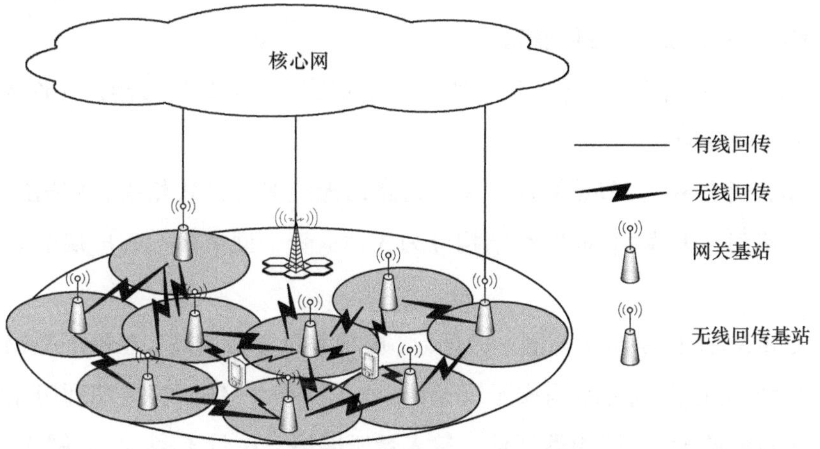

图 6.18　无线 Mesh 网络

无线 Mesh 网络是一种定位于高容量、高速率的新型宽带多跳无线网络，在部署目标、网络结构和流量特征方面与移动 Ad Hoc 网络、无线传感器网络等传统多跳无线网络相比存在诸多差异。骨干路由节点准静止、能量无约束等特征使无线 Mesh 网络在增加网络容量、扩大无线覆盖范围、支持多频段无线设备、提高网络可靠性和顽健性方面具有很大的优势。无线 Mesh 网络部署代价小、组网方式灵活简单，被认为是无线宽带接入的有效方式，非常适合为城市、乡村、校园等不同规模和环境下的业务提供宽带无线接入，而且可以为物联网等提供高效的无线接入，因此，无线 Mesh 网络具有广阔的应用前景，它极有可能成为 5G 接入网的使能技术之一。

6.3.1 Mesh 网络架构

在无线 Mesh 网络中，节点之间通过无线链路自组织构成无线多跳网络。网络节点依据其性能和所承担的作用，可分为以下 3 类。

Mesh 路由器（Mesh Router）。Mesh 路由器是 Mesh 网络的骨干节点，为 Mesh 客户端提供接入服务。Mesh 路由器具有路由功能，能够对收到的数据进行中继转发，通常具有较强的处理和通信能力。

Mesh 客户端（Mesh Client）。Mesh 客户端直接与为其提供接入服务的 Mesh 路由器通信。Mesh 客户端设备具有多样性，可以是笔记本电脑、智能手机、RFID 阅读器等，且节点的移动性也不尽相同。某些 Mesh 客户端在参与多跳路由时，也具有路由功能，能够和其他 Mesh 客户端构成无线多跳网络。

网关（Gateway）。网关是一种具有协议转换功能的 Mesh 路由器，允许 Mesh 网络和其他外部网络互联互通。

在无线 Mesh 网络中，节点间通过无线链路以无线多跳方式相联。依据组织结构和节点部署位置的不同，无线 Mesh 网络结构分为 3 种：骨干型结构、客户端型结构和混合型结构。

骨干型无线 Mesh 网络结构如图 6.19 所示，虚线表示无线链路。在骨干型 Mesh 网络中，Mesh 路由器之间通过无线链路构成无线 Mesh 骨干网络。Mesh 客户端利用无线链路，与为其提供接入服务的 Mesh 路由器通信，接入骨干网络。在骨干型 Mesh 网络中，Mesh 客户端之间无法直接通信，其数据必须经过 Mesh 路由器的中继转发。Mesh 骨干网通过网关与外部的数据网络互联。骨干型无线 Mesh 网络是无线 Mesh 的核心，它可以提供高带宽的无线接入服务。

客户端型无线 Mesh 网络结构如图 6.20 所示。客户端型 Mesh 网络是由 Mesh 客户端之间利用无线链路构成的一个小型无线多跳网络。在客户端型 Mesh 网络中，相邻的 Mesh 客户端可以直接通信，相距多跳的 Mesh 客户端可以通过中间节点的中继转发实现通信。

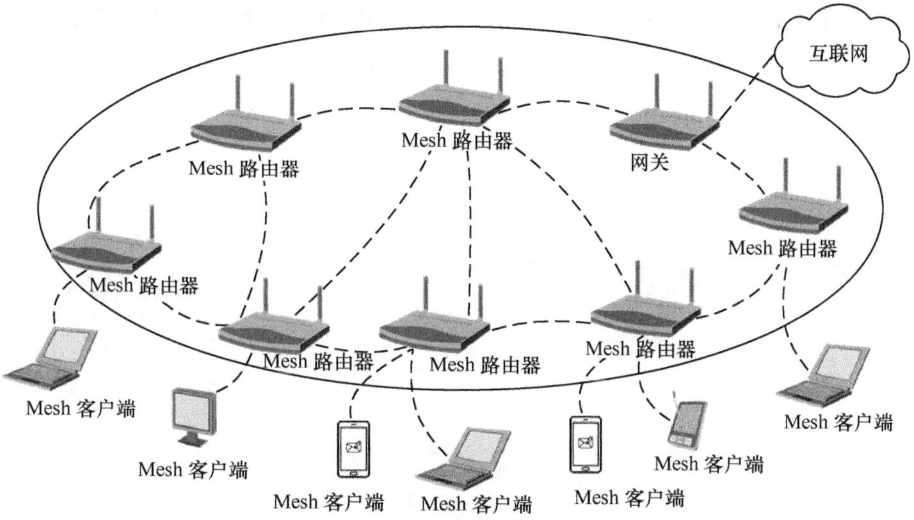

图 6.19　骨干型无线 Mesh 网络

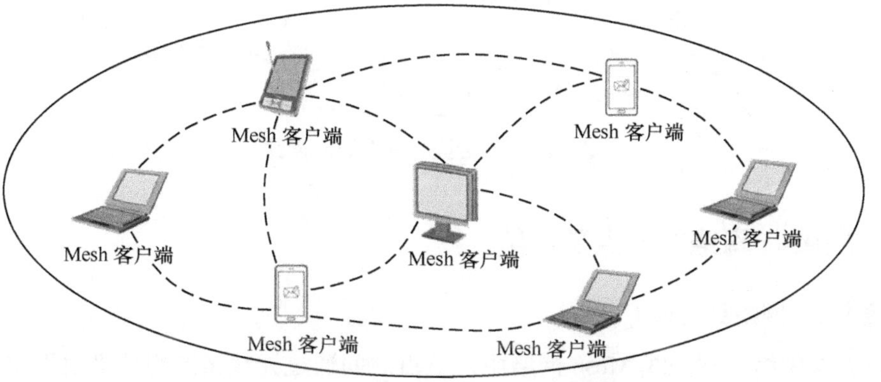

图 6.20　客户端型无线 Mesh 网络

混合型无线 Mesh 网络结构如图 6.21 所示。混合型 Mesh 网络是骨干型 Mesh 网络和客户端型 Mesh 网络两者的组合，并具有双层结构。Mesh 路由器之间利用无线链路构成骨干网络，即上层网络。Mesh 客户端之间利用无线链路构成 Mesh 客户端网络，即下层网络。在混合型 Mesh 网络中，Mesh 客户端的连接情况有两种：Mesh 客户端直接与对应的 Mesh 路由器存在链路；Mesh 客户端既与相邻 Mesh 客户端互联，并同时与对应的

Mesh 路由器存在链路。在第二种情况下，不相邻 Mesh 客户端之间的通信，既可以通过中间 Mesh 客户端建立路径，也可以通过骨干网络中的 Mesh 路由器建立路径。

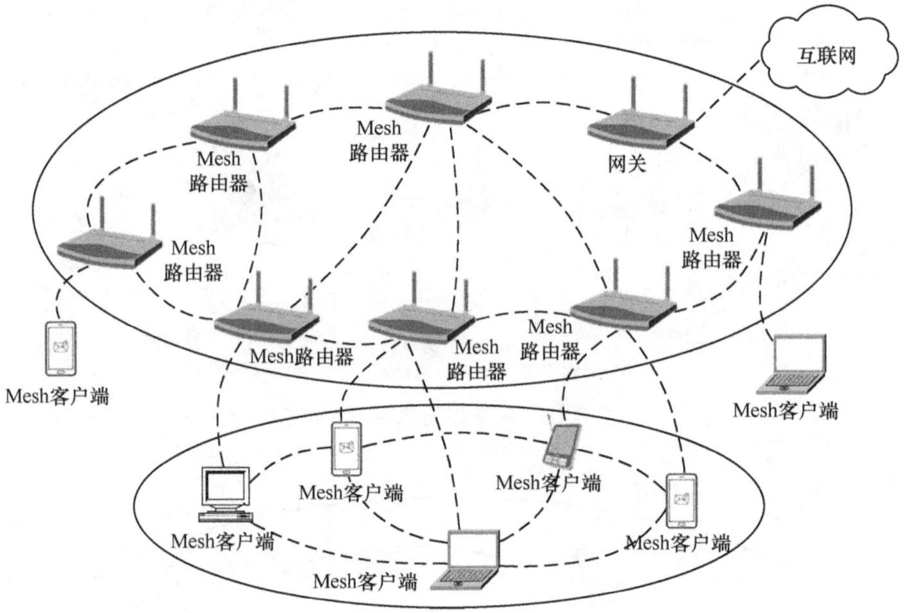

图 6.21　混合型无线 Mesh 网络

6.3.2　Mesh 网络的特点及优势

无线 Mesh 网络具有如下特点。

多跳无线网络。在无线 Mesh 网络中，节点之间通过无线链路组成多跳网络，从而扩展网络覆盖范围和为处于非视距范围的用户提供非视距连接。多跳通信机制与单跳通信相比，链路的距离较短，干扰较小，可以为网络提供较高的吞吐量以及较高的频谱复用率。

自组织特性。无线 Mesh 网络中的节点能够利用无线链路，自组织形成无线多跳网络，使网络具有较好的可扩展性、可伸缩性，且部署方便。它可根据应用场景的需要，确定网络规模和快速部署。

移动性取决于节点类型。无线 Mesh 网络通常有几类节点，分别具有不同的移动特性。网关和 Mesh 路由器通常是静止的，而 Mesh 客户端则可以是静止的，也可以是移动的。

多种网络接入方式。在无线 Mesh 网络中，该方式既可以支持回程到因特网的接入，也可以支持端到端方式的通信，还可以通过无线 Mesh 网络与其他无线网络集成，向终端用户提供各种业务。

能量限制取决于节点类型。Mesh 路由器通常由外部供电，没有能量限制。而 Mesh 客户端通常由电池供电，需要有效地节能机制。通常为 Mesh 路由器设计的 MAC 协议和路由协议等并不一定适用于 Mesh 客户端。

与现有无线网络具有兼容性及互操作性相比，基于无线 Mesh 网络的无线多跳、自组织等特性，其在实际应用中具有以下技术优势。

快速部署和易于安装。由于无线 Mesh 网络具有自组织特点，因此使其安装和部署较为便捷。用户只需为节点选择位置，为其供电，节点就可自组织形成网络，不需要前期的通信基础设置的建设。用户可以通过增加新节点扩大网络的覆盖范围和网络容量。因此，无线 Mesh 网络安装速度快，且成本较低。

非视距传输（NLOS）。利用无线 Mesh 网络多跳的特点，很容易实现 NLOS 传输，因此，无线 Mesh 网络在室外和公共场所有着广泛的应用前景。与 Mesh 路由器有直接视距的用户先接收无线信号，然后将接收到的信号转发给非直接视距的用户。按照这种方式，信号能够自动选择最佳路径不断从一个用户跳转到另一个用户，并最终到达无直接视距的目标用户。这样，具有直接视距的用户实际上为没有直接视距的邻近用户提供了无线宽带访问功能。无线 Mesh 网络能够非视距传输的特性大大扩展了无线宽带的应用领域和覆盖范围。

顽健性。无线 Mesh 网络是一种无线多跳网络，不依赖于单个节点的有效性。在无线 Mesh 网络中，每对源节点和目的节点之间通常存在多条路径。当某个节点失效，导致一条路径失效时，源节点可选择其他路径进行数据传输，不影响整个网络的运行，因此，无线 Mesh 网络具有较好的顽健性。

高带宽。无线 Mesh 网络具有多跳特点，节点之间的通信通常由多条链路组成的多跳路径实现。依据无线信道的物理特性，链路距离越短，干扰和丢失率越小，链路带宽越大。因此，无线 Mesh 网络选择经多个短跳来传输数据，能够获得更高的网络带宽。此外，短距离链路的传输距离小，所需的传输功率和产生的信号干扰较小，从而提高信道质量和信道利用率，进而实现网络的高带宽。

6.3.3 Mesh 应用方向

无线 Mesh 网络可广泛应用于物联网、应急通信、移动承载网等场景。

物联网场景。如在家居环境中，利用无线 Mesh 路由器自组织组建无线 Mesh 网络，可以实现家居环境下无线信号的全覆盖，不需要复杂的布线和安装配置操作。家居环境中的各种移动和固定的电子设备，如 PC、手机等可以接入 Mesh 路由器，实现设备之间的联网通信，进而成为家居智能化的网络基础。

应急通信场景。应急通信是指在无网络基础设施或网络基础设施受损，且需要快速部署网络的场景下通信，如战场通信、灾难（地震、水灾等）后抢险和救援通信等。无线 Mesh 网络由于不依赖于网络基础设施，且具有组网灵活、快捷，无线接入稳定可靠等特点，能够在应急通信领域发挥重要作用。

移动承载网场景。利用无线 Mesh 网络构建的城域网等承载网的优势主要有两个方面。一方面，基于无线 Mesh 网络构建的承载网，能够提供宽带无线接入。另一方面，基于无线 Mesh 网络构建的承载网在建设过程中，不需要复杂的管线施工和设备配置等操作，只需要在城市中广泛部署 Mesh 路由器即可。而且，随着用户数目的波动，和覆盖范围的变动，运营商可以随时增加 Mesh 路由器的数目和部署范围，扩大城域网的容量和覆盖范围，使承载网的管理具有很大的伸缩性和可扩展性。

6.4 动态自组织网络——智能组网

如图 6.22 所示，动态自组织网络用于满足 5G 系统两个方面的需求：在低时延、高可靠性场景降低端到端时延，提高传输可靠性；在低功耗、大连接场景延伸网络覆盖和接入能力。动态自组织网络是一种分布式网络，在系统架构方面具有支持更高的灵活性、可扩展性和顽健性的特点。

新型业务带来的严格时延需求来自移动物联网下区域性部署的机器类终端场景，要求网络侧时延几乎可以忽略，如工业互联网。分布式网络相比传统蜂窝网具有明显的优势。动态自组织网络具有如下特点：基于蜂窝网控制和/或使用蜂窝网资源；具有区域自主性：

包括控制、管理和传输功能本地化；区域内灵活自组织、自管理；网络功能和角色、网络拓扑的动态配置（如控制中心功能位置的灵活化等）。在动态自组织网络中，终端可以以簇为单位进行管理和传输，头节点作为簇管理控制节点，一个簇下的多个末端节点根据位置、类型、业务需求等灵活组织。

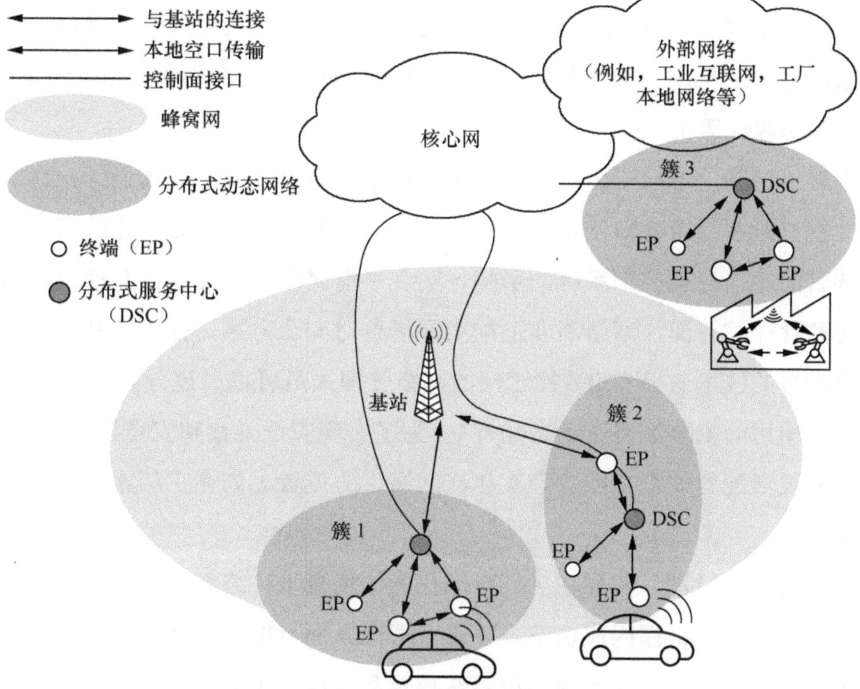

图 6.22 动态自组织网络组织方式

6.4.1 控制面设计

不同于传统蜂窝网络在控制面设计上的中心式控制方案，为了满足垂直行业个性化通信需求，动态自组织网络进行了一系列的网络灵活性增强。

控制、管理功能的下移与可配置：引入本地控制功能，如设置本地控制中心；降低控制面延迟，包括连接建立延迟。将控制面功能下沉到本地网络，有效降低运营商核心网控制面负载。通过将控制面功能的下移和控制面功能可定制结合，更好地贴合垂直行业具体场景，例如，对于工厂流程自动化场景，终端通常是固定的，或者仅在工厂区域移动，在这种情况下移动性管理过程可以被极大简化。

动态自组织网络的基本单位是簇，每个簇有且仅有一个簇头节点，簇头节点可以是高能力终端，也可以是普通终端（如降低成本终端），但优先由高能力终端担任。在一定区域内（如在智能工厂中），多个簇共同组成一个本地网络或一个本地网片。本地网络由一个逻辑上的分布式服务中心（DSC）功能负责管理。DSC 可对网络层面的参数进行配置（如网络标识配置、载波配置、帧结构配置、导频配置等），对安全层面的基本参数进行配置（如当前网片采用的安全机制、加密算法），对簇成员进行管理（如为簇成员分配网络 ID、对簇成员进行身份验证等）。

安全方案可定制。不同于传统移动宽带系统采用的单一安全架构设计，在安全机制方面，不同的垂直行业，或者即使相同的行业的用户可能要求采用定制化的安全方案，从而减小对已部署的工厂自动控制系统的影响，实现平滑演进，因此，在对簇成员的身份验证以及加密完整性保护方面，网络需要适配实际场景对安全方案的需求，从而实现本地网片安全策略可配置的技术效果［如智能工厂的网络管理人员可以通过分布式服务中心（DSC）功能，对工厂使用的安全策略做动态配置］。为了实现安全方案和安全策略的灵活可配置，网络需要能够灵活配置安全功能管理实体在网络中的位置（如在工厂本地网络内或在运营商网络内）。

基于群组的托管设计。例如在工厂自动化通信场景下，终端设备通过接入到本地网络从而形成一个群组或簇，簇内成员节点在设备形态方面可能是机器人、机械臂或各种传感器、执行器类设备。一方面这类现场设备在数量和密度上可能非常高，因此，如果将簇成员或组成员的管理功能放在传统运营商核心网会造成核心网负载过高和信令风暴的问题，所以需要一种基于“分布式托管思想”对簇成员或组成员进行管理的方案。一种实现方式是由本地网络中的分布式服务中心 DSC 或簇头节点负责对本地网片内的簇成员或组成员设备进行管理，簇成员设备本身对于运营商网络可以不直接可见，簇或组作为一个整体对运营商核心网可见，运营商网络可以通过簇头节点或 DSC 间接获得簇成员或组成员状态，激活业务类型以及分布式动态网络整体运行方面的信息。

在计费策略方面，运营商可针对本地化群组通信的特点，设计基于特定群组或群组用户的计费策略［例如，把整个工厂作为一个群组用户，工厂中所用的通信功能的设备（包括传感器、机器人、手持设备）都属于这个群组］。

6.4.2　用户面设计

在传统蜂窝网络架构下，终端必须通过基站（Base Station）和蜂窝网网关功能（Gateway Function）才能与目标端进行通信，在这种网络架构下，终端在获得数据传输服务前必须首先选择一个服务基站，并与服务基站建立并保持连接。而在动态自组织网络中，任何接入网节点（包括高能力终端、微型基站、宏基站）都具备数据存储与路由转发功能，动态自组织网络中的每个节点都具备无线信号收发能力，并且每个节点都可以与一个或多个相邻节点通过无线方式进行直接通信，整个动态自组织网络呈现出网状的结构和特征。低能力终端（如无线触感器、机械控制装置）等可以通过动态自组织网络访问本地与服务器，出于对成本的考虑，低能力终端不支持将数据存储于路由转发节点，因此，只能充当整个动态自组织网络的末端节点。动态自组织网络可应用于智能工厂通信以及智能交通通信等垂直行业应用场景。

在动态自组织网络中，任何节点间（例如，终端与终端、终端与基站、基站与基站）均通过无线方式进行通信，无须任何布线工作，并具有支持分布式网络所提供的冗余机制和重新路由的功能。在动态自组织网络中，任何新节点（如终端或基站）的添加，只需要简单地接上电源就可以，节点可以自动进行自我配置，并确定最佳的多跳传输路径。动态自组织网络主要具有如下优点。

部署灵活。在动态自组织网络部署方面，动态自组织网络节点（如终端或微型基站）只需要处在目标区域，节点便可以自动进行自我配置，自动建立并维护网络拓扑关系，并确定最佳的多跳传输路径，从而大大降低网络部署的成本，加快网路部署的速度。

支持多跳。动态自组织网络支持多跳传输，与发射终端有直接视距的接收终端先接收无线信号，然后将接收到的信号转发给非直接视距的终端。按照这种方式，数据包能够自动选择最佳路径不断从一个用户跳转到另一个用户，并最终到达无直接视距的目标终端。动态自组织网络通过多跳方式支持非视距传输的特性大大扩展了其应用领域和覆盖范围。

高可靠性（冗余传输 + 动态路由）。动态自组织网络除了通过链路增强技术，并通过支持空口多路冗余传输提高空口单跳传输可靠性之外，还通过支持多路由数据传输特性提高端到端传输的可靠性，如果某个中继节点发生故障，数据包可动态地通过备用路径传送切换到中继节点。因此，动态自组织网络比传统蜂窝网络更加健壮，因为它不依赖于某一个单一节点的性能，在传统蜂窝网络中，如果某一个基站出现故障，该基站覆盖区域的通信也将随之瘫痪。而在动态自组织网络中，由于每个节点都有一条或几条传送数据的路径，一旦相邻服务节点出现故障或者受到干扰，数据包将自动路由到备用路径继续进行传输，整个动态自组织网络的运行不会受到影响。

支持超高带宽。无线通信的物理特性决定了通信传输的距离越短，越容易获得高带宽，因为随着无线传输距离的增加，各种干扰和其他导致数据丢失的因素随之增加，因此，选择经多个短跳来传输数据将是获得更高系统带宽的一种有效方法。同样，动态自组织网络可以支持更高的系统带宽，此外由于短跳的传输距离短，传输数据所需要的功率也更小，从而有利于实现绿色节能。由于使用较低功率将数据传输到邻近的节点，节点之间的无线信号干扰也较小，网络的信道质量和信道利用效率大大提高，因此能够实现更高的网络容量。

6.5 D2D 通信——实现海量机器类通信的秘诀

为应对网络密集化和差异化带来的高速流量增长和海量设备接入，我们不能指望任何网络或通信系统的中心设备能够大范围、高效率地指挥、调度通信网络中各终端节点的行为，在无须中心设备干预的情况下，大批量的本地链接对未来网络是势在必行的。因此，D2D（Device to Device）通信技术的研究也迅速成为热点。

D2D 通信是一种通信网络中近邻设备之间直接交换信息的技术。在通信系统或网络中，一旦 D2D 通信链路建立起来，传输数据就无须核心设备或中间设备的干预，这样可降低通信系统核心网络的数据压力，大大提升频谱利用率和吞吐量，扩大网络容量，保证通信网络能更灵活、智能、高效地运行，为大规模网络的零延迟通信、移动终端的海量接入及大数据传输开辟新的途径。D2D 通信模型如图 6.23 所示。

从通信网络整体结构来看，D2D 通信可以分为基于互联网的 D2D 连接和基于移动通信技术的 D2D 连接。基于互联网的 D2D 连接，网络架构相对比较简单，但依靠现有的 Wi-Fi、Bluetooth、ZigBee 技术，其无法承载大规模的 D2D 连接，系统性能也无法保证。而基于移动通信技术的 D2D 连接，则相对比较复杂，其研发过程与 5G 移动通信技术是绑定的。

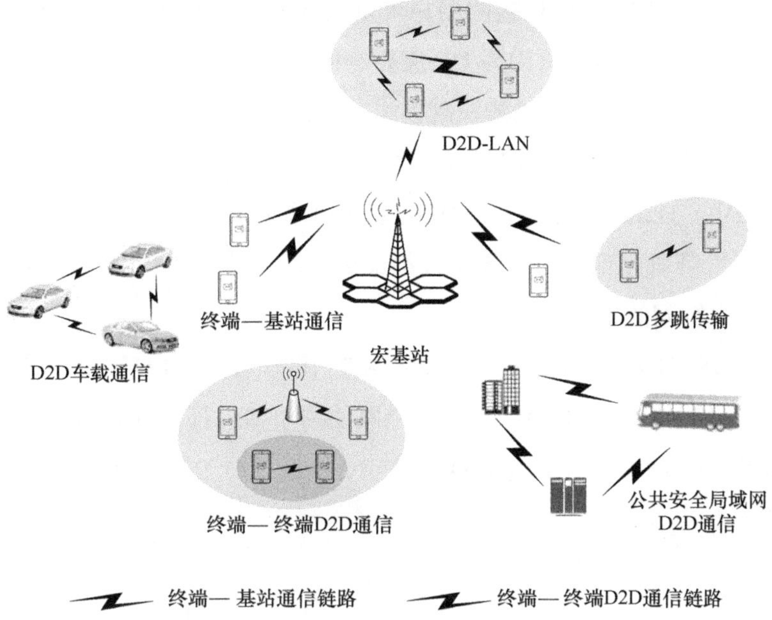

图 6.23 D2D 通信模型

6.5.1 D2D 关键技术

D2D 通信中的关键问题之一是，设备间如何发现彼此并发起 D2D 连接，这是异构网络中 D2D 通信的基础。在 D2D 设备发现的解决方案中，我们可以把用户权限分为两类：限制发现与公开发现。对于限制发现，UE 在没有明确许可的情况下是不允许被检测到的，用户禁止与陌生设备进行通信连接，以此来保证 UE 的隐私性与安全性。而对于公开发现，只要当前 UE 是另一个设备的近邻设备，就可能被检测到，进而建立连接，相较于限制发现模式而言，这种模式用户隐私性较差，但是连接复杂度更低。上述两种方式各有其适应的环境，前者适用于网络环境较好、选择较多的情况，因此，隐私性则是较为重要的问题；而后者适用于救援与应急通信，如主网络覆盖不畅等情况，此时连接更为重要。从网络的角度来看，设备发现可以采用基站紧控制和松控制模式。在基站紧控制下，基站首先令要进行近邻服务的用户发送发现信号，如同步信息、定义以及需要的服务信息，然后指定目标用户附近的用户接收发现信号，这样用户发现过程既快速又精准。与此同时，基站也将产生信号开销。在基站松控制下，基站只是周期地广播用于传输的信源消息设备，并接收相应的发现信号。要建立 D2D 连接的用户可以发送或接收发现帧。该种方式只需要低的信令开销，但是对于用户而言，因为 UE 需要等待发现资源来发送发现帧以及 UE 设备的响应帧，因此，效率也要低于基站紧控制模式。

除了 D2D 设备发现技术，我们还应关注 D2D 的系统干扰问题。

在蜂窝网络中，D2D 可以使用专用资源或复用蜂窝上 / 下行频段。由于蜂窝上行频段的利用率低于下行频段，现有的多数方案都聚焦于使用蜂窝上行频段进行 D2D 通信。但这也相应引发了系统间的干扰。

如图 6.24 所示，UE_1（激活态）是蜂窝网络用户，UE_2 和 UE_3 是 D2D 通信用户对。UE_2 通过链路向 UE_3 传输数据，该 D2D 对链路使用了 UE_1 所使用的物理资源块。在蜂窝网络上行传输时，D2D 发射端 UE_2 对基站造成了干扰，而 D2D 接收端 UE_3 则受到蜂窝网络 UE_1 的干扰。

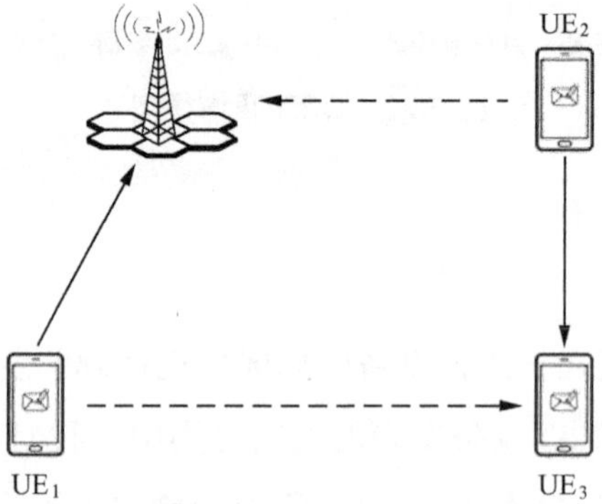

图 6.24　引入 D2D 后的系统间干扰

这种由于 D2D 造成的系统间干扰，可以通过有效的无线资源管理算法来解决，具体包括功率控制、资源调度和模式选择。通过以上机制能有效减少 D2D 与蜂窝网络间的系统干扰，最大化小区吞吐量。

功率控制。D2D 设备的传输功率设置可以分为静态设置和动态设置。

在蜂窝网络中，上行功率控制的目的是减少接收信号的动态范围，例如减少远近效应的影响。假设某小区内任意一个蜂窝用户在 gNB 处的目标信噪比为 $\frac{P}{N_0}$，蜂窝用户的上行 *SINR* 可以表示为：

$$\gamma=\frac{P_1 \cdot G_1}{P_2 \cdot G_2+N_0} \tag{6.1}$$

其中，P_1 和 P_2 分别是蜂窝用户和 D2D 对的发射功率，G_1 和 G_2 分别是蜂窝用户和 D2D 对到 gNB 的信道增益，N_0 是噪声功率。如果没有 D2D 通信对 (P_2=0)，则蜂窝用户的发射功率必须满足 $P_1 \cdot G_1=P$。为了使 D2D 对蜂窝用户的干扰可控，同时保证蜂窝用户的目标信噪比，gNB 为 D2D 对的发射功率设置一个退避因子 B，即 $P_2 \cdot G_2=\frac{P}{B}$。当 B 较大时，D2D 对蜂窝用户的干扰就可以忽略不计，但此时 D2D 的发射功率过低，D2D 通信的传输质量无法保证。因此，为了确保 D2D 通信的最低 *SINR*，还需要为蜂窝用户设定一个功率增强因子 α，根据式（6.1）可得：

$$\gamma=\frac{\alpha \cdot P_1 \cdot G_1}{P_2 \cdot G_2+N_0} \tag{6.2}$$

将 $P_1 \cdot G_1=P$ 和 $P_2 \cdot G_2=\frac{P}{B}$ 代入式（6.2），进一步可得到

$$\alpha=\frac{P}{B \cdot N_0}+1 \tag{6.3}$$

当 D2D 通信对建立完成后，gNB 通过上述方案来设置各 UE 的传输功率，实现干扰协调。但是，静态设置方案通过增加蜂窝用户的发射功率来保证蜂窝用户的目标 *SINR*，会导致过多的蜂窝用户以较大功率进行传输，同时还会加剧小区间的干扰问题。

动态设置方案则能够根据信道质量的变化对终端设备的功率进行调整。目前，研究者已提出了多种动态设置的解决方案，这些方案各有优缺点。我们介绍一种基于功率补偿的闭环功率控制方案。该方案具体的表达式为

$$P=\min\left\{P_{\max} P_0+10\lg M+\alpha \cdot L+\varDelta\right\} \tag{6.4}$$

其中，$P_{\max}$ 是 D2D 对的最大发射功率，P_0 是小区特定参数，由 gNB 进行广播，M 是 D2D 对分配到的物理资源块的数量，α 是路径损耗补偿因子（$\alpha \leqslant 1$），L 是 D2D 对的发射终端与接收终端之间的路径损耗，$\varDelta$ 是功率调整步长。但这种方案仅考虑到了 D2D 对之间的路径损耗，并未考虑到 D2D 对和与之使用相同资源的蜂窝用户之间的位置信息。例如，在上行传输时，D2D 对距离 gNB 较近，而与之使用相同资源的蜂窝用户处在小区的边缘，则该蜂窝用户的性能可能无法得到保证。因此，我们需要在性能和代价之间综合选用更为合理的功率控制方案。

资源调度。现有的 4G 及未来的 5G 系统都将融合快速的时频资源分配技术，因此，在系统处理的单位时间内，D2D 可以使用未分配的时频资源或部分复用已经分配过的资源。

模式选择。如图 6.25 所示，D2D 模式选择策略不仅取决于 D2D 设备间和 D2D 设备与 gNB 间的链路质量，还取决于具体的干扰环境和位置信息。因此在模式选择上，运营商需要综合考虑多种因素，且对信道测量的要求更高。常见的 D2D 模式有上 / 下行复用模式、专用资源模式和中继模式。

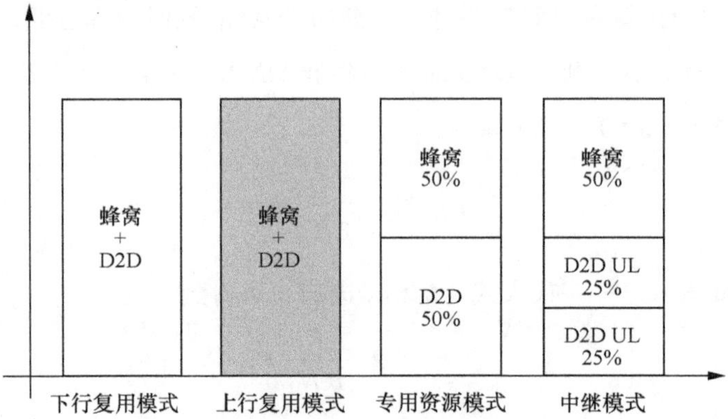

图 6.25　D2D 模式选择

对于上 / 下行复用模式，D2D 用户复用蜂窝用户的资源，产生了同频干扰，gNB 需采用合理的资源分配和功率控制，辅以大规模 MIMO 和先进的编码技术等控制链路间的干扰。

对于专用资源模式，D2D 用户占用部分独立的资源进行端到端的直接通信，剩余资源用于蜂窝通信。由于各部分资源相互正交，D2D 通信与蜂窝网络通信之间不会产生干扰。

对于中继模式，D2D 用户通过 gNB 转接通信，所有通信链路分配独立正交的信道资源，不相互干扰。这在概念上与传统的蜂窝网络通信模式是相同的。

6.5.2　D2D 主要优势

与传统蜂窝通信方式相比，D2D 通信由于其不经过基站中继的特性而具有一系列优点。

提高频谱效率。D2D 通信中复用了小区资源，并保证蜂窝用户的通信性能，即在保证蜂窝用户的中断率情况下使用蜂窝用户资源。并且，D2D 通信距离较近，发射功率相对较小，对蜂窝用户造成的干扰有限。D2D 通信利用了小区资源并保证蜂窝用户性能，这提升了小区的频谱利用效率。

提升小区覆盖率。在传统的蜂窝小区中，小区边缘用户离基站较远，故接收端信号比较弱，容易中断，影响小区覆盖。D2D 通信应用于小区边缘用户，使边缘用户不再受到距离的困扰，提升了小区覆盖率。

近距离增益。D2D 通信通常被应用于通信距离较短的设备间，从而使发送机所需发射功率较小，降低了能耗。D2D 通信距离短，能够获得更大的传输速率，提升了通信性能。

减小基站负载。当今移动用户和移动业务的快速增加，已经给基站带来巨大的压力，这影响了移动用户的通信体验。D2D 通信的引入，可以大大缓解基站的压力。

6.5.3　D2D 应用场景

D2D 可广泛应用于公共安全、社交应用、本地业务、网络中继、物联网增强等场景。

公共安全。此类应用主要是针对蜂窝网络无法有效覆盖的区域，如深山、地震受灾区等，蜂窝网络允许终端脱离网络直接与附近的搜救人员联络。在地震救灾现场，基站可能会因为地震的破坏而不能提供服务，此时就允许受困人员使用手机终端（UE_1）通过 D2D 通信直接与救灾人员（UE_2）联系，以得到及时的救助。

社交应用。现阶段，所有的移动终端都需要通过连接到网络，才能使用各种多媒体业务。但通常这些业务在使用时都有一定的地域性，如在线网游、亲友聚会时分享照片或在公司会议中共享文件资料。直接使用 D2D 通信无须通过基站负载，相应地可以减轻基站负载，避免拥塞，而且速度相对较快、时延较小。该场景的应用类似于蓝牙等功能，但蓝牙需要人工配对，D2D 通信是自动连接，且抗干扰能力和安全性较高，应用范围更广。

本地业务。本地业务主要是指某些本地广告业务通过 D2D 通信进行推广。例如，酒店或商场类的服务提供商会搜索附近的用户，对其提供相关的咨询服务。当用户靠近这些商家并且同意接收相关信息时，服务提供商即可进行针对性地推送，从而提高广告效率。

网络中继。当移动终端（UE_1）信号较差时，其可以先通过信号相对较好的终端（UE_2）与基站获取连接，然后再与 UE_1 进行通信。这样可以增加蜂窝网络的覆盖范围，提高系统容量。

物联网增强。针对物联网增强的 D2D 通信的典型场景之一是车联网中的 V2V（Vehicle-to-Vehicle）通信。例如，在高速行车时，车辆的变道、减速等操作动作可通过 D2D 通信的方式发出预警，车辆周围的其他车辆基于接收到的预警为驾驶员提供警示，甚至在紧急情况下对车辆进行自主操控，以缩短行车中面临紧急状况时驾驶员的反应时间，降低交通事故发生率。另外，通过 D2D 发现技术，车辆能够更可靠地发现和识别其附近的特定车辆，如经过路口时发现具有潜在危险的车辆、具有特定性质的需要特别关注的车辆（如载有危险品的车辆、校车）等。

6.6 C-RAN——无线接入网架构优化

C-RAN 是一种基于集中化处理（Centralized）、协作式无线电（Cooperative Radio）和实时云计算（Real-time Cloud Infrastructure）的满足绿色节能需求的无线接入网架构，其基本定义是：基于分布式拉远基站，C-RAN 将所有或部分的基带处理资源进行集中，形成一个基带资源池并对其进行统一管理与动态分配，在提升资源利用率、降低能耗的同时，通过对协作化技术进行有效的支持而提升网络性能。

C-RAN 的引入，可以很好地契合以下需求：灵活的无线资源管理需求、空口协调和站点协作需求、功能灵活部署及边缘计算的需求、增强网络自动化管理的需求。

无线资源管理方面。5G 面向多样化的应用场景和通信需求，需要支持无线空口资源的按需分配，需要空口资源在一定程度上与具体业务类型解耦，实现更加灵活的无线资源调配，包括频谱、帧结构、物理层过程、高层处理流程等。同时，5G 还需要具备更进一步软硬件解耦的处理能力，构造处理资源池，按需分配处理资源，实现短时间内的无线网络能力的创建和调整。并且，核心处理硬件需采用软件无线电技术，可支持包括 eMBB、mMTC、uRLLC 在内的多制式平滑升级 / 配置能力，实现硬件的复用和共享。这就要求从网络架构和应用实现的角度进一步拓展增强无线网的软件化能力以满足上述功能的需求。

空口协调和站点协作方面。在 5G 网络下，小区和基站的密度会越来越高，由此带来的干扰问题不可忽视。干扰问题是超密集网络下的主要问题之一，因此，站点之间需要更多的协调与合作。此外，网络密度的提升，对移动性管理也提出了更高的要求。显然，移动用户希望继续体验无缝切换，而从网络角度来看，它们则希望尽量降低超密集网络下频繁切换引起的管理开销。这就要求运营商设计出更有效的移动性管理机制。

功能灵活部署及边缘计算方面。面向多样化的业务接入，运营商需要考虑核心网与无线网功能的重构和融合，通过移动边缘计算，缩短端到端通信链路的距离和提升边缘网络的“智能化”，达到节约回传带宽、降低网络时延和提升用户体验的效果。同时，通过开放网络能力，促进业务创新，扩充运营商的盈利模式。

网络自动化管理方面。传统优化和管理方式效率较低，人员技术能力严重不足，难以满足多网精细优化需求。到了 5G 时代，随着各种新技术、新平台的应用，未来 5G 网络下的管理优化复杂度、难度都将大大提高，网络管理急需新的解决方案。这就要求网络管理应该更加自动化和智能化，以降低各类人工干扰因素，节约成本。

5G C-RAN 正是基于上述的需求背景而提出的。

6.6.1 C-RAN 架构演进

针对 5G 高频段、大带宽、多天线、海量连接和低时延等需求，5G C-RAN 通过引入集中和分布单元（CU-DU，Centralized Unit/ Distributed Unit）的功能重构下一代前传网络接口 NGFI（Next-generation Fronthaul Interface）前传架构来实现无线接入网架构的优化。

5G 的 BBU 功能将被重构为 CU 和 DU 两个功能实体。CU 与 DU 功能的切分通过处理内容的实时性进行区分，如图 6.26 所示。

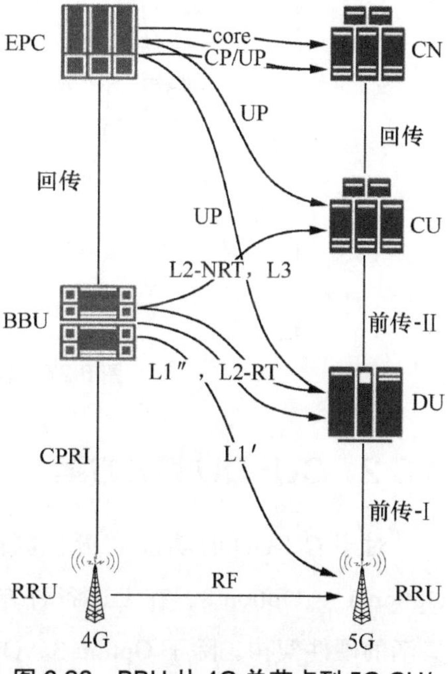

图 6.26 BBU 从 4G 单节点到 5G CU/DU 两级架构的演变

CU 设备主要包括非实时的无线高层协议栈功能，同时也支持部分核心网功能下沉和边缘应用业务的部署，而 DU 设备主要处理物理层功能和实时性需求的二层功能。考虑节省 RRU 与 DU 之间的传输资源，部分物理层功能也可上移至 RRU 实现。从具体的实现方案上，CU 设备采用通用平台实现，这样不仅可支持无线网功能，也具备了支持核心网功能和边缘应用的能力，DU 设备可采用专用设备平台或通用 + 专用混合平台实现，支持高密度数学运算能力。引入 NFV 框架后，在管理编排器 MANO 的统一管理和编排下，配合 SDN 控制器和传统的操作维护中心（OMC）功能组件，实现包括 CU-DU 在内的端到端灵活资源编排能力和配置能力，满足运营商快速按需的业务部署需求。

为解决 CU-DU-RRU 间的传输问题，运营商可引入 NGFI 架构，如图 6.27 所示。CU 通过交换网络连接远端的 DU，这一架构的技术特点是，可依据场景需求灵活部署功能单元。传送网资源充足时，运营商可集中化部署 DU 功能单元，实现物理层协作化技术，而在传送网资源不足时也可分布式部署 DU 处理单元。而 CU 功能的存在实现了原属 BBU 的部分功能的集中，既兼容了完全的集中化部署，也支持分布式的 DU 部署，可在最大化保证协作化能力的同时，兼容不同的传送网能力。

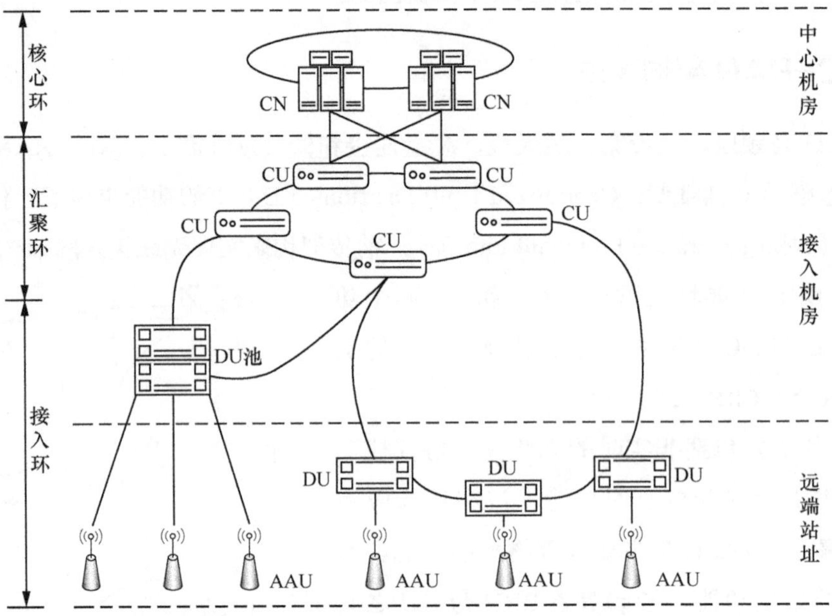

图 6.27 基于 CU/DU 的 C-RAN 网络架构

6.6.2 CU-DU 切分方案

对于 CU-DU 的功能切分，国际标准化组织 3GPP 提出了 8 种候选方案，分别为 Option 1 ~ Option 8。在上述各种方案中，CU 和 DU 分别支持不同的协议功能，以实现灵活的硬件架构。除了 Option 3、Option 5 和 Option 7 是在协议栈层内部进行切分外，其他方案均是在层与层之间进行分割。具体如图 6.28 所示。

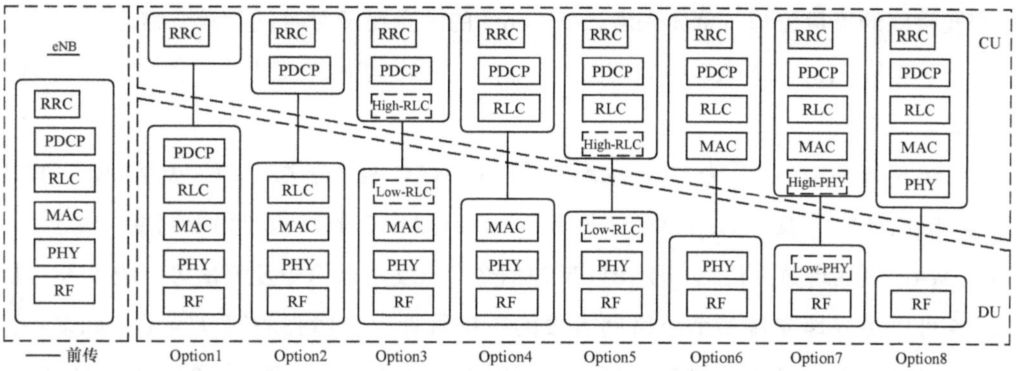

图 6.28　CU-DU 功能切分候选方案

在 Option 1 切分方式中，RRC 位于 CU 侧，而整个用户面，包括数据链路层（PDCP、RLC、MAC）和物理层 PHY 以及 RF 均位于 DU 侧。这一方案的好处在于支持 RRC/RRM 集中，且完全与用户面分离，在移动边缘计算、低时延等要求用户数据贴近传输节点部署的场景下，可以带来一定的收益。但由于 RRC 与 PDCP 的分离，在实际部署中，当对接口进行安全性保证时，可能影响性能。

Option 2 在 PDCP 和 RLC 之间进行切分，具体可划分为 Option 2-1 和 Option 2-2 两种子方案。二者的区别在于，前者，RRC 和 PDCP 位于 CU，RLC 及更底层的协议功能位于 DU，后者则在前者的基础上，进一步支持将 CU 划分为 CU-CP（包含 RRC、PDCP 控制面功能）和 CU-UP（包含 PDCP 用户面功能）两个逻辑功能实体，在必要时，CU-UP 可以下沉部署，以减少业务时延。Option 2 支持 5G NR 和 E-UTRAN 等多制式的接入和管理，但在 Option 2-2 下，需确保不同 PDCP 实例间的安全性配置。

Option 3 从 RLC 层内部进行切分，将其划分为 High-RLC 和 Low-RLC。基于实时性和非实时性要求，Option 3 也有两种功能切分的子方案。Option 3-1 是基于 ARQ 分割，其中 Low-RLC 包含分段、串联功能，High-RLC 则实现 ARQ、数据重组等其他功能。在该子方案下，由于 ARQ 功能集中于 CU，可以带来池化增益；而 DU 则由于 ARQ 和包排序等工作都由 CU 实现，即使传输网络发射错误，也可以借助 CU 中端到端的 ARQ 机制来恢复数据，从而对重要数据和控制面信令提供保护。因此，Option 3-1 在非理想传输条件下具有很高的顽健性。Option 3-2 是基于 TX RLC 和 RX RLC 分割，Low-RLC 主要实现 RLC 实体的发送，High-RLC 则相应地实现 RLC 实体的接收。该方案的好处是可以在 CU

中实现较精确的流量控制。总体来看，Option 3 的缺点在于对时延非常敏感。

Option 4 从 RLC 和 MAC 中间切分。目前，从协议栈的角度来看，该方案未有明显的性能增益。

Option 5 将 MAC 层分为 High-MAC 和 Low-MAC 两个子层。CU 包含 RRC、PDCP、RLC 和 High-MAC，其中 High-MAC 负责多个 Low-MAC 的控制和集中调度，位于 CU 中的 Low-MAC 则实现数据传送、HARQ 反馈信令、调度请求信令及测量等传统 MAC 功能。Option 5 可以更好地支持多个小区间有效的干扰管理以及增强的调度技术，如多小区间 CoMP、CA 等，但由于 High-MAC 新功能的引入，增加了系统调度的复杂性，High-MAC 和 Low-MAC 之间的接口也需专门定义。

在 Option 6 中，MAC 和更高层协议功能位于 CU，PHY 和 RF 位于 DU，CU 和 DU 间的接口承载数据、测量、配置和调度相关的信息（如 MCS、层映射、波束赋形、天线配置、资源块分配等）。Option 6 支持集中调度和联合传输，池化增益最大，但 MAC 层和 PHY 层之间需进行子帧级的定时交互，前传环路的时延可能影响 HARQ 定时和调度。

Option 7 是 PHY 内部分割方案，可细分为多个子方案。在 Option 7-1 中，上行方向的 FFT 和 CP 去除功能、下行方向的 IFFT 和 CP 添加功能保留在 Low-PHY 中，并位于 DU 中，其余功能划分到 High-PHY 并归属 CU。在 Option 7-2 中，Low-PHY 除保留在 Option 7-1 中所述的功能外，还保留资源的映射和去映射以及预编码功能。Option 7-3 仅用于下行，只有编解码功能位于 CU 中，PHY 层的其他功能均位于 DU 中。Option 7 的显著特点在于可使用压缩技术来降低 CU 和 DU 间所需的前传带宽需求，但对时延非常敏感。

在 Option 8 中，CU 负责所有基带处理工作，DU 负责完成射频功能，这实际上类似于现有的 BBU-RRU 的功能切分。这种切分方式能够实现所有协议栈层的集中处理，使网络本身具有高度协调功能，进而能够有效地支持 CoMP、负载均衡以及移动性等功能。其缺点是对于前传的带宽需求和时延需求非常高。

由上可知，Option 1 ~ Option 8 对应的 CU 功能逐渐增强，而 DU 功能逐渐减弱。相应地，CU-DU 接口的前传带宽需求逐步增大，CoMP 效果逐步增强，对传输时延的要求也越来越严格。

基于对 CU-DU 间信息交换频度、接口复杂性、协议开销等多方面因素的综合评估，3GPP 现已明确 CU-DU 高层切分采用 Option 2 方式，而对于低层切分则尚未形成结论，趋向于选择 Option 6 或 Option 7。

6.6.3 CU-DU 灵活部署

灵活、可配置的 CU-DU 分离可以实现网络资源的实时按需配置，更好地适应不同场景的个性化需求。5G 主要面向 eMBB、mMTC、uRLLC 三大业务，且存在多业务并存的特点。以图 6.29 的高速公路场景为例，交通监管摄像头、车辆等与交通安全 MEC 服务器的交互属于 URLLC 业务，对传输时延和连接可靠性较为敏感，而乘客使用较多的是 eMBB 业务。传统的 BBU-RRU 分布式架构未能针对不同业务的差异化需求做出相应的调整。在面向 URLLC 场景时，由 RRU 上联至 BBU 再到 EPC 虽然只经过两跳，但实际距离往往相隔数百公里，并途经多重汇聚、转发设备，再加上不可预知的拥塞和抖动，无法满足低时延的需求。而通过 CU-DU 分离，将 RAN 的实时处理功能由 DU 承载并靠近用户部署，同时配置相应的网关和 MEC 服务器可以减少中间层级的转发，进而实现降低端到端时延的目标。此外，还可以通过多个 DU 连接到同一 CU 的方式，在 CU 的集中控制和调度下，多个 DU 传送相同的数据，从而实现公共安全信息的广播。在面向 eMBB 场景，尤其是高速移动场景时，多个 DU 可以共享同一逻辑小区并由 CU 集中控制，这样一来，移动锚点处于 CU 内部，UE 在多个 DU 间无须切换。一方面减少了切换失败的概率，另一方面也减少了信令开销和复杂度。如果满足理想前传条件，可以通过多个 DU 聚合部署形成基带池的方式实现多小区 CoMP，从而提高网络的覆盖和容量，保证用户体验。

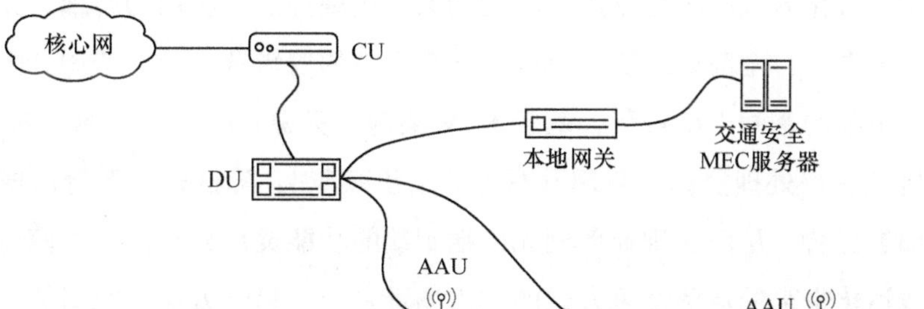

图 6.29　CU-DU 在 eMBB 与 URLLC 并存场景下的灵活部署

6.6.4 C-RAN架构优势

5G C-RAN基于CU-DU的两级协议架构、NGFI的传输架构及NFV的实现架构，形成了面向5G的灵活部署的两级网络云构架，将成为5G及未来网络架构演进的重要方向。与传统4G C-RAN无线网络相比，5G C-RAN网络依然具有集中化、协作化、无线云化和绿色节能4个特征，只是具体内涵有一些演进。

集中化。传统的4G C-RAN集中化是一定数量的BBU被集中放置在一个大的中心机房。随着CU-DU和NGFI的引入，5G C-RAN逐渐演变为逻辑上两级集中的概念，第一级集中沿用BBU放置的概念，实现物理层处理的集中，这对降低站址选取难度、减少机房数量、共享配套设备（如空调）等具有显而易见的优势。运营商可以选择合适的应用场景，有选择地进行小规模集中（如百载波量级）。第二级集中是引入CU-DU后无线高层协议栈功能的集中，将原有的eNode B功能进行切分，部分无线高层协议栈功能被集中部署。

协作化。协作能力对应于两级集中的概念，第一级集中是小规模的物理层集中，可引入CoMP、D-MIMO等物理层技术实现多小区/多数据发送点间的联合发送和联合接收，提升小区边缘频谱效率和小区的平均吞吐量。第二级集中是大规模的无线高层协议栈功能的集中，运营商可借此作为无线业务的控制面和用户面锚点，在未来引入5G空口后，实现多连接、无缝移动性管理、频谱资源高效协调等协作化能力。

无线云化。云化的核心思想是进行功能抽象，实现资源与应用的解耦。无线云化主要有两层含义。一方面，全部处理资源可属于一个完整的逻辑资源池。资源分配不再像传统网络那样是在单独的基站内部进行，基于NFV架构，资源分配是在“池”的层面上进行，可以最大限度地获得处理资源的复用共享（如潮汐效应），降低整个系统的成本，并带来功能的灵活部署优势，从而实现业务到无线端到端的功能灵活分布。运营商可将移动边缘计算视为无线运化带来的灵活部署方式的应用场景之一。另一方面，空口的无线资源也可以抽象为一类资源，实现无线资源与无线空口技术的解耦，支持灵活无线网络能力调整，满足特定客户的定制化要求（如为集团客户配置专有无线资源实现特定区域的覆盖）。因此，在C-RAN网络中，系统可以根据实际业务负载、用户分布、业务需求等实际情况动态实时调整处理资源和空口资源，实现按需的无线网络能力，提高新业务的快速部署能力。

绿色节能。利用集中化、协作化、无线云化等能力，减少运营商对无线机房的依赖，降低配套设备和机房建设的成本和整体综合能耗，实现按需的无线覆盖调整和处理资源调整，在优化无线资源利用率的条件下提升全系统的整体效能比。

6.7 小结

为了加速 5G 网络的实际部署，网络切片、移动边缘计算、无线 Mesh 网络、动态自组织网络、D2D 通信、C-RAN 等网络关键技术继续被引入并应用于 5G 场景中，成为 5G 技术成熟落地的重要推手。

参考文献

[1] 5G Americas，Network slicing for 5G networks & services[R]. 2016.

[2] 月球，肖子玉，杨小乐 . 未来 5G 网络切片技术关键问题分析 [J]. 电信工程技术与标准化，2017.

[3] 安琪，刘艳萍，孙茜，等 . 基于 SDN 与 NFV 的网络切片架构 [J]. 电信科学，2016.

[4] 粟欣，龚金金，曾捷 . 面向 5G 网络切片无线资源分配 [J]. ELECTRONIC ENGINEERING & PRODUCT WORLD，2017.

[5] 马军锋 . SDN/NFV 关键技术问题分析和标准化进展 [J]. 中兴通讯技术，2016.

[6] 汤雅妃，李素粉 . NFV 关键技术与应用场景 [J]. 电信科学，2016.

[7] ETSI，Mobile-edge computing–introductory technical white paper[R]. 2014.

[8] 中国联通网络技术研究院 . 中国联通边缘计算技术白皮书 [R]. 2017.

[9] 冯伟龙 . 超密集网络（UDN）的性能分析与关键技术研究 [D]. 北京交通大学，2016.

[10] 吴栓栓 . D2D 在 5G 网络中的应用 [J]. 中兴通讯，2015.

[11] 钱志鸿，王雪 . 面向 5G 通信网的 D2D 技术综述 [J]. 通信学报，2016.

[12] 中国移动 . 迈向 5G C-RAN：需求、架构与挑战 [R]. 2016.

[13] 中国移动通信研究院 . 5G C-RAN 无线云网络总体技术报告 [R]. 2017.

[14] 3GPP. RAN functional split considerations and preferences[R]. 2017.

[15] 吕婷，曹亘，李轶群，等 . 基站架构及面向 5G 的演进研究 [J]. 邮电设计技术，2017.

5G

实践部署篇

将 5G 技术提前引入 4G 网络，借此大幅提升 4G 网络性能，可以在充分保护移动运营商投资的情况下，最大化地满足移动业务的增长需求。与此同时，研究 5G 演进对现网的影响，探讨工程建设策略，有助于 5G 标准化完成后的快速建网。

第7章

5G 技术 4G 化

超高清视频、虚拟现实、增强现实、车联网、工业 4.0 等新兴业务的萌芽与发展促进了移动业务需求的爆发式增长，但同时也对移动网络的各项性能提出了更为严苛的挑战。现有 4G 网络的能力和性能开始成为移动业务发展的瓶颈，LTE-Advanced 等增强技术仅能在一定程度上从速率、容量、连接数、时延等方面逐步逼近 5G 性能指标，但远远无法起到替代 5G 网络的作用。

表面上看，面对移动业务需求的爆发和网络能力的瓶颈，完美的解决方案只能是加速 5G 网络的部署和商用。但这将面临两大问题：首先，当前 5G 仍处于标准制定阶段，某些关键技术的研究和应用还不成熟，而 5G 正式商用的乐观预期也要到 2020 年；其次，从全球范围来看，4G 网络成熟商用的节点与 5G 标准冻结的预期时点靠得太近，运营商在 4G 网络上的大规模投入尚未得到有效回报。基于上述时间和投资的考虑，现阶段马上开始大规模的 5G 部署显得不太现实。对此，一种可行的方案是"5G 技术 4G 化"，即将 5G 技术提前引入 4G 网络，借此大幅提升 4G 网络的性能，在充分保护移动运营商投资的情况下，最大化满足移动业务的增长需求。

下面我们将简要梳理 5G 标准化的时间表，并以我国为例回顾 4G 的发展进程和现状。在此基础上，我们将进一步探讨 5G 演进对现有网络架构、网络资源配置等的影响，借此更好地理解当前阶段 5G 技术 4G 化的迫切性。

7.1 5G 标准化时间表

为了加速 5G 的落地，目前大量 5G 标准工作正按计划开展，具体的标准化工作时间表如图 7.1 所示。

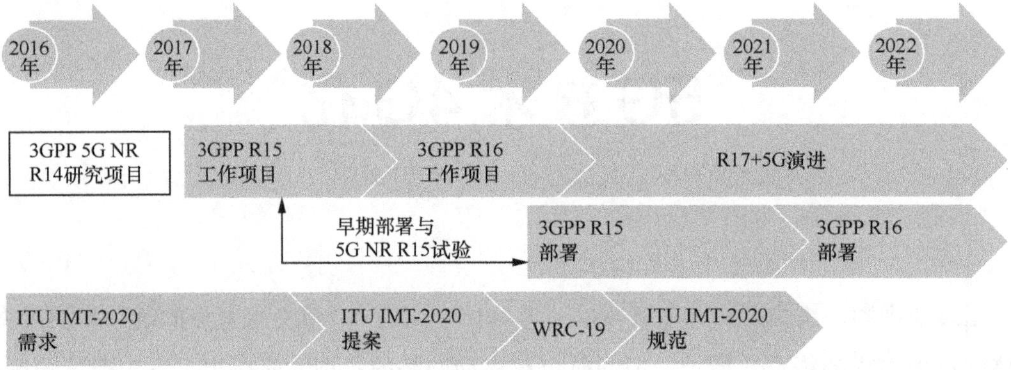

图 7.1　5G 标准化时间表

3GPP R15 工作项目将于 2018 年完成，并有望成为全新 5G 无线空口和新一代网络架构的首个规范。值得注意的是，R15 将包含 5G 非独立组网（NSA，Non-Standalone）标准和独立组网（SA，StandAlone）标准。其中，非独立组网标准将提前至 2017 年 12 月完成，以推动运营商对 5G 新空口的大规模试验和部署。我们知道，急于达成标准有可能导致标准的不完善和碎片化，但 3GPP 仍然决定提前完成 5G 非独立式空口标准，由此可见我们对 5G 的迫切需求。

5G 标准的开发工作还将延续到 3GPP R16 及以后，但是 R15 将为 2019 年开始的 5G 商用提供全球规范。同时，目前 3GPP 正在开展的工作将在 IMT-2020 规范正式发布之前提交至 ITU，而 IMT-2020 规范将于 2020 年完成。

随着 5G 标准的制定，我国也积极开展技术试验，具体分为技术研发试验（2016—2018 年）和产品研发试验（2018—2020 年）两个阶段。2016 年 1 月，我国全面启动技术研发试验，将通过关键技术验证、技术方案验证和系统方案验证三个阶段，支撑 5G 技术研发与国际标准化工作。目前，IMT-2020（5G）推进组已完成关键技术验证，并于 2017

年 6 月发布第二阶段测试规范，各项试验工作有条不紊地展开。

7.2 4G 发展现状

我国 4G 网络的发展非常迅猛，从 2014 年 4G 商用元年 8% 的 4G 渗透率，到现如今 70% 的渗透率，仅仅经过了 3 年多的时间，且还有进一步提升的空间。统计数据如图 7.2 所示。

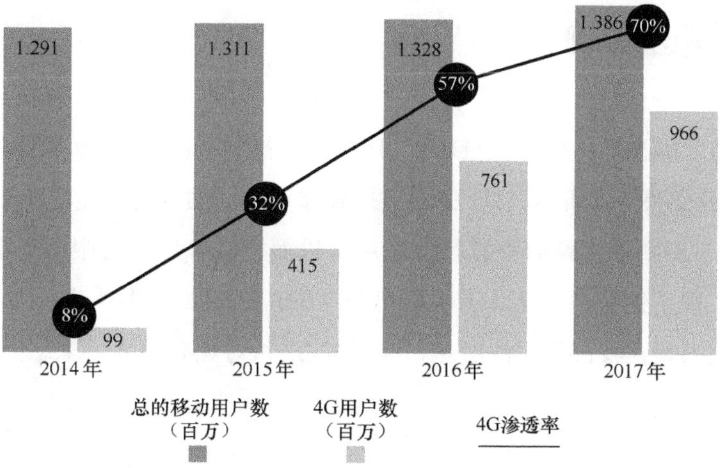

图 7.2 我国 4G 发展现状

而从投资的角度来看，我国 4G 投资周期已经大约持续了 4 年，其中 2015 年更是达到了高峰，当年总体投资达到 3 080 亿元，占收入的 31%，如图 7.3 所示。

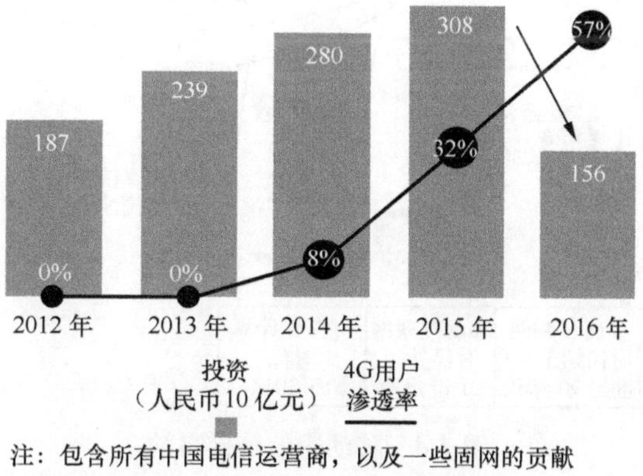

图 7.3 我国 4G 投资已过峰值

对比投资和4G用户渗透率，我们可以推测，4G网络投资的回收还需要持续一定的周期。这相应也决定了5G投资相对4G会更加平缓和持久，初期的建设也更可能是瞄准城市热点地区，聚焦在小基站、新天线和主设备上。因此，从技术角度考虑，实施“5G技术4G化”的策略，能够有效解决业务需求指数级增长和运营商资源有限的矛盾，在充分保护现有网络投资的基础上，提前发力，快速抢占市场。

7.3 5G演进影响

移动通信与计算技术的代际演进密不可分，二者相互促进、相互融合，共同给现代社会生活带来质变，如图7.4所示。5G将通过拓展移动通信的范畴（从人与人通信到人与物、物与物的通信），不断催生新的垂直行业应用，进而打造以用户为中心的全方位立体式信息生态系统，实现“信息随心至，万物触手及”的广阔愿景。但作为一本主要探讨5G技术和应用的入门书籍，我们更关注的是，5G的演进将对现有网络带来怎样的影响。

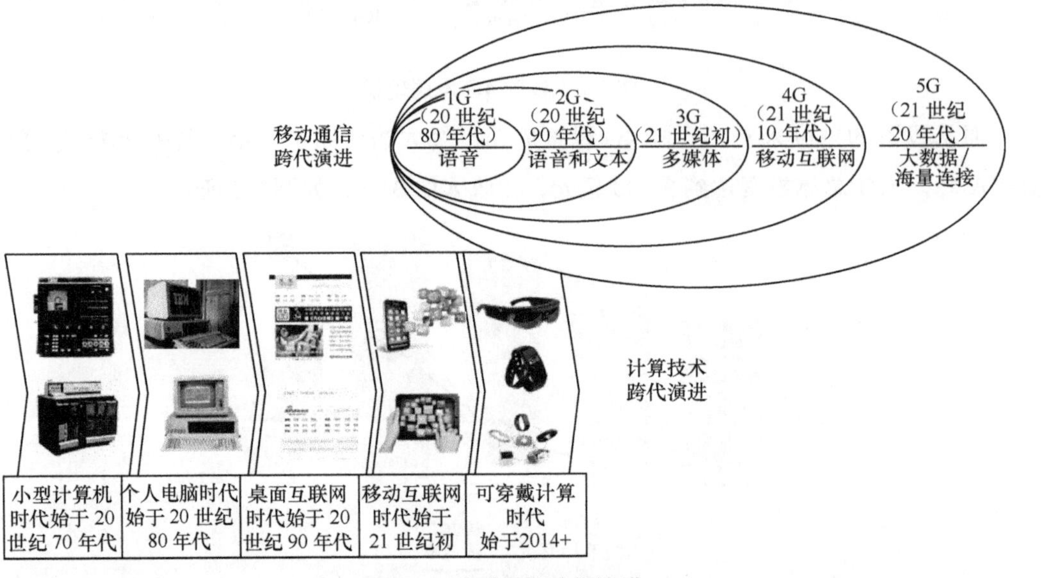

图7.4 移动通信跨代演进

首先是架构组网方面。由于传统的4G核心网存在控制与转发分离不彻底、移动性和连接管理机制单一、无法实现集中控制等局限，5G 必须重构核心网，以满足未来多场景接入和业务的多样性需求。而在 5G 网络发展初期，不可避免会出现 2/3/4G 核心网与 5G 核心网并存的情况。因此，研究 5G 和 4G 组网演进方案就显得至关重要。同时，5G 网络接入侧的变化也会对现行部署产生影响。

紧接着是资源配置上的考虑。4G 蜂窝网络与 5G 超密集网络的特点可用煤气炉和电磁炉进行类比。煤气炉的温度不均匀，中间热，四周温度低，而电磁炉则发热均匀，在电磁炉面板的边缘也能达到较高的温度；4G 网络一般在小区中心能达到较高的传输速率，小区边缘则难以保证，而 5G 网络通过控制与转发分离、网络加密部署、应用大规模阵列天线等关键技术组合来保证小区边缘也能有良好的用户体验速率，如图 7.5 所示。5G 这种以牺牲复杂度换取性能的做法，决定了 5G 网络演进对资源配置的需求急剧增大，如数据网关、传输资源、能耗等。

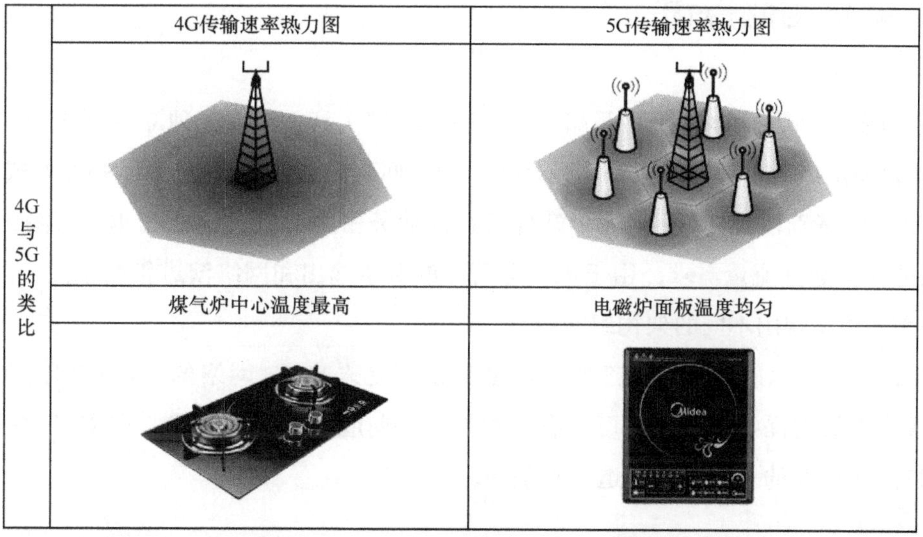

图 7.5　4G 与 5G 传输速率分布类同于煤气炉与电磁炉的温度分布

5G 演进带来的还有承载网络方面的需求变化。5G 对承载网提出了速率和带宽、时延性、网络架构及成本四大新要求。速率和带宽方面，用户峰值将达到 20G，前传容量达到 10G 到 100G 量级；中 / 回传网络中，低频 gNB 需要 1G 量级，高频 gNB 需 10G 级；接口方面，将需求 $N \times 25$G/50G 的新接口。延时性方面，需减少光缆绕转路由以达到 ms 级的超低端到端业务时延。网络架构方面，需要优化和扁平化，MEC 的引入、CU-DU 分离、网络切片等新的变化都对承载网提出新的要求。同时，由于可调激光器、可调滤波器等光器件成本的降低暂时还只是摩尔定律预期的一半，承载网还需慎重应对成本方面的挑战。

综上所述，由于架构组网、资源配置和承载网络等方面的改变，工程建设策略也应随之做出相应的调整。例如，运营商在网络设计时，要根据微小站的覆盖特点相应调整网络规划和仿真、选址方法等；在链路预算时，考虑毫米波特性和大规模阵列天线的增益等。此外，运营商在站址储备和供电方式方面，也需要引入新的解决方案，以满足超密集组网的需求；同时，建设模式也可以采用更为经济实用的方式，促进竞争，互利共赢。

考虑到上述 5G 网络演进的影响，采用“5G 技术 4G 化”的策略，也有助于运营商提前适应 5G 部署的变化，积累建设和运营经验。

7.4 架构组网探讨

5G 网络的部署具体有两种策略：SA（独立组网）和 NSA（非独立组网）。如果采用 SA 方式，将形成一个新建的网络，包括核心网、回程链路和新基站。而 NSA 方式则是利用现有的 4G 基础设施，将 5G 微小站部署在高业务密度区域，以分流 4G 网络压力，满足激增的移动数据流量需求。由于不同运营商的资本输出和网络演进策略不同，因此 5G 网络的引入将呈现出不同的架构组网形态。

在接入网侧，C-RAN 池化部署和超密集组网是未来 5G 网络的必然走向。在 4G 向 5G 平滑演进的过程中，运营商可以有针对性地提前应用这两项技术，在增强 4G 网络性能的同时，为 5G 的全网部署创造基础条件。

7.4.1 组网演进策略

由于 5G 标准的制定考虑了后向兼容的问题，运营商可以综合现有网络状况、网络升级需求、市场战略、资本输出等多种因素，灵活选择适合自身的 5G 和 4G 组网方案。

1. 备选组网方案

3GPP 在 2017 年 3 月发布的 TR 38.801 Radio Access Architecture and Interfaces（无线接入架构与接口）（Version 14.0.0）中优选了 5 种备选的组网方案。

Option 2 是 5G 系统独立组网方式，gNB 通过新空口 NG-U 连接到 NGC（Nextgen Core，5G 核心网），如图 7.6 所示。这种方案相当于无线接入网和核心网都是全新构建的，而未利用或兼容现有的网络基础。

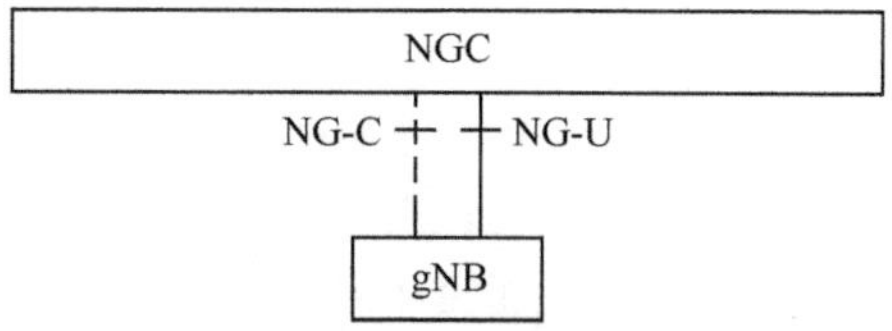

图 7.6　5G 组网方案 Option 2

Option 3/3a 是 NSA 方式，以 LTE eNB 为锚点进行紧耦合部署。在 Option 3 方案中，核心网沿用 4G 网络的 EPC，gNB 的用户面可以通过 LTE eNB 与 EPC 间接连接。LTE eNB 扮演了与核心网控制面连接锚点的角色，全部的控制信令都是通过 LTE eNB 下发，而用户面数据通过 LTE eNB 进行承载分离。Option 3a 与 Option 3 的区别在于，gNB 的用户面直接与 EPC 连接，EPC 也直接对 LTE eNB 和 gNB 的承载进行分离，如图 7.7 所示。

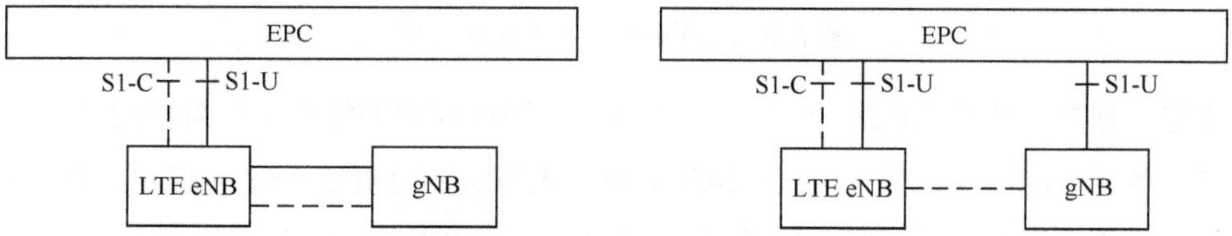

图 7.7　5G 组网方案 Option 3/3a

Option 4/4a 也是 NSA 方式，但核心网已经由全新的 NGC 取代，gNB 成为 NGC 与 eLTE eNB 控制面连接的锚点。值得注意的是，这里的 LTE 基站是增强型的 eLTE eNB，可以通过新空口 NG-U 接入 NGC 中，如图 7.8 所示。

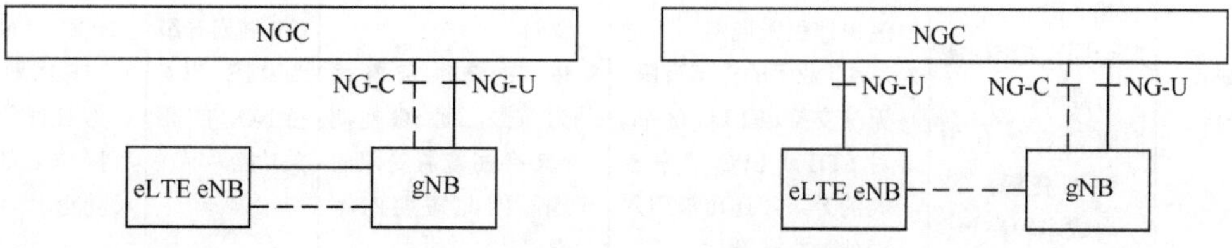

图 7.8　5G 组网方案 Option 4/4a

Option 5 提供了一种网络演变的可能，即核心网侧已经重构成 NGC，但接入网侧基于投资保护等的考虑，只是对原 LTE eNB 进行功能增强。优化后的 eLTE eNB 控制面和用户面均连接到 NGC。该方案也属于 NSA，如图 7.9 所示。

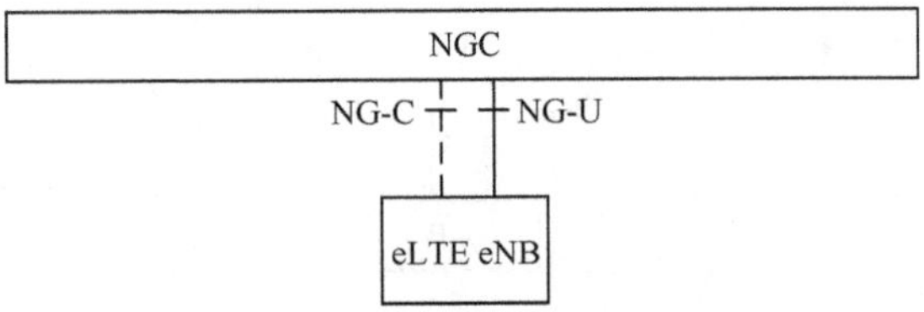

图 7.9　5G 组网方案 Option 5

Option 7/7a 是 Option 4/4a 的变体，区别在于控制面连接锚点的功能改由 eLTE eNB 承担，如图 7.10 所示。

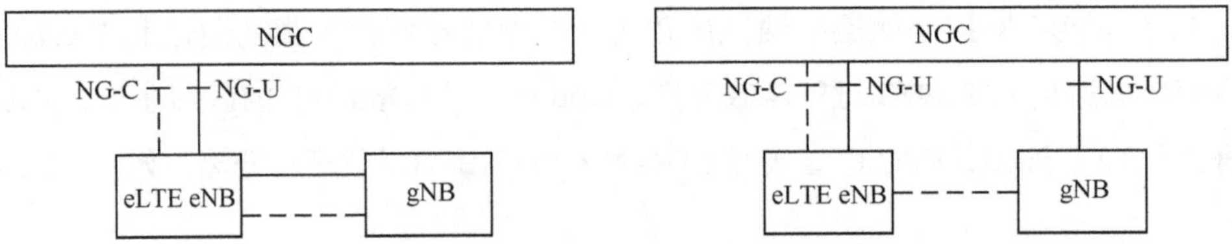

图 7.10　5G 组网方案 Option 7/7a

上述 5 种方案几乎涵盖了未来全球运营商部署 5G 商用网络在不同阶段的最优选的组网需求。各运营商可以根据自身核心网和无线接入网的不同演进战略，将这些组网方案进行组合，形成特色的组网策略。5G 备选组网方案对比如表 7.1 所示。

表 7.1　5G 备选组网方案对比

备选方案	Option 2	Option 3/3a	Option 4/4a	Option 5	Option 7/7a
方式	SA	NSA	NSA	NSA	NSA
优缺点分析	1. 同时引入 NGC 和 NR； 2. 全面支持 5G 所有业务； 3. 未能有效利用现网资源，部署成本较高	1. 无须部署 NGC，标准完成最早，能够将 NR 最快速引入现网； 2. 对 5G 业务的支持有限，无法支持 uRLLC 业务； 3. 对 LTE 或 EPC 带来较大的升级，还可能引入额外的终端类型	1. 同时引入 NGC 和 NR； 2. 可以提供 5G 全业务支持； 3. 以 NR 提供宏覆盖为前提，而 5G 初期 NR 存在覆盖受限问题，因此短期内不会考虑	LTE 需要升级为 eLTE，以支持 NGC 的相关功能	1. 同时引入 NGC 和 NR； 2. LTE 需要升级为 eLTE，以支持 NGC 的相关功能

基于 5G 标准化日程、网络发展策略等多方面的考虑，多数运营商尤其是对 5G 商用时间较为在意的，均表示愿意采用 Option 3/3a 作为 5G 初期部署，其次最受欢迎的是 Option 7/7a。Option 7/7a 方案对比如表 7.2 所示。

表 7.2　Option 7/7a 方案对比

备选方案	Option 7	Option 7a
额外的 LTE 处理能力	需要	不需要
LTE 与 NR 之间的回传要求	回传接口时延在 5ms ～ 30ms，容量需要满足 NR 的速率要求	回传容量上没有要求
同时利用 NR 和 LTE 无线资源	同一承载可以分流到两个接入网	同一承载无法利用两个网络的资源

2. 5G 网络引入

Option 2 是 5G 网络成熟阶段的目标架构。那些拥有较为丰富、优质的低频段资源来做广域覆盖，同时又可能拥有足够的高频段资源来做热点分流的运营商会更倾向于一开始就选择 Option 2 SA 方式，如中国移动。此外，也应注意到，Option 2 能够为未来一些特定市场中拥有 5G 频段，但是没有 2/3/4G 频谱和执照的新运营商提供一个 5G 单独组网的可能。

但 Option 2 并非是所有运营商的首选考虑。更多的运营商倾向于思考如何尽最大可能利用好现有 4G 网络，使其与 5G 网络更好地协同、融合，且不同的运营商，最终选择的演进策略也将不同。

根据 5G 无线接入网和核心网引入的先后，我们大致可以将运营商的网络部署策略归为 3 类。

NSA 多步骤演进策略。这种策略出于快速开通 5G 试商用网络的目的，初期直接利用现有的 EPC 架构进行 Option 3 组网。随着 5G 基站开通的增加，运营商可考虑逐步将 EPC 升级至 NGC，此时的组网将演变成 Option 7。出于支持 5G 用户面大量用户转发的考虑，运营商可将原 LTE eNB 升级为 eLTE eNB。应注意的是，采用这种升级方案，4G 核心网将与 5G 核心网长期共存，gNB 必须具备连接到 EPC 和 NGC 的能力。随着 5G 基站进一步扩大部署至全网，4G 网络也将面临清频和规模缩减，Option 2/4 将成为最主要的组网方式，如图 7.11 所示。由于这种方案的演变步骤过多，因此大多数运营商对之持保留态度。相对而言，虚拟化部署比较领先的运营商（如美国的 AT&T）更适合采用这种演进方式，因为在虚拟化的前提下，硬件是通用的，通常只需要软件升级。

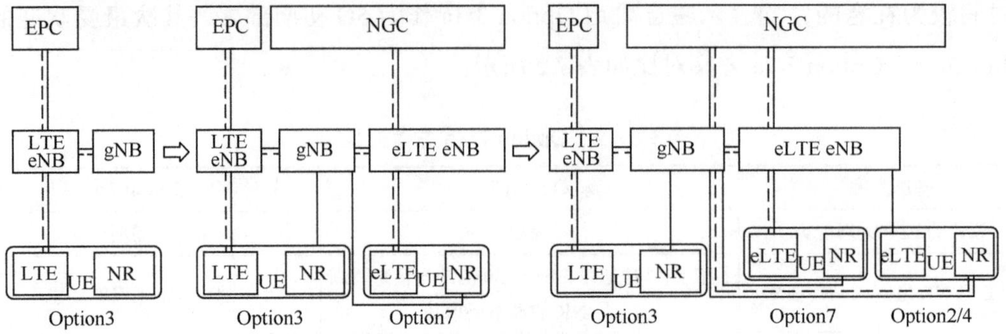

图 7.11　NSA 多步骤演进组网方式

NSA 两步演进策略。这种方式相对激进一些，在网络部署初期，运营商可采用 Option 5 和 Option 7 的方式进行组网，第一步就引入 NGC，同时将 LTE eNB 进行升级以支持接入 NGC，而 gNB 更多是作为辅基站的角色。这一阶段下，核心网和接入网均面临较大的软硬件升级压力。但也应认识到，快速引入 NGC 的好处在于，运营商可以加快部署一些不能为当前 EPC 所支持的新业务，如 uRLLC、mMTC。随着 gNB 扩大部署规模，4G 将逐步退网，最终全网形成 Option 2 的组网形式，如图 7.12 所示。

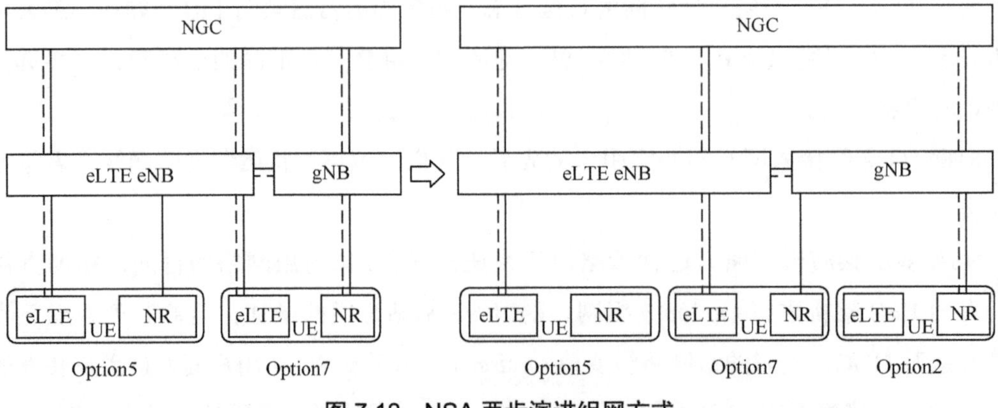

图 7.12　NSA 两步演进组网方式

NSA 与 SA 并行策略。在网络建设初期，运营商可同时引入 NSA Option 7 和 SA Option 2，视网络成熟情况再引入 Option 4 的演进方案，如图 7.13 所示。这种方案的网络投资、部署规模相对于 NSA 两步演进的方案都更大。实际上，NSA 与 SA 并行的组网方式，还可以略过 Option 4，从 Option 7 和 Option 2 最终直接演进到 Option 2。目前，中国电信更倾向于此种演进策略。

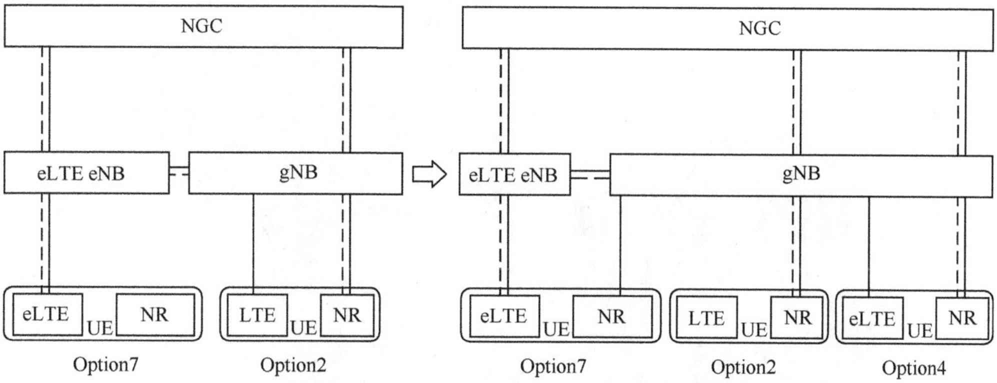

图 7.13 NSA 和 SA 并行演进组网方式

综上，我们介绍了 3 类不同的 5G 网络引入方案，但实际有参考意义的方案可能不止上面所述的几种，不排除部分运营商可能会采用基于 EPC 部署 gNB 的方案（Option 6 和 Option 8/8a，最终未在 3GPP TR38.801 中优选出来）或其他。但我们基本可以得出以下结论：4G 网络将与 5G 长期共存；大体的演进方案分为 SA 和 NSA，NSA 的方案选择多样化；不同运营商可以根据自身实际情况，组合选用其中的某几种组网方式。

7.4.2 C-RAN 池化部署

C-RAN 网络的演进大致可分为三步走：第一步，分布式基站的射频单元 RRU 靠近天线部署；第二步，分布式基站的基带单元 BBU 集中放置；第三步，实现协作处理且云化的基带池。由于未来 5G 网络，BBU 功能将被重构为 DU 和 CU，因此第二步演进也将包含 DU 和 CU 集中部署的内容，如图 7.14 所示。

当前国内运营商的 4G 网络基本都已实现 C-RAN 的第一步部署。对于第二步的 BBU 集中放置则各运营商的部署进度略有不同。我们主要探讨在当前网络条件下，实现 BBU 集中放置的若干原则，为后续的 BBU 池化奠定基础；同时，也将简要介绍 CU-DU 架构下的集中放置规划要点。

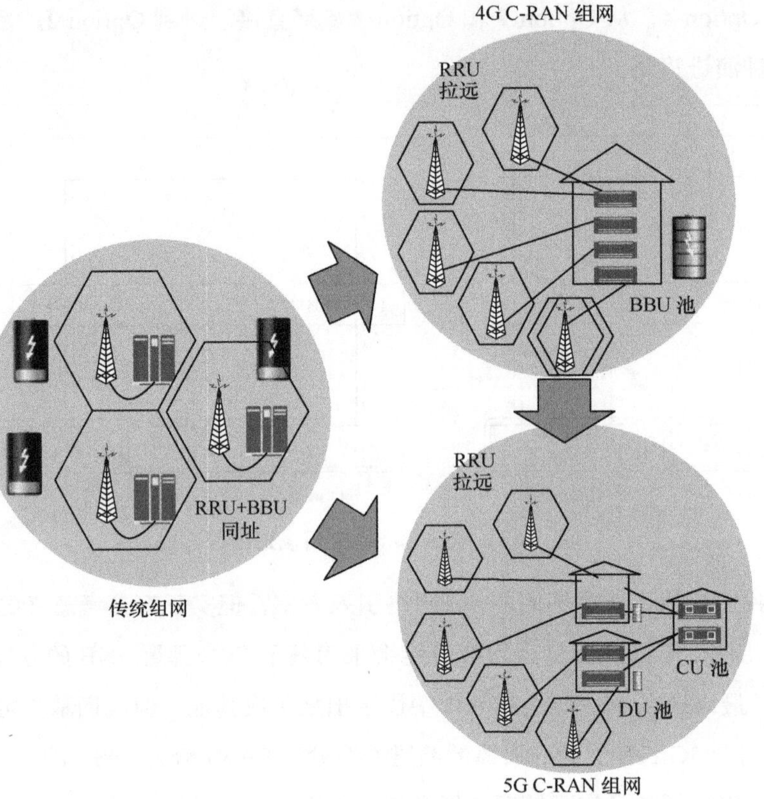

图 7.14　C-RAN 演进的最终目标是池化

1. BBU 集中放置

由于运营商当前的网络是 2/3/4G 多网并行，部分早期的设备可能不支持 BBU 硬件集中，也有的部分设备虽然硬件上支持但无法实现 BBU 间的协同功能。另外，考虑到未来 2/3G 网络将逐步退网，BBU 集中的范围可以仅限于 4G 网络。

在 4G 网络中，由于一体化微站集成了 BBU、RRU 和天线（特殊情况下天线可外接），不支持 BBU 集中，因此采用该设备类型的基站不考虑集中放置方式。新建室外站和微小站（不含一体化微站）除乡镇、农村站不强制要求按 BBU 集中放置的架构组网外，其余站点均优先采用 C-RAN 架构组网。存量室外站则可以根据设备支持能力、试点情况以及传输综合接入机房改造的实施进度，分期分批将符合 BBU 集中放置组网条件的存量站点逐步改造为 C-RAN 架构。

在进行 BBU 集中规划时，运营商可以考虑遵循以下原则：为避免 BBU 间无法实现协同功能，C-RAN 区域内原则上不建议异厂家“插花”；对 4G 基站进行 C-RAN 部署时，为提升网络性能，减少网络间干扰，C-RAN 区域内的物理站点要求连续覆盖，不要形成“插花”组网；C-RAN 覆盖区域根据实际传输资源可达性进行协同规划，BBU 池辖区尽量选择界线明显的市政道路、河流等作为边界，同一社区尽量选择在同一 BBU 池下，重叠覆盖度高的区域尽量选择在同一 BBU 池内，每个 BBU 池只下挂其辖区内的 RRU；考虑经济、安全、纤芯需求、自身网络后续需求及 5G 预留等因素，C-RAN 资源池集中数量建议以 6 ~ 12 个 BBU 为宜。

考虑机房空间、稳定性及安全性等因素，我们建议集中机房应选择无逼迁风险以及空间、电源系统有足够扩容空间的自有机房，不建议选用租赁第三方的机房，也不建议选择一体化机柜或简易机房作为集中机房。另外，考虑后续电力保障因素，集中机房需具备发电条件。

C-RAN 机房位置选取需结合传输资源分布，原则上需选择中继资源较好的综合接入机房。如无现有综合接入机房的场景，运营商可通过新选址或利用现有条件好的无线机房进行改造。

建议新建机房可使用面积应不低于 $30m^2$，利旧现有存量机房的站点剩余可使用面积需满足 $12m^2$ ~ $16m^2$。

2. CU–DU 集中放置

在 CU-DU 分离架构下，DU 既可以靠近 RRU 侧部署，也可以与 CU 合设，具体取决于实际业务需求、传输资源条件、网络协作能力需要等多方面因素。在理想前传条件下，即传送网资源充足时，运营商可考虑 DU 集中化部署，形成 DU 池，以获得协作化增益的最大化，大幅提升网络的覆盖和容量。而在非理想前传条件下或者对时延敏感的业务场景下，运营商可以采用分布式部署，DU 部署在远端站址，与 RRU 通过光纤直连；CU 则可部署在接入机房或中心机房，甚至是与核心网共平台部署，在减少无线网与核心网信令交互的同时，减少 CAPEX 和 OPEX 的支出，如图 7.15 所示。

随着 RAN 的密集部署，5G C-RAN 总体上将演变为逻辑上两级集中的架构。第一级 DU 的池化，可实现类似于 BBU 集中放置所带来的收益，包括降低选址难度、减少机房建设、共享配套设备等，同时，由于物理层处理的小规模集中，运营商可引入 CoMP 等关键技术，通过多小区的联合与协作，提升小区边缘速率和容量。而第二级 CU 的池化，实现无线高层协议栈功能的大规模集中，提供高效的资源管理和移动性管理等协作化能力，整体优化无线网络资源的利用率。

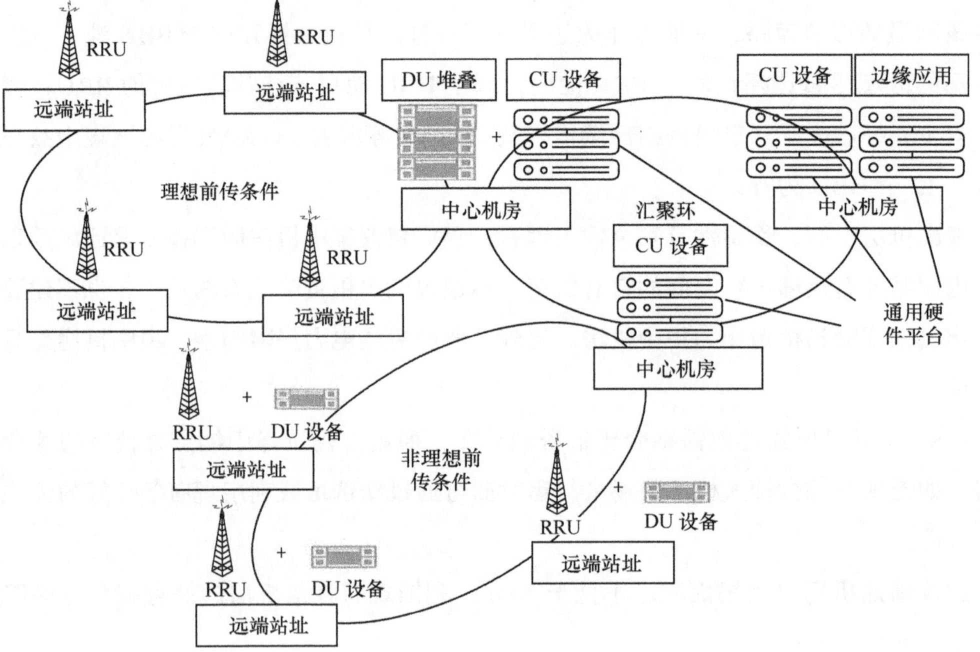

图 7.15　不同前传条件下的 CU-DU 部署方案

7.4.3　微小站部署

随着人们对移动宽带用户体验要求的日益提升，宏基站的整体覆盖已经无法满足用户无处不在的一致性宽带连接体验要求，深度覆盖能力成为影响移动网络性能的关键因素。因此，基站小型化的趋势不可逆转。

传统宏基站覆盖存在覆盖不均衡、容量不均衡和室内外不均衡的难题。首先，由于天面资源有限、城市高层建筑密集、高频电波穿透损耗高、工程成本有限、居民环保意识提升等多方面原因，城市地区存在宏基站无法解决的覆盖盲点。再有，移动业务流量呈指数级增长且分布不均匀，适用场景复杂，而宏基站单一面向广域覆盖，无法满足热点需求。此外，80% ~ 90% 的移动数据业务发生在室内，但受建筑物穿透损耗影响，室内信号普遍弱于室外。

微小站不单能够针对性地解决上述不均衡问题，还具有部署灵活、隐蔽性强、对配套资源要求不高等优势。可以预见，微小站在 5G 网络中将发挥不可或缺的作用。

1. 微小站类别

根据 3GPP 的定义，基站可以按照最大输出功率和最小耦合损耗的不同分为 4 种类别，分别是宏站（Macro Cell）、微站（Micro Cell）、皮站（Pico Cell）和飞站（Femto Cell）。

最小耦合损耗（MCL，Minimum Coupling Loss）是指基站天线和用户天线之间的最小路径损耗。低 MCL 意味着 UE 天线可以更靠近基站天线，反之，高 MCL 则要求 UE 与基站天线不能靠得太近。

表 7.3 显示了 4 种基站的类别和特性。所有超过 6W 输出功率的高功率基站都可以称为宏站，其 MCL 大于 70dB。微站的输出功率最高为 6W，皮站被限制在 0.25W，飞站则最大为 0.1W。

表 7.3　3GPP 基站类别

类别	输出功率	最小耦合损耗	覆盖范围	覆盖区域
宏站	>6W	MCL>70dB	广域	室外
微站	最大 6W	MCL>53dB	中度范围	室内公共场所
皮站	最大 0.25W	MCL>45dB	局域	小型办公区
飞站	最大 0.10W	-	局域	家庭

射频拉远头（RRH，Remote Radio Head）有别于常规微小站，其数字基带部分和射频部分是分离的，天线可集成或外接，常用于室内覆盖。

Relay 站则同时具备回传和接入功能，相比直放站，Relay 站采用基带解调解码不会产生明显上行干扰，适用于不具备传输的场景。使用 Relay 站进行无线回传，能够实现点对多点和非视距传输，以及多级级联中继，在传输受限的情况下可以延伸宏站覆盖，是实现网络深度覆盖的有效解决方案。

2. 宏微结合部署

精准部署，宏微协同，是破解热点区域容量分流难题的有效手段。在现有网络乃至未来的 5G 网络中，运营商可以利用低频段高功率的宏站实现广域覆盖，利用高频段低功率的微小站来实现热点分流和补盲。通过这种宏微结合的异构网络部署，运营商既可以解决现阶段网络容量不足以支撑指数级移动业务流量增长的难题，也可以为后续网络平滑演进至 5G 奠定基础。

常见的微小站部署场景如图 7.16 所示。场景 1 中，微小站是作为宏站的辅助进行补盲。场景 2 中，微小站部署在两个宏站之间的边缘区域，一方面为 UE 越区覆盖提供保障；另一方面也能协助宏站提供较高的边缘下载速率。场景 3 和场景 5 中，微小站都是作为热点分流而存在，所不同的是，场景 3 是用室外微小站覆盖室内，而场景 5 则完全是室内覆盖。场景 4 提供了一种节约网络部署成本的可能，即在低密集、业务量较小的区域，可以用微小站代替传统的宏站进行覆盖，相应可解决施工和运维成本。

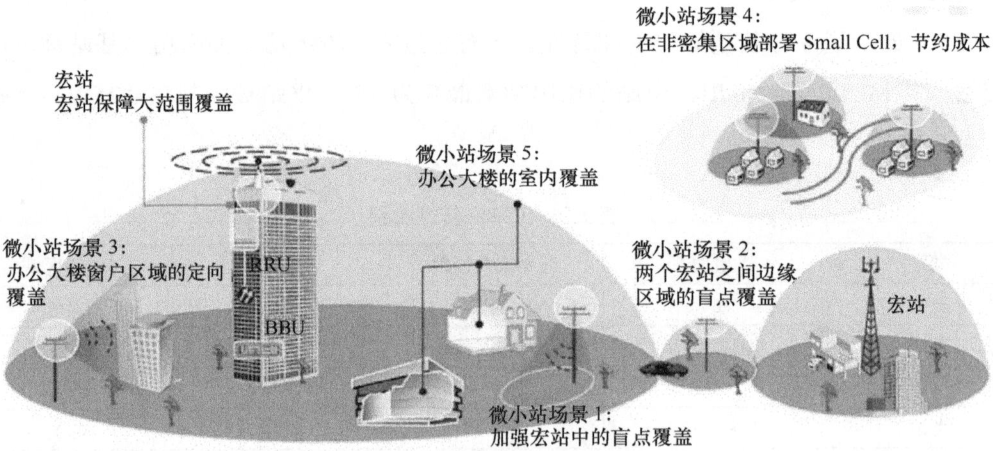

图 7.16　微小站的部署场景

3. 微小站部署

考虑到建设、优化和运维等因素，微小站的部署存在若干挑战。

微小站的发射功率较低，相应覆盖面也有限，需要准确、快速识别出热点位置，以便微小站能够精准覆盖，达到预期的效果。否则，微小站偏离业务热点位置，甚至会对宏站网络带来不期望的干扰，造成系统容量不升反降。由此可见，微小站选址位置具有很大的重要性。

而随着微小站数量和密度的增加，微小站与宏站之间的协调就显得尤为迫切。如何实现有效业务分流到微小站并支持来自宏站的移动性，是微小站部署面临的重要挑战。一种可行的解决方案是引入小区拓展技术。

如图 7.17 所示，在宏微结合的异构网络中，由于宏站的功率远大于微小站，而 UE 通常是根据下行导频信号的强度来决定小区切换的边界，因此下行边界落在 C 点，距离宏站较远，且靠近于微小站。而由于微小站接收的都是 UE 相同发射功率的信号，因此上行边界落在宏站和微小站距离的中点 A 点附近。这样，上下行切换边界不重合，相应就导致了上下行不均衡的问题。在图 7.17 中，A 点到 C 点之间的区域，即不均衡区域，不均衡区域的存在导致了微小站服务的用户数量相比宏站要少得多，相应的微小站为宏站分担的负载也就十分有限。因此，运营商需要重新调整用户小区的选择，即拓展微小区的服务范围，最大化利用微小区的无线资源。

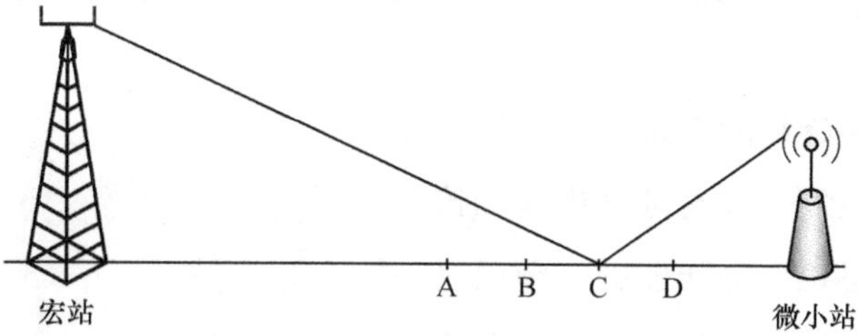

图 7.17　上下行不均衡现象

为了实现小区拓展，运营商可以考虑采用小区偏置（CIO，Cell Individual Offset）的方法。引入 CIO，即在终端进行下行导频强度的判断时，人为地为微小区的导频信号增加一个偏置值，使得终端优先选择微小区作为服务小区，实现的效果示意图如图 7.18 所示。我们可以看出，进行小区范围拓展后，微小站的服务区域从 C 点拓展到了 B 点，相应的宏站服务范围也缩小了 B 到 C 之间的距离。这表明，B 和 C 之间的用户数据改由微小站承载，以达到减轻宏站负担的目的。

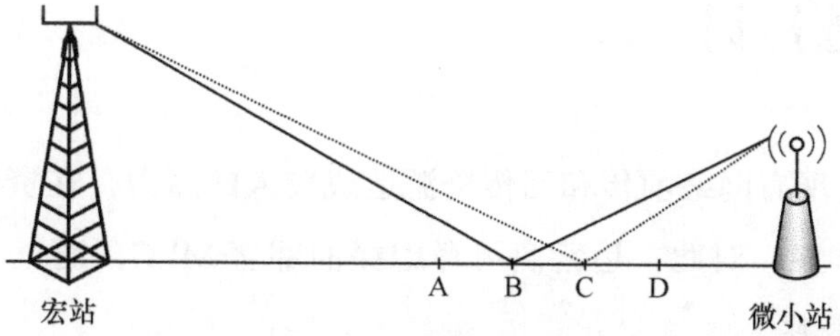

图 7.18　小区拓展示意

此外，海量微小站的运维也带来了挑战。这就要求微小站的部署要具备 SON 网络的能力，同时还要支持多厂商的系统框架，毕竟异厂商微小站入网在实际中是极有可能出现的。

4. 无人机搭载微小站

微小站灵活部署的形式，也随着垂直行业应用的不断催生而不断丰富。无人机搭载微小站实现应急通信就是最好的例证。我们知道，天线高度是影响无线通信覆盖范围的主要因素之一，将天线升高可以减小地形对电波传播的影响，甚至可以将超视距通信改变为视距通信，以显著改善通信链路质量。因此，利用无人机搭载微小站升空可以改善受地形、地物和地球曲率影响导致的通信问题。

2017 年 8 月 11 日，中国移动系留式无人机应急通信高空基站在地震灾区九寨沟景区升空，迅速复通了受灾区域的移动通信信号。这成为无人机高空基站在地震环境下的首次应用，如图 7.19 所示。

采用工业级、多旋翼的系留式无人机搭载微小站，通过光电复合缆与地面电源和传输连接，具有响应迅速、操作便捷、覆盖灵活、不间断保障、扩展性强等特点，能在应急通信车不能到达区域实现迅速抢通网络。随着技术的进步，无人机基站有线传输和有线供电的方式也可以进一步优化，例如用中继 CPE 代替光电复合缆进行无线回传，利用太阳能电池模块实现自我供电和续航等。

图 7.19　无人机搭载微小站实现应急通信

7.5　资源配置探讨

超密集组网将对现有网络前传和回传资源造成较大的压力，在资源配置时运营商需考虑能够节流的传输方案。对此，运营商可考虑提前部署 MEC，通过本地分流和内容缓存节省约 50% 的回传资源。

网络的能耗也是资源配置方面关注的重点之一。微小站的大规模部署，一定程度上增大了供电需求。对此，运营商可以考虑引入小站开关的微小站，实时监控网络负荷并按需开启微小站以实现热点分流，而在网络非忙时阶段，可以关闭微小站以节约能源。

7.5.1 MEC 部署

面对日益凸显的本地化、区域化业务需求场景，LTE 相对封闭的回传网络无法有效保证端到端的业务服务质量，因此引入 MEC 进行本地分流和流量卸载是首选的应对方案。

1. MEC 在 LTE 的部署

MEC 主要可通过两种方式组网：集成方式组网和独立方式组网。集成方式是指 MEC 服务器作为基站的增强功能，通过内置软件升级或新增板卡，集成于一体化基站。独立方式是指 MEC 服务器作为独立设备，外置于基站或网关之后。在具体部署时，由于基站与核心网之间通常经过接入环、汇聚环和核心环等多个传输环路，运营商需要根据业务类型和处理能力等关键需求，因地制宜将 MEC 服务器部署于网络中合适的位置。典型的 MEC 部署位置有边缘级、区域级和地区级，具体如图 7.20 所示。

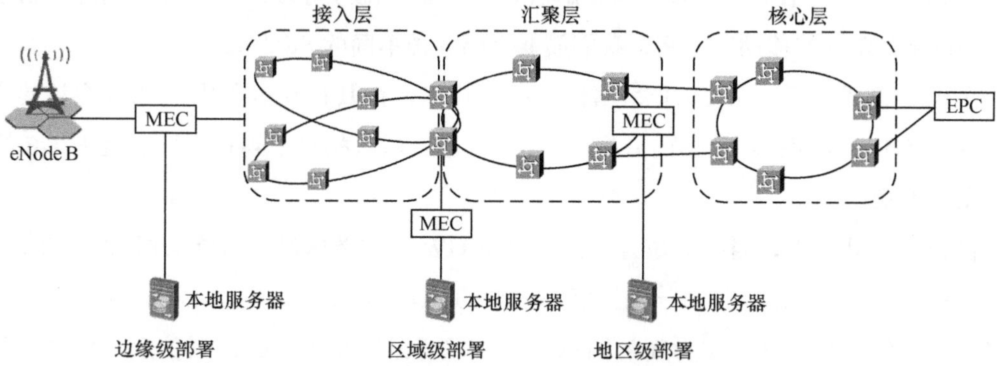

图 7.20　MEC 在 LTE 网络中的部署位置

MEC 边缘级部署是指将 MEC 服务器部署在基站和回传网络之间。这种部署方式贴近于基站侧，具体可放置在 BBU 集中机房中。该方式下，MEC 覆盖的基站个数相对较少，服务范围有限，但其对传输资源的要求较低，回传链路时延也最短，较适用于本地缓存和 CDN 类业务。值得注意的是，边缘级部署方式的覆盖性能与当前近端的传输相关性较大，运营商必须综合评估覆盖需求与传输状况。

MEC 区域级部署是指将 MEC 服务器部署于汇聚环和接入环之间，此时需要将 MEC 部署于两个环路相接的传输设备接口，并将需要分流的基站流量疏导经过 MEC。区域级部署方式的 MEC 覆盖面积较大，可达一个或多个接入环上的基站，但其传输时延稍长，同时也需特别针对待分流的基站做好传输设备上 VRF 关系的配置或更新，以实现对不同基站的选择性分流。这种方案比较适合于面积相对较大的场馆等场景。

MEC 地区级部署，即将服务器部署于汇聚核心层。这种覆盖方式主要针对大面积分流业务，或者待覆盖范围存在接入环“孤岛”的情况。该部署方式的传输时延相比较其他两种方式较大，但是能够解决跨地域传输覆盖的问题，同时也有利于核心网侧的网络能力开放。这种方案适用于行业性业务或公众性业务。

综上所述，MEC 服务器的部署非常灵活，需要综合考虑业务时延和带宽、覆盖面积等的综合需求以及当前网络的现状，在管理编排系统的统一控制下完成部署。为了支持未来的多样化业务需求，运营商整体上需要在满足覆盖需求的前提下，将 MEC 尽可能靠近无线的近端部署。

2. 业务连续性解决方案

MEC 在实际网络中的部署，需要解决切换场景下的业务连续性保证的问题。目前尚未有经过充分验证的移动性方案，我们简要介绍 3 种不同的 SSC 模式。

在 SSC 模式 1 下，无论 UE 采用何种接入技术，在其移动过程中，PDU 会话建立时的锚点 UPF/P-GW 保持不变（前者相对于 5G 网络，后者相对于 4G 网络），此时 UE 的 IP 也未发生改变。

在 SSC 模式 2 下，当终端离开当前 UPF/P-GW 的服务区域，网络会释放原有的 PDU 会话，指示 UE 立即建立与同一数据网络的新的 PDU Session。建立新会话时，网络可以选择一个新的 UPF/P-GW 作为新的锚点，此时需要保证新建立的会话信息与原会话信息的 UE IP 保持一致。

在 SSC 模式 3 下，当终端离开锚点 UPF/P-GW 的服务区域，网络保持原有的 PDU 会话和锚点 UPF/P-GW，同时选择新的锚点 UPF/P-GW，并在该锚点上建立新的 PDU 会话。此时，UE 同时拥有两个锚点 UPF/P-GW 的 PDU 会话。最后，网络释放掉原有的 PDU 会话，在这个过程中 UE 的 IP 不变。

根据运营商网络配置 SSC 模式选择策略，UE 可以为一个应用或者一组应用选择合适的 SSC 模式。在该策略中，UE 可以为所有应用配置一个默认的 SSC 模式。如果 UE 没有为应用选择 SSC 模式，网络可以根据签约信息、本地配置和应用请求等，为该应用选择一个合适的 SSC 模式，以支撑边缘计算业务连续性。5G 网络下 MEC 业务连续性示意图如图 7.21 所示。

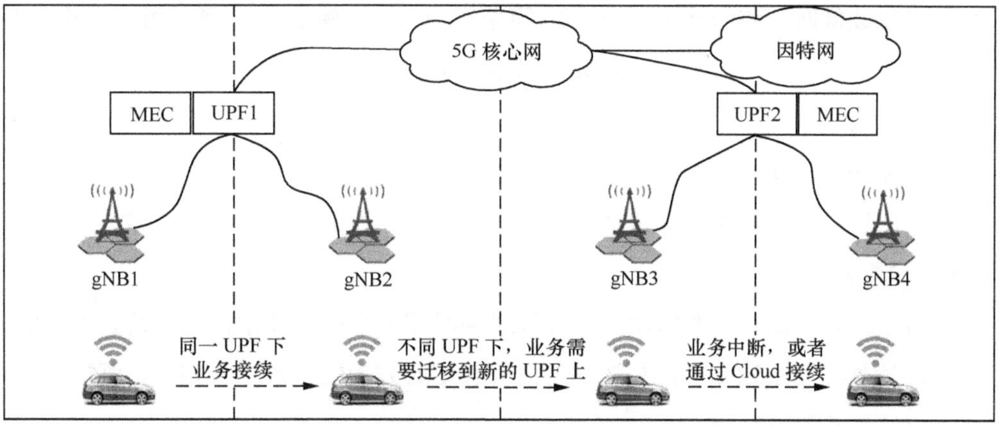

图 7.21　5G 网络下 MEC 业务连续性示意

7.5.2　微小站开关

当大量的微小站加入现网且到达一定程度时，网络功率消耗就成为无法回避的问题。此时，单个微小站的功率效率即使有所提高，也无法弥补高密度部署的小站的整体功耗。因此，运营商需要系统级的解决方案来实现网络功耗的最小化。

1. 微小站节能方案

由于微小站的覆盖范围有限，忙时之外的特定时间段可能存在某些微小站没有负载，但仍有需要传输参考信号和其他公共信号的现象。对此，可行的解决方案是引入微小站开关功能。

图 7.22 给出了一个实例，宏站提供广域覆盖，微小站作为热点分流而存在，并且微小站带有开关功能，可以在没有用户或只有少量连接用户的情况下切换到关闭状态，由此带来小区间干扰最小化的额外增益以及能耗上的减少。

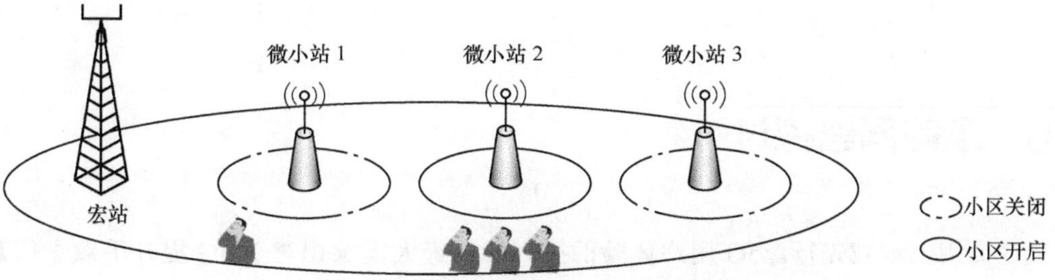

图 7.22　网络负载低时关闭部分微小站

当网络负载低时，将微小站关闭可以简单实现，但关键在于，何时再将微小站开启。这需要设计合理的微小站信号发现方案，以便在宏站负荷增加且达到预设门限时，再次开启部分特定的微小站。

2. 微小站信号发现

微小站信号发现的解决方案包括 5 个具体步骤：发现信号、预配置、微小站上行链路测量、UE 测量和位置测量。

发现信号：处于休眠状态的微小站可以采用时域和频域上非常低密度的资源分配来发送新的发现信号。网络通知 UE 有关发现信号和定时方面的信息，使得 UE 可以同时检测到多个微小站的发现信号。

预配置：宏站包括一个哪些微小站将优先开启的预定义列表，该信息基于网络之前的信息统计。

微小站上行链路测量：微小站可以测量其上行链路的干扰等级，如果存在较高的上行干扰，则意味着存在某些 UE 非常靠近这些微小站。

UE 测量：激活微小站的参考信号传输，并申请 UE 测量，以发现能够接收到微小站信号的 UE。

位置测量：相对于微小站位置的 UE 定位信息，微小站信号发现可以判定哪些微小站可以为当前 UE 提供最佳的服务。

上述微小站信号发现的解决方案，使得 UE 能够发现那些处于休眠状态的微小站。同时，宏站也能提供辅助信息来指示 UE 可能获得微小站发现信号的测量时间窗口。这一方案的优点在于，UE 不需要在所有时间都搜索微小站信号，只需在预定义的时间窗口进行。由于发现信号传输的活跃度、微小站测量的活跃度等均保持在较低状态，因此网络可以获得功率消耗的最小化。

7.6 承载网络探讨

5G 商用，承载先行。5G 用户体验的接入峰值最大需求相对于 4G 提升了数十倍甚至更高的量级，而端到端时延要求和时间同步精度需求相对于 4G 则均提升了 10 倍以上的量级，同时 5G 在组网架构和技术方面又引入了 SDN/NFV、网络切片等新型技术，如何实现基于诸多 5G 新型特性的高效承载并选择合理的移动前传和回传等承载方案，成为目前业界关注的热点。

7.6.1　5G 承载网络的需求

鉴于 5G 演进的特点，传送网承载未来 5G 网络的关键需求主要有大带宽、低时延、架构需求和传输成本考虑等需求。

1. 大带宽需求

对于前传网络，当前的 BBU-RRU 分布式架构是基于 CPRI 接口实现的，而 CPRI 接口带宽峰值比特率为基站天线阵子数、采样频率、比特宽度三者的乘积加上系统开销。以 LTE 为例，假设系统带宽为 20MHz，CPRI I/Q 采样宽度为 30bit，采用 2 端口天线，则可以推导出每 AxC 上 I/Q 采样数据流为 921.6Mbit/s，分别添加控制字和 8B/10B 线路编码的开销后，比特率为 1.228 8Gbit/s。如果考虑 10MHz 带宽，则 CPRI 带宽峰值比特率降低一半，即在理想传输条件下，每 10MHz 单天线端口所需 CPRI 带宽为 614.4Mbit/s。5G 系统带宽和天线端口相对 4G 会显著增加，因此 CPRI 带宽需求也将呈急剧的线性增长（尽管 5G 网络可能采用 eCPRI 接口规范，但这并不妨碍我们根据 4G 的数据进行 5G 前传带宽的测算）。假设系统带宽为 100MHz，天线端口为 128，则所需 CPRI 带宽约为 640Gbit/s。表 7.4 列举了 BBU-RRU 架构下的 CPRI 最大传输带宽需求。这里必须注意的是，CPRI 接口带宽是与基站实际负荷无关的固定速率，是前传网络必须达到的硬指标。由此可见，5G 大带宽需求对前传网络造成了巨大压力。

表 7.4　BBU-RRU 架构下的 CPRI 最大传输带宽需求

天线端口	系统带宽			
	10MHz	20MHz	100MHz	400MHz
2	1Gbit/s	2Gbit/s	10Gbit/s	40Gbit/s
8	4Gbit/s	8Gbit/s	40Gbit/s	160Gbit/s
64	32Gbit/s	64Gbit/s	320Gbit/s	1 280Gbit/s
128	64Gbit/s	128Gbit/s	640Gbit/s	2 560Gbit/s
256	128Gbit/s	256Gbit/s	1 280Gbit/s	5 120Gbit/s

而对于回传网络，我们也可以简单测算一下单站回传带宽需求。对于5G系统的信道最大带宽，目前3GPP倾向于：在6GHz以下频段，5G单信道最大带宽为100MHz；在6GHz以上频段，5G系统单信道最大带宽为400MHz；推荐采用时分双工（TDD）模式。我们可以据此分别计算低频单站和高频单站的小区带宽。一般来说，小区带宽可以按照频宽 × 频谱效率 ×（1+封装开销）× TDD下行占比进行估算，则低频单小区峰值约为100MHz × 40bit/Hz × 1.1 × 0.75=3.3Gbit/s，低频单小区均值约为100MHz × 10bit/Hz × 1.1 × 0.75=0.825Gbit/s；高频单小区峰值约为400MHz × 20bit/Hz × 1.1 × 0.75=6.6Gbit/s，高频单小区均值约为400MHz × 5bit/Hz × 1.1 × 0.75=1.65Gbit/s。根据NGMN（下一代移动网络联盟）的建议，对于一个三扇区的基站，其峰值带宽、均值带宽可分别由如下公式计算得出：基站峰值带宽=1 × 小区峰值+2 × 小区忙时均值，基站均值带宽=3 × 小区忙时均值。因此，对于低频三扇区基站，其峰值带宽约为4.95Gbit/s，均值约为2.475Gbit/s；对于高频三扇区基站，峰值带宽约为9.9Gbit/s，均值约为4.95Gbit/s，如表7.5所示。如果考虑信道聚合，则5G单站回传带宽还将成倍增长。显然，达到G量级的5Gbit/s单站回传带宽，远远大于4G时代的回传带宽需求。

表7.5　5G基站峰值和均值带宽估算

基站（三扇区）	小区峰值带宽	小区忙时均值带宽	基站峰值带宽	基站均值带宽
低频（6GHz以下）	3.3Gbit/s	0.825Gbit/s	4.95Gbit/s	2.475Gbit/s
高频（6GHz以上）	6.6Gbit/s	1.65Gbit/s	9.9Gbit/s	4.95Gbit/s

2. 低时延需求

根据3GPP的定义，在eMBB场景下，要求上下行用户面时延均不超过4ms，而在uRLLC场景下则要求更为严格，上下行用户面时延均必须低于0.5ms，即端到端用户面时延小于或等于1ms。为了满足超低时延的严苛指标，承载网也必须最大化降低自身的传输时延。一般来说，承载网时延约占网络总体时延的20%，如图7.23所示。如果以1ms为衡量指标的话，则5G承载网时延不能超过200μs。更具体一点分析，承载网时延包括转发时延和光纤时延，对于转发时延，IP网络在轻载时单跳时延在50μs以内，在重载时高优先级业务时延保持在50μs内，低优先级业务的时延则可能增大；对于光纤时延，一般用50/km来度量，假设预留50的单跳转发时延，则光纤时延不能超过150μs，这相当于承载网光纤传输距离不得超过 30km。显然，我们无法从物理上限制传送网的光纤传输距离，因此必须通过 MEC 功能下沉、引入更高效的调度转发技术双管齐下，切实保证承载网时延指标。

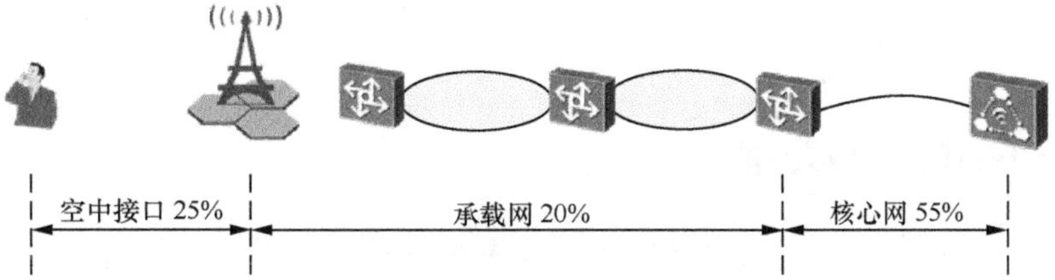

图 7.23 移动网络传输时延分析

3. 网络架构需求

相比 4G 网络，5G 将 BBU 重构为 CU 和 DU 两个功能实体，因此 RAN 架构由 BBU-RRU 二级架构演变为 CU-DU-RRU/AAU 三级架构。CU 和 DU 既可以合设，也可以分离部署。当 CU-DU 分离时，传送网分为三级，即前传网络（Fronthaul）、中传网络（Middlehaul）和回传网络（Backhaul）；当 CU-DU 合设时，则传送网依旧分为前传和回传，如图 7.24 所示。因此，5G 承载网必须根据前传、中传和回传网络的不同特点，相应制定灵活可商用的承载方案。对于前传网络，运营商主要考虑如何解决大带宽需求；对于中传和回传网络，考虑到 5G 超密集组网条件，CU 到核心网之间以及 CU 与 CU 之间的连接，需求会非常频繁，由此带来的信令压力和设备开销不容忽视，运营商应考虑通过源路由等关键技术解决。此外，由于 5G 面向的是极端差异化的业务场景，因此其需要实现核心网到 UE 的端到端网络切片，将业务进行隔离，并对其提供差异化的业务保障。相应地，对于承载网侧，也要求承载网分片在时延保证、路径选择、带宽保证等方面能够进行严格区分和精细控制。

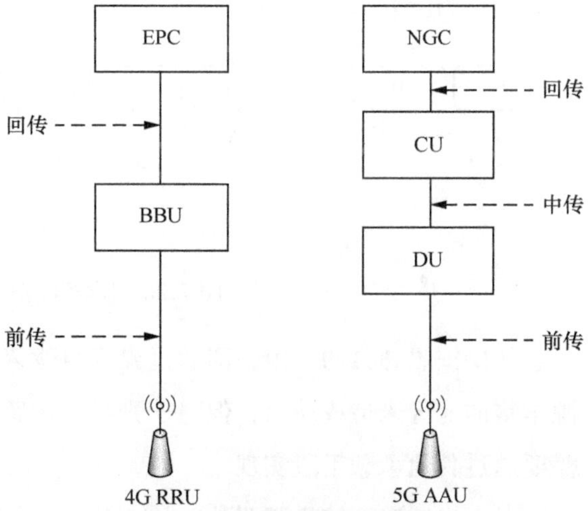

图 7.24 5G 承载网络需求相对 4G 的变化

4. 传输成本考虑

由于 5G 站点密度显著提高，且传送网的承载手段存在多样性，在选择具体的承载方案时，一方面要考虑光电子核心器件、高频器件等的投入成本；另一方面要按具体场景具体分析，选择相对最合适的承载方案。总之，5G 承载要求用较低的成本实现更高的传送能力。

7.6.2 C-RAN 承载方案

尽管 CU-DU 分离一定程度上减轻了前传网络的压力，但这并不能完全满足 5G 大带宽需求的增长，因此在 5G 网络部署时运营商仍应重点考虑 C-RAN 前传网络承载的解决方案。3/4/5G 前传承载网络的演变如图 7.25 所示。

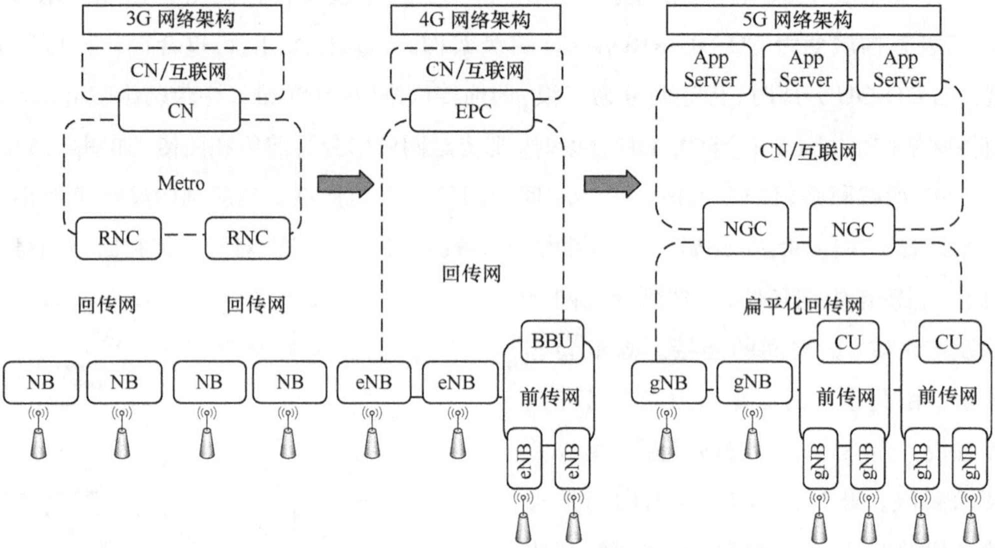

图 7.25 3/4/5G 前传承载网络的演变

如果按照通常的手段，即通过光纤直驱来解决，则需要采用较多的光纤，这对光纤资源丰富的地区未造成压力，但对于光纤资源紧张的地区则造成了严峻的考验，因此运营商需要通过其他承载手段实现。

对于光纤资源较为紧张地区的 C-RAN 承载，运营商思路一是付出少量的光纤资源（与传统的 RAN 相当），组建独立的 C-RAN 业务网络，即增强型光纤直驱和彩光直驱；思路二是推动室外型 OTN 设备下沉来承载，在实际的部署中，可根据不同的阶段和场景采用不同的方案。

1. 增强型光纤直驱

采用增强型光纤直驱方案，即 BBU/DU 与某一 RRU/AAU 之间的端口采用光纤点到点直连组网，其余 RRU/AAU 通过 CPRI 光口的级联来实现承载，如图 7.26 所示。增强型光纤直驱方案在硬件上只需采用市面上成熟的光模块（光模块速率的选用需与承载要求相匹配）即可简单实现。同时，无线侧设备通过 CPRI/ eCPRI 信号自身可完成增强型光纤直驱的保护、OAM 和网络管理。综上所述，通过增强型光纤直驱，仅使用一对甚至一根光纤便可轻松实现多个站点的承载，这种方案是 C-RAN 建设中性价比较高的传输方案。

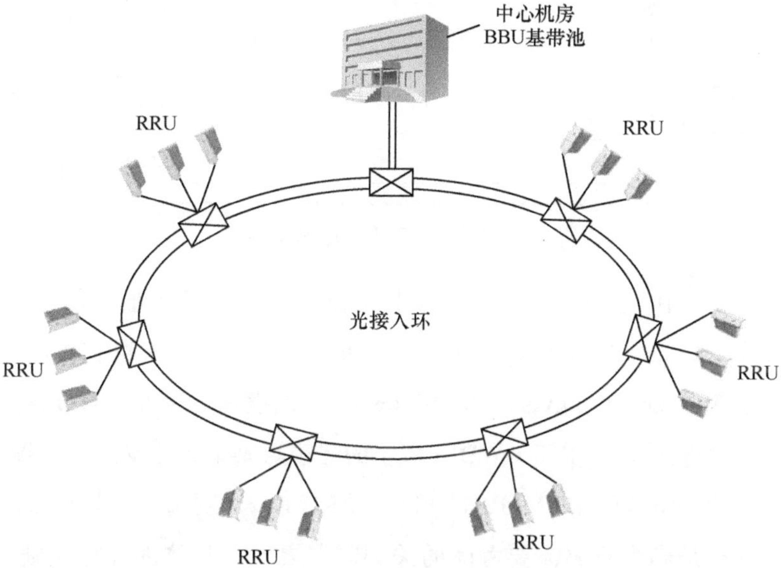

图 7.26 增强型光纤直驱方案

2. 彩光直驱

彩光直驱利用无源波分复用（WDM）技术，在 BBU/DU 池配置光合分波器（OMD），在 RRU 节点配置光分插复用器（OAD），通过一对甚至一根光纤就可以提供多个 RRU/AAU 到 BBU/DU 之间的连接，如图 7.27 所示。

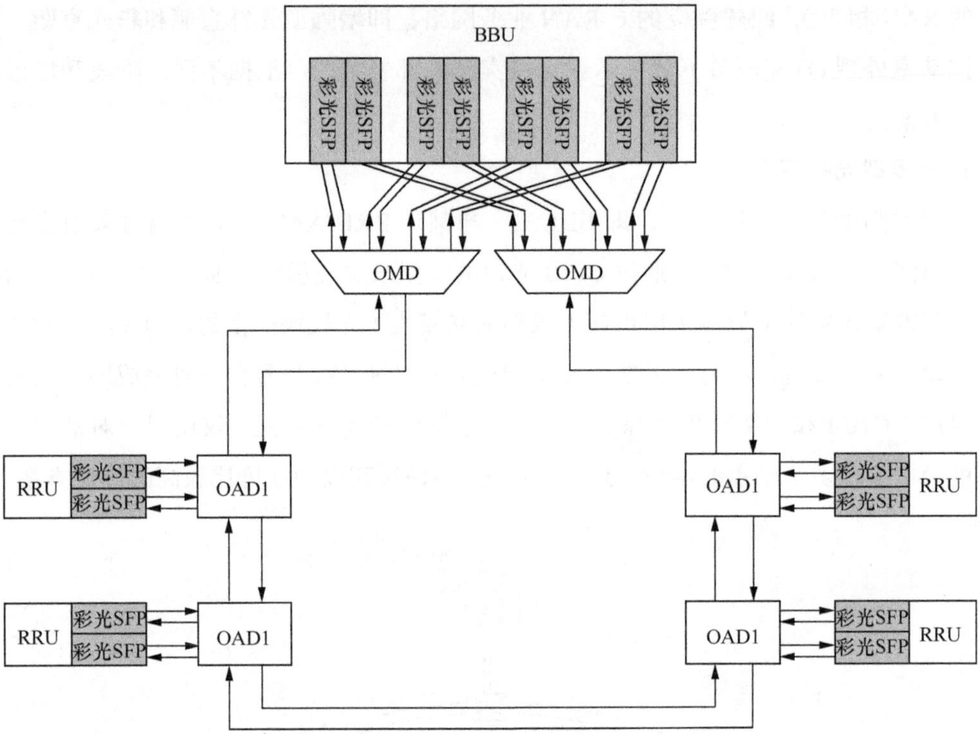

图 7.27　彩光直驱方案

在彩光直驱方案中，根据彩光模块所支持的波长属性，可以进一步区分为无源稀疏波分复用（CWDM，Coarse Wavelength Division Multiplexing）光模块和无源密集波分复用（DWDM，Dense Wavelength Division Multiplexing）光模块。采用 CWDM 技术的彩光模块最大可支持 18 种波长，而采用 DWDM 技术的光模块则最大可支持 160 种波长。

彩光直驱方案中的每个 BBU-RRU 或 DU-RRU 波长连接，在物理上是点对点的连接，因此功率预算是彩光直驱需要考虑的关键问题之一。具体的计算原则为：本地上下路 OAD 插损 + 其他节点 OAD 直通插损 +OMD 插损 + 活接头 + 线路损耗 + 工程余量 < 光模块功率预算（发光功率 − 接收灵敏度）。对于 LTE 基站，每个站点需要 3 种 10G 波长，CWDM 彩光直驱一般可支持 4 站点 20km 应用，如果采用 DWDM+ 光放大器技术，则完全可以支持 6 站点 40km 的应用。进一步地，考虑到随着网络的演进，站点数量会更加密集，而光缆网络的拓扑不会有太大变化，则运营商可通过多个站点共用一个 OAD 的方式，以一对光纤实现 40km 环上 24 个 LTE 站点的 C-RAN 承载需求。

在工程建设上，由于 OAD 为无源器件，其可置于室外电源柜 / 光交接箱中。OMD 和 OA 等器件可置于 BBU/DU 池所在的机房内。

3. 有源 WDM/OTN 承载

有源 WDM/OTN 设备是采用 WDM 技术的综合承载设备。CPRI over OTN 的各种映射方案在 ITU-T G.709 标准中已有规定，考虑到 CPRI 对抖动和延时性能要求较高，通过合理的设计，完全能够满足 CPRI 承载的需求。

采用有源 WDM/OTN 承载方案时，RRU/AAU 与 DU 机房之间配置接入型 WDM/OTN 设备，多个前传信号通过波分复用共用光纤资源，并通过 OTN 开销实现管理和保护。值得注意的是，WDM/OTN 设备与无线设备之间是采用标准灰光接口进行对接，OTN 承载、端口汇聚、彩光拉远等功能是在 WDM/OTN 设备内部完成的。

采用有源 WDM/OTN 承载方案进行环型组网，能够大大减少上行光纤的数量（环上按 4 个节点计算，每个基站按 3 载扇计算，没有采用 OTN 方案时，上行需要 24 芯光纤；采用 OTN 方案时，上行只需要 2 芯光纤），并且可以支持环网保护和时延对称补偿，如图 7.28 所示。

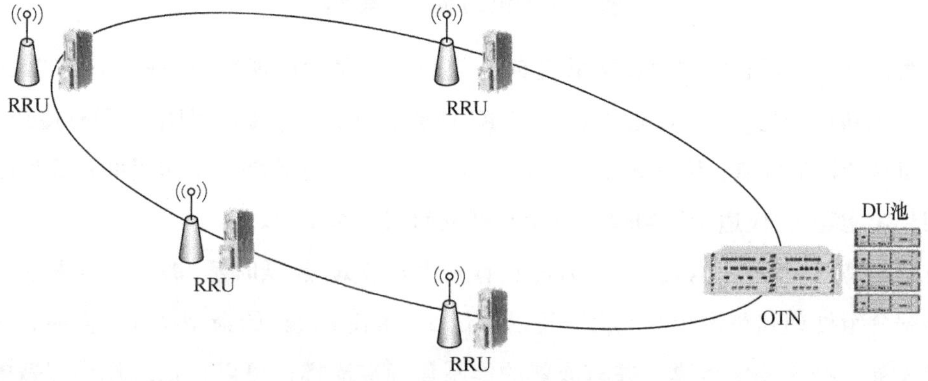

图 7.28　有源 WDM/OTN 环型组网方案

但是，采用有源 WDM/OTN 承载方案，在网络的传输末端必须是有源设备，因此部署时对环境要求较高，能耗也较高。如果是部署在无机房的场景，甚至考虑更为严苛的环境应用和安装条件，如楼道壁挂、抱杆等安装方式和环境，小型化的 OTN 设备需要采用工业级器件，增加温控能力。此外，OTN 设备的价格目前来说仍比较昂贵，很难满足客户对价格的预期要求，因此大规模部署和推广会有一定的难度。未来运营商可考虑通过采用非相干超频技术或低成本可插拔光模块来降低成本。

7.6.3 中传/回传承载方案

由于 5G 中传和回传对于承载网在带宽、时延、网络架构灵活性等方面的需求基本一致，因此运营商可以采用统一的承载方案共享同一张物理网络。但是，面向 5G 传输的新型特性，当前业界存在多类竞争性承载方案。这些候选方案各有优劣，且建设成本不尽相同，运营商需要结合实际业务需求及网络演进策略进行优选。图 7.29 列举了 3 种可能的方案。

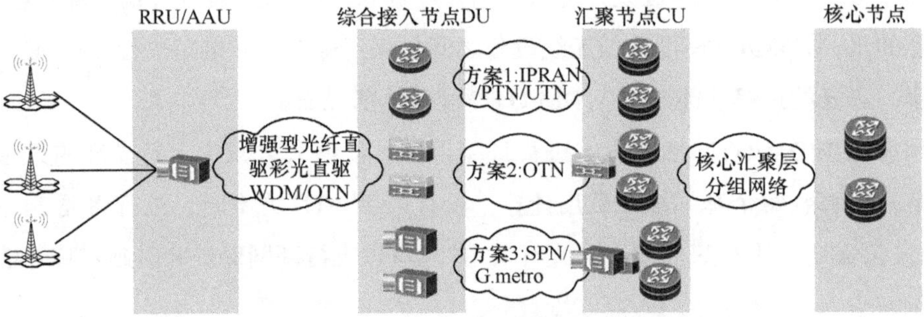

图 7.29 中传/回传承载方案

方案 1 是基于现有传输网直接承载 5G。这种方案是利用现有的 IPRAN、PTN 或 UTN 传输网资源新增配置承载 5G 业务，并与 4G 业务实现共同承载。但由于现有传送网带宽能力和组网特性的限制，该方案无法全面支持 5G 的各种业务需求（如超可靠低时延业务、网络切片功能等），仅适于初期仅有少量站测试和试点时采用。

方案 2 是基于 OTN 承载 5G。OTN 具有天然大带宽、超低时延、波长一跳直达等优势，通过增强分组处理和路由转发能力，可以满足 5G 中传/回传的新型特性。同时，OTN 经过多年发展，技术稳定可靠，并有成熟的体系化标准支撑，可以在已经规模部署的 OTN 现网上实现平滑升级，以较优成本快速满足 5G 承载网络的建设需求。此外，基于分组增强型 OTN 技术，运营商不仅可以实现 5G 承载，还可以打造一张综合业务承载网，为固定带宽、云和政企专线等业务提供统一的综合承载服务。分组增强型 OTN 承载方案在实际部署时可以细分为两种组网方式，其具体差别在于回传网络部分。第一种组网方式是利用分组增强型 OTN 设备组建中传网络，中间的 OTN 设备根据业务需要配置为 ODU*k* 穿通模式，以保障 5G 对承载网低时延和大带宽的需求，而在回传部分，则继续沿用现有的

IPRAN/PTN/UTN 承载架构，但需要引入高速接口技术等对其进行升级，以适配大容量的需求。第二种组网方式更为彻底，中传和回传全程都采用增强路由转发功能的分组增强型 OTN 设备实现，相比第一种组网方式，可以避免 OTN 与 IPRAN/PTN/UTN 的互联互通和跨专业协调的问题，且可以更好地发挥分组增强型 OTN 端到端的维护管理能力。两种组网方式如图 7.30 和图 7.31 所示。

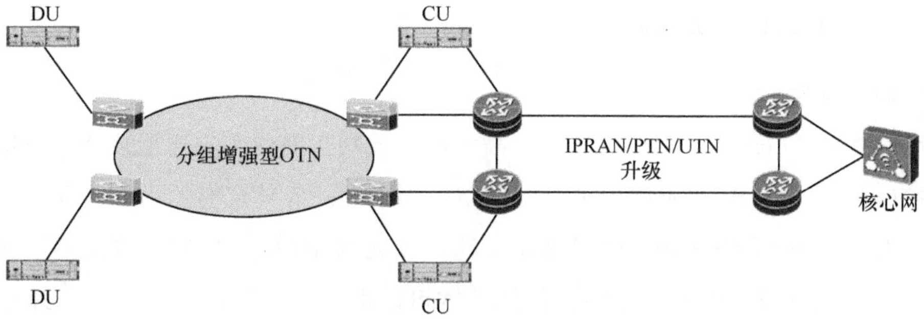

图 7.30　分组增强型 OTN 承载方案组网方式一

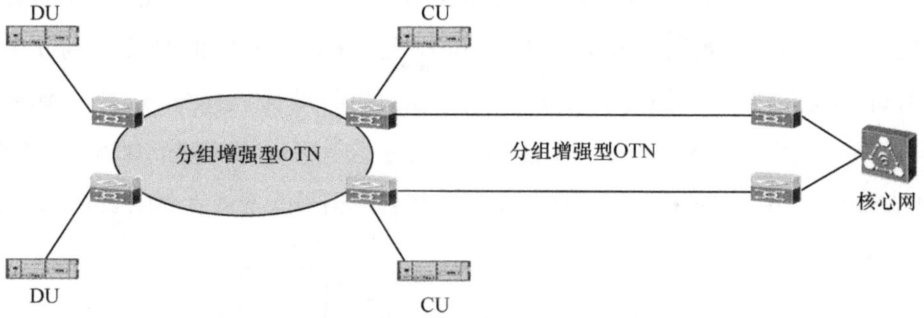

图 7.31　分组增强型 OTN 承载方案组网方式二

方案 3 是采用 SPN 或 G.metro 技术建设一张全新的传输网络来承载 5G 业务。切片分组网（SPN，Slicing Packet Network）是一个全新链路层的标准及协议。SPN 承载方案可以分为物理层、链路层和业务层。物理层基于 25G、50G、DWDM 技术，接入层网络采用 25G、50G 接口组网，汇聚核心层网络采用 DWDM 技术组网。链路层网络基于 FlexE 技术，支持接口、交叉及端到端组网，提供网络分片和低时延应用。业务层采用 SDN+SR 组网，支持 L3VPN，满足业务灵活调度要求。SPN 企业标准预计将于 2017 年年底完成制定，这里提到的 FlexE 和 SR 新技术，我们将留待下一节单独介绍。G.metro 同样也是新的技术标准，目前仍处于标准化阶段。G.metro技术基于密集波分复用，具备波长自动适配功能，支持2.5G/10G/25Gbit/s速率，端口可独立按需升级。此外，G.metro技术可以提供光波长级连接，波道独立工作，用户间物理隔离，安全性较高，是具有竞争力的5G承载方案之一。但由于标准化尚未完成，无论采用SPN还是G.metro技术承载5G，都必须进一步加快产业链发展和技术产业化进程。

7.6.4 5G承载候选技术

1. FlexE技术

灵活以太网（FlexE，Flex Ethernet）技术是承载网实现业务隔离承载和网络切片的一种新的接口技术。FlexE技术提供了一种通用机制来支持各种现有的以太网介质访问控制（MAC，Media Access Control）信号速率，这些以太网MAC信号速率可以不匹配到现有的任何以太网物理层（PHY）速率，包括那些可以捆绑之后比以太网物理层速率更大的MAC信号集合，以及那些子速率或者通道化之后得到的比以太网物理层速率小的MAC信号。更形象地说，FlexE技术可以看作是一种多链路（Multi-link）变速箱通用化的实现方式。

图7.32是FlexE的通用结构示意图。FlexE组（Group）指的是由1到n条以太网PHY信号绑定起来的一个组，FlexE客户（Client）指的是基于MAC信号速率的以太流，可以不匹配到任何以太网PHY流，当前可以支持的客户MAC速率有10Gbit/s、40Gbit/s或者$m \times 25$Gbit/s。其中，FlexE夹层（Shim）用来将客户信号映射或者解映射到FlexE Group。

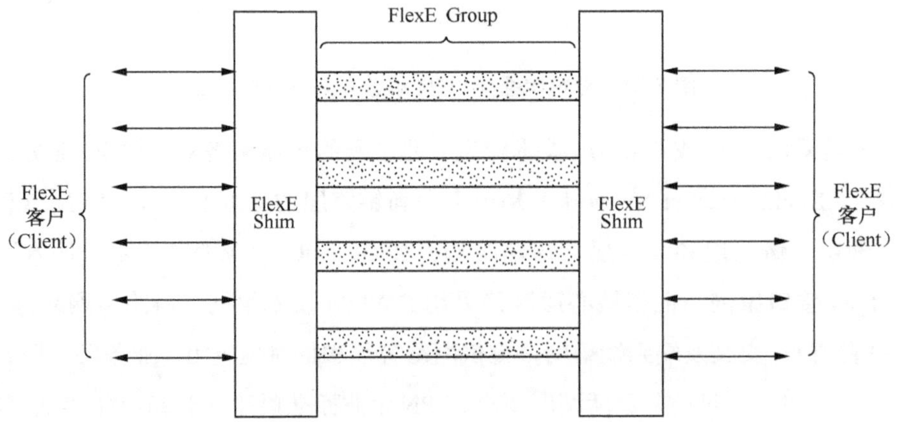

图7.32　FlexE通用结构示意

FlexE Shim 层是 FlexE 在以太网 L2（MAC）/L1（PHY）之间新构建的中间层，可以支持 3 种通用的模式：绑定，即支持多个 PHY 信号的捆绑，如将两个 100Gbit/s 物理层通道绑定起来承载一个 200Gbit/s MAC 信号，从而实现更大容量、更长波长的传输；速率划分，即用以太网 PHY 信号承载子速率信号，如基于 100Gbit/s 物理层通道来承载 50Gbit/s MAC 信号；物理层分导，即在一个 PHY 信号或者一组绑定起来的 PHY 信号的内部实现通道化，以支持更灵活的速率匹配，比如，在 3 个绑定的 100Gbit/s 物理层通道传输一个 150Gbit/s 信号和两个 25Gbit/s 信号，如图 7.33 所示。

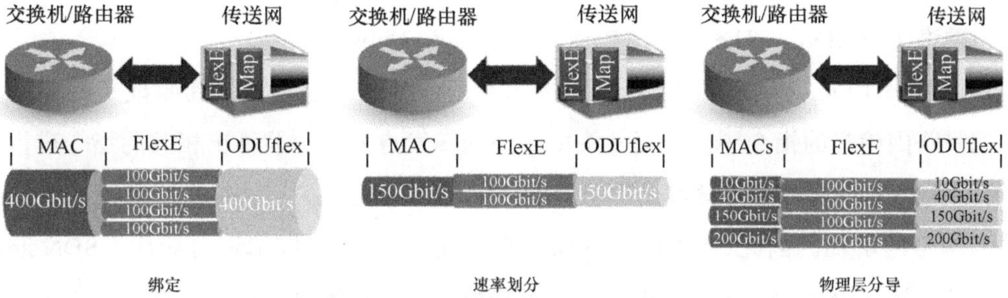

图 7.33　FlexE 3 种通用模式

采用 FlexE 技术作为 5G 网络切片承载解决方案，存在诸多优势。首先，FlexE 可以实现业务带宽需求与物理接口带宽的解耦合。基于标准的 25GE/100GE 速率接口，FlexE 可以通过端口捆绑和时隙交叉技术实现业务带宽 25Gbit/s → 50Gbit/s → 100Gbit/s → 200Gbit/s → 400Gbit/s → xT 的逐步演进。同时，FlexE 带宽扩展技术通过时隙控制，能够保障业务严格均匀分布在 FlexE Group 的各个物理接口上，并且可以通过动态增加或减少时隙数量实时调整网络带宽资源占用，应对业务流量的实时变化。其次，FlexE 技术通过时隙交叉技术实现基于物理层的用户业务流转发，用户报文在网络中间节点无须解析，业务流转发过程近乎实时完成，实现单跳设备转发时延小于 1μs，为承载超低时延切片业务奠定了基础。更为重要的是，FlexE 技术还可以实现高速率接口的精细化划分，实现不同低速率业务在不同时隙中传输，相互之间物理隔离。这使得网络既具备类似于 TDM 独占时隙、隔离性好的特性，又具备以太网统计复用、网络效率高的双重特点，以实现同一切片内业务统计复用，切片之间业务互不影响，而且相对通过 VPN 实现的切片隔离性更好。

2. SR 技术

传统的承载网络中广泛采用 IP/ 多协议标签交换（MPLS，Multi-protocal Label Switching）技术来动态或者静态地创建业务承载的隧道连接。尽管 MPLS 技术已非常成熟，但 MPLS 支持快速重路由需要更为复杂的信令协议，网络设备需要维护的路径信息也随着连接数增加呈线性增加。信令压力和设备开销的增大，都会严重影响网络的扩展性和运维成本。如果运营商能使用一种由报文头部维护策略状态的技术，无须转发路径的中间节点维护策略状态的交换技术，则将大大简化网络为维护策略状态信息所需复杂信令协议的支持。这种能够为 IP 报文指定转发路径，而不是按照传统 IP 网络的最短路径转发报文的网络，称为源路由网络（SPRING，The Source Packet Routing in Networking）。

分段路由（SR，Segment Routing）技术就是一种源路由技术。其原理是在源节点通过把携带路由信息的指令压栈到报文头中，中间转发点逐跳提前弹出相关的指令进行报文转发。采用 SR 技术后，转发点无须感知业务状态，只需维护拓扑信息，从而实现业务实例数与网络的解耦。因此，SR 技术可以非常方便地与 SDN 技术融合应用，SDN 通过对网络流量和拓扑资源的感知，可集中计算出符合业务需求的最佳转发路径，把路由信息下发给源节点，即通过 SR 技术进行报文转发，而不需要对转发路径上的其他节点进行控制或者信令交互，从而极大地提升网络的控制性能。

图 7.34 展示了一个 SR 与 SDN 技术融合实现网络负载均衡的实例。图中的用户终端连接 R1，访问的内容源连接 R2，假定该网络拓扑中所有链路的 Metric 值都相等。如采用传统的 MPLS 技术，则由于网络是基于最短路径转发报文，会导致用户访问站点 1.1.0.0/16 的全部流量最终都是经过最短路径 R1—R2 到达目的站点，而其他链路由于会无法承载流量而处于空闲状态。这种流量分布不均衡，一部分链路严重拥塞，而另一部分链路长期处于轻载状态的情形在现实网络中普遍存在。

而如果在该网络运用 SR 技术，假设为 R2、R3、R4、R5 的环回地址分配的 Node-SID 分别为 102、103、104、105，并向全网通告，那么网络中所有节点都维护着这些 SID 的标签转发信息。网络中的入口节点 R1 通过 SDN 控制器规划流量路径，可以基于多种流分类策略（如接入端口、源地址、报文五元组等）为 IP 报文添加带有 SID 列表的头部。例如，为源自端口 1 的 VIP 流选择 R1—R2 的最短路径，VIP 报文采用缺省方式转发，不携带包含 SID 列表的头部；为来自端口 2 的报文流选择路径 R1—R3—R2，添加带有 SID

列表为 {103} 的头部；同理，为源自端口 3 的报文流选择 R1—R4—R5—R2 的路径，添加带有 SID 列表为 {104，105} 的头部。这样，通过 SDN 与 SR 的结合，就实现了流量在所有链路的负载分担，达到全网流量均衡的效果。

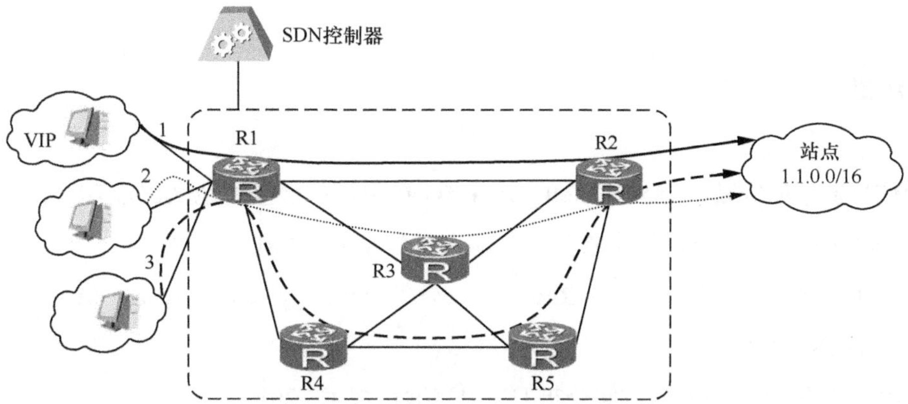

图 7.34 SR 与 SDN 融合应用实现负载均衡

7.6.5 承载网发展建议

由于 5G 传送承载手段存在多样性，且技术成本具有不确定性，在承载方案选择的问题上运营商应审慎对待。首先，5G 承载网的建设应由需求驱动，以满足 5G 发展基本需求为原则。其次，由于 5G 市场收益尚不确定，而成本压力巨大，承载网建设要以网络综合成本最低为目标，并通过技术创新和产业规模化来推动光电器件成本的下降。最后，承载网建设要因地制宜、循序渐进，不盲目超前投资，毕竟 5G 建设并非能一步到位。

但应注意到，部分 5G 承载方案对于 4G 网络传送网也同样具有借鉴意义，如通过增强型光纤直驱节省光纤资源等。在当前 5G 未完成标准化、4G 仍需进一步深度覆盖的阶段，将某些 5G 承载技术针对性地应用到 4G 传送网中具有现实意义。

7.7 小结

“5G 技术 4G 化”的理念对于当前移动通信网络建设有实际意义，既能够有效地保护

4G网络的投资，也能极大地提升4G网络的性能，并为5G的实际部署积累建设和运营经验。在网络具体部署时，运营商要注意5G技术的引入，做好应对组网方式、资源配置、承载网络等带来的变化的准确。

参考文献

[1] 中国信息通信研究院 . GSMA Intelligence. 5G 在中国：展望和地区比较 [R]. 2017.

[2] IHS Markit.5G 经济：5G 技术将如何影响全球经济 [R]. 2017.

[3] 3GPP TR38.801. Study on New Radio Access Technology Radio Access Architecture and Interfaces [R]. 2017.

[4] 王加奕 . 5G 网络的引入与方案分析 [J]. 中兴通讯技术 . 2017.

[5] 曹亘，李佳俊，李轶群，等 . 5G 网络标准架构的标准研究进展 [J]. 移动通信，2016.

[6] 中国联通网络技术研究院 . 中国联通边缘计算技术白皮书 [R]. 2017.

[7] 哈里 · 霍尔马，安蒂 · 托斯卡拉，尤西 · 雷乌纳宁 . LTE 小基站优化：3GPP 演进到 R13 [M]. 2016.

[8] 3GPP TR38.913. Study on Scenarios and Requirements for Next Generation Access Technologies [R]. 2017.

[9] 王会涛，赵勇 . C-RAN 承载方案分析 [J]. 中兴通讯技术，2011.

[10] 尹远阳，杨广铭，卢泉，等 . 面向 5G 通信网络承载方案的探讨 [J]. 移动通信，2016.

[11] 中国移动通信研究院 . 5G C-RAN 无线云网络总体技术报告 [R]. 2017.

[12] 中国电信 CTNet2025 网络重构开放实验室 . 5G 时代光传送网技术白皮书 [R]. 2017.

[13] 冯建元，冯志勇，张奇勋 . 5G 新需求下无线网络重构的若干思考 [J]. 中兴通讯技术，2017.

[14] 李光，赵福川，王延松 . 5G 承载网的需求、架构和解决方案 [J]. 中兴通讯技术，2017.

[15] 韩柳燕，程伟强，王磊，等 . 面向 5G 的下一代传输需求、技术和组网架构研究 [J]. 电信网技术，2017.

[16] OIF，Flex Ethernet Implementation Agreement[R]. 2017.

[17] 何晓明，卢泉，刑亮 . 分段路由网络研究及其在流量工程中的应用 [J]. 电信科学，2016.
[18] 张桂玉，马季春 . 浅谈分段路由（SR）在 SDN 中的应用 [J]. 邮电设计技术，2016.

第 8 章

5G 网络部署初探

8.1 5G 设计要点

移动通信网络的性能受到地形地貌、用户分布、用户移动性、业务类型等各种因素的影响。运营商只有在规划设计阶段充分考虑网络的覆盖需求、容量需求、规划区域的无线传播环境、可提供业务类型的话务模型等因素，结合系统能够提供的容量、系统的接收灵敏度等特性，通过链路预算、网络拓扑结构设计、仿真、实地勘察等工作，才能使设计的网络合理有效，达到预期的覆盖效果，为尽可能多的用户提供优质服务。

5G 网络的引入，对网络规划设计带来的挑战主要有以下几方面：毫米波的传输特性与常用低频段的特性不同，传统的规划工具不适用于毫米波的仿真规划；在进行覆盖仿真和容量规划时，运营商必须考虑大规模阵列天线垂直赋形能力和干扰抑制能力带来的影响；微小站对于精准覆盖的要求更高，需要采用多维评估的方法快速识别热点区域或弱覆盖区域。

8.1.1 毫米波信道建模

链路预算是进行网络预设计最重要的手段之一。运营商在进行链路预算时，要全面考虑信号从发送端到接收端所可能经历的增益和损耗，根据所采用的无线技术对接收信号大小的要求，确定出前反向链路可以忍受的最大链路损耗；以最大的链路损耗为限制条件，根据已经进行校正过的传播模型，以及为保证一定的通信可靠性的要求所预留出的链路余量，确定出小区半径和目标规划区所需的小区数目。由此可见，在复杂多变的无线传播环境下选对适当的传播模型，并准确地预测路径损耗，对于链路预算这一环节至关重要。

根据传播模型的适用范围，我们可以将传播模型划分为大尺度传播模型和小尺度传播模型两种，前者用以预测较远距离接收信号强度的均值，后者用以描述短距离内接收信号强度的瞬时波动。如果根据传播模型的适用环境进行划分，又可以分为室外传播模型（宏蜂窝模型、微蜂窝模型）和室内传播模型。传播模型还可以按照来源进行划分，具体可分为经验模型、半经验或半确定性模型、确定性模型3种。其中，经验模型是根据大量的测量结果统计分析后归纳推导出的公式；半经验或半确定性模型是基于把确定性方法应用于一般的市区或室内环境中导出的公式；确定性模型则是对具体现场环境直接应用电磁理论计算的方法得到的公式。

由于确定性模型的应用比较复杂、计算量大，实际中较少使用。目前广泛使用的几种传播模型均属于经验模型的范畴。

1. 传统传播模型

（1）Okumura 模型

Okumura 模型是预测城区信号传播损耗特性时使用最为广泛的模型。该模型以准平坦地形大城市市区的中值场强或路径损耗为参考，对其他传播环境和地形条件等因素分别以校正因子的形式进行修正。Okumura 模型可表示为：

$$L_{50}(\mathrm{dB}) = L_{\mathrm{F}} + A_{\mathrm{mu}}(f,d) - G(h_{\mathrm{te}}) - G(h_{\mathrm{re}}) - G_{\mathrm{AREA}}$$

其中，L_{50} 为路径损耗的中值，L_{F} 为自由空间传播损耗，A_{mu} 为自由空间中值损耗，$G(h_{\mathrm{te}})$ 为基站天线高度增益因子，且增益与天线的类型和形状无关，$G(h_{\mathrm{re}})$ 为移动台天线高度增益因子，G_{AREA} 为环境类型的增益。针对各种不规则地形，Okumura 模型中有丘陵地区修正因子、斜坡地形修正因子、水陆混合路径修正因子3类环境修正因子，具体取值方法可查阅资料得知。

Okumura 模型最主要的缺点在于其对城区和郊区快速变化的反应很慢，预测与实测的偏差约为 10dB ~ 14dB，但由于其实用性，经过校正后仍广泛用于 GSM 等移动通信系统的路径损耗预测。

（2）Hata 模型

Hata 模型也是广泛使用的一种传播模型，适用于宏蜂窝的路径损耗预测。在模型中，路径损耗计算公式中的参数如工作频率、天线有效高度、距离、覆盖区类型等容易获得，因此模型易于使用，在实际中也被广泛使用。根据应用频率的不同，Hata 模型又分为 Okumura-Hata 模型和 COST-231 Hata 模型。前者适用的频率范围为 150MHz ~ 1 500MHz，后者是 COST-231 工作委员会提出的将频率扩展到 2GHz 的模型扩展版本。

Okumura-Hata 模型是根据大量测试数据统计分析得出的经验公式，具体可表示为：

$$L_{50}(\mathrm{dB}) = 69.55 + 26.16\lg f_{\mathrm{c}} - 13.82\lg h_{\mathrm{te}} - \alpha(h_{\mathrm{re}}) + (44.9 - 6.55\lg h_{\mathrm{te}})\lg d + C_{\mathrm{cell}} + C_{\mathrm{terrain}}$$

其中，f_c(MHz) 为系统工作频率，h_{te}(m) 为基站天线有效高度（基站天线实际海拔高度与基站沿传播方向实际距离内的平均地面海拔高度之差），h_{re}(m) 为移动台天线有效高度（移动台天线高于地表的高度），d(km) 为基站天线和移动台天线之间的水平距离，$\alpha(h_{re})$、C_{cell} 和 $C_{terrain}$ 分别为有效天线修正因子、小区类型校正因子和地形校正因子，具体可通过函数计算得出。

COST-231 Hata 模型路径损耗的经验公式则为：

$$L(\mathrm{dB}) = 46.3 + 33.9\lg f_{\mathrm{c}} - 13.82\lg h_{\mathrm{te}} - \alpha(h_{\mathrm{re}}) + (44.9 - 6.55\lg h_{\mathrm{te}})\lg d + C_{\mathrm{cell}} + C_{\mathrm{terrain}} + C_{\mathrm{M}}$$

式中，主要参数的定义与 Okumura-Hata 模型相同，C_M 为大城市中心校正因子，当处在大城市中心时 C_M 取值为 3dB，处在中等城市和郊区时则为 0dB。

COST-231 Hata 模型和 Okumura-Hata 模型主要的区别在于频率衰减的系数不同，COST-231 Hata 模型为 33.9，Okumura-Hata 模型则对应为 26.16。

（3）LEE 模型

LEE 模型中的参数易于根据测量值进行调整以适合本地无线传播环境，从而大大提高传播预测的准确性。由于 LEE 模型具有路径损耗预测算法简单、计算速度快等特点，因此在实际网络中得到了广泛应用。

LEE 模型可分为宏蜂窝模型和微蜂窝模型。LEE 模型的基本思路是先把城市当成平坦的，只考虑人为建筑物的影响，在此基础上再把地形地貌的影响加进来。LEE 模型将地形地貌的影响主要分为 3 种情况计算：无阻挡的情况、有阻挡的情况以及水面反射的情况。

由于每个城市的建筑物及其布局各不相同，因此在城市选定或高或低的位置，收集足够信号强度的测量数据。虽然所有数据的标准方差与地形的变化一致，但是经过平均后得出的路径损耗曲线中却体现不出地形变化的影响，而是相当于把这些城市当成平坦地形，从而对路径损耗值进行概括。LEE 宏蜂窝模型建立在对大量的场强测量数据分析的基础上，使用了统一的路径损耗公式：

$$P_{\mathrm{r}}=P_{\mathrm{r0}}+(-r)\cdot d+\alpha_0$$

其中，P_{r} 是接收功率，d 是收发天线之间的水平距离，r 为距离衰减因子，P_{r0} 为在特定城市中，当实测使用的基站天线为半波长天线，高为 x m，发射功率为 yW 时，1km 处的接收功率。α_0 为修正因子，实际使用中当基站天线与 P_{r0} 所定义的天线不同时进行修正。

$$\alpha_0=(h_{\mathrm{t}}/h_{\mathrm{tREF}})^2(P_{\mathrm{t}}/P_{\mathrm{tREF}})10\left[(G_{\mathrm{t}}-G_{\mathrm{tREF}})/10\right]$$

式中，h_{t}、P_{t}、G_{t} 分别是实际基站天线高度、基站发射功率和基站天线增益；h_{tREF}、P_{tREF}、G_{tREF} 分别是测量 P_{r0} 和 r 时的基站天线高度、基站发射功率和基站天线增益。

随着地形建筑物密度及高度的增多，参考接收功率 P_{r0} 逐渐减小，距离衰减因子逐渐增大，路径损耗逐渐增大。

无阻挡的情况下，损耗公式如下。

$$P_{\mathrm{r}}=P_{\mathrm{r0}}-r\lg(d/d_0)+\alpha_0+20\lg(h_{\mathrm{b}}'/h_{\mathrm{bREF}})-n\lg(f/f_0)$$

其中，h_{b}' 为基站天线有效高度，h_{bREF} 为基站天线实际高度，d_0 一般取 1km，f_0 一般取 850MHz，n 由 f 和 f_0 决定。当 $f<f_0$ 时，n=20；当 $f>f_0$ 时，n=30。由上可得，无阻挡时的路径损耗为。

$$L(\mathrm{dB})=-P_{\mathrm{r0}}+r\lg(d/d_0)-20\lg(h_{\mathrm{b}}'/h_{\mathrm{bREF}})+P_{\mathrm{tREF}}+G_{\mathrm{tREF}}-L(v)+n\lg(f/f_0)$$

式中，$L(v)$ 为衍射损耗。

有阻挡的情况下，路径损耗公式为

$$P_{\mathrm{r}}=P_{\mathrm{r0}}-r\lg(d/d_0)+\alpha_0+L(v)-n\lg(f/f_0)$$

此时的路径损耗为

$$L(\text{dB}) = -P_{r0} + r\lg(d/d_0) + 20\lg(h_b^{'}/h_{bREF}) + P_{tREF} + G_{tREF} + n\lg(f/f_0)$$

水面反射的情况下，路径损耗公式为

$$P_r = \alpha P_t G_t G_m (\lambda / 4\pi d)^2$$

式中，G_t 为基站天线增益，G_m 为移动台天线增益，λ 为波长，α 为移动无线通信环境引起的衰减因子（$0 < \alpha < 1$）。当 $\alpha=1$ 时，此时的路径损耗即自由空间路径损耗。

LEE 微蜂窝模型基于一个假设：信号的衰减和传播路径上建筑群的长度有很大的相关性，即路径损耗会随着建筑物群的增加而增加。

LEE 微蜂窝小区路径损耗公式为

$$L = L_{LOS}(d, h_t) + L_B$$

式中，h_t 为基站天线有效高度，d 为发射天线和接收天线之间的距离，L_{LOS} 为视距传播损耗，L_B 为街区引入的损耗。

$$L_{LOS}(d, h_t) = \begin{cases} 20\lg(4\pi d/\lambda), & d < D_f \\ 20\lg(4\pi d/\lambda) + r\lg(d/D_f), & d < D_f \end{cases}$$

$$D_f = 4h_t h_r / \lambda$$

街区引入的损耗 L_B 为视距传播损耗与非视距传播损耗的差值。

LEE 微蜂窝模型在以下两种环境中误差较大：对主干道进行预测，且无视距传输路径；预测点在十字路口附近的小巷内，且在基站和预测点之间有一个大型建筑物。

（4）SPM 模型

SPM 模型是当前业界通用的传播模型，其特点为根据不同的频段及移动台距离基站的远近配置不同的计算系数，多见于国外的知名网络规划软件，通常推荐经过传播模型校正后再用于路径损耗预测。其公式为

$$L=K_1 + K_2 \cdot \log d + K_3 \cdot h_{re} + K_4 \cdot \log h_{te} + K_5 \cdot Diff + K_6 \cdot \log d \cdot \log h_{te} + K_7 \cdot h_{re} + L_{clutter}$$

SPM 模型的参数具体如表 8.1 所示。

表 8.1　SPM 模型参数

模型系数	450MHz	900MHz	1 800MHz
K_1	128	135	160
K_2	37	38	40

续表

模型系数	450MHz	900MHz	1 800MHz
K_1（近场）	129	0	0
K_2（近场）	31	0	0
K_3	2.6	−2.55	−2.55
K_4	0.8	0	0
K_5	−11.7	−13.82	−13.82
K_6	−4.3	−6.55	−6.55
K_7	0.4	0.7	0.8

2. 链路预算实例

以LTE为例，假定系统的基本参数配置为：载频为2.1GHz/28GHz/60GHz，带宽20MHz，双工方式为FDD，小区边缘MIMO工作于发射分集模式，BLER目标设置为10%，场景为密集城区。所期望的小区边缘速率为：下行2 048kbit/s，上行512kbit/s。

首先计算上、下行的最大允许路径损耗（MAPL，Maximum Allowed Path Loss）。这里以上行为例，解释MAPL的含义，如图8.1所示。对于某一确定的业务，当用户终端以最大发射功率发射，信号经过路径损耗后到达基站时正好达到基站的对该业务的最小接收电平即接收机灵敏度，此时的路径损耗即为最大允许的路径损耗，用户所处的位置即为小区对于该业务的覆盖边缘。如果用户进一步远离基站，路径损耗会进一步增大，但用户终端的发射功率已经达到最大，无法进一步增大发射功率来克服增加的路径损耗，则信号到达基站时就会低于该业务的接收机灵敏度，从而无法保持该业务的通信，产生掉话或速率降低。

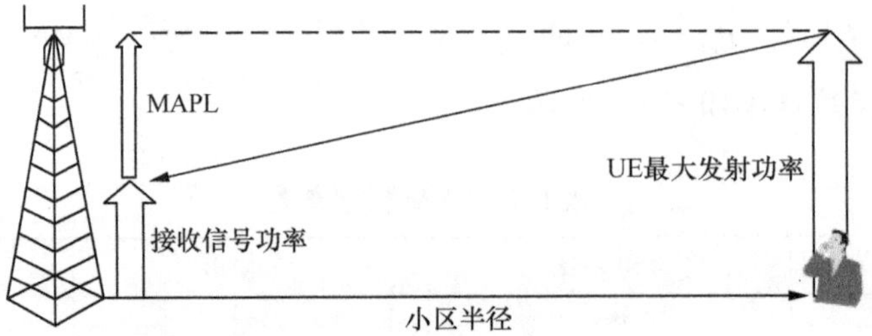

图8.1　上行MAPL原理

由上可知，MAPL 的计算主要为最大发射功率和接收机灵敏度之间的差值，同时还要考虑所有影响覆盖因素的增益、损耗和余量。具体计算方法为：

$$MAPL=EIRP-\text{最小信号接收强度}+\text{其他增益}-\text{其他损耗和余量。}$$

表征有效全向辐射功率（EIRP，Effective Isotropic Radiated Power），其计算公式为 $EIRP=P_m+G_a-L_a$，其中，P_m 为最大发射功率，G_a 为发射端的总增益，L_a 为发射端的总损耗。在 LTE 系统中，下行链路的最大发射功率一般为 20W，即 43dBm，上行链路 UE 的发射功率为 200mW，即 23dBm。发射端的总增益主要是天线增益，一般来说需要针对特定的频段、覆盖场景和要求选择合适的天线增益和高度，具体的取值参考如表 8.2 所示。发射端的总损耗主要包含合路器、塔放等器件的插入损耗以及馈线损耗。在上行链路中，UE 作为发射端，总损耗一般取值 0dB。而在下行链路中，基站作为发射端，总损耗一般基于线缆类型长度进行计算，选用不同类型和长度的线缆在不同频段下损耗不同。考虑到现网中 RRU 通常靠近天线部署，这里取值 1dB 以简化计算。综上所述，我们可以得到上下行的 *EIRP* 分别为 23dBm 和 60dBm，如表 8.3 所示。

表 8.2 天线增益及高度取值参考

覆盖场景	天线增益		基站天线高度	UE 天线高度
	900MHz 及以下	1 500MHz 及以上		
密集城区	15dBi	18dBi	25m	1.5m
城区			25m	
郊区			35m	
农村			40m	

表 8.3 上、下行 EIRP 计算

参数	上行	下行
P_m	23dBm	43dBm
G_a	0dBi	18dBi
L_a	0dB	1dB
EIRP	23dBm	60dBm

紧接着计算最小信号接收强度，其计算公式为：最小信号接收强度 = 接收机灵敏度 − 接收机天线增益 + 接收机损耗。接收机灵敏度和 *SINR* 直接相关。而 LTE 系统某个业务的

SINR 和该业务分配的 *RB* 数量有关。

LTE 业务占用系统资源的基本单位是 RB，每个 RB 对应于 12 个子载波和 14 个 OFDM 符号，每个子载波带宽为 15kHz。LTE 系统中，每种业务速率可以对应多种不同的 RB 分配方式，具体与调制方式、编码率、目标 BLER 等有关。同一种业务既可以分配较少 RB 数而采用较高的调制方式和编码率，也可以分配较多的 RB 数而采用较低的调整方式和编码率。然而不同的调整方式和编码率对 SINR 的要求也不同，最终导致了不同的 RB 分配数对应的小区覆盖性能是不同的，相应的容量性能也不同。这里选定边缘 UE 能分配的上、下行最大 RB 数分别为 8 个和 20 个。相应地，为了保证边缘速率，下行和上行的 TBS 需分别为 2 088 和 552，分别对应的 MCS 等级为 6 和 3，调制方式为 QPSK。参考系统仿真结果，下行 / 上行 SINR 分别为 1.5dB 和 -3dB。

确定上述参数后，我们可以计算接收机灵敏度。接收机灵敏度主要和噪声功率、接收机的噪声系数，以及对应业务的 SINR 值有关。具体的计算公式为：接收机灵敏度 = 噪声功率 + 噪声系数 + 信噪比。这里，噪声功率和热噪声的功率谱密度和接收机的带宽有关，而功率谱密度主要取决于温度。对于常温环境下（17℃，*T*=290K），功率谱密度为 -174dBm/Hz。相应地，对于 20MHz 带宽 100 个 RB，噪声功率为 -101.4dBm。对于不同业务的不同 RB 数，噪声功率也不同。对于本处的业务场景，下行噪声功率为 -108.43dBm，上行噪声功率为 -112.41dBm。噪声系数的定义是输入信噪比 / 输出信噪比，它反映了信号经过系统后信噪比恶化的程度。一般基站侧取值 2.5dB（考虑一定的余量，可取值 3dB），UE 侧取值 7dB。综上可得，上、下行接收机灵敏度分别为 -112.41dBm 和 -99.94dBm。

接收机天线增益主要包括天线增益和塔放增益等，接收机损耗则包括馈线及人体损耗等。接收机天线增益和损耗的取值，以及计算得出的上、下行最小接收信号强度如表 8.4 所示。

表 8.4　上、下行最小接收信号强度的计算

参数	上行	下行
接收机灵敏度	-112.41dBm	-99.94dBm
接收机天线增益	18dBi	0dBi
接收机损耗	2dB	0dB
最小接收信号强度	-128.41dBm	-99.94dBm

接下来考虑系统的其他增益，如硬切换增益、MIMO 增益和干扰抑制合并增益等。此处，总的其他增益可以取值 14dB。

至于系统的其他损耗，需要具体参考 2.1GHz/28GHz/60GHz 各频率的衰减模型。参考值如表 8.5 所示，其中，雨水损耗雨速取 1mm/h，树叶损耗假定树叶深度为 10m。

表 8.5 不同频率下的损耗参考值

频率	2.1GHz	28GHz	60GHz
墙体损耗（dB）	16.057	19.662	25.9
人体损耗（dB）	3.035	3.467	4
大气气体损耗（dB）	<0.01	0.2	13
雨水损耗（dB）	0	0.02	0.07
树叶损耗（dB）	7.901	17.186	21.601
合计（dB）	26.993	40.535	64.571

此外，还需要预留一定的衰落余量来克服阴影衰落对信号的影响。阴影衰落余量 = 边缘覆盖率要求 × 阴影衰落标准差。毫米波阴影衰落的标准差取 10dB，假设密集城区的边缘覆盖率要求 95%，可得密集城区的毫米波阴影衰落余量为 9.5dB。

综上所述，MAPL 计算所需要的各参数如表 8.6 所示。

表 8.6 不同频率的 *MAPL* 计算

频率	2.1GHz		28GHz		60GHz	
链路	上行	下行	上行	下行	上行	下行
EIRP（dBm）	23	60	23	60	23	60
最小接收强度（dBm）	−128.41	−99.94	−128.41	−99.94	−128.41	−99.94
其他增益（dB）	14	14	14	14	14	14
其他损耗和余量（dB）	36.493	36.493	50.035	50.035	74.071	74.071
MAPL	128.917	137.447	115.375	123.905	91.339	99.869

根据计算所得的 *MAPL*，参考 COST-231 Hata 模型，并考虑该模型在大城市中心的修正因子，分别计算频率 2.1GHz/28GHz/60GHz 下的上、下行小区半径，结果如表 8.7 所示。

我们可以看出，由于信道模型不适用于毫米波，导致计算出的频率28GHz/60GHz下的小区半径明显不合实际。哪怕经过上、下行小区半径均衡，其结果也是与实验观测结果大相径庭的。

表8.7　由于传播模型选用不当导致链路预算结果不符实际

频率	2.1GHz		28GHz		60GHz	
链路	上行	下行	上行	下行	上行	下行
覆盖半径（km）	0.414	0.717	0.015	0.026	0.002	0.003

同样的，Okumura模型、LEE模型和SPM模型等都有一定的适用频率，无法适用毫米波的规划和仿真。因此，运营商必须构建适用于毫米波的信道模型。

3. 毫米波信道模型

对于毫米波的信道建模，首先需要明确模型的应用场景，并针对不同场景，合理选取发射机和接收机的测量位置。受到毫米波传播范围的限制，其主要应用于室内热点（InH，Indoor and Hotspot）、城市微蜂窝（UMi，Urban Micro-Cell）、城市宏蜂窝（UMa，Urban Macro-Cell）和其他特殊场景。UMi和UMa两种场景的区别主要在于发射机位置是否高于周围环境中的建筑物，并且还需额外考虑室外到室内（O2I，Outdoor-to-Indoor）时建筑物材料对毫米波的穿透损耗。

在确定研究场景后，我们需要根据选取的参考信道模型设计具体的测量方案和技术指标。通常包括大尺度和小尺度传播模型，其中大尺度模型主要描述了接收信号强度随距离的变化情况。由于毫米波高传输损耗的特性，因此测量系统必须具有足够大的动态范围以保证可以分辨有用信号。而小尺度衰落模型则反映了由于环境散射造成的多径效应的影响。

3GPP于2017年8月公布0.5GHz ~ 100GHz信道模型的技术报告TR 38.901，对适用场景、天线模型、路径衰耗模型和快速衰落模型等做出了详细的定义。以下简单介绍其路径衰耗模型。

如图8.2所示，定义室外基站天线高度为h_{BS}，移动台天线高度为h_{UT}，基站天线到移动台天线的直线距离为d_{3D}，水平距离为d_{2D}。如移动台天线处于室内，则相应定义$d_{3D\text{-}out}$、$d_{3D\text{-}in}$、$d_{2D\text{-}out}$和$d_{2D\text{-}in}$，注意到有：

$$d_{\text{3D-out}} + d_{\text{3D-in}} = \sqrt{\left(d_{\text{2D-out}} + d_{\text{2D-in}}\right)^2 + \left(h_{\text{BS}} - h_{\text{UT}}\right)^2}$$

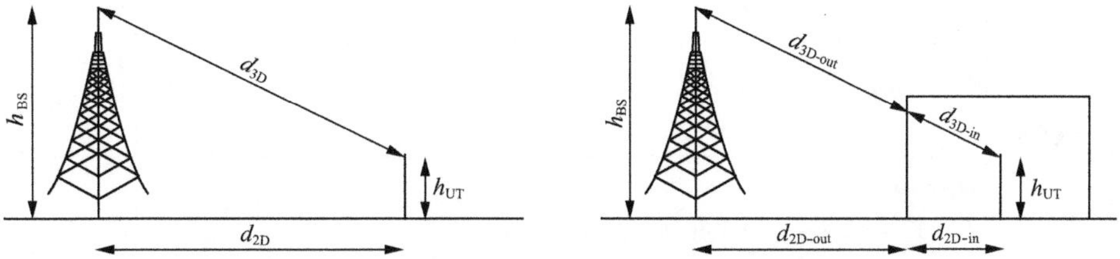

室外场景　　　　室内场景

图 8.2　室外及室内传播场景的若干定义

3GPP 的路径损耗模型及其适用范围和默认参数如表 8.8 所示。

表 8.8　3GPP 0.5GHz ～ 100GHz 路径衰耗模型

场景	视距 / 非视距传播	路径损耗模型（路损 dB，频率 GHz，距离 m）	阴影衰落（dB）	适用范围及默认参数
RMa 农村宏蜂窝	LOS	$PL_{\text{RMa-LOS}}=\begin{cases}PL_1, & 10\text{m}\leqslant d_{2D}\leqslant d_{BP}\\ PL_2, & d_{BP}\leqslant d_{2D}\leqslant 10\text{km}\end{cases}$ $PL_1=20\lg(40\pi d_{3D}f_c/3)+$ $\min(0.03h^{1.72},10)\lg(d_{3D})-$ $\min(0.044h^{1.77},14.77)+$ $0.002\lg(h)d_{3D}$ $PL_2=PL_1(d_{BP})+40\lg(d_{3D}/d_{BP})$	$\sigma_{SF}=4$ $\sigma_{SF}=6$	$h_{BS}=35\text{m}$ $h_{UT}=1.5\text{m}$ $W=20\text{m}$ $h=5\text{m}$ W：街道宽度平均 h：建筑高度平均 适用范围： $5\text{m}\leqslant h\leqslant 50\text{m}$ $5\text{m}\leqslant W\leqslant 50\text{m}$ $10\text{m}\leqslant h_{BS}\leqslant 150\text{m}$ $1\text{m}\leqslant h_{UT}\leqslant 10\text{m}$
	NLOS	$PL_{\text{RMa-NLOS}}=\max(PL_{\text{RMa-LOS}},PL'_{\text{RMa-NLOS}})$ $10\text{m}\leqslant d_{2D}\leqslant 5\text{km}$ $PL'_{\text{RMa-NLOS}}=161.04-7.11\lg(W)+$ $7.5\lg(h)-$ $\left(24.37-3.7(\frac{h}{h_{BS}})^2\lg(h_{BS})\right)+$ $(43.42-3.11\lg(h_{BS}))(\lg(d_{3D})-3)+$ $20\lg(f_c)-\left(3.2(\lg(11.75h_{UT}))^2-4.97\right)$	$\sigma_{SF}=8$	
UMa 城市宏蜂窝	LOS	$PL_{\text{UMa-LOS}}=\begin{cases}PL_1, & 10\text{m}\leqslant d_{2D}\leqslant d'_{BP}\\ PL_2, & d'_{BP}\leqslant d_{2D}\leqslant 5\text{km}\end{cases}$ $PL_1=28.0+22\lg(d_{3D})+20\lg(f_c)$ $PL_2=28.0+40\lg(d_{3D})+20\lg(f_c)-$ $9\lg\left((d'_{BP})^2+(h_{BS}-h_{UT})^2\right)$	$\sigma_{SF}=4$	$1.5\text{m}\leqslant h_{UT}\leqslant 22.5\text{m}$ $h_{BS}=25\text{m}$

续表

场景	视距 / 非视距传播	路径损耗模型（路损 dB，频率 GHz，距离 m）	阴影衰落（dB）	适用范围及默认参数
UMa 城市宏蜂窝	NLOS	$PL_{\text{UMa-NLOS}}=\max(PL_{\text{UMa-LOS}}, PL'_{\text{UMa-NLOS}})$，10m $\leqslant d_{2D} \leqslant$ 5km $PL_{\text{UMa-NLOS}}=13.54+39.08\lg(d_{3D})+20\lg(f_c)-0.6(h_{UT}-1.5)$	$\sigma_{SF}=6$	1.5m $\leqslant h_{UT} \leqslant$ 22.5m h_{BS}=25m
		Optional $PL=32.4+20\lg(f_c)+30\lg(d_{3D})$	$\sigma_{SF}=7.8$	
UMi-street canyon 城区微蜂窝—街道峡谷	LOS	$PL_{\text{UMi-LOS}}=\begin{cases}PL_1, & 10\text{m} \leqslant d_{2D} \leqslant d'_{BP} \\ PL_2, & d'_{BP} \leqslant d_{2D} \leqslant 5\text{km}\end{cases}$ $PL_1=32.4+21\lg(d_{3D})+20\lg(f_c)$ $PL_2=32.4+40\lg(d_{3D})+20\lg(f_c)-9.5\lg\left((d'_{BP})^2+(h_{BS}-h_{UT})^2\right)$	$\sigma_{SF}=4$	1.5m $\leqslant h_{UT} \leqslant$ 22.5m h_{BS}=10m
	NLOS	$PL_{\text{UMi-NLOS}}=\max(PL_{\text{UMi-LOS}}, PL'_{\text{UMi-NLOS}})$，10m $\leqslant d_{2D} \leqslant$ 5km $PL'_{\text{UMi-NLOS}}=35.3\lg(d_{3D})+22.4+21.3\lg(f_c)-0.3(h_{UT}-1.5)$	$\sigma_{SF}=7.82$	1.5m $\leqslant h_{UT} \leqslant$ 22.5m h_{BS}=10m
		Optional $PL=32.4+20\lg(f_c)+31.9\lg(d_{3D})$	$\sigma_{SF}=8.2$	
InH-Office 室内热点	LOS	$PL_{\text{InH-NLOS}}=32.4+17.3\lg(d_{3D})+20\lg(f_c)$	$\sigma_{SF}=3$	1m $\leqslant d_{3D} \leqslant$ 100m
	NLOS	$PL_{\text{InH-NLOS}}=\max(PL_{\text{InH-NLOS}}, PL'_{\text{InH-NLOS}})$ $PL'_{\text{InH-NLOS}}=38.3\lg(d_{3D})+17.30+24.9\lg(f_c)$	$\sigma_{SF}=8.03$	1m $\leqslant d_{3D} \leqslant$ 86m
		Optional $PL'_{\text{InH-NLOS}}=32.4+20\lg(f_c)+31.9\lg(d_{3D})$	$\sigma_{SF}=8.29$	1m $\leqslant d_{3D} \leqslant$ 86m

注 1：$d_{BP}=2\pi h_{BS} h_{UT} f_c / C$ 这里 f_c 为中心频率，单位 Hz；C=3.0×10^8m/s 是自由空间的光速；h_{BS} 和 h_{UT} 分别指基站和移动台的有效天线高度。

注 2：$d'_{BP}=4h'_{BS}h'_{UT}f_c / C$ 这里 $h'_{BS}=h_{BS}-h_E$ 和 $h'_{UT}=h_{UT}-h_E$ 分别指基站和移动台的相对有效天线高度；h_E 是指有效环境高度，对于 UMi 场景一般取值 1m，对于 Uma 场景可用 $h_E=1/(1+C(d_{2D},h_{UT}))$ 计算得出。

续表

场景	视距 / 非视距传播	路径损耗模型（路损 dB，频率 GHz，距离 m）	阴影衰落（dB）	适用范围及默认参数

$$C\left(d_{2D},d_{UT}\right)=\begin{cases}0, & h_{UT}<13\text{m}\\ \left(\dfrac{h_{UT}-13}{10}\right)^{1.5}g\left(d_{2D}\right), & 13\text{m}\leqslant h_{UT}\leqslant 23\text{m}\end{cases},\quad g\left(d_{2D}\right)$$

$$=\begin{cases}0, & d_{2D}\leqslant 18\text{m}\\ \dfrac{5}{4}\left(\dfrac{d_{2D}}{100}\right)^{3}\exp\left(\dfrac{-d_{2D}}{150}\right), & 18\text{m}<d_{2D}\end{cases}$$

注 3：上表 PL 公式的频率适用范围是 $0.5<f_c<f_H$，当 $f_H=30\text{GHz}$ 时适应于 RMa 场景，当 $f_H=100\text{GHz}$ 时适应于其他场景。

8.1.2　云化多维评估

5G 深度覆盖的解决思路是：通过宏微结合实现三层异构组网，一层宏站主要面向室外及室内的浅层覆盖；二层微站聚焦室外补盲补热和室内深度覆盖；三层室分及皮站则追求更深层次的信号覆盖和热点流量吸收。在此基础上，合理设置分层网络的分流参数，平衡负载和用户感知，以解决热点区域的不同业务需求，如图 8.3 所示。这对于网络规划提出的重大挑战是，如何精准定位弱覆盖区域和热点流量区域。

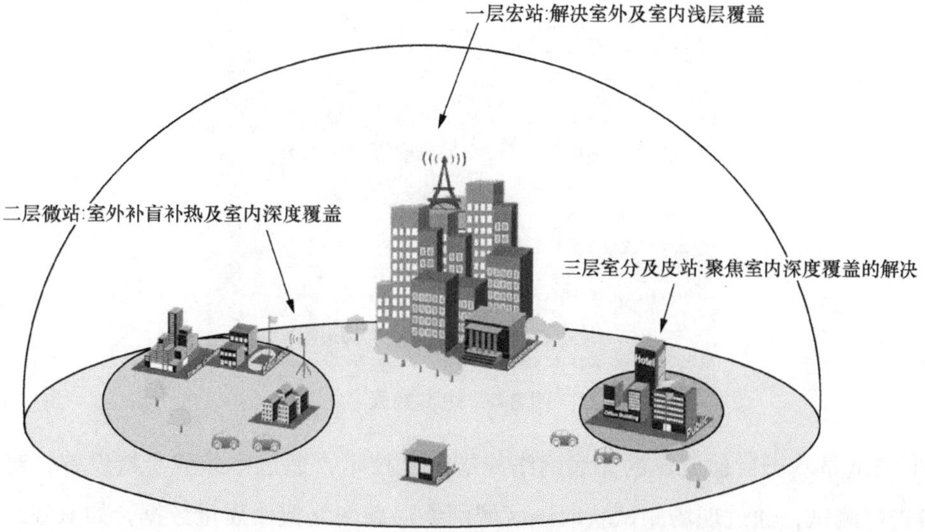

图 8.3　宏微结合三层组网以实现 5G 深度覆盖

对于精准定位补盲补热区域的问题，可行的解决方案是，采用云化多维评估的方法，综合使用无线仿真、综合指数评估、DT 测试和 MR 数据分析等手段，深度挖掘现网存在问题，并根据上述多个维度的网络覆盖情况比较分析，提出重点突出、等级鲜明的站点规划部署建议。

无线仿真是指通过规划仿真工具，使用数字地图、基站工程参数、测试数据建立网络模型，通过系统的模拟运算得出网络覆盖预测、干扰预测及容量评估结果。无线仿真可以通过评估现网 RSRP 覆盖来发现弱覆盖区域，为新建站选点提供参考。仿真效果如图 8.4 所示。其是常用且成熟的网络规划手段，但也存在一定的局限性。首先，仿真输入参数的准确性直接影响仿真结果，只有当输入参数与网络实际情况一致，仿真结果才能接近实际情况，才能指导实际网络规划、建设、优化。此外，由于现实环境和网络复杂性，仿真均是通过对现实环境和网络简化建模实现，建模过程中必然引入误差。建模过程中引入的误差主要来源于仿真模型、地图精度、业务分布及业务模型偏差等方面。因此，运营商不能完全依赖于无线仿真来定位弱覆盖区域，而应结合其他辅助手段，才能更好地贴近实际。

综合指数评估一般是通过收集近 3 ～ 6 个月投诉数据、小区高干扰、弱覆盖、无线接通率等相关指标来统计分析发现可能存在的问题，并作为重要的网络质量评估参考。

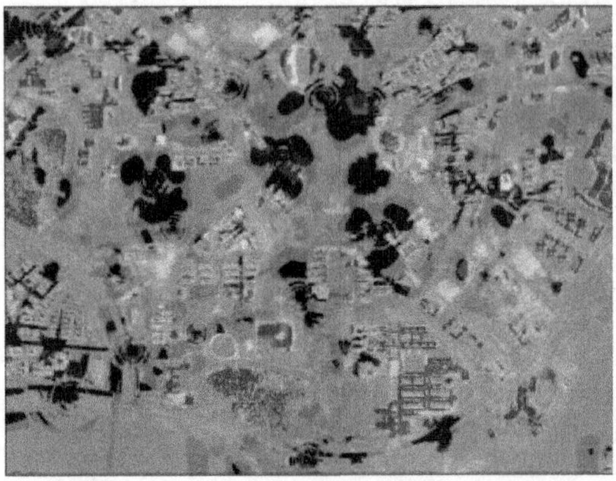

图 8.4　仿真效果

DT 测试是基于目前成熟的无线网络终端测试技术，通过车载或手持设备，对特定区域路段进行测试，通过现场测试获取该区域网络最新网络覆盖质量数据，如 RSRP、SINR 等直接反映网络指标的客观参数，将每个测试位置上的量化数据投影到平面地图中，从而找出弱覆盖区域，如图 8.5 所示。DT 测试分析的优点是能获取相对客观的现网数据，能够较为科学地实现覆盖补盲、数据分流的规划工作。其缺点则是每次测试都需要支出较为高昂的成本（与测试范围成正比），且受现场环境影响可能无法遍历所有覆盖区域，同时，测试结果也受到现网基站运维影响（测试区域内的基站故障会使测试结果呈现“伪弱覆盖”现象）。

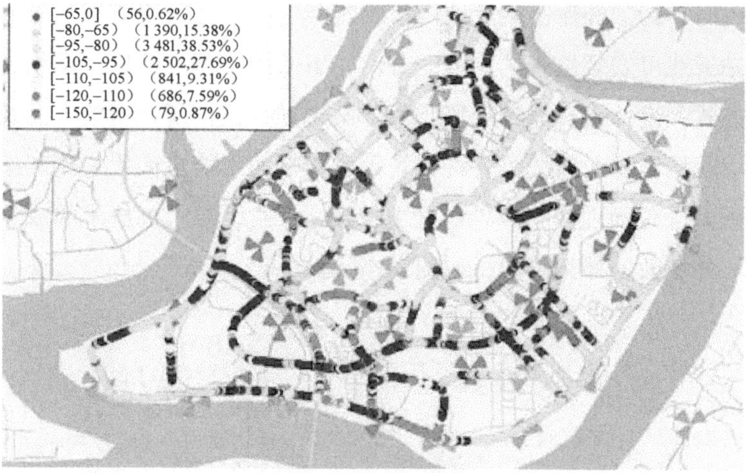

图 8.5　DT 测试效果示意

MR 数据分析的具体原理是通过网关收集用户终端使用数据并加以分析，通过用户数据反馈该区域信号 RSRP 及 SINR 等信息，将信息及地图栅格整合可得出弱覆盖区域，再通过加站判决，进而输出补点建议，如图 8.6 所示。MR 数据分析的优点在于可直接通过用户终端采集数据，后台加以数据分析即可得出精准的补点信息，方便快捷、成本低廉，常用于批量补点。其缺点则在于基于用户行为及习惯，当用户量尚未达一定规模时，将导致采样数据过低，数据参考性下降，只有当网络跟用户规模达到一定程度时，MR 数据分析才能较为准确地体现网络覆盖情况和业务流量分布。

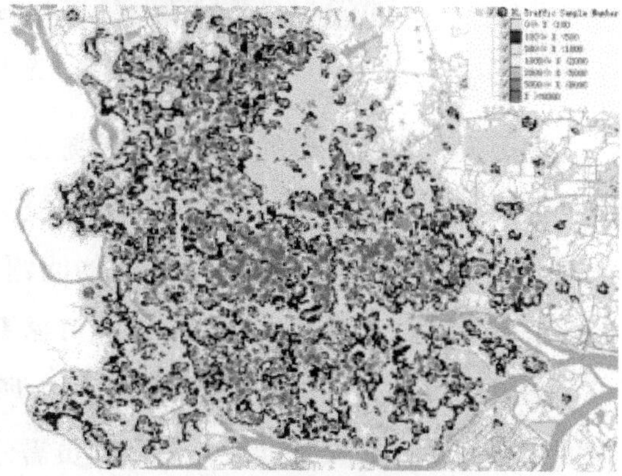

图 8.6　MR 用户分布

通过云化多维评估，可以得出较为精准

的新增站址建议。在此基础上，运营商不仅需要对新建站点的覆盖和容量进行价值评估，还需要提供多种维度（VIP 用户、价值业务等）对新建站点进行评估，以对新加站点根据优先级选择，根据预算选择价值较高的站点优先实施。

8.1.3 无人机辅助设计

在网络规划时，为了确保准确反映网络的实际情况，运营商必须通过勘察、测试等现场工作获取基站天线可安装位置、高度、方向、下倾的工程参数以及网络实际数据。而传统的人工作业方式，设计人员需到现场收集基站规划数据，所耗费的人力及时间较多，同时还可能受环境阻挡、物业阻挠等各种客观因素影响而不能全面收集到基站数据，最终导致采集到的数据缺乏全面性及科学性。随着民用 / 工业级无人机技术的成熟，无人机辅助基站设计成为一种有效的补充手段，如图 8.7 所示。

图 8.7 无人机勘察辅助设计

运用无人机勘察辅助设计相比传统方式具有以下方面的优势：利用无人机收集基站数据，能减少人力的投入，有效避免人员登高登塔作业的危险性，全面提升工作效率；解决人工收集数据受基站周边环境制约的问题；有效减小因仪器或人为原因等方面带来的误差，采集的基站工参数据更加准确和可靠等。

以某镇区的基站选址为例，如图 8.8 所示。该镇区待勘查的目标基站共有 5 个，且分散在镇区周边，如人工勘查，设计人员需分 5 次上站勘察才可以采集基站环境等必要的信息。而利用无人机技术，设计人员在图示的起飞点控制无人机航拍，即可做到一次性、全方位采集目标基站源信息。

图 8.8　某镇区基站选址

无人机勘察与传统人工勘察在效益和质量上的对比如表 8.9 所示。

表 8.9　无人机勘察与传统人工勘察对比

对比内容	类型	无人机技术勘察	传统技术勘察
效益	全勘察耗时	1.5 小时	5 小时
	山顶铁塔单站勘察耗时	0.5 小时	2 小时
质量	经纬度信息	相片自带定位信息	GPS 测量仪
	挂高信息	相片自带高度信息	测距望远镜
	环境照	高空 360° 旋转摄影	相机 + 指北针辅助
	天线安装平台空间	近距离观测	望远镜远距离目测

当新建基站选址进行环境照拍摄时候，无人机可位于站点上空模拟“新增杆塔”的高度完成 360° 环拍，效果真实可靠。而传统方式只能依靠设计人员在站址附近有限地选择视野相对开阔的地方拍照，导致勘察材料与真实环境有所偏离，这在一定程度上影响了选址的质量。在进行原有杆塔高度测量时，无人机测量的精确度可以达到 0.1m，通过前后两张照片的信息比较能够得到杆塔的高度。而设计人员一般采用测距望远镜测量杆塔高度，误差较大。在寻找本期天线安装平台时，无人机可以近距离在杆塔平台附近悬停了解可以使用的安装位置。而设计人员一般借助望远镜目测空余的安装位置，精准度不高。总体来说，对于经纬度、天线挂高、环境照和安装空间信息等必要信息的收集，采用无人机航拍能够有效避免人为的误差或因现场环境限制导致资料收集不全面，从而整体提升勘察

质量。

在上述运用无人机进行数据收集的过程中，如进一步引入倾斜摄影技术，则可以辅助实现精细规划。倾斜摄影技术颠覆了以往的正摄影像只能从垂直角度拍摄的局限，通过在同一飞行平台上搭载多台传感器，同时从前、后、左、右、垂直5个方向对地物进行拍摄，再通过多视影像联合平差、多视影像关键匹配、数字表面模型生产和正摄影像纠正等技术得到地表数据更多的侧面信息，加上数据处理，从而得到数据的三维模型，如图8.9所示。

利用三维全景模型进行规划相对于传统方法的好处在于，传统预规划只能根据二维平面的信息大致判断周边环境，而采用三维模型进行站点预规划，可以更加直观地看出周边环境的实际情况，包括站点的经纬度、楼宇高度和天面资源等信息。值得注意的是，在三维模型上，运营商不仅能测量现有的一些现场工参信息，而且还能添加预先设定的通信杆塔，以便直观地知道在该位置建设这类塔型的效果，并且该效果图也能用于与物业洽谈的效果展示。而且，三维模型的更新具有实时性，能够避免传统工具因现场环境信息滞后的情况导致预判断错误的出现。

图8.9　在三维模型上添加通信杆塔

综上，运用无人机、云处理及倾斜摄影等技术辅助设计，可以取得相对常规手段更加明显的优势，同时也可以满足未来5G时代对规划工作更细致的要求。目前，无人机辅助设计的技术已相当成熟，例如SkyCells通信应用套装，不单将无人机技术应用于基站规划，还拓展到通信巡检和基站测试等领域。

8.2　5G站址规划

站址规划工作，从本质上而言是将有限的、特定的频率资源更加准确有效地投入到需要网络覆盖的空间中，简单来说就是频率资源如何更加有效地在空间中复用的工作。我们结合上文提及 5G 的各个方面，重点阐述在未来 5G 网络的规划工作中，我们需要关注的有 3 个方面。

8.2.1　频率使用

频率资源是影响站址规划的最关键因素，在不考虑容量、速率等业务要求的前提下，频率资源在物理上决定了移动无线信号的传播距离（基站间距）。众所周知，电磁波（无线信号）在空气中传播时必然会出现能量损耗，自由空间损耗公式：空间损耗 =20lg(f)+20lg(d)+32.4(f 为频率，单位：MHz；d 为距离，单位：km)。在传播距离一定的前提下，频率越高，信号衰耗越大。然而 5G 标准尚在制定之中，传播模型、空口技术、调制方式、双工方式等都没有确定，现阶段难以精确的做出准确的站点规划链路预算；下文将采用 Hata 模型对 5G 基站密度进行分析。

我们利用目前工业和信息化部已经公开征集意见并最终确定分配的 5G 频段，以及国内运营商目前拥有的频段资源代入链路模型进行分析（Hata 模型参见上一章节）。

为了使读者更好理解，我们将选取国内典型的移动通信频段中的参考频点进行分析，如表 8.10 所示。例如目前我们使用的 GSM、CDMA-1X 网络是在 800MHz ~ 950MHz 频段中承载，因篇幅所限，我们无法一一展开对各个子频段进行分析，故此选取 900MHz 频点代表低频段，1 800MHz 代表中低频段，而最近公布的 5G 中频资源则由 3 500MHz、4 900MHz 代表；最后高频毫米波方面工业和信息化部尚在征集意见中，而且毫米波穿透衰耗极大，只能在视距内传输，笔者预计该频率资源仅限在室分场景使用。单站覆盖范围示意如图 8.10 所示。

表 8.10　典型频率分析表

类型	典型频段 1	典型频段 2	参考频点	备注
低频	870MHz ～ 880MHz	935MHz ～ 954MHz	900MHz	国内电信运营商原有 2G 频段
中低频	1 860MHz ～ 1 875MHz	2 575MHz ～ 2 635MHz	1 800MHz	国内电信运营商原有 3/4G 频段
中频	3 300MHz ～ 3 600MHz	4 800MHz ～ 5 000MHz	3 500MHz、4 900MHz	2017 年 11 月 14 日工业和信息化部发布 5G 中频资源规划
高频	24.75GHz ～ 27.5GHz	37GHz ～ 42.5GHz	-	2017 年 6 月 8 日工业和信息化部征集毫米波规划意见

接下来，分别将上述代表参考频点进行链路预算分析，结果如表 8.11 所示。

表 8.11　每平方千米基站密度

覆盖类型	900MHz	1 800MHz	3 500MHz	4 900MHz
核心城区	2.1	5.8	15.5	25.5
普通城区	0.9	2.6	7	11.5
乡镇郊区	0.3	0.8	2.3	3.7
行政村	0.2	0.6	1.5	2.5

综上，我们可以得出结论，用 5G 的中频段 3 300MHz ~ 3 600MHz、4 800MHz ~ 5 000MHz 覆盖同样一片区域，建站密度将会是 4G 网络（1 800MHz 网络）的 3 ~ 5 倍，是 2/3G 网络（900MHz 网络）的 7 ~ 12 倍。因此我们在 5G 站址规划中应该注意，低频段适用于大面积覆盖，而中频段由于拥有带宽大，绕射能力相对较弱的特性，适合在业务需求高的室外 / 室内场景使用。

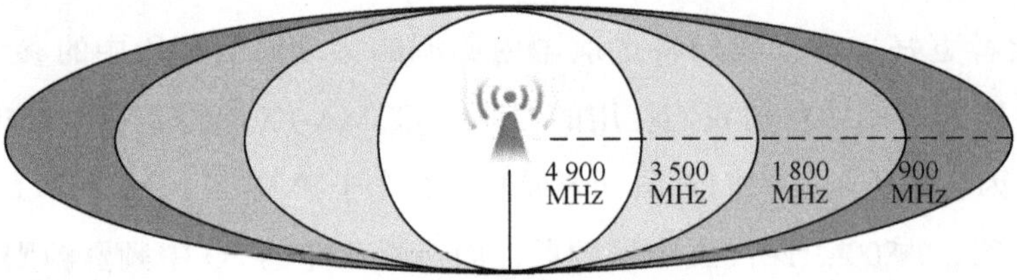

图 8.10　单站覆盖范围示意

8.2.2　容量需求

容量方面，我们首先计算单站容量。

根据上文所述，为确保核心城区采用中频（200MHz 带宽）覆盖，一般城区用低频覆盖郊区及行政村（采用 CA 及频率共享等技术可以满足 100MHz 带宽要求），容量预算如表 8.12 所示。

表 8.12　单站容量预算

参数	2/3G	5G 低频	5G 中频	5G 高频
频段范围	900MHz	900MHz ～ 2 000MHz	3 300MHz ～ 5 000MHz	25GHz ～ 40GHz
带宽资源	20MHz	100MHz	200MHz	1GHz

续表

参数	2/3G	5G 低频	5G 中频	5G 高频
MIMO 配置	4T4R	8T8R	16T16R	64T64R
频谱效率	5bit/Hz	5bit/Hz	10bit/Hz	15bit/Hz
单站容量	300MHz	1.5GHz	6GHz	15GHz（单扇区）

然后将表 8.12 容量预算结果代入 3GPP 定义 eMBB（高数据速率和高流量密度）场景中的各项需求，其中用户体验数据是指区域内激活用户的平均上、下行速率，并非峰值速率，如表 8.13 所示。

表 8.13 满足 5G 容量基站密度

业务场景	单用户体验数据速率（下行）	单用户体验数据速率(上行)	总体用户密度	用户激活因子	区域流量容量需求（下行）	区域流量容量需求（上行）	基站密度（km^2）
密集城区	300 Mbit/s	50 Mbit/s	25 000/km^2	10%	750 Gbit/(s·km^2)	125 Gbit/(s·km^2)	125
一般城区	50 Mbit/s	25 Mbit/s	10 000/km^2	20%	100 Gbit/(s·km^2)	50 Gbit/(s·km^2)	16.67
农村区域	50 Mbit/s	25 Mbit/s	100/km^2	20%	1 Gbit/(s·km^2)	500 Mbit/(s·km^2)	0.67
室内热点	1 Gbit/s	500 Mbit/s	250 000/km^2	—	15 Tbit/(s·km^2)	2 Tbit/(s·km^2)	—

通过表 8.13 计算，我们发现 5G 网络对容量要求十分高，在密集城区尤其明显，每平方千米需要 125 个基站才能满足要求（密度约为 4G 网络的 20 倍），大约不足 100m 就需要建设一个基站。结合实际基站建设经验，显然不可能数十米就新建一个宏基站，因此笔者建议采用宏微结合、异构网络、基站共享等技术手段解决。

8.2.3 环境因素

在实际的站址规划中，覆盖规划、容量规划都是建立在理想情况下的方案，为了确保规划能顺利落地，运营商必须对拟建站的位置进行现场勘察。在 4G 及以前，基站勘察主要考察天线挂高、扇区主打方向是否受遮挡等天馈条件。但进入 5G 时代，基站对建设环境的要求在悄然发生改变。通过上文所述，我们知道 5G 所用的低、中、高 3 个频段中，高频段（25GHz 以上毫米波）目前尚未明确，或用于室内分布。而低频段（800MHz ~

1 800MHz）可以在现网站址中通过升级 / 新建基站设备实现，需要新增站址不占大多数。所以，进入 5G 时代通信基站的建设重点将会是搭建中频段为主的异构网络。结合上文覆盖链路预算及容量预算可得，在密集城区中平均每 100m 就需要部署基站，微基站、微微基站将会成为建站主力。因此，我们在现场勘察中，除了天馈条件以外，更加关注选定的位置是否能“通光（可接入光缆）通电”，杆体墙体承重、风荷是否满足设备安装要求，勘察人员（团队）需要从“无线”单专业向“无线、传输、外电、土建”多专业发展。

8.2.4 规划小结

上文主要简述了 5G 时代站址规划中需要关注的“频率”“容量”“环境”3 个方面。为了更好地说明问题以便读者更容易理解，笔者采用了典型的数值进行量化分析，许多目前我们暂时难以获取或篇幅所限无法一一列举的数据则按现网典型数值处理（如传播模型、穿透损耗、容量需求等）。当我们真正从事 5G 站址规划工作时，除了关注文中提及的几个方面以外，更加重要的是结合实际情况考虑覆盖目标，业务类型，空口技术特性，设备性能等各种客观因素。

昙花一现的大区制：移动通信中，我们之所以要进行站址规划，本质上是为了频率复用，而在第二章介绍第一代移动通信系统时候，初代系统已经在使用蜂窝网小区结构。小区制一直沿用至今，进入 5G 时代，为满足上 1 下行速率要求解决无线频段资源不足问题，运营商必须进一步提高频率复用率，小区覆盖范围变得越来越小。一个城市动辄需要上万个小区覆盖，通信建设维护压力巨大。作为通信行业从业者的我们，是否曾想过假如一个城市只需要一个基站就能实现覆盖，那多好。其实，历史上还真出现过“大区制”并成功商用。追溯到 1G 系统以前，20 世纪 60 年代，美国的“改进型移动电话服务系统，IMTS”即采用大区制覆盖。该系统频率范围为 150MHz ~ 450MHz，移动终端（电话机）体积庞大，一般作为车载移动电话使用，如图 8.11 所示。该电话终端

现在，在你的车里，你可以使用 IMTS 大区制车载移动电话系统接听来自世界任何地方的电话

图 8.11　IMTS 大区制车载移动电话系统

发射功率大得惊人，可达上百瓦（目前电话的 500 倍以上）。在此大区制条件下，一个基站最大可以覆盖方圆近 100 公里的地区，大多数城市只需要一个基站就能实现全覆盖。然而，大区制存在无法克服的缺点，首先是频率无法复用，为了不产生干扰，大区内每个用户通信必须分配独立的频段资源，这样造成系统容量极其有限，根本无法满足社会需求；其次是发射功率巨大导致设备体积及耗电问题无法克服，用户无法随身携带。这两个问题是大区制必然被小区制所替代的根本原因。时至今日，小区制仍然不断发展，小区越做越小，或许是通信发展史的一种必然趋势。

8.3 5G 工建要点

相较于 4G 网络，5G 对站址资源和能源供应更为敏感。5G 将是宏微结合的超密集异构网络，为了推动 2020 年 5G 的商用，提前储备站址资源就显得非常必要。此外，由于海量的微小站部署，5G 需要更为灵活、节能、低成本的供电方式。最后，考虑到超密集部署场景下的网络运维和优化问题，提升网络智能化能力，实现工参信息远程获取也是未来工程建设的关注点之一。

8.3.1 5G 站址储备

随着未来 5G 超密集网络的部署，站址资源将成为移动基站建设的首要难题。在现行基站工程建设中，常出现站址租赁费用高、建站阻力大（如业主同意但周边居民反对、电力或传输资源难以到达等）、公共事业单位用地审批流程烦琐等问题，这不仅严重影响工程建设进度，也造成了建站成本的大幅上升。因此，在向 5G 网络演进的过程中，运营商必须未雨绸缪，提前储备站址资源。5G 站址具体可分为宏站和微小站。

1. 共址电力铁塔方案

5G 宏站的首选方案是共 4G 站址，但考虑到由于大规模阵列天线、有源器件等的引入，原有 4G 站址不一定 100% 满足 5G 宏站的建设需求。因此，进一步拓展宏站站址资源具有现实意义。在特定条件下，运营商可以考虑宏站与电力铁塔共址建设。目前，对于移动基站共址电力铁塔的建设模式，业内已开展了有益的探索，如图 8.12 所示。例如，日本东京电力公司就在近期宣布了向国内运营商开放电力铁塔以安装 5G 基站和天线设备的消息，正式涉足通信基础设施的共建共享。云南铁塔公司也于近日建成了国内首座高压电力加载 4G 基站的一体塔，这标志着我国迈出了电力行业和通信行业之间的资源整合共享的关键一步，如图 8.13 所示。

图 8.12　移动基站共址电力铁塔建设

图 8.13　国内首座高压电力加载 4G 基站的一体塔

移动基站共址电力铁塔建设需要重点关注 3 个方面：安全限值、电磁影响及载荷评估。安全限值可以参考国家《电力设施保护条例》实施细则及其他工程建设标准强制性条文进行测算。例如，拟在 220kV 高压输电塔上 45m 高处安装天线，经查阅相关设计资料和设备说明书，该塔的呼高（杆塔上的最下层导线悬挂点到杆塔脚地面点的垂直距离）为 60m，而架空电力线路导线在 220kV 时的最大弧垂安全距离及最大风偏安全距离分别是 4m 和 4.5m。因此，在该电力铁塔 45m 处安装天线设备可满足国家规定的安全要求。此外，运营商还需考虑高压输电线路下方的电磁环境影响。高压电力系统一般采用对称运行方式，中性点直接接地。在正常运行情况下，三相不平衡电流较小，超过 30MHz 的谐波幅度也很小，一般不对现行移动通信频段造成同频干扰。但是，高压电力系统的对地电压很高，在电力线与大地之间会产生很强的电场，在刮风下雨等恶劣环境下，可能会产生电晕和火花放电，形成强电磁场辐射。因此，运营商必须评估天线或设备安装的安全距离，避免在强电磁辐射下，电路板功能下降，甚至是电路阻塞或被击穿。在移动基站设计时，运营商还要考虑安装基站设备对铁塔承重、风压等载荷的影响。一般而言，在电力铁塔的使用周期内，移动基站增加的载荷不大，不会对电力铁塔本身造成影响。在满足上述 3 个基础条件的前提下，共址电力铁塔建设可以作为 5G 宏站站址来源的有效补充。

2. 微小站灵活选址方案

微小站的选址不仅要匹配网络覆盖盲点或业务热点的精确位置，还要充分结合覆盖目标、传播环境及造价成本等因素合理选择部署方式，使得微小站外观与环境协调。可行的方案是，合理利用作为公共设施的路灯杆、监控杆、广告牌和公交站牌等资源。

市政路灯杆、监控杆一般高度为 6m ~ 20m，基本可满足热点分流或补盲覆盖的需求，如图 8.14 所示。这种场景下施工改造的影响面较小、建站风险低且建设周期有效缩短，有效盘活了社会资源。值得注意的是，路灯杆由于夜间照明的特点，不一定满足微小站的不间断供电要求，需要加以改造。同时，微小站光缆的布放也存在开挖路面、重复穿管等风险。一种可行的方案是使用高效能的光电复合缆，在就近取电的同时光缆可以和电缆由同一路由引入。另外，使用无线回传的微小站也是可选的解决方案，它能够完美解决光缆最后一步接入的难题。

图 8.14　利用市政灯杆建设微小站

广告牌通常有架空型和落地 H 杆型两种。广告牌场景下安装微小站无须做过多的改造，只要合理利用其槽钢结构，适当增设并加固抱杆以用于微小站或外接天线的安装。由于广告牌通常位于密集人流区域，周边基础设施完善，这也为微小站电源接入创造了条件。

同时，广告牌还具有遮蔽作用，能使微小站的覆盖达到环境友好、无视觉污染的作用。

公交站牌的作用类似于广告牌，不同的是，与站牌相邻的公交站台具有作为小型设备间的潜力。运营商可以在与公交公司沟通后，仿照一体化机柜内部结构，定制公交站牌箱体，以用于安装无线设备。这相对于射频单元上塔的好处，便于安装和维护，也有利于后期的设备扩容。

8.3.2 供电方式革新

5G 超密集组网对降低网络能耗提出了重大挑战。在传统移动通信系统供电方案中，不同运营商通常部署独立的电源系统、储能系统、网管系统、计费系统，导致运营商不仅初期投资大、运维成本高，而且不利于配套供应商（铁塔公司）的统一管理，如图 8.15 所示。

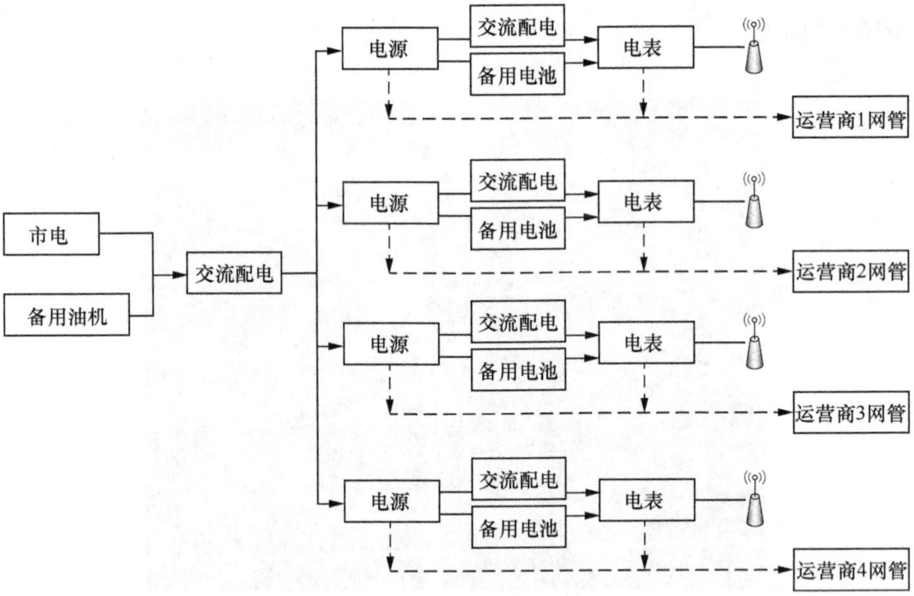

图 8.15　传统基站供电方案

为了实现供电共享，打造绿色网络，未来基站电源系统必须对交流配电、开关电源、蓄电池、动环监控、空调、防雷接地及箱体外壳等总体整合，形成更加合理的小型化、集成化的电源系统，以更好地适应微小站快速部署的需要。华为推出的 PowerCube 共享站供电解决方案是一个很好的范例，如图 8.16 所示。

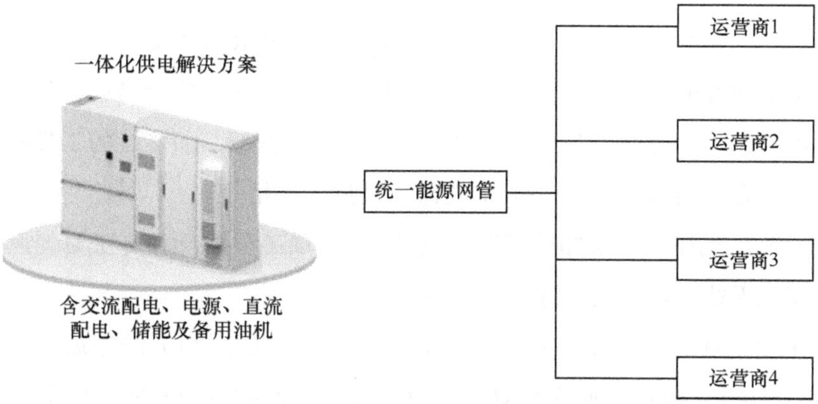

图 8.16　PowerCube 共享站供电解决方案

PowerCube 采用一体化集成系统，可以支持多家租户接入，节省初始投资。通过增加电源系统容量、配电路数和储能系统容量，可以轻松实现更多租户接入，扩容到 4 家甚至更多。在市电不稳甚至无市电区域，可引进一体化备电油机，同时支持叠加太阳能等清洁能源，进一步降低运营成本。通过 PowerCube 提供的 NetEco 能源网管，铁塔公司与运营商均可设置独立用户界面进入统一的能源网系统中，铁塔公司可以准确统计租户的用电量，还可以定制和管理租户界面信息，为租户配置电表、统计能源利用率，以及分配供电的优先级。

对于皮站、飞站等功耗较小的微小站，可以考虑 POE 供电方式，即使用以太网的传输电缆输送直流电到 POE 兼容的设备上。POE 供电具体有两种实现方法，即中间跨接法和末端跨接法。中间跨接法是指，使用独立的 POE 供电设备跨接在交换机和具有 POE 功能的终端设备之间，一般是利用以太网电缆中没有被使用的空闲线对来传输直流电。末端跨接法是将供电设备集成在交换机中信号的出口端，这类集成连接一般都提供了空闲线对和数据线对“双”供电功能，其中数据线对采用了信号隔离变压器，并利用中心抽头来实现直流供电。

8.3.3　工参远程获取

随着未来 5G 基站的密集部署，实现天线工参远程获取愈发重要。一方面，从网络质量的角度考虑，如发生由台风、雨雪天气等自然灾害或人为因素导致的天线状态变化，有很大可能会严重影响网络性能（实测数据表明，方位角变化在 5° 范围内时，对网络性能的影响还相对小，一旦变化超过 10°，将会引起 RSRP 和 SINR 等关键指标的较大幅度波动），且这种变化缺乏有效的监控，难以定位，从而造成极大的网络安全隐患。另一方面，从网络优化的角度考虑，准确的工参是提升网络优化效率的基础，而传统的工参获取一般是通过人工测量的手段，存在人工上塔成本高昂、测量工具精度不一、易产生人为记录误差、数据更新不及时、无法实时获知等问题。因此，在 5G 工程设计和施工时，运营商需要重点考虑如何实现天线工参自动、远程、实时获取。

对此，主要的解决思路是，在传统天线的基础上增加远程天线拓展（RAE，Remote e-Antenna Extension）模块，使天线具备可感知能力，能够快速获知天线的安装参数（如方位角、下倾角、挂高、经纬度等），并存储网络优化的历史调整记录等。基于 RAE 协议（AISG 2.0 协议的衍生），网管可以定期甚至实时从 RAE 模块读取天线工参并作为实际网络优化的依据。而一旦天线因外在的不可抗力因素而发生姿态变化，网管可以实时监测并告警提示，从而提高故障排查率。

目前，下倾角、挂高、经纬度等主要工参的测量已有良好的解决方案，如使用重力传感器测量机械下倾角，使用 GPS 或北斗卫星定位技术测量经纬度等。而在方位角的测量上，潜在解决方案较多，如太阳光测向、电子磁罗盘测向、和差波束测向以及载波相位差分测向等。

太阳光测向的原理相对简单，即利用缝隙结构跟踪太阳光入射角度的变化，判断太阳光直射的事件，然后根据已知时间查询太阳位置，并由缝隙与天线的相对位置判断天线的方位角。这种测向方案的实现成本较低，但测量误差较大，且非常容易受环境的影响，无法满足精确获取天线方位角的需求。

电子磁罗盘测向是基于地磁感应原理，利用磁传感器检测地球磁场相对于芯片的方向来计算方位角。我们知道，地磁场是一个矢量，对于某一固定地点，地磁场矢量可以分解为两个与当地水平面平行的分量和一个与当地水平面垂直的分量，如图 8.17 所示。如果保持电子磁罗盘和当地的水平面平行，则电子磁罗盘中磁力计的 3 个轴就可以和这 3 个分量对应起来。而对于水平方向的两个分量来说，其矢量和总是指向磁北的。电子磁罗盘中的航向角就是当前方向和磁北的夹角。当电子磁罗盘保持水平，我们只需要用磁传感器的水平方向两轴（通常为 X 轴和 Y 轴）的检测数据就可以计算出航向角。电子磁罗盘测向方案实现成本低廉，且响应速度快，但由于天线、抱杆和铁塔等均为铁磁性物质，电子磁罗盘会受其干扰，导致测量值偏差较大。因此，这一方案也不能完全胜任专业工参测量领域。

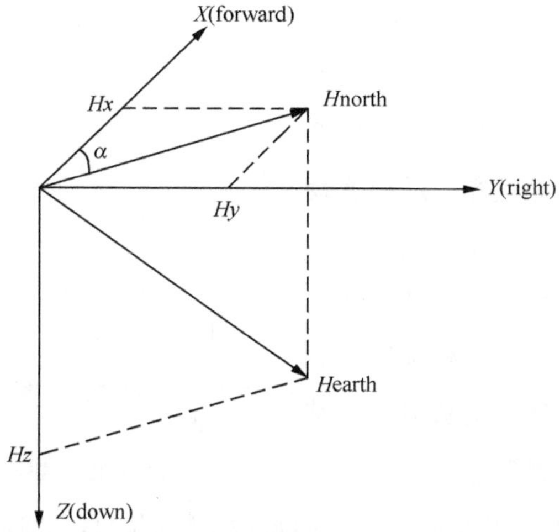

图 8.17　地磁场矢量分解示意

和差波束测向的原理是利用产生和波束及差波束的天线单元，同时对目标信号强度进行测量。由于两种波束相位可预先设定，因此通过信号强度的比较，当差波束与和波束的输出信号强度之差达到最大时，差波束的接收凹点所面对的方向就是卫星的方位角，即天线的方向。和差波束测向方案的部署成本较低、测量精度较高，且不易受天气、阳光等外部环境影响，但存在测量速度慢的严重缺点。因为和差波束在空间的位置是固定的，只有等到 GPS 卫星运行到和差波束对称剖面中心的方向时才能进行测量，如图 8.18 所示。显然，这种“守株待兔”的测量模式，会使得和差波束测向方案的可用性受到极大影响。因此就目前而言，和差波束测向方案未能达到 5G 天线工参测量的要求。

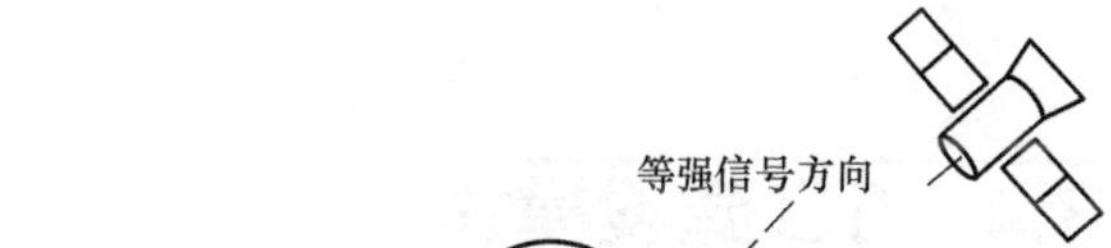

图 8.18　和差波束测向原理示意

载波相位差分测向方案又称“双

GPS”方案。其原理是通过两个 GPS，将两台 GPS 卫星信号接收机的原始数据输出，经算法处理后精确算出两个天线相位中心的相对位置坐标，据此计算得出两个 GPS 天线连线的方位角，并同时给出两个 GPS 天线中心的坐标，通过坐标变换和投影变换转换为当地的平面直角坐标，进而实现定向，如图 8.19 所示。载波相位差分测向方案的测量精度与两个 GPS 天线的距离有关，两天线相距越远，方位角测量误差越小。除了具有测量精度高的优势以外，载波相位差分测向方案的测量速度也快，在设备加电 1 分钟内即可开始测量并连续、动态输出数据，且测量时完全不受外在环境和地理位置的影响。但由于其需要采用测量载波相位的高精度模块，因此实现成本偏高。

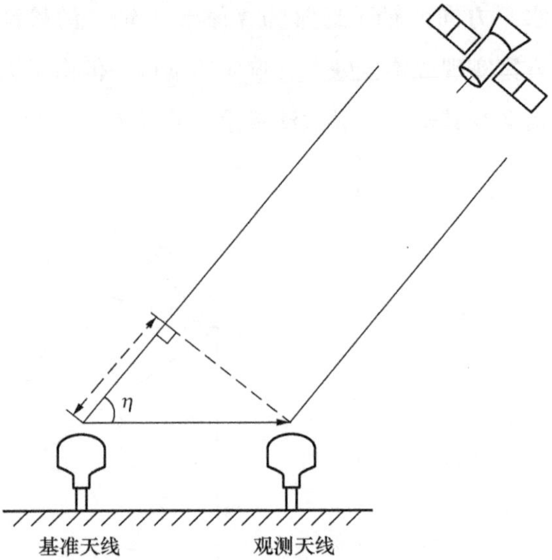

图 8.19　载波差分测向原理示意

综上所述，载波相位差分测向方案在测量精度、实时性、抗干扰能力等方面的表现均胜于其他方案，因此有望成为未来 5G 天线方位角远程获取的解决方案。

上述天线工参远程获取的思路同样也适用于 4G 基站，运营商可以通过外场测试的开展，提前掌握相关方案的部署要点，积累运营经验。

8.4　5G 建设模式

由于站址、频谱等资源的稀缺，建网难度不断增大，建网成本增高而利润下降，网络资源共建共享成为解决网络资源紧张问题的重要途径。5G 网络建设一方面可以延续 4G 时代铁塔共享模式；另一方面可以在运营商之间进行更广范围、更深层次的资源共享。

8.4.1　铁塔共享模式

铁塔公司的成立和运营在很大程度上起到了整合运营商铁塔资源，统一运营管理，避免重复建设，节省资本支出的作用。5G 时代对站点加密部署的需求将更加迫切，因此，延续铁塔共享建设模式成为 5G 网络工程建设的首选方案。但我们也应理性地认识到，并非单纯地利旧铁塔存量站址即可满足 5G 站点部署的需求。

1. 5G 对铁塔公司的影响

从网络架构看，5G 频段从低频到高频拓展，站点逐步加密，网络架构也从宏向宏微转变，未来对于微小站站址的需求极大，而当前铁塔公司整合的站址资源更多的是宏站站址，如图 8.20 所示。

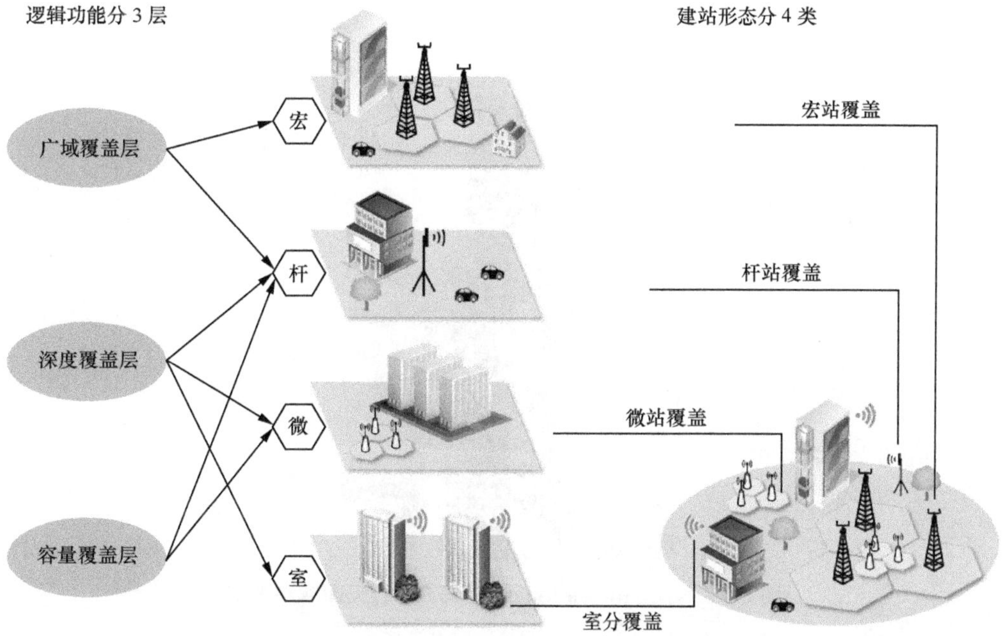

图 8.20　5G 网络建站形态由宏向宏微转变

从站点形态看，由于 C-RAN 组网趋势以及 CU-DU 分离架构的应用，5G 站点部署越来越灵活，对配套资源的要求也逐步简化，因此目前的一体化室外机柜加杆塔的形态极有可能大规模转向拉远 RRU 加小型化杆的形态。

从站点天面来看，一方面由于新频谱资源的发放，全频段 4T4R 逐渐成为主流配置，天面简单叠加已无法满足部署要求；另一方面大规模 MIMO 作为面向 5G 的关键天线技术，也需要考虑预留相应的天面空间。图 8.21 是华为和 Telefonica 在“2017 全球天线技术暨产业论坛”上发布的业界首个面向 5G 的天面解决方案。该方案由一面 14 端口多频天线和一面 TDD 3.5GHz 大规模 MIMO 天线组成，有效解决了天面空间紧张的部署难题。但对比传统的 4G 天面解决方案，容易发现，该方案依旧占据了更多的天面空间。

图 8.21　华为和 Telefonica 面向 5G 的天面解决方案

此外，由于天线多频有源一体化的趋势进一步凸显，天线的重量和体积将增加，可能存在批量的存量站址需要经过改造后才可满足 5G 需求，这在一定程度上带来了新的挑战，如图 8.22 所示。

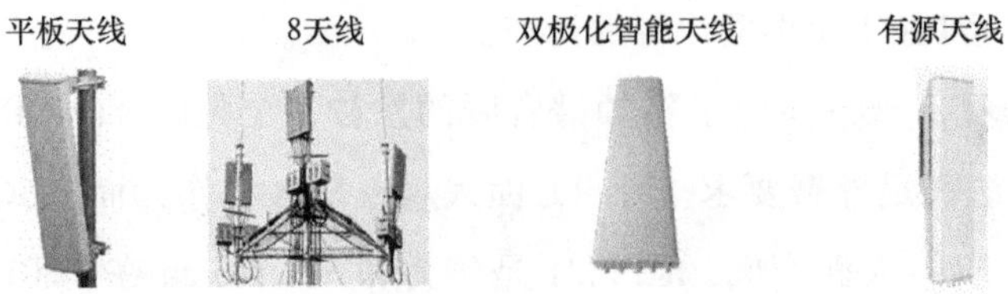

图 8.22　天线朝着多频有源一体化趋势演变

值得运营商注意的还有室内分布系统建设的变化趋势。由于 5G 将启用高频段部署，信号的传播和穿透损耗会加剧（C-Band 频段室外信号穿透混凝土墙壁时每穿透 1 面墙壁会产生额外的 8dB ~ 13dB 损耗，而更高的毫米波频段信号穿透混凝土墙壁的损耗达到 60dB，其基本丧失穿墙能力）。因此，单纯靠室外宏站的广域覆盖无法满足室内深度覆盖的需求，需要配合在室内专门建设室分系统，以提供最优质的室内场景 5G 业务。因此，为了保证 5G 移动用户室内外体验的一致性，室分系统的建设就显得尤为重要。

2. 铁塔公司的应对策略

针对上述变化，铁塔公司需在 5G 时代到来之前，提前做好规划和应变，才能在 5G 建设的浪潮中发挥铁塔共享模式的突出优势。若干发展策略和建议如下。

加快宏微站址资源的储备。率先与政府相关管理部门，如市政、园林、公安、电力部门等协同，统筹公共资源选址和建设支持，实现包括路灯杆、视频杆、电力杆、通信杆等的站址转化，发挥这类杆塔资源丰富、易于靠近用户部署的优势，促进全社会杆塔的共建共享。此外，在编制城乡通信基础设施专项规划时，铁塔公司要考虑 5G 高频段对基站站址的影响。由于当前暂未有专用的毫米波仿真工具，铁塔公司暂时可以先按照 200 米左右的站间距批量储备站址资源。

新建站的配套建设，铁塔公司考虑引入新设备、新技术和新能源。例如在新建铁塔方面，城区景观塔可适度考虑后期大规模阵列天线的安装需求，采用双轮、飘带等无外罩的塔型，如图 8.23 所示；在应对微小站建设需求时，考虑“多杆合一”的塔型创新，将户外广告、环境监测、路灯照明、城市监控等多种功能模块集于一身，同时将不同模块设计成可拆卸部件，通过灵活组合实现一塔多用；引入新型塔基和新型机房满足宏站建设需求，通过拼装式混凝土基础、钢管桩基础等预制塔基的使用，有效解决建设周期长、冬季施工困难等实际难题，而新型的简易机房可采用定制喷图、外挂电子屏幕等方式，实现与环境的和谐统一；对于电源配套，可考虑引入汇聚柜 DC 远供、分布式电源加锂电池等供电方式，以

图 8.23　飘带型景观塔

更好地适应微站快速部署的需要。

把握室内分布系统的技术发展趋势，根据新型数字化室分系统产品体系的安装需求，相应革新现有的室分系统配套建设模式，以适应运营商的差异化需求。新型数字化室分网络的主要特征是天线头端有源化和传输网线化 / 光纤化。首先，传统的室分无源天线无法满足 $nTnR$ MIMO、多载波聚合、高阶调制等新技术要求，5G 室分系统需要部署有源化射频头端，以支持端到端的高低频组网，进而支撑 eMBB 业务高用户体验速率和高流量密度等需求。其次，射频头端有源化有助于实现运营维护的可视化，并在网络出现故障时自动诊断和愈合，最大化减少人工介入以降低运维成本。最后，传统的射频电缆和耦合器件不支持 5G 新频段，需重新部署，而重新部署射频电缆一方面受制于高成本，另一方面也受制于空间和物业要求，因此通过在室内部署网线或光纤等大带宽、轻量化的传输以取代笨重的射频电缆的趋势不可逆转。上述天线有源化和传输网线化 / 光纤化的发展趋势也对配套建设提出了新的要求，如物业协调侧重点的变化、室分系统供电方式的革新等。

3. 铁塔公司微小站规划

随着 5G 网络的演进，微小站数量和投资占比将呈上升趋势。因此提前做好微小站站址的规划和储备具有重要意义。铁塔公司的微小站规划可以从近期和远期两个思路着手。

对于微小站的近期规划，笔者建议将需求前置，在电信运营商确定本年度的建设思路和覆盖目标后，与运营商成立联合规划小组，提前获取站址需求。微小站近期规划应立足于运营商规划目标、规划内容深度等，通过宏微结合、宏微转换的组网方式，充分发挥微小站建设周期短、配套要求低、单站造价低、部署灵活等优势，夯实现网覆盖，满足容量需求。

对于微小站的站址选择，铁塔公司要综合考虑无线覆盖、站址布局和天线挂高、地理位置、环境保护要求等因素，具体如表 8.14 所示。

表 8.14　微小站站址选择的要求

考虑因素	具体要求
无线覆盖	充分考虑微小站的有效覆盖范围，结合用户和业务的分布情况，合理选择站址
站址布局与天线挂高	站址应尽可能平均分布，天线高度满足覆盖需要（10m ～ 15m 为宜）

续表

考虑因素	具体要求
地理位置	应考虑建设维护方便，站址获取比较容易，选择安全、卫生、无强干扰的站址，避开临时建筑和军事禁区等敏感区，审慎选择在医院、学校、银行等区域设站
环境保护要求	应节约用地，不占或者少占农田。站址选址须符合环境保护和电磁辐射防护规定的有关指标要求
其他要求	站址应远离树林、高压线等

在微小站的适用场景上，铁塔公司可优先部署商业街区和城市道路，其次依次是交通枢纽、城市广场、大型场馆、校园、住宅小区、别墅区和党政机关等。微小站的适用场景分析如表 8.15 所示。

表 8.15 微小站典型场景分析

场景	子场景	微小站典型场景分析			优先级排序
		优先建设方式	建设及维护难度	增值业务潜力区域	
城区商区	商业街区	利旧灯杆	低	高	1
交通道路	城市道路	利旧灯杆	低	高	1
公共场所	交通枢纽	利旧灯杆	较低	高	2
	城市广场	利旧灯杆	较低	高	2
	大型场馆	利旧灯杆	中	高	2
	校园	新建美化天线	中	高	3
城区住宅区	别墅区	利旧灯杆	高	中	4
	住宅小区	新建美化天线	高	中	6
政府机关	党政机关	新建美化天线	较高	低	5

微小站规划时，铁塔公司还要注意根据覆盖目标需求，合理选择设备挂高，控制微小站发射功率和覆盖面积，尽量降低与周边基站的小区干扰。对于新增区域规划，铁塔公司可利用站间距、仿真等宏微结合的规划手段，分析出需要储备的站点区域，形成微小站需求储备站址库。同时，微小站的建设方案规划要优先考虑场景是否有可利旧杆塔资源，在敏感场景下可优先采用新建美化天线方案。然后根据最优建设方式获悉站址资源类别及归属产权或管理权，确定最优业主。不同场景下微小站的建设方案及优先站址获取方式如表 8.16 所示。

表 8.16 不同场景下微小站的建设方案及优先站址获取方式

场景	子场景	优选方案	次选方案	再选方案	优先站址获取方式
城区商区	商业街区	利旧灯杆、监控杆	新建路灯杆、监控杆	—	路灯所、公安机关、综合整治办
交通道路	城市道路	利旧灯杆、监控杆	新建楼面美化天线	新建路灯杆、监控杆	路灯所、公安机关、综合整治办
公共场所	交通枢纽	利旧灯杆、监控杆	新建路灯杆、监控杆	新建楼面美化天线	路灯所、公安机关、综合整治办
	城市广场	利旧灯杆、监控杆	新建路灯杆、监控杆	新建楼面美化天线	路灯所、公安机关、综合整治办
	大型场馆	利旧灯杆、监控杆	新建路灯杆、监控杆	新建楼面美化天线	路灯所、公安机关、综合整治办
	校园	新建楼面美化天线	新建路灯杆、监控杆	—	校园综合办公室
城区住宅区	别墅区	利旧灯杆、监控杆	新建路灯杆、监控杆	—	物业管理、开发商、业主
	住宅小区	新建楼面美化天线	新建路灯杆、监控杆	—	物业管理、开发商、业主
政府机关	党政机关	新建楼面美化天线	新建路灯杆、监控杆	—	党政机关综合办公室

对于微小站的远期规划，铁塔公司可以着眼于未来城乡规划，以便方便快捷地获取规划审批手续，批量获取站址资源。具体操作时，铁塔公司可选择某片合围的区域，结合微小站的覆盖方式和建筑物结构，进行全网微小站规划。首先，在地图上进行区域内微小站底层网规划；然后再结合实际勘察情况，对规划站址进行微调，优先将站址布局在公共绿地，市政路灯杆、监控杆等站址资源获取较容易的公共区域；最后，再考虑获取难度稍大的、产权明确的个人区域。

8.4.2 基站共享模式

基站共享是一种深度共享的建设模式。不同于运营商之间只共享站址资源和配套资源的铁塔共享模式，基站共享模式突破了运营商之间独立投资建网的限制，实现了无线接入网甚至是核心网的深度共享。

在当前 4G 网络阶段，基站共享模式不论在国外还是国内，均有了成功的案例，例如英国的 Vodafone 和 O2、中国的电信和联通。通过这种开放 RAN 共享的模式，运营商能够在不增加站点的情况下，显著改善覆盖效果，降低网络建设成本。因此在 5G 网络的引入过程中，考虑到投资成本或运营商竞争策略等因素，运营商可以适当地沿用基站共享模式并促使其发挥规模效应。

1. 基站共享技术原理

基站共享架构早在 2005 年就被 3GPP 于 TS 23.251 中提出。根据基站资源共享程度的不同，其可以分为网关核心网（GWCN，GateWay Core Network）模式、多运营商核心网（MOCN，Multi-Operator Core Network）模式以及多运营商无线接入网（MORAN，Multi-Operator Radio Access Network）模式等，如图 8.24 所示。

GWCN 模式是指不同运营商之间共享载波、无线接入网，以及部分核心网网元（主要是移动性管理实体、核心网关）。在这种模式下，运营商的共享程度最高，有利于最大化降低资本性支出，但网络部署的可控性较差，参数配置复杂度高，后期优化和维护升级的难度也较大，因此要求运营商之间要有细致、可行的共享协议和管理细则。

MOCN 模式和 MORAN 模式的共性是同一套 RAN 同时接入不同运营商的核心网节点，不同的是，前者运营商可共享频谱资源，后者运营商利用独立频谱资源。二者本质上都属于无线接入网共享（RAN 共享），具体采用哪种模式，取决于运营商之间达成的共享协议。

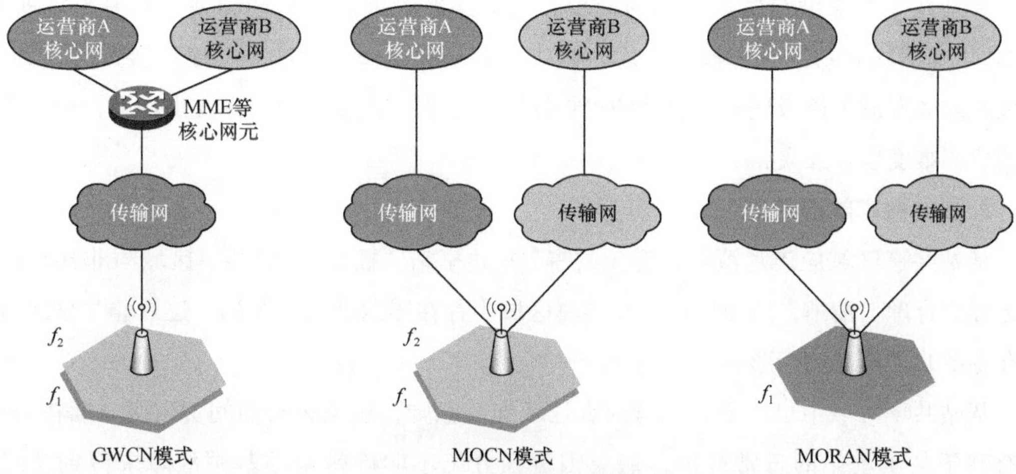

图 8.24　基站共享模式

MOCN 模式和 MORAN 模式在 LTE 网络中的主要参数配置和性能对比如表 8.17 所示。

表 8.17　MOCN 模式与 MORAN 模式的配置对比

	MOCN 模式	MORAN 模式
载波配置	配置共享的载波，需要同时广播不同共享运营商的 PLMN	各自配置一个独立的载波，每个独立载波广播各自的 PLMN
邻区配置	同时配置不同共享运营商的邻区参数，需引入异频切换	各自配置和优化各自频率的邻区，同频切换
空口资源管理	终端在同一载波下开展业务，需要考虑协调空口资源分配策略	终端在各自独立的载波下开展业务，不需要考虑空口资源分配
核心网	需要支持 RAN 共享功能	不需要改动
X2 接口	不同共享运营商之间共享同一 X2 链路	两个独立载频的基站之间每个运营商各自需要一条 X2 链路
TAC 规划	共享 TAC，需要同一规划 TAC，实现独立的位置更新和寻呼	不需要改动现网
载波聚合	使用共享载波后，可以使用不同共享运营商的频率进行载波聚合	无法使用不同共享运营商的频率进行载波聚合
部署灵活性	可以根据业务量灵活部署，业务量小的场景部署 1 载波，反之部署 2 载波	两个载波都要部署，与业务量无关

出于经济性评估和风险考虑，目前中国电信与中国联通深度共享采用的主要模式是 MORAN 模式。

基站共享的深度与资本支出的减少、网络部署的可控性密切相关。如图 8.25 所示，从 GWCN 模式到铁塔共享模式，运营商之间共享的资源（核心网、无线接入网、频谱、站址及配套资源）逐级递减，建网的可控性随之增强，但相应的资本支出递增，运营商之间的协调难度也在加大。

2. 基站共享部署考虑

基站共享区域应连片覆盖，避免共享 / 非共享站“插花”，即共享区域与非共享区域的边界应合理、清晰，避免出现连片共享区域中存在零散非共享基站、连片非共享区域中存在零散共享基站的情形。

基站共享区域中也应遵循运营商责任区连片原则，避免运营商间责任区“插花”，这样有利于共享基站的日常维护，避免因责任分工不明确带来的基站故障未得到及时修复的风险。

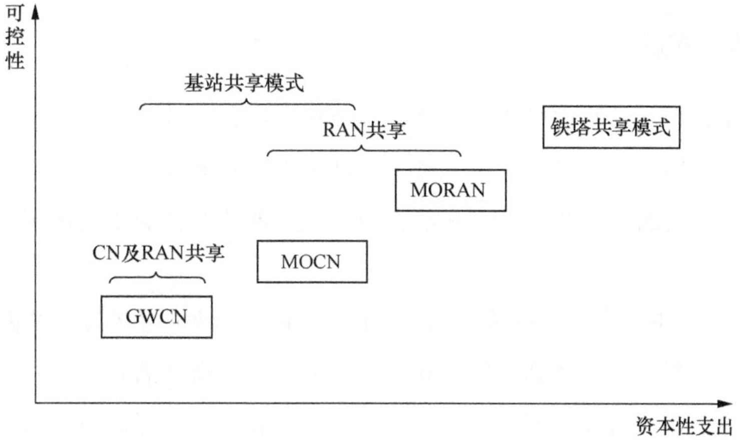

图 8.25　共享程度与资本性支出及可控性的关系

基站共享区域内应尽量减少主设备厂商“插花”。在基站共享区域内、共享区域与非共享区域边界，运营商应尽量使主设备厂商边界少、界限合理、清晰，减少由于异厂家优化带来的不便以及网络运行时频繁的异厂家切换。

另外，基站共享本质上是为了共享资源，降低建网成本，因此基站共享的区域应着眼于共享运营商中至少其中一方存在不良覆盖的场景以及业务质量较低、亟待改善的场景。例如，偏远乡镇、农村等业务量较低的广覆盖区域，高铁、高速公路等普遍现网覆盖较差且投资大收益小的道路覆盖场景，部分业务流量不高的室内分布场景。基站共享建议的覆盖区域如表 8.18 所示。

表 8.18　基站共享的覆盖区域建议

场景	基站共享覆盖区域建议
室外场景	高铁、高速公路、国道等交通线路场景： • 双方均未良好覆盖的线路周边区域； • 一方已有覆盖，另一方覆盖较差的区域
室外场景	双方均有广覆盖需求的行政村、普通乡镇等区域
室内场景	• 双方均未良好覆盖的建筑； • 业务量整体较低，不需要过多室分系统的建筑； • 一方覆盖良好，而另一方未覆盖的建筑； • 由于物业原因无法大量部署室分系统的建筑

8.4.3 小站众包模式

铁塔共享模式和基站共享模式在应对站址资源稀缺、有效节约建设成本的问题上能够取得较好的成效，但这两种模式一定程度上仍属于封闭式的建设模式，只着眼于传统移动通信网络运营商之间的资源共享，而未能充分调动外部的社会资源为我所用，推动网络更好更快完成建设。

面对未来 5G 的超密集组网趋势，小站众包提供了一种很好的开放式网络建设创新模式。小站众包是指开放移动基站建设服务商的准入，吸引众多的企业（如经营基站设施租赁和维护业务的企业、掌握一定社会资源的供应商）和个人参与建设，将其携带的资源有效转化成网络的建设成效。

实际上，在现行网络建设管理模式中，已部分出现众包的趋势。例如，在室内分布系统建设中，传统上由运营商自行组织的站址洽谈工作，除交由铁塔公司的规划站点，其他大多都已交由掌握有物业沟通渠道资源的施工单位。这样，运营商自身站址洽谈的压力得到缓解，服务商掌握的资源也得到充分利用，极大地提高了室内分布系统的建设进度。室外站建设也有类似的趋势，例如运营商通过引入第三方站址租赁服务商加快站点部署、铁塔公司通过与市政公司合作获取公共资源站址等。

随着小站加密到一定程度，在做好准入机制和激励措施的前提下，运营商可以考虑由拥有具备合适站址资源的个人自主报建小站的模式，进一步加速社会资源转化成网络建设。

8.5 小结

5G 网络的部署促进工程建设策略及手段的革新。在 5G 网络设计方面，运营商需重点关注毫米波信道建模以及在超密集网络场景下的站址规划和评估；在工程建设要点方面，首先是 5G 站址的储备，其次是供电方式的革新，以最终满足 5G 的实际部署和节能需求；在工程建设模式方面，建议在传统的铁塔共享模式之外，鼓励基站共享模式、小站众包模式等的创新和实践，此外对于铁塔公司而言，也应提前谋划，做出相应的策略改变，以更好应对 5G 的到来。

参考文献

[1] 郭省力，方俊利，张跃虎 . LTE FDD 链路预算及覆盖估算方法研究 [J]. 邮电设计技术，2012.
[2] 卢海 . 无线网络规划中的传播模型校正技术及其应用 [D]. 北京邮电大学学报，2010.
[3] 张沛泽，周宇，孙向前，等 . 5G 毫米波信道测量和建模技术研究 [J]. 移动通信，2017.
[4] 3GPP TR38.901. Study on Channel Model for Frequencies from 0.5 to 100 GHz [R]. 2017.
[5] 卢如东，曾哲君，徐灿辉 . 应用无人机辅助移动通信基站工程设计的研究 [J]. 移动通信，2017.
[6] 曾哲君，李文锋 . 倾斜摄影在移动通信基站精细规划上的应用 [J]. 移动通信，2017.
[7] 卜斌龙，刘培涛，赖展军，等 . 关于中国移动通信天线产业由中国制造到中国创造的探讨 [J]. 移动通信，2017.
[8] 李艳芬 . 天线远程感知单元技术演进研究 [R]. 2017 移动通信天线质量高峰论坛，2017.
[9] 赖建军，黄有为，孙敏，等 . 移动基站共址高压输电铁塔的应用研究 [J]. 移动通信，2017.
[10] 杜发辉 . 中国铁塔公司街边微基站解决方案探讨 [J]. 移动通信，2017.
[11] 许桂芳 . 深度共享方案分析 [J]. 移动通信，2017.
[12] 宋蒙，聂昌，周瑶 . 4G 网络基站共享技术研究 [J]. 移动通信，2016.
[13] 刘光海，陈崴嵬，薛永备，等 . 4G 网络基站共享优化解决方案 [J]. 邮电设计技术，2017.
[14] 乔纳森 · 罗德里格兹 . 5G：开启移动网络新时代 [M]. 2016.

第 9 章
网络融合与安全挑战

从当前世界各国网络的发展来看，网络融合已经成为广电、电信业发展的必然趋势，宽带接入总体上朝着高带宽、高速率的方向发展，而用户需求的多样化决定了宽带网络将长期呈现多种接入技术、覆盖技术融合协调发展的格局。相比传统的无线网络，5G 更像是一个传输多种业务的共享框架。泛在连接、开放生态等特点使得 5G 具备了与广电网络趋向统一的基础条件，而移动流量的爆发式增长又加速了 5G 与广电网络融合的趋势。但是，多技术、多业务的融合也给未来网络带来了大量的安全挑战。

9.1 广播—宽带融合趋势

广播电视与移动宽带融合的强劲驱动力在于两个方面：核心业务趋同，技术体系强互补性。

从业务角度来看，广电网络的主要业务有：基础广播电视业务，包括高质量音视频广播、电子节目指南（EPG）、信息广播等；交互广播电视业务，包括电视教育、电视杂志、电视医疗健康、电视游戏、电视支付、电视银行等；物联网业务，包括公共安全管理、智能交通综合管理系统、社区及家庭服务、节能减排、地下管网管理、机动车智能识别和停车场管理等；跨行业应用，包括专网业务应用、城市交通、民航、铁路等；面向自然灾害、事故灾难、公共卫生和社会安全等突发事件的应急广播业务。不难发现，未来 5G 面向的业务场景囊括绝大多数上述的业务，这从根本上为广播与宽带融合奠定了基础。

从技术体系看，在泛在 / 有限覆盖、单向 / 双向通信、无互连 / 网络互连、线性 / 按需服务等多方面，广播电视与移动宽带几乎是互补的，移动宽带技术完全可以作为广播电视的一种补充手段，在移动场景中提供更大面积的覆盖、更高质量的服务，以及更少的交互操作负荷，形成“双赢”，如表 9.1 所示。

表 9.1　广播电视和移动宽带的互补性

	广播电视	移动宽带
优势	• 泛在覆盖； • 支持任意接收模式（固定、可携带、移动）； • QoS 可保证； • 将线性业务传递到大众的最佳传输方式； • 开销与同时在线的用户数相互独立； • 每个用户可享受网络总容量级服务，无网络拥塞	• 双向通信，支持信息交互； • 最佳移动信号接收； • 支持多种类型的设备； • 内容和服务的选择潜在无限制； • 用户终端数大量增加，可访问任意 IP 设备； • 适用于小众和长尾服务； • 网络互联
劣势	• 单向通行，无回传通道； • 无按需服务，仅支持线性服务； • 传递的内容受平台容量限制，无长尾服务； • 无法接入仅支持 IP 传输的系统； • 无互联	• 覆盖受限； • 仅支持尽力而为（best-effort）服务，不能保证 QoS； • 开销与同时在线的用户数相关，网络容量由多用户共享，具有网络拥塞风险

对于广播—宽带融合架构的设计，广播电视有线无线融合网提供了一个示范案例。

广播电视有线无线融合网是指通过广电的有线电视网、无线广播网、无线广播电视双向交互网和卫星广播网的协同覆盖和业务融合，形成有线、无线、卫星天地一体的融合组网模式和覆盖模型，其中以有线的传输覆盖网络为核心，以无线双向网络为传统单向广播的回传和交互途径，以最适合的终端应用形式，将用户所需内容低成本高效送达，如图 9.1 所示。

广播电视有线无线融合网的无线系统由广播大塔系统、交互小塔系统和网络节点系统组成。由于传输机制的不同，无线广播采用广播大塔实现 DTMB/CMMB 等广播信号的大范围覆盖，无线广播电视交互网采用交互小塔实现蜂窝的中大范围覆盖，无线交互网络信号可以通过网络节点进行无线 WiFi 信号转发实现 WiFi 信号覆盖。同时，农村地区可以采用超级 Wi-Fi 技术进行无线交互大覆盖，助力农村信息化建设工作。通过广播大塔、交互小塔之间的协同工作，将广播信号大范围覆盖、交互信号中大区域覆盖与超级 Wi-Fi、WLAN 信号中小区域覆盖相结合，形成多级分层的协同覆盖网络。

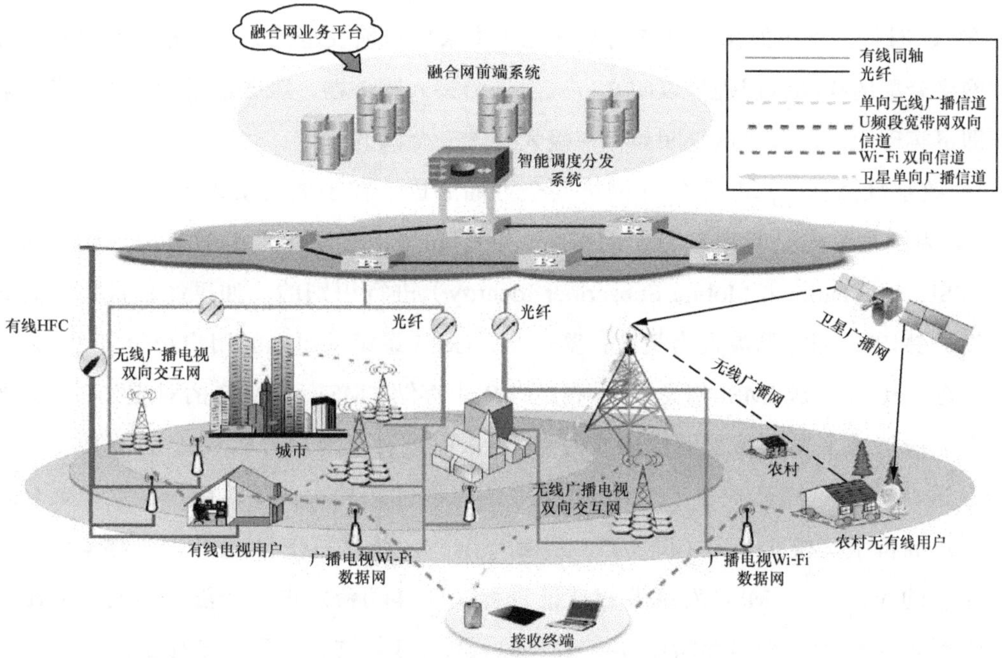

图 9.1　广播电视有线无线融合网总体架构

可以看出，广播电视有线无线融合网以广播电视技术成果为基础，综合利用广电频率资源，极大地兼容了移动宽带接入技术，具备较好的可行性，但仍有待进一步深入研究。

9.2　5G 网络安全挑战

面对未来 5G 网络的高速率、低延时、全覆盖的技术特征，以及全开放、软件化、可编程化的面向用户的设计标准，控制与转发分离的组网思路等，相较于现行 4G 网络，未来 5G 网络将会在网络通信的各个层面迎来更加严峻和复杂的安全问题。

9.2.1 移动通信安全的发展

网络安全是移动通信系统设计不可规避的核心问题之一。梳理历代移动通信系统的特征，容易发现，1G 到 4G 在安全特征与安全服务方面是逐步完善的。

在 1G 时代，模拟蜂窝移动通信系统几乎未采取任何安全措施，移动台将其电子序列号和网络分配的移动台识别号以明文方式发送给接入服务器，服务器进行检查，若二者相符，即可实现用户接入，这很明显存在极大接入安全漏洞。

2G 数字蜂窝移动通信系统在网络安全方面的进步在于成功引入了鉴权与加密技术。以 GSM 为例，首先是对用户身份的保密。我们知道，移动用户是通过国际移动用户身份（IMSI，International Mobile Subscriber Identity）进行识别的，如果经常直接在无线信道上发送 IMSI，则容易被人为截取。鉴于此，GSM 系统采用临时用户身份 TMSI 来识别用户。在 AuC 中存放 IMSI 信息，同时在 VLR 中存储 TMSI 与 IMSI 的对应关系，系统平时仅在无线信道上发送移动用户相应的 TMSI，而只有在用户开机或者 VLR 数据丢失时才会发送 IMSI，这样就减小了 IMSI 被截取的可能性。其次，是对用户的鉴权。AuC 为每个用户准备了鉴权三元组（RAND、XRES、Kc），并存储在 HLR 中。当移动台首次到达一个新的 MSC 时，MSC 发起鉴权认证过程，向移动台发送一个随机号码 RAND。移动台收到 RAND 后，利用存储在 SIM 卡中的 A3、A8 算法，计算出 SRES 和 Kc，然后将 SRES 返回给 MSC/VLR，如果 SRES 等于原来 MSC/VLR 发送给用户的 RAND 所在鉴权三元组中的 XRES，便完成了身份的验证。鉴权完成后，MSC 将鉴权三元组中的 Kc 传递给 BTS，使得从移动台到基站之间的无线信道可以用加密的方式传递信息，从而防止窃听。但 GSM 系统仍然存在若干安全漏洞：单向身份认证，只有网络对用户的认证，而不存在用户对网络的认证，因此无法防止非法设备伪装成合法网络成员对用户进行欺骗；非端到端加密，仅针对无线信道部分进行加密，而有限部分仍是明文传输；开机注册或漫游时，IMSI 以明文方式传送，仍存在窃取的可能；采用固定的加密算法，容易被黑客破解，且安全服务对用户是不可见的。

3G 相对于 2G 安全性的提高显著体现在增强用户身份保密、双向身份验证、用户可与网络协商加密算法、有数据完整性保护。3G 系统定义了完整的安全体系架构，共涉及

5 类安全域，分别是：(Ⅰ) 网络接入安全，为用户提供安全接入服务，特别是防止无线接入链路上的攻击；(Ⅱ)网络域安全，节点能够安全的交换 AN 与 SN 间和 AN 内的信令数据、用户数据，并防止对有线网络的攻击；(Ⅲ) 用户域安全，安全接入到移动台；(Ⅳ) 应用域安全，可以在用户域和运营商域安全地交换信息；(Ⅴ) 安全服务的可视性和可配置性，通知用户安全功能是否在运行，服务的使用和提供是否应取决于安全功能。3G 系统安全体系架构如图 9.2 所示。

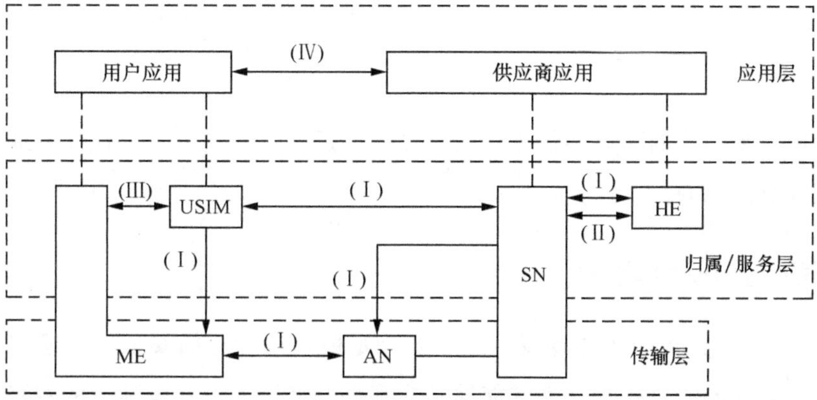

图 9.2 3G 系统安全体系架构

在 4G 系统中，由于 eNode B 的部署环境更为复杂，更容易受到恶意攻击，接入网安全受到威胁时也会影响到核心网。因此，LTE 采取了分层安全的做法，将接入层（AS）安全和非接入层（NAS）安全分离，AS 安全负责 eNB 和 UE 之间的安全；NAS 安全负责 MME 和 UE 之间的安全，这样，LTE 系统就有了两层保护，而不像 UMTS 系统只有一层安全保障。这种设计的好处是，E-UTRAN 安全层（第一层）和 EPC 安全层（第二层）相互的影响最小化，提高了整个系统的安全性。同时，对运营商来说，允许将 eNode B 放置在易受攻击的位置而不存在高的风险。

与 3G 系统安全体系架构相比，4G 安全架构除了在移动设备和服务网之间加入了非接入层的安全，使得 NAS 和 AS 的安全独立开来便于操作外，还在接入网（AN，Access Network）和 SN 之间的通信引入安全；另外，也增加了服务网认证，以缩减空闲模式的信令开销。4G 系统安全体系架构如图 9.3 所示。

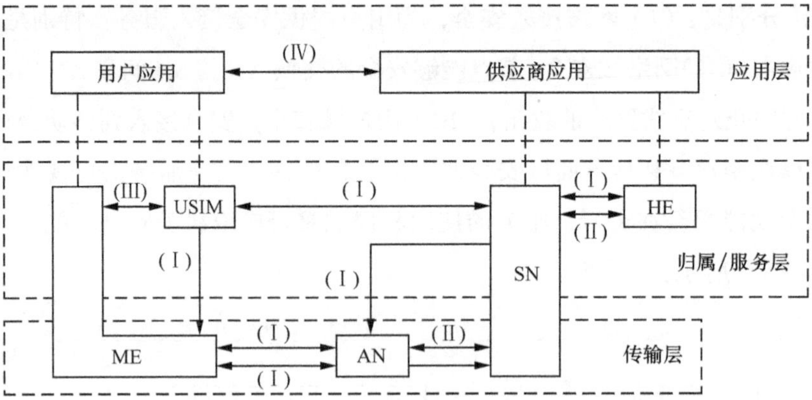

图 9.3 4G 系统安全体系架构

不难发现，新一代的移动通信系统安全体系均是立足于改进上一代体系缺陷以及迎合新一代系统安全需求的。

9.2.2 5G 网络安全需求

5G 面向的是差异化的业务场景，除了要满足最基本的通信安全外，还需要为不同业务场景提供差异化的安全服务，使其能够适应多种网络接入方式及新型的网络架构，保护用户隐私，并支持提供开放的安全能力。

从新业务角度考虑，5G 三大场景均有不同的安全需求。在增强移动宽带 eMBB 场景下，由于超密集组网，众多的小站灵活接入存在新的安全威胁。在海量机器类通信 mMTC 场景下，由于存在海量的设备终端，包括物联网终端、RFID 标签、近距离无线通信终端、移动通信终端、摄像头以及传感器网络网关等，因此运营商必须考虑新的安全机制。这一机制必须保证既能够有效识别机器身份，同时又能规避由于海量机器认证而可能带来的信令风暴。而在超可靠低时延通信 uRLLC 场景下，车联网、工业控制等对时延特别敏感，如继续沿用传统的安全协议，如认证流程、加密和解密流程等，将可能由于复杂的安全协议和算法造成的时延，而最终无法满足超低时延的需求。因此，运营商需要对安全认证流程进行优化。

从网络架构的角度考虑，网络虚拟化、网络切片以及异构接入均带来新的潜在安全问题。随着 NFV 的引入，弹性、虚拟化的网络使安全边界变得模糊，安全策略难于随网络调整而实时、动态迁移，虚拟机容易受到同一主机的其他虚拟机的攻击，而传统的基于物理安全边界的防护机制在云计算的环境中难以得到有效的应用。网络切片是 5G 网络的关键特征之一，其重要的安全问题是网络切片需要提供不同切片实例之间的隔离机制，以防止本切片内的资源被其他类型网络切片中网络节点非法访问。同时，相同业务类型的网络切片之间也存在类似的隔离需求。而异构接入带来的安全考虑是，需要设计一种通用的安全认证机制，以适应多种无线接入技术接入同一核心网。此外，我们还需保证在多种无线接入技术之间的安全切换。

从算法保护的角度考虑，运营商需要在 5G 安全技术中通过安全性和计算复杂性来研究现有的安全算法是否能满足 5G 多样化的场景。

9.2.3　5G 网络安全架构

5G 网络架构清晰地呈现出控制平面、转发平面和接入平面相分离的特点。针对这 3 个平面，5G 网络安全需要实现 4 个层面上的 5 类安全，即终端设备安全、空中接口安全、数据传输安全、应用层安全及物理层安全。具体如图 9.4 所示。

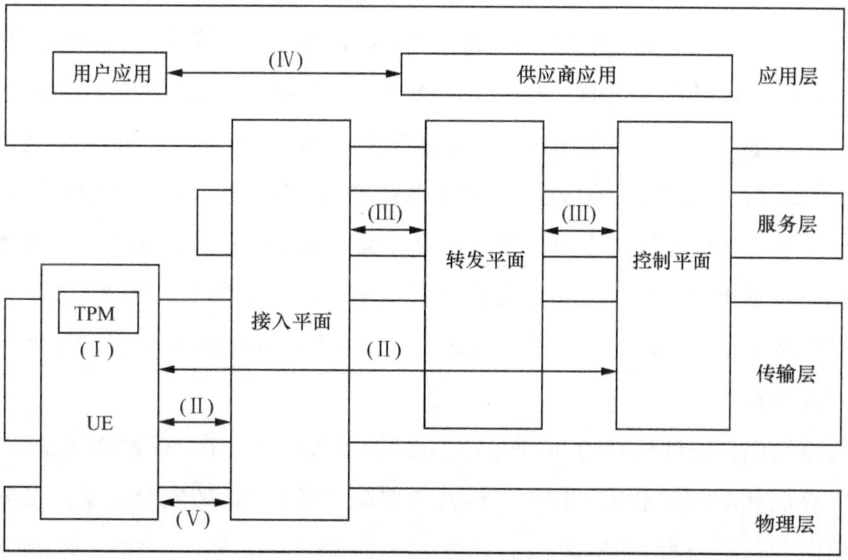

图 9.4　5G 网络安全架构

终端设备安全：在 5G 网络，尤其是 mMTC 场景下，如何确保海量接入设备的自身安全是 5G 安全设计不可规避的问题。一种可行的思路是，在接入设备中设计有效的终端基础安全模块，使在设备接入网络的初始阶段完成自身安全检测成为可能，并在设备运行阶段定期进行安全验证和维护，以保障设备自身的安全性。

空中接口安全：为多种无线网络技术体制的接入设计通用的安全认证机制，以实现多域融合的密钥管理、网络和用户身份认证、用户隐私保护、网络空口数据 / 信令加密保护、完整性保护、端到端安全认证和数据保护、安全域融合等功能需求。

数据传输安全：面对由于 SDN/NFV 的广泛使用而引发的诸多网络特性和变化，很多原本围绕传统网络结构、通信设备而设计的安全方法、安全策略、信任管理策略等都可能不再适用。在未来的 5G 网络中，接入云、处理云和控制云的转发、预处理以及负载均衡等功能导致的用户数据一致性、保密性，相关网络功能的抗 DDoS/DoS 攻击、抗中间人攻击等安全问题，将是保障 5G 数据处理和传输安全方面的主要工作。

应用层安全：未来的 5G 网络将向用户提供极端丰富的网络应用资源。这些应用将不但满足用户对于数据通信、娱乐、网络漫游等传统互联网的服务性需求，还将提供针对底层网络的数据预处理、数据转发等控制层操作的相关功能。这将使未来 5G 网络的应用层更具抗攻击价值，保障应用层安全的重要性也将更加突出。

物理层安全：无线信道在时域、频域、空域具有明显的多样性、时变性和私有性，通信双方的信道特征也具有一定的互易性，这就使得针对物理层安全的研究可以从无线通信的物理层特点入手，在信号层面解决无线通信的安全问题。一种可行的思路是，通过充分利用 5G 无线通信的物理层传输特性，研究安全传输、密钥生成、加密算法和接入认证技术，提出一个分等级的多层多域安全体系架构，突破面向物理层安全的无线传输技术、物理层密钥生成机制、基于物理层安全的加密和认证机制 3 类关键技术，从而为 5G 无线网络的安全传输奠定坚实基础。此外，网络开放还意味着网络的安全保障服务的开放，即网络的安全由第三方负责。

综上可以看出，设计良好的 5G 网络安全架构至关重要。在 5G 网络的整体架构设计、业务流程、算法和后续标准化工作中，运营商要综合考虑 5G 的安全要求，以最终实现更加安全可信的 5G 新型网络的构建。

9.3 小结

未来广播与宽带融合的趋势不可逆转。泛在连接、开放生态等特点使得 5G 具备了与广电网络趋向统一的基础条件，而移动流量的爆发式增长又加速了 5G 与广电网络融合的趋势。为了确保 5G 新型网络的顺利落地部署，运营商应针对 5G 网络存在的安全挑战，提前做好应对和防范。

参考文献

[1] 李继龙，刘雪雁，施玉海，等 . 广播电视融合网业务及终端规划 [J]. 广播与电视技术，2016.

[2] 邹峰 . 新一代广播电视网的发展——有线无线卫星融合覆盖网 . 电视技术 [J].2014.

[3] IMT-2020（5G）推进组 . 5G 网络安全需求与架构白皮书 [R]. 2017.

[4] 3GPP TS33.401. System Architecture Evolution （SAE）： Security architecture [R]. 2017.

[5] 张磊，李俭兵 . LTE 系统中安全机制研究 [J]. 广东通信技术，2010.

[6] 大唐电信 .《建设安全可信的网络空间》5G 网络安全白皮书 [R]. 2015.

[7] 黄开枝，金梁，赵华 . 5G 安全威胁及防护技术研究 [J]. 邮电设计技术，2015.

[8] 李侠宇，沈鸿 . 5G 网络安全发展趋势研究 [J]. 电信网技术，2016.

[9] 曾梦岐，陶建军，冯中华 . 5G 通信安全研究进展 [J]. 通信技术，2017.

缩略语

缩略语	英文全称	中文
3GPP	3rd Generation Partnership Project	第三代移动伙伴关系
ADC	Analog to Digital Converter	模数转换器
AF	Application Function	应用功能单元
AISG	Antenna Interface Standards Group	天线接口标准组织
AMF	Access and Mobility Management Function	接入和移动性管理功能单元
AMPS	Advanced Mobile Phone System	先进移动电话系统
AN	Access Network	接入网
API	Application Programming Interface	应用程序编程接口
AUSF	AUthentication Server Function	认证服务器功能单元
BER	Bit Error Ratio	误比特率
BF	Beam Forming	波束赋形
BRAS	Broadband Remote Access Server	宽带远程接入服务器
CA	Carrier Aggregation	载波聚合
CAPEX	CAPital EXpenditure	资本性支出
CB	Coordinated Beamforming	协作波束赋形

续表

缩略语	英文全称	中文
CIO	Cell Individual Offset	小区偏置
CMMB	China Mobile Multimedia Broadcasting	中国移动多媒体广播
CN	Core Network	核心网
CoMP	Coordinated Multiple Points Transmission/ Reception	多点协作传输
CPE	Customer Premise Equipment	客户终端
CPRI	Common Public Radio Interface	通用公共无线电接口
CQI	Channel Quality Indicator	信道质量指示
CR	Cognitive Radio	认知无线电
CS	Coordinated Scheduling	协作调度
CSI	Channel State Information	信道状态信息
CU	Centralized Unit	集中单元
CWDM	Coarse Wavelength Division Multiplexing	稀疏型波分复用
D2D	Device to Device Communication	设备间通信
DAC	Digital to Analog Converter	数模转换器
DCS/Muting	Dynamic Cell Selection / Muting	动态小区选择 / 静默
DoA	Direction of Arrival	到达角
DTMB	Digital television Terrestrial Multimedia Broadcasting	数字电视地面多媒体广播
DU	Distributed Unit	分布单元
DWDM	Dense Wavelength Division Multiplexing	密集型波分复用
EDGE	Enhanced Data Rates for GSM Evolution	增强型数据速率 GSM 演进
eICIC	enhanced Inter-Cell Interference Coordination	增强型小区间干扰协调
EIRP	Effective Isotropic Radiated Power	有效全向辐射功率
eMBB	enhance Mobile Broadband	增强型移动宽带
EPC	Evolved Packet Core	演进分组核心网

续表

缩略语	英文全称	中文
ETSI	European Telecommunications Standard Institute	欧洲电信标准化协会
FBMC	Filter Bank Multicarrier	滤波器组多载波
FD	Full Duplex	同时同频全双工
FFT	Fast Fourier Transform	快速傅里叶变换
FlexE	Flex Ethernet	灵活以太网
FMC	Fixed Mobile Convergence	固移融合
F-OFDM	Filtered Orthogonal Frequency Division Multiplexing	基于子带滤波的正交频分复用
FPLMTS	Future Public Land Mobile Telecommunications System	未来公众陆地移动电信系统
GERAN	GSM EDGE Radio Access Network	全球移动通信系统 /GSM 演进增强数据速率无线接入网
GFDM	Generalized Frequency Division Multiplexing	广义频分复用
GGSN	Gateway GPRS Support Node	网关 GPRS 支持节点
GPRS	General Packet Radio Service	通用分组无线服务
GWCN	GateWay Core Network	网关核心网
HCCC	Hybird Concatenated Covolutional Code	混合级联
HSS	Home Subscriber Server	归属签约用户服务器
IaaS	Infrastructure as a Service	基础设施即服务
ICIC	Inter-Cell Interference Cancellation	小区间干扰协调
IDFT	Inverse Discrete Fourier Transform	逆傅里叶变换
IDMA	Interleaved Division Multiple Access	交织多址
IMS	IP Multimedia Subsystem	IP 多媒体子系统
IMSI	International Mobile Subscriber Identity	国际移动用户身份
InH	Indoor and Hotspot	室内热点
IPRAN	IP Radio Access Network	IP 化无线接入网

续表

缩略语	英文全称	中文
IRC	Interference Rejection Combining	干扰抑制合并接收
ITU	International Telecommunications Union	国际电信联盟
JT	Joint Transmission	联合传输
LAA	Licensed Assisted Access	授权辅助接入
LDPC	Low Density Parity Check Code	低密度奇偶校验码
LDS-OFDM	Low Density Signature OFDM	低密度签名 OFDM
LSA	Licensed Shared Access	授权共享接入
LTE-A	Long Term Evolution Advanced	增强型 LTE
LTE-M	LTE Machine to Machine	基于 LTE 演进的物联网技术
MAC	Media Access Control	媒体访问控制
MAI	Multiple Access Interfence	多址接入干扰
MANO	Management and Orchestration	管理编排
MAPL	Maximum Allowed Path Loss	最大允许路径损耗
大规模 MIMO	Massive Multiple-Input Multiple-Output	大规模多输入多输出
MCL	Minimum Coupling Loss	最小耦合损耗
MEC	Mobile Edge Computing	移动边缘计算
MME	Mobility Management Entity	移动性管理实体
mMTC	Massive Machine Type of Communication	海量机器类通信
MOCN	Multi-Operator Core Network	多运营商核心网
MORAN	Multi-Operator Radio Access Network	多运营商无线接入网
MPLS	Multi-protocal Label Switching	多协议标签交换
MR	Measurement Report	测量报告
MUSA	Multi-User Shared Access	多用户共享接入
NB-IoT	Narrow Band Internet of Things	窄带物联网
NEF	Network Exposure Function	网络开放功能单元
NFV	Network Function Virtualized	网络功能虚拟化

续表

缩略语	英文全称	中文
NFVI	Network Functions Virtualisation Infrastructure	网络功能虚拟化基础设施
NFVO	Network Functions Virtualisation Orchestrator	网络功能虚拟化编排器
NGC	Nextgen Core	下一代核心网
NGFI	Next-generation Fronthaul Interface	下一代前传网络接口
NGMN	Next Generation Mobile Networks	下一代移动网络
NLOS	None Line of Sight	非视距传输
NMT	Nordic Mobile Telephony	北欧移动电话系统
NOMA	Non-Orthogonal Multiple Access	非正交多址接入
NRF	NF Repository Function	网络功能存储单元
NS	Network Slicing	网络切片
NSA	Non-Standalone	非独立组网
NSSF	Network Slice Selection Function	网络切片选择功能单元
OMA	Orthogonal Multiple Access	正交多址接入
OPEX	Operating Expense	运营成本支出
OQAM	Offset Quadrature Amplitude Modulation	偏移正交幅度调制
OTN	Optical Transport Network	光传送网
PCCC	Parallel Concatenated Covolutional Code	并行级联
PCF	Policy Control Function	策略控制功能单元
PCRF	Policy and Charging Rules Function	策略与计费规则功能单元
PDMA	Pattern Division Multiple Access	非正交多址接入
PD-NOMA	Power Domain Non-Orthogonal Multiple Access	基于功率域复用的非正交多址接入
PDU	Protocol Data Unit	协议数据单元
P-GW	PDN GateWay	PDN 网关
PMI	Precoding Matrix Indicator	预编码矩阵指示
POE	Power Over Ethernet	有源以太网
PoP	Point of Presence	入网点

续表

缩略语	英文全称	中文
PU	Primary User	主用户
QoS	Quality of Service	服务质量
RAE	Remote e-Antenna Extension	远程天线拓展
RAN	Radio Access Network	无线接入网
SA	Standalone	独立组网
SBA	Service based Architecture	基于服务的网络架构
SCCC	Seiral Concatenated Covolutional Code	串行级联卷积码
SCMA	Sparse Code Multiple Access	稀疏码多址接入
SDN	Software Defined Network	软件定义网络
SDR	Software Defined Radio	软件无线电
SGSN	Serving GPRS Support Node	服务 GPRS 支持节点
S-GW	Serving GateWay	服务网关
SIC	Successive Interference Cancellation	串行干扰消除
SMF	Session Management Function	会话管理功能单元
SON	Self-Organizing Network	自组织网络
SPN	Slicing Packet Network	切片分组网
SPRING	Source Packet Routing in Networking	源路由网络
SR	Service Router	业务路由器
SR	Segment Routing	分段路由技术
SU	Secondary User	认知用户
TACS	Total Access Communications System	全接入通信系统
TFL	Time Frequency Localization	时频局部化
TTI	Transmission Time Interval	传输时间间隔
UDM	Unified Data Management	统一数据管理实体
UDN	Ultra Dense Network	超密集组网
UFMC	Universal Filtered Multicarrier	通用滤波多载波

续表

缩略语	英文全称	中文
Uma	Urban Macro-Cell	城市宏蜂窝
Umi	Urban Micro-Cell	城市微蜂窝
UMTS	Universal Mobile Telecommunications System	通用移动通信系统
UPF	User Plane Function	用户面功能单元
URLLC	Ultra-Reliable Low Latency Communication	超高可靠低延时通信
UTN	Universal Transport Network over Fiber	综合业务光传输网
UTRAN	UMTS Terrestrial Radio Access Network	通用移动通信系统地面无线接入网
V2V	Vehicle to Vehicle Communication	车与车通信
V2X	Vehicle to Everything	车联网
VIM	Virtualised Infrastructure Manager	虚拟化基础设施管理器
VLC	Visible Light Communication	可见光通信
VNF	Virtualised Network Function	虚拟化网络功能
VNFM	Virtualised Network Functions Manager	虚拟化的网络功能管理器
VoLTE	Voice over Long Term Evolution	基于 LTE 的语音业务
WiMAX	Worldwide Interoperability for Microwave Access	全球微波互联接入
WMN	Wireless Mesh Network	无线 Mesh 网络